职业教育“十三五”规划教材

机械制图

娄琳 杨林 主编

张群威 刘勇 张海涛 副主编

化学工业出版社

·北京·

本书主要内容包括制图基础、正投影基础、基本立体的画法、组合体的画法、机件的常用画法、标准件和常用件制图、零件图制图、装配图制图。为方便教学需要，书后列出了部分国家机械制图标准。各个院校可根据自身学时安排有针对性地选取其中的内容讲授。

本书可作为我国职业院校机械类、机电类专业选用，也可作为相关技术人员的参考用书。

图书在版编目（CIP）数据

机械制图/娄琳，杨林主编. —北京：化学工业出版社，2018.8

职业教育“十三五”规划教材

ISBN 978-7-122-32515-0

Ⅰ.①机… Ⅱ.①娄…②杨… Ⅲ.①机械制图-职业教育-教材 Ⅳ.①TH126

中国版本图书馆CIP数据核字（2018）第136831号

责任编辑：潘新文　　　　装帧设计：刘丽华

责任校对：王素芹

出版发行：化学工业出版社（北京市东城区青年湖南街13号　邮政编码100011）

印　　装：大厂聚鑫印刷有限责任公司

787mm×1092mm　1/16　印张14¾　字数336千字　2018年9月北京第1版第1次印刷

购书咨询：010-64518888(传真：010-64519686)　售后服务：010-64518899

网　　址：http://www.cip.com.cn

凡购买本书，如有缺损质量问题，本社销售中心负责调换。

定　　价：38.00元

前 言

机械图样是机电行业用来表达设计思想、进行技术交流及指导生产的重要技术文件与依据，是工程界的技术语言，在机械加工制造、设计、机电设备安装等领域起着举足轻重的作用。因此，掌握机械图样的绘制与阅读是一名机电工程技术人员必须具备的基本技能。我国职业技术院校是培养职业技能人才的重要基地，大多数工科类职业院校都开设有机电类专业，而机械制图是职业院校机械制造与自动化、焊接、汽车、机电一体化、机械维修与安装、数控等相关专业必修的一门重要基础课。

本教材根据职业技术教育的培养目标和当前职业教育改革动向，从职业院校学生就业实际出发，结合技术制图新标准编写而成。在编写时力求做到内容简单易懂，简化传统教材中的与实际联系不太紧密的内容，突出实用性，加强学生读图识图能力的培养。

本书主要内容包括制图基础、正投影基础、基本立体的画法、组合体的画法、机件的常用画法、标准件和常用件制图、零件图制图、装配图制图。为方便教学需要，书后列出了部分国家机械制图标准。各个院校可根据自身学时安排有针对性地选取其中的内容讲授。

本书可作为我国职业院校机械类、机电类专业选用，也可作为相关技术人员的参考用书。

本教材由娄琳、杨林任主编，张群威、刘勇、张海涛任副主编，参加编写的还有刘传江。由于编写时间仓促，编者能力有限，书中难免有疏漏和不足之处，敬请广大读者批评指正。

编者

2018. 5

目 录

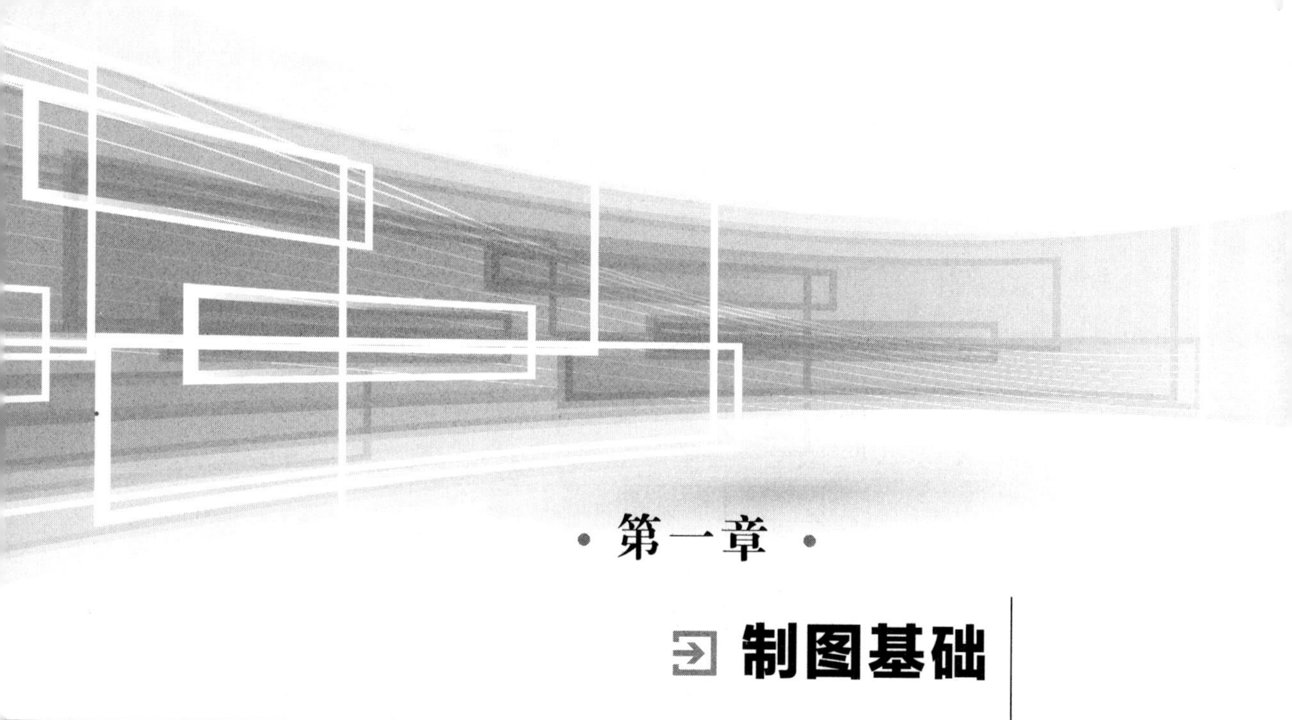

·第一章·

制图基础

图样是工程界的技术语言，为了便于交流和沟通，国家标准给出了关于制图的有关规定，我们必须了解这些规定。

第一节　机械制图的基本规定

一、图纸幅面及格式

1. 图纸幅面

图纸幅面由图纸宽度 B 和图纸长度 L 组成，简称图幅。标准图幅大小有 5 种，代号从 A0 至 A4。绘制图样时应优先采用表 1-1 中规定的图纸图幅。必要时允许选用加长基本幅面，其尺寸必须由基本幅面短边按整数倍增加后得出，见图 1-1。

表 1-1　图纸基本幅面代号及尺寸

mm

幅面代号	$B\times L$	a	c	e
A0	841×1189	25	10	20
A1	594×841			
A2	420×594			10
A3	297×420		5	
A4	210×297			

注：A0（全开）面积 1m^2，A1 幅面为 A0 面积一半，A2 幅面为 A1 面积一半，依此类推。

2. 图框格式

在图纸上必须用粗实线画出图框来限定绘图区域，图纸可以横向（X）或竖向（Y）放置，图框格式可以分为不留装订边和留有装订边，但同一产品的图样只能采用一种格式。见图 1-2 和图 1-3。

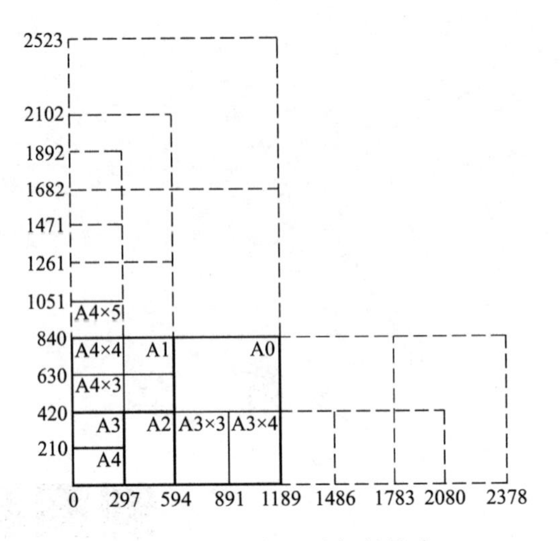

图 1-1　图纸幅面及加长尺寸

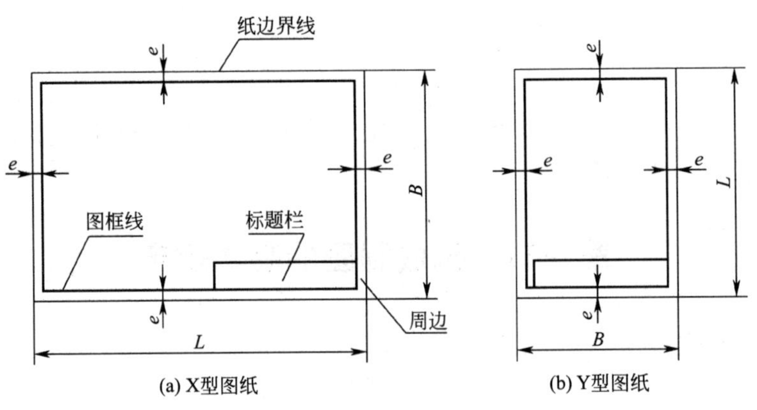

图 1-2　不留装订边的图框

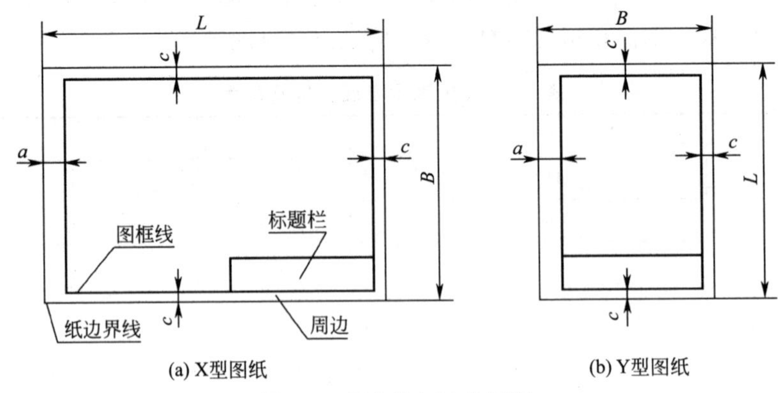

图 1-3　留有装订边的图框

3. 标题栏

每张图纸右下角必须画出标题栏，标题栏的内容、格式和尺寸作了统一规定，制图作业建议采用图 1-4 所示的格式。国标规定的标题栏格式如图 1-5 所示。

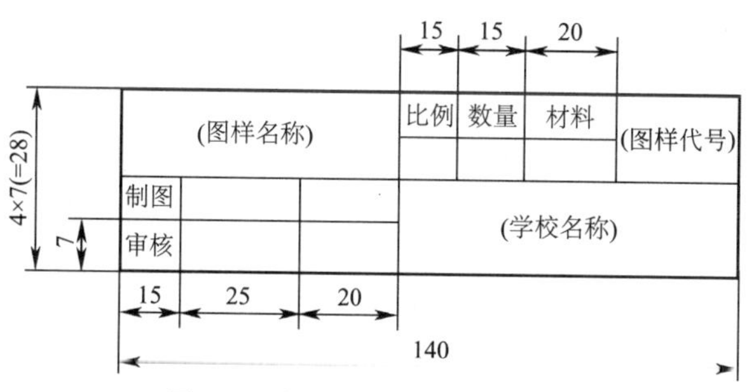

图 1-4 制图作业的标题栏格式

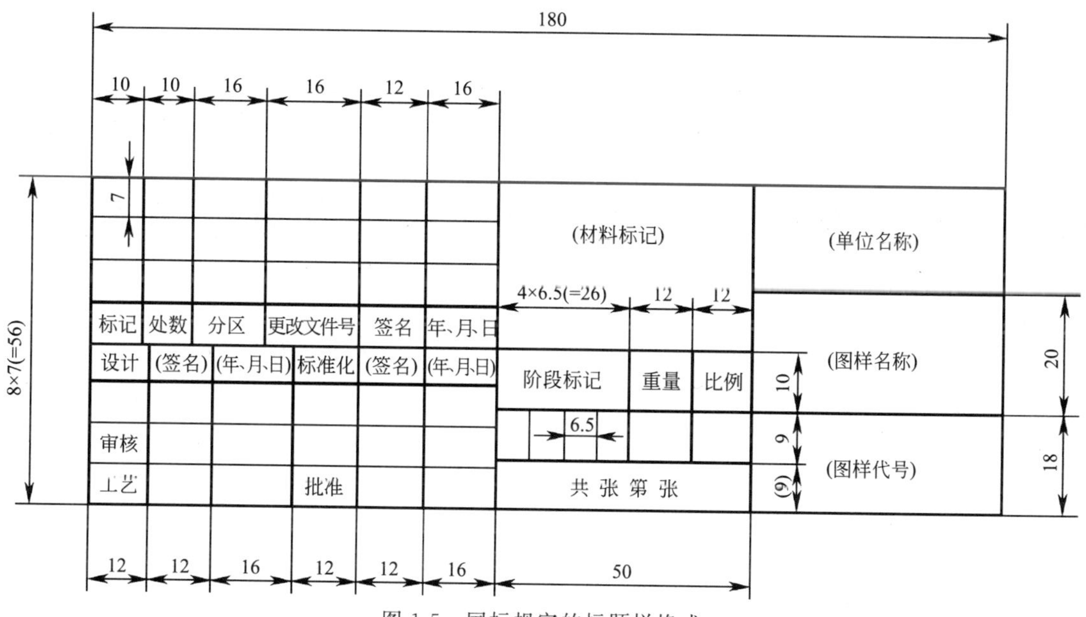

图 1-5 国标规定的标题栏格式

二、比例

图样中图形与实物相应要素的线性尺寸之比称之为比例，国家标准对图样中的比例大小和标注方向都做了规定。需要按比例绘制图样时，应由表 1-2 中的“优先选用比例系列”中选取适当的比例，必要时也允许从“允许选择比例系列”中选取。

表 1-2 绘图比例

种 类	优先选用比例系列			允许选择比例系列
原值比例	1∶1			
放大比例	5∶1 5×10^n∶1	2∶1 2×10^n∶1		4∶1 2.5∶1 4×10^n∶1 2.5×10^n∶1
缩小比例	1∶2 1∶2×10^n	1∶5 1∶5×10^n	1∶10 1∶1×10^n	1∶1.5 1∶2.5 1∶3 1∶4 1∶6 1∶1.5×10^n 1∶2.5×10^n 1∶3×10^n 1∶4×10^n 1∶6×10^n

为从图样上直接反映出实物的大小，绘图时应尽量采用原值比例。若机件太大或太小，

可选用缩小或放大比例绘制。绘制图形角度时，不考虑比例关系，按原角度画出。

三、字体

图样上不仅要有表达形体的图形，还需要用文字和数字来填写相关信息，图样中的书写字体（汉字、数字和字母）必须做到：字体工整、笔画清楚、间隔均匀、排列整齐。

字体高度的公称尺寸系列为：1.8mm，2.5mm，3.5mm，5mm，7mm，10mm，14mm，20mm。如需要书写更大的字，其字体高度应按$\sqrt{2}$的比率递增。字体高度代表字体号数。

图样中的汉字应写成长仿宋体（见图 1-5），并应采用国家正式公布推行的简化字。汉字的字宽约等于字高的$\frac{2}{3}$，字高不应小于 3.5mm。

字体端正　笔画清楚　排列整齐　间隔均匀

写仿宋体要领：横平竖直 注意起落 结构匀称 填满方格

长仿宋体字例

图样中的数字和字母写成斜体或直体，一般常用斜体。斜体字头向右倾斜，与水平基准线成 75°。数字和字母分 A 型和 B 型。A 型字体的笔画宽度 $d=h/14$（h 为字高），B 型字体的笔画宽度 $d=h/10$。数字和字母与汉字混合书写时可采用直体。表 1-3 为字体示例。

表 1-3　字体示例

字　体		示　　　　例
长仿宋体汉字	5号	学好机械制图，培养和发展空间想象能力
	3.5号	计算机绘图是工程技术人员必须具备的绘图技能
拉丁字母	大写	ABCDEFGHIJKLMNOPQRSTUVWXYZ *ABCDEFGHIJKLMNOPQRSTUVWXYZ*
	小写	abcdefghijklmnopqrstuvwxyz *abcdefghijklmnopqrstuvwxyz*
阿拉伯数字	直体	0123456789
	斜体	*0123456789*
字体应用示例		10JS5(±0.003)　M24-6h　R8　10^3　S^{-1}　5%　D_1　T_d　380kPa　m/kg $\phi 20^{+0.010}_{-0.023}$　$\phi 25\frac{H6}{f5}$　$\frac{Ⅱ}{1:2}$　$\frac{3}{5}$　$\frac{A}{5:1}$　Ra6.3　460r/min　220V　l/mm

四、图线

图中所采用的各种不同形式的线称为图线，国家标准 GB/T 4457.4—2002 规定了在机械图样中使用的 9 种图线，其名称、线型、宽度及一般应用如表 1-4 和图 1-6 所示。

机械图样中采用粗、细两种线宽，线宽的比例关系为 2∶1，图线的宽度应按图样的类型和大小应在下列数系中选取：0.13、0.18、0.25、0.35、0.5、0.7、1.0、1.4、2。

表 1-4　图线的名称、线型、宽度及应用（GB/T 4457.4—2002）

序号	图线名称	图线形式	线宽	一般应用
1	粗实线	d	d	可见棱边线、可见轮廓线、相贯线、螺纹牙顶线、螺纹长度终止线、齿顶圆（线）、表格图和流程图中的主要表示线、系统结构线（金属结构工程）、模样分型线、剖切符号用线
2	细实线		$d/2$	过渡线、尺寸线、尺寸界线、指引线和基准线、剖面线、重合断面的轮廓线、短中心线、螺纹牙底线、尺寸线的起止线、表示平面的对角线、零件成形前的弯折线、范围线及分界线、重复要素表示线、锥形结构的基面位置线、叠片结构位置线、辅助线、不连续同一表面连线、成规律分布的相同要素连线、投射线、网格线
3	波浪线		$d/2$	断裂处边界线、视图与剖视的分界线
4	双折线	30°　30°	$d/2$	断裂处边界线、视图与剖视的分界线
5	细虚线		$d/2$	不可见棱边线、不可见轮廓线
6	细点画线		$d/2$	轴线、对称中心线、分度圆（线）、孔系分布的中心线、剖切线
7	细双点画线		$d/2$	相邻辅助零件的轮廓线、可动零件的极限位置的轮廓线、重心线、成形前轮廓线、剖切面前的结构轮廓线、轨迹线、毛坯图中制成品的轮廓线、特定区域线、延伸公差带表示线、工艺用结构的轮廓线、中断线
8	粗点画线		d	限定范围表示线
9	粗虚线		d	允许表面处理的表示线

绘制图线应注意的问题（见图 1-7）：

① 同一图样中同类图线的宽度应基本一致。虚线、点画线及双点画线的线段长度和间隔应各自大致相等。

② 两条平行线（包括剖面线）之间的距离应不小于粗实线的两倍宽度。其最小距离不得小于 0.7mm。

③ 点画线和双点画线的首末两端应是线段而不是短画。

④ 点画线应超出相应图形轮廓 2～5mm。

⑤ 绘制圆的对称中心线时，圆心应为线段的交点。在较小的图形上绘制点画线或双点画线有困难时，可以用细实线代替。

⑥ 当虚线与虚线或与其他图线相交时，应以线段相交；当虚线是粗实线的延长线时，实线画到交点，在虚线处留有间隙。

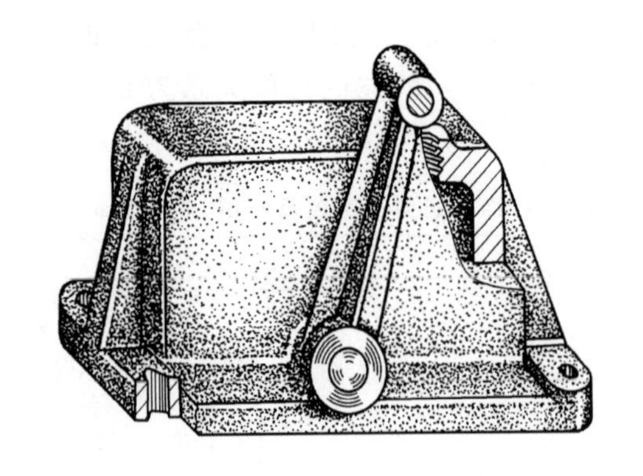

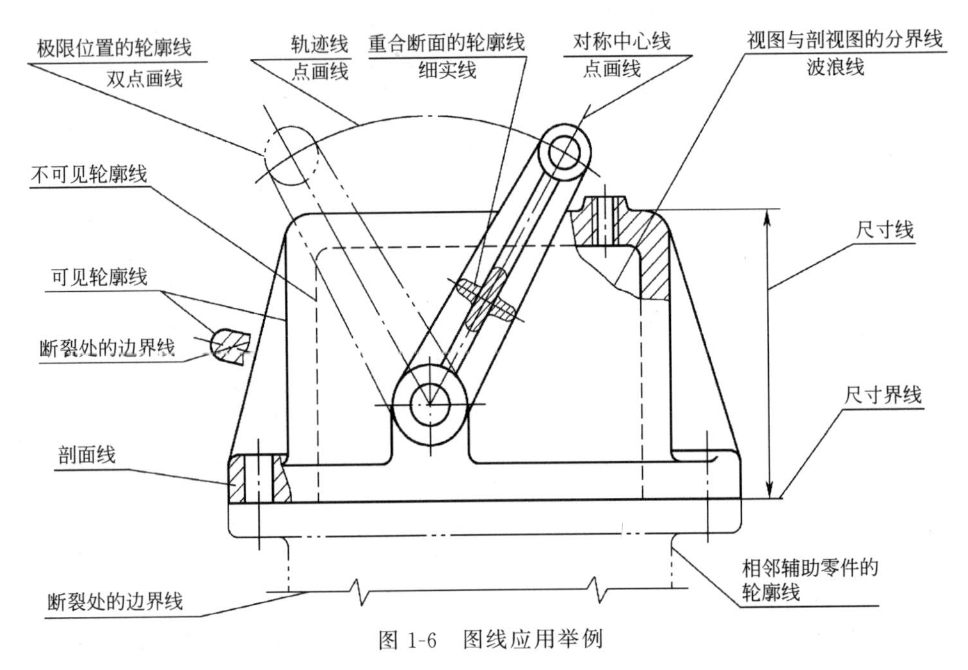

图 1-6　图线应用举例

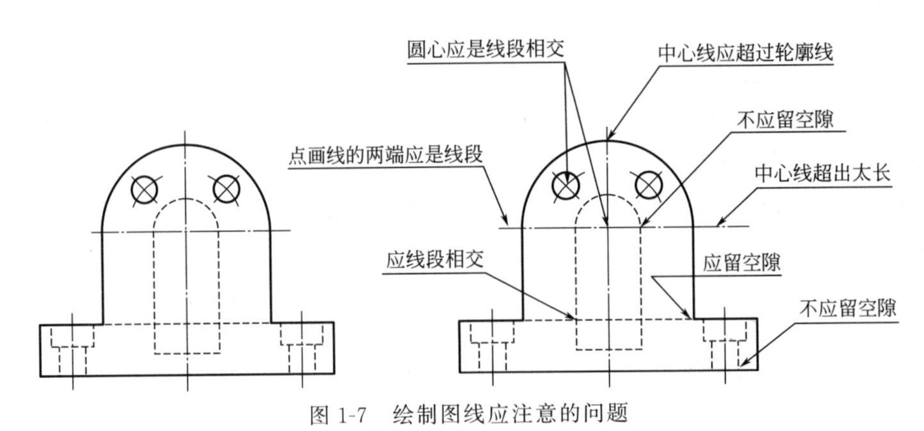

图 1-7　绘制图线应注意的问题

五、尺寸注法

1. 标注尺寸的基本规则

① 机件的真实大小应以图样所注尺寸数值为依据，与绘制图形的比例及绘图准确度

无关。

② 图样中（包括技术要求和其他说明）的线性尺寸若以毫米为单位，不需标注计量单位的符号。若采用其他单位（如英寸、角度等），则必须注明相应的计量单位的符号。

③ 图样中所标注的尺寸，为该图样所示机件的最后完工尺寸，否则应另加说明。

④ 机件上每一个尺寸，一般只标注一次，并应标注在反映该结构最清晰的图形上。

2. 标注尺寸的组成要素

一个完整的尺寸标注由尺寸数字、尺寸线（包括尺寸线终端）和尺寸界线三个部分组成，如图 1-8 所示。

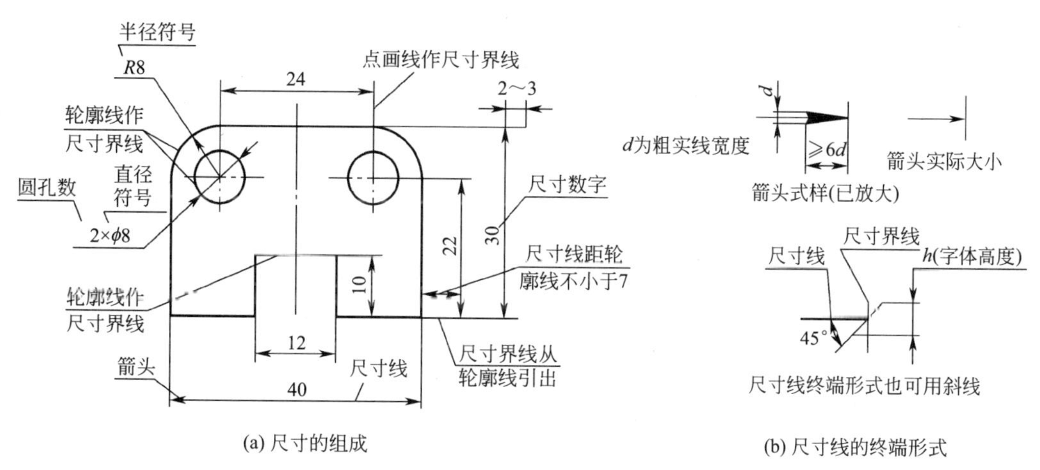

(a) 尺寸的组成　　(b) 尺寸线的终端形式

图 1-8　尺寸的组成与标注

① 尺寸界线。尺寸界线用细实线绘制，并从图形中的轮廓线、轴线或中心线引出，超出尺寸线末端约 2～3mm。此外，也可用轮廓线、轴线或对称中心线作为尺寸界线。尺寸界线一般应与尺寸线垂直，必要时才允许倾斜，但两尺寸界线仍应互相平行；表示圆角处尺寸界线时，用细实线将轮廓线延伸，从它们的交点引出尺寸界线，如图 1-9 所示。

② 尺寸线。尺寸线用细实线单独绘制，不能用其他图线代替，也不得与其他图线重合或在其延长线上。尺寸线终端有箭头和斜线两种，斜线作为尺寸线终端的形式主要用于建筑图样，机械图样中一般采用箭头作为尺寸线的终端，如图 1-8(b) 所示。

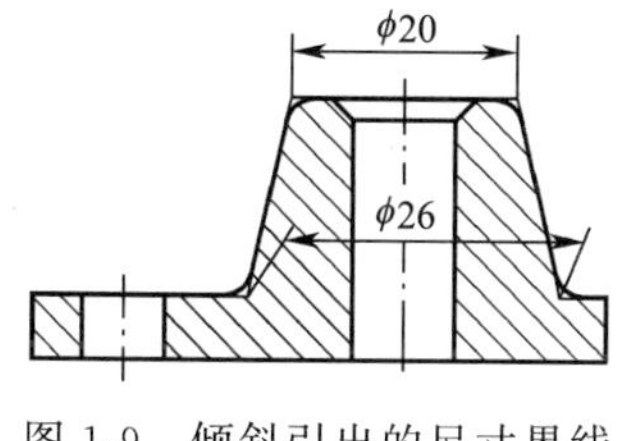

图 1-9　倾斜引出的尺寸界线

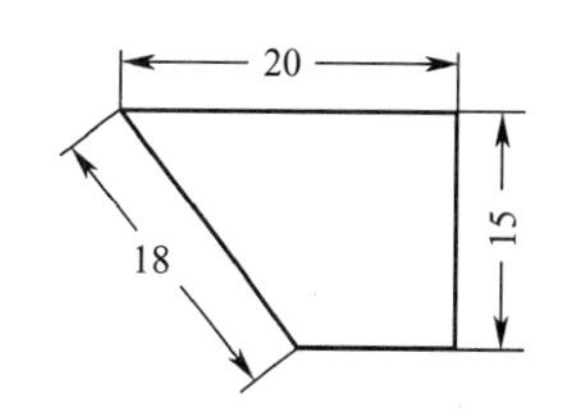

图 1-10　尺寸数字注写在尺寸线中断处

③ 尺寸数字。尺寸数字用于表示尺寸大小。线性尺寸数字一般应注写在尺寸线的上方，也允许注写在尺寸线中断处，同一张图样上的尺寸数字注写形式应一致。

线性尺寸数字的方向，一般应按图 1-11(a) 所示方向注写，即水平尺寸字头朝上，垂直尺寸字头朝左，倾斜尺寸字头保持朝上趋势，并尽可能避免在图示 30°范围内标注倾斜尺寸，当无法避免时，可按图 1-11(b) 所示引出标注。

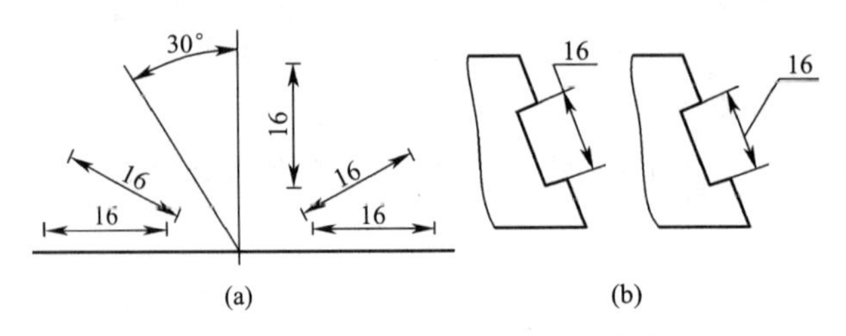

图 1-11　线性尺寸数字的注写方向

在不致引起误解时，非水平方向的尺寸数字可水平注写在尺寸线中断处，如图 1-10 中的尺寸 15。

尺寸数字不允许被任何图线通过，当不可避免时，必须将图线断开，如图 1-12 所示。

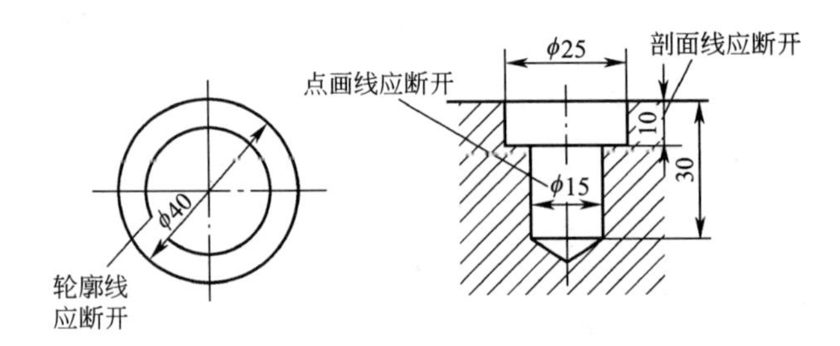

图 1-12　尺寸数字不允许任何图线通过

表 1-5 所示为常用尺寸标注举例。

表 1-5　常用尺寸标注举例

项目	图　例	说　明
直线的尺寸标注	(a) 合理　(b) 不合理　(c) 合理　(d) 不允许	(1)串联尺寸应把相邻尺寸箭头对齐，即应注在一直线上，如图(a)所示 (2)并列尺寸，应把小的尺寸布置在内，大的尺寸布置在外，如图(c)所示 (3)图(b)和图(d)的尺寸注法是不合理和不允许的

续表

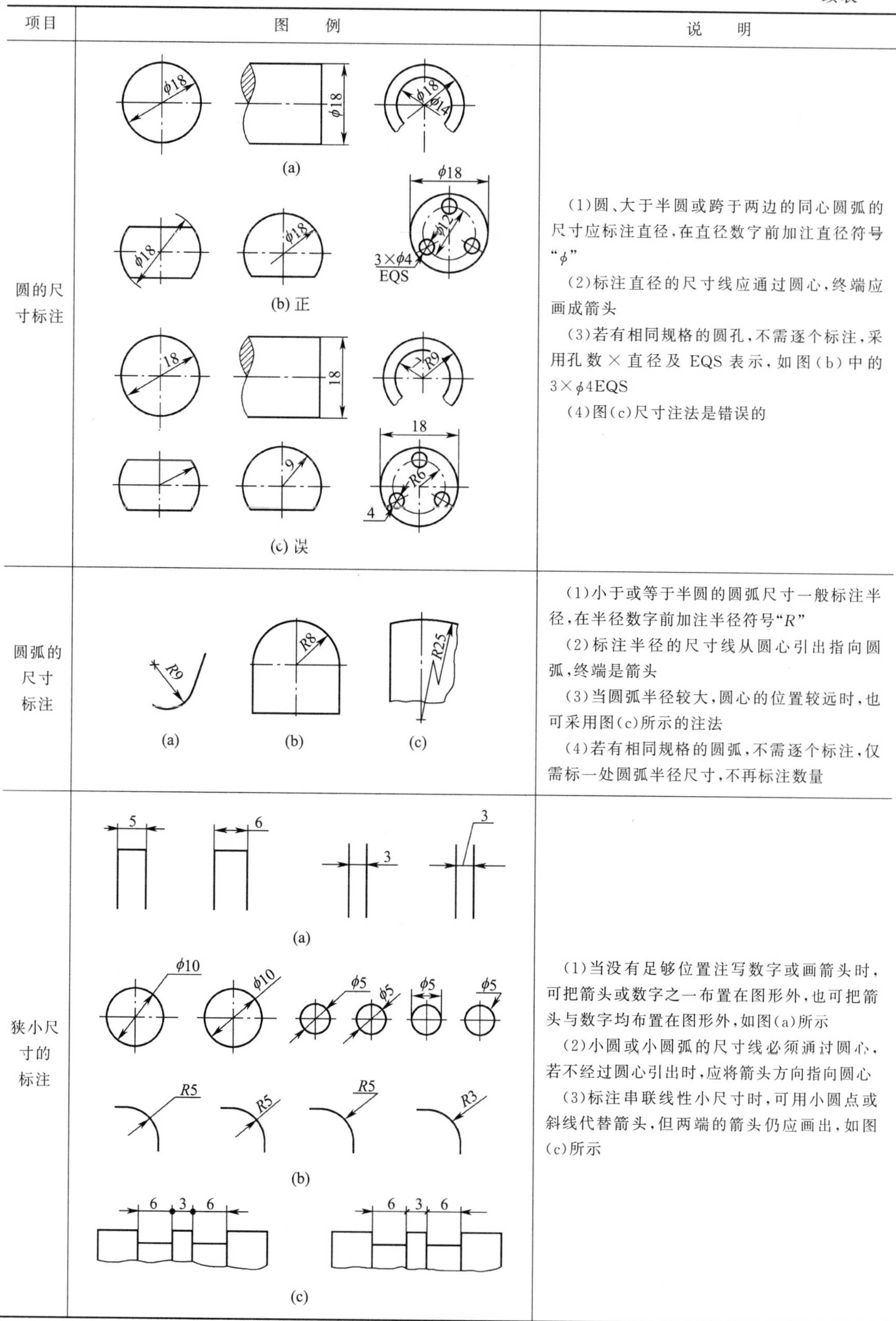

项目	图　　例	说　　明
圆的尺寸标注	(a) (b) 正 (c) 误	(1)圆、大于半圆或跨于两边的同心圆弧的尺寸应标注直径，在直径数字前加注直径符号"ϕ" (2)标注直径的尺寸线应通过圆心，终端应画成箭头 (3)若有相同规格的圆孔，不需逐个标注，采用孔数×直径及 EQS 表示，如图(b)中的 3×ϕ4EQS (4)图(c)尺寸注法是错误的
圆弧的尺寸标注	(a)　(b)　(c)	(1)小于或等于半圆的圆弧尺寸一般标注半径，在半径数字前加注半径符号"R" (2)标注半径的尺寸线从圆心引出指向圆弧，终端是箭头 (3)当圆弧半径较大，圆心的位置较远时，也可采用图(c)所示的注法 (4)若有相同规格的圆弧，不需逐个标注，仅需标一处圆弧半径尺寸，不再标注数量
狭小尺寸的标注	(a) (b) (c)	(1)当没有足够位置注写数字或画箭头时，可把箭头或数字之一布置在图形外，也可把箭头与数字均布置在图形外，如图(a)所示 (2)小圆或小圆弧的尺寸线必须通过圆心，若不经过圆心引出时，应将箭头方向指向圆心 (3)标注串联线性小尺寸时，可用小圆点或斜线代替箭头，但两端的箭头仍应画出，如图(c)所示

续表

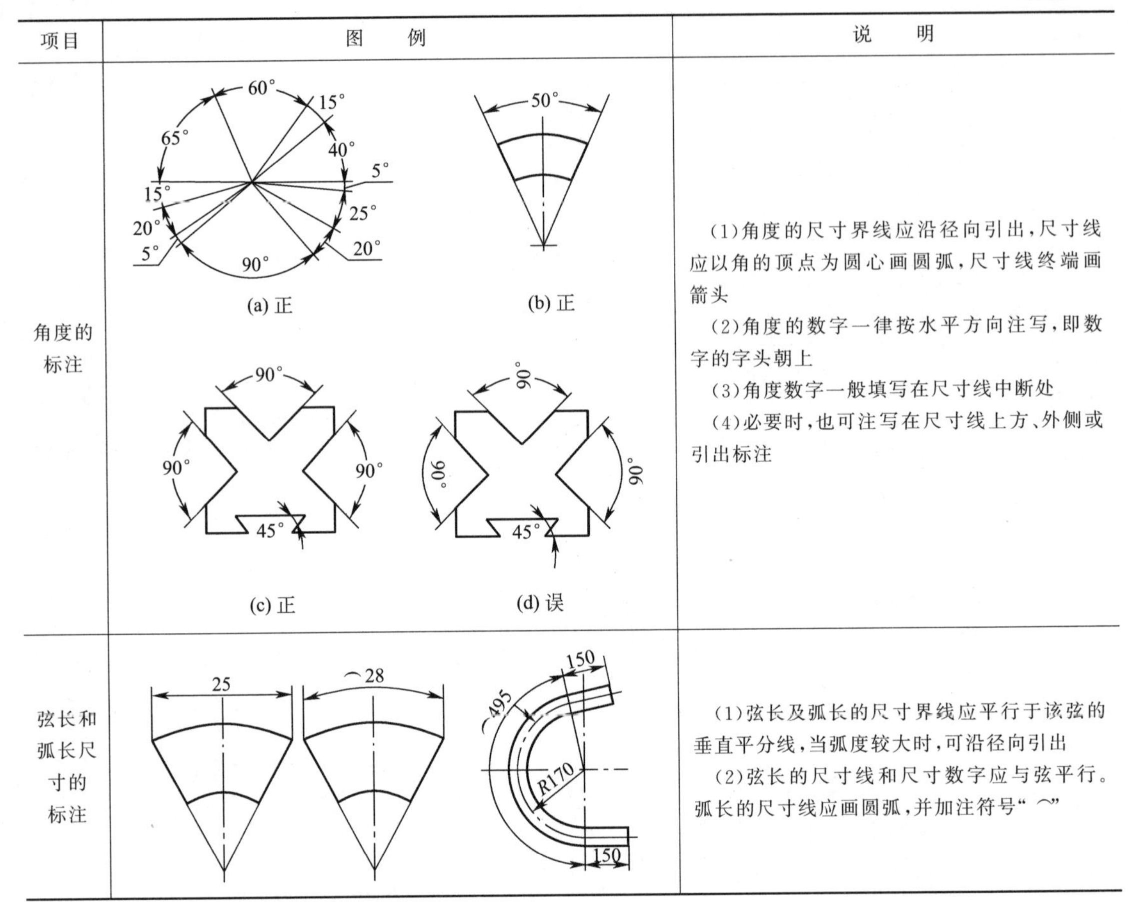

项目	图　　例	说　　明
角度的标注	(a) 正　(b) 正　(c) 正　(d) 误	(1)角度的尺寸界线应沿径向引出，尺寸线应以角的顶点为圆心画圆弧，尺寸线终端画箭头 (2)角度的数字一律按水平方向注写，即数字的字头朝上 (3)角度数字一般填写在尺寸线中断处 (4)必要时，也可注写在尺寸线上方、外侧或引出标注
弦长和弧长尺寸的标注		(1)弦长及弧长的尺寸界线应平行于该弦的垂直平分线，当弧度较大时，可沿径向引出 (2)弦长的尺寸线和尺寸数字应与弦平行。弧长的尺寸线应画圆弧，并加注符号“⌒”

第二节　常用几何作图法

在绘图过程中，经常遇到等分线段、等分圆周、作正多边形、画斜度和锥度、圆弧连接等几何作图问题，下面介绍几种最常用的几何作图方法。

一、线段的等分

分已知线段 AB 成五等分，如图 1-13 所示，画图步骤如下：

① 过端点 A 任作一射线 AC，用分规以任意相等的距离在 AC 上量得 1、2、3、4、5 各

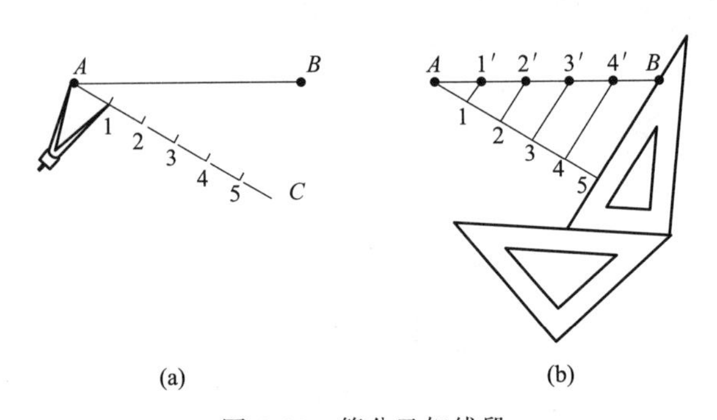

图 1-13　等分已知线段

个等分点，见图 1-13(a)。

② 连接 5、B，过 1、2、3、4 等分点做 $5B$ 的平行线，与 AB 相交即得等分点 $1'$、$2'$、$3'$、$4'$，见图 1-13(b)。

二、圆周等分和正多边形的画法

1. 用圆规等分圆周及作正多边形

图 1-14 为用圆规对圆周进行三、六、十二等分并作正三边形、正六边形、正十二边形的示意图。

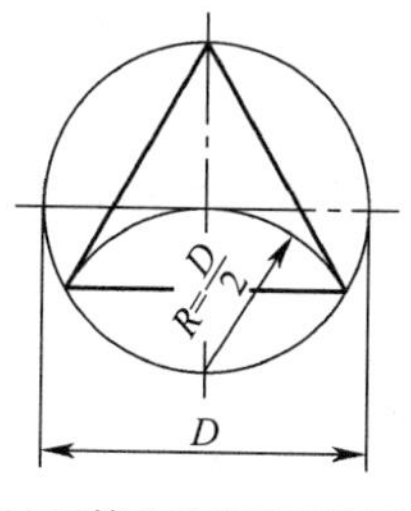

(a) 三等分及作正三边形

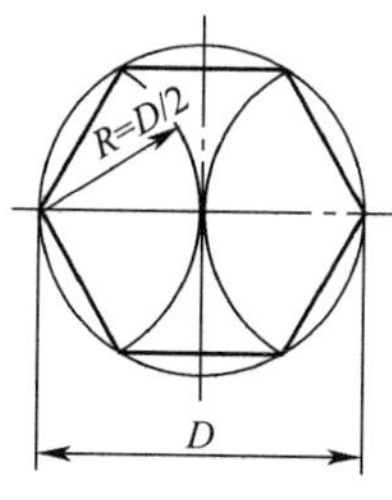

(b) 六等分及作正六边形

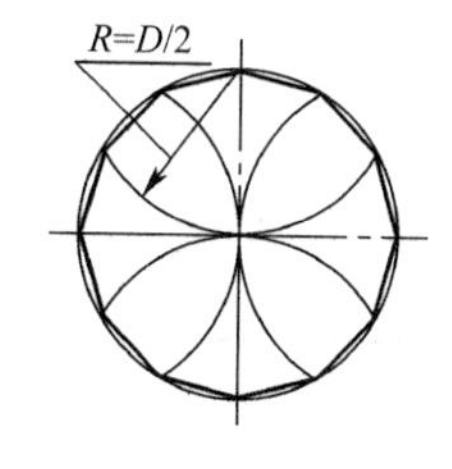

(c) 十二等分及作正十二边形

图 1-14　用圆规等分圆周及作正三、六、十二边形

2. 用丁字尺和三角板配合作正六边形

图 1-15 为用丁字尺和三角板配合作正六边形的示意图。

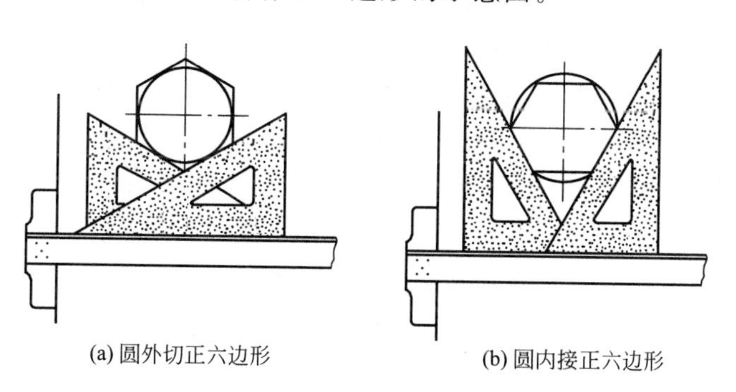
(a) 圆外切正六边形　　(b) 圆内接正六边形

图 1-15　丁字尺和三角板配合作正六边形

3. 五等分圆周及作正五边形

图 1-16 所示为对圆周进行五等分并作正五边形的示意图。

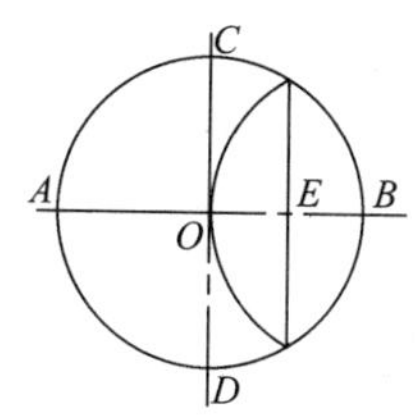

(a) 作OB的中点E

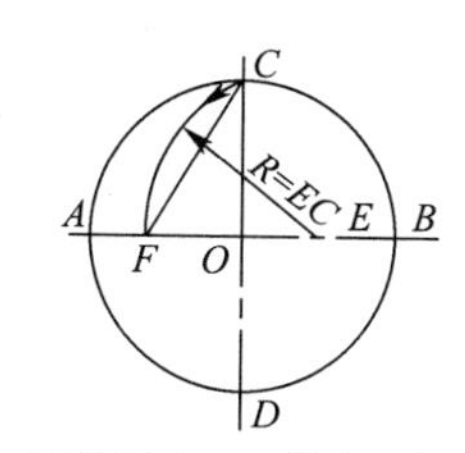

(b) 以E为圆心，EC为半径作圆弧与OA交于点F，线段CF即为圆周五等分的弦长

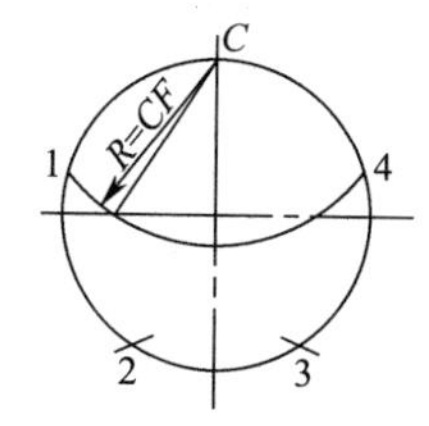

(c) 用CF弦长依次截取圆周的五个等分点

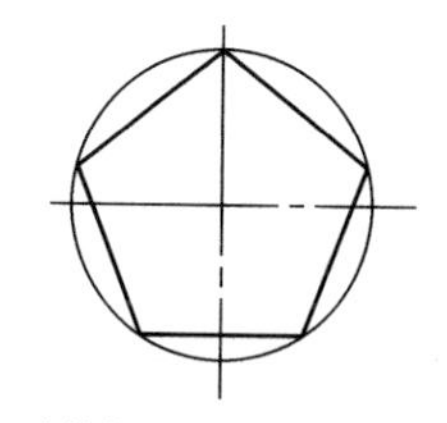
(d) 连接相邻各点，即得圆内接正五方形

图 1-16　五等分圆周及作正五边形

三、斜度与锥度

1. 斜度

斜度是棱体高之差与两棱面之间的距离之比，用代号 S 表示。如图 1-17 所示，斜度是最大棱体高 H 与最小棱体高 h 对棱体长度 L 之比。习惯上把斜度写成 1∶n 的形式，并在斜度比之前用斜度符号表示，斜度符号按图 1-18(a) 所示绘制。标注斜度时，斜度符号方向应与斜度方向一致，标注在引出线上方。

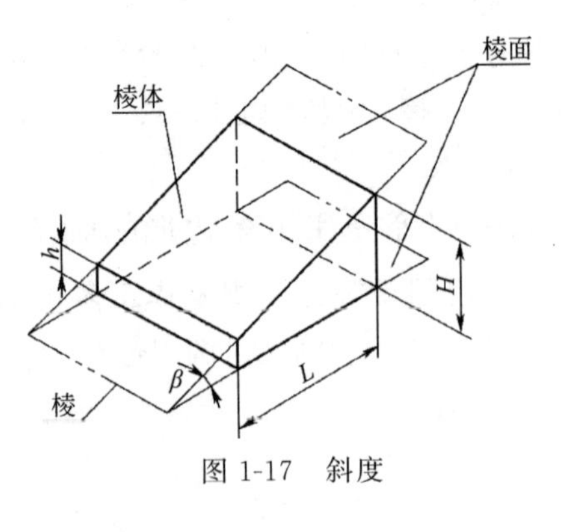

图 1-17　斜度

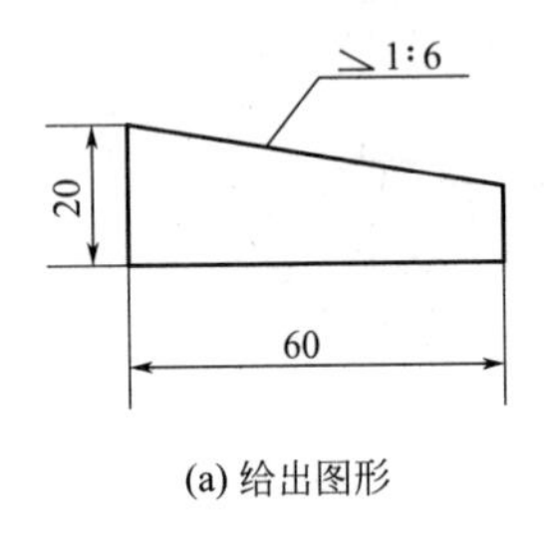

(a) 给出图形

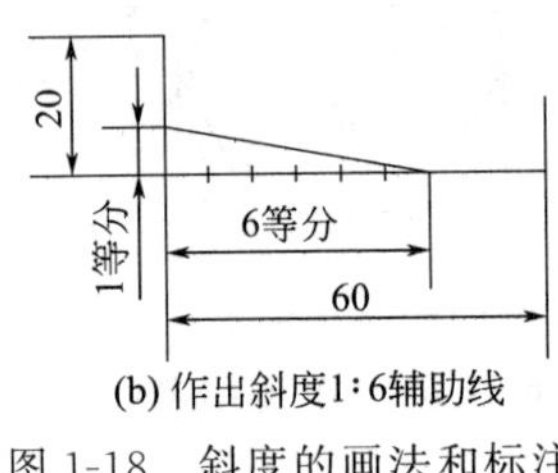

(b) 作出斜度1∶6辅助线

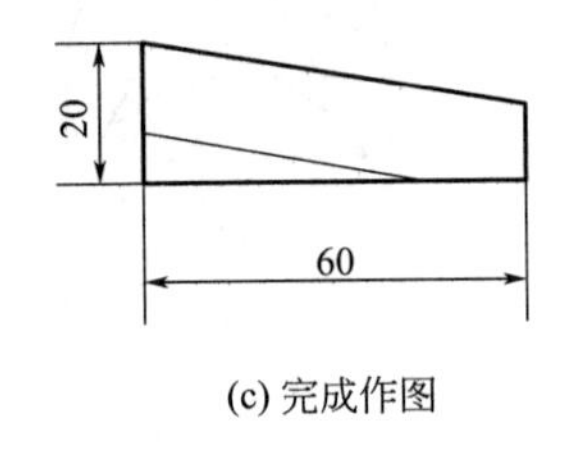

(c) 完成作图

图 1-18　斜度的画法和标注

2. 锥度

锥度指两个垂直于圆锥轴线的圆截面的直径差与该两截面间的轴向距离之比，用代号 C 表示。如图 1-19(a) 所示，圆锥台的底圆和顶圆的直径之差与其高之比，即为锥度 C。

在图样上，锥度用 1∶n 的形式标注，在锥度比例数前加注锥度符号。标注锥度时，锥度符号配置在基准线上，基准线与圆锥轴线平行，并通过引出线与圆锥轮廓线相连。锥度符号的方向应与圆锥方向一致，如图 1-19(b) 所示。

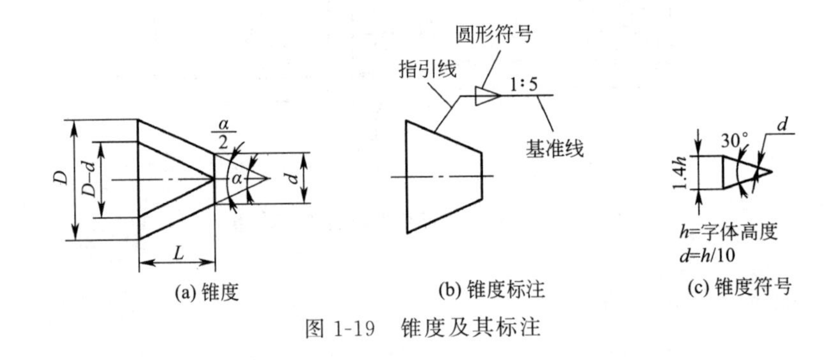

图 1-19　锥度及其标注

锥度画法如图 1-20(a) 所示锥度 1∶5 的塞规，其作图步骤见图 1-20(b)、(c)。

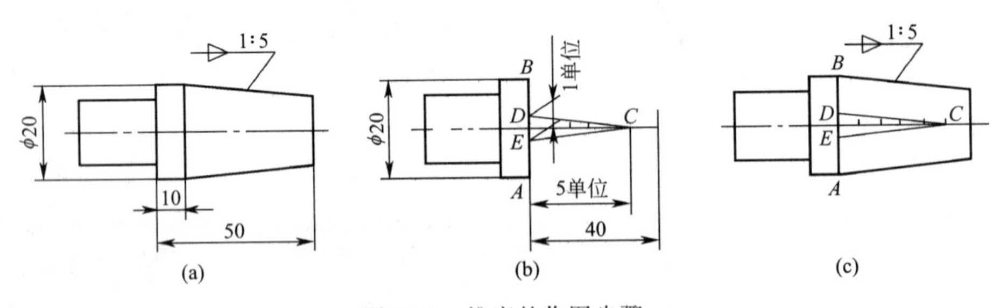

图 1-20　锥度的作图步骤

四、圆弧连接

如图 1-21 所示，用一段圆弧光滑地连接另外两条已知线段（直线或圆弧）的作图方法称为圆弧连接。要保证圆弧连接光滑，就必须使线段与线段在连接处相切，作图时应先作连接圆弧的圆心并确定连接圆弧与已知线段的切点。

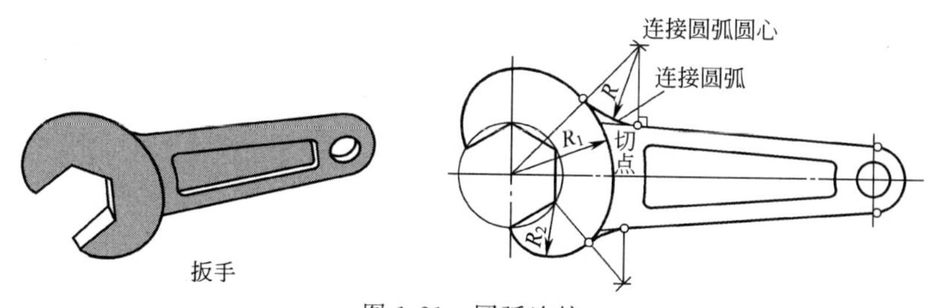

图 1-21　圆弧连接

1. 圆弧连接的作图（见表 1-6）

表 1-6　圆弧连接

类　　别	圆弧与直线连接（相切）	圆弧外连接圆弧（外切）	圆弧内连接圆弧（内切）
图例	连接圆弧　圆心轨迹　R　O'　T　已知直线　连接点（切点）	连接圆弧　圆心轨迹　R　O　T　R_1+R　R_1　已知圆弧　O_1　O'　连接点（切点）	已知圆弧　圆心轨迹　R　连接圆弧　R_1　R_1-R　O'　T　O_1　连接点（切点）
连接弧的圆心轨迹及切点位置	连接弧的圆心轨迹是平行于定直线，且相距为 R 的直线 切点为由连接弧的圆心向已知直线作垂线的垂足 T	连接弧的圆心轨迹是已知圆弧的同心圆弧，其半径为R_1+R 切点为两圆心连线与已知圆弧的交点 T	连接弧的圆心轨迹是已知圆弧的同心圆弧，其半径为 R_1-R 切点为两圆心连接的延长线与已知圆弧的交点 T

2. 两直线间的圆弧连接

两直线间的圆弧连接作图步骤见表 1-7。

表 1-7　两直线间的圆弧连接

类　　别	用圆弧连接锐角或钝角（圆角）	用圆弧连接直角（圆角）
图例	R　O　T_1　T_2	R　O　T_1　A　T_2
作图步骤	①分别作与已知角两边相距为 R 的平行线，交点 O 即为连接弧圆心 ②过 O 点分别向已知角两边作垂线，垂足 T_1、T_2 即为切点 ③以 O 为圆心，R 为半径在两切点 T_1、T_2 之间画连接圆弧，即为所求	①以直角顶点 A 为圆心，R 为半径作圆弧，交直角两边于 T_1 和 T_2，得切点 ②分别以 T_1 和 T_2 为圆心，R 为半径作圆弧，相交于点 O，得连接弧圆心 ③以 O 为圆心，R 为半径在两切点 T_1 和 T_2 之间作连接弧，即得所求

续表

类　　别	用圆弧连接锐角或钝角(圆角)	用圆弧连接直角(圆角)
实例	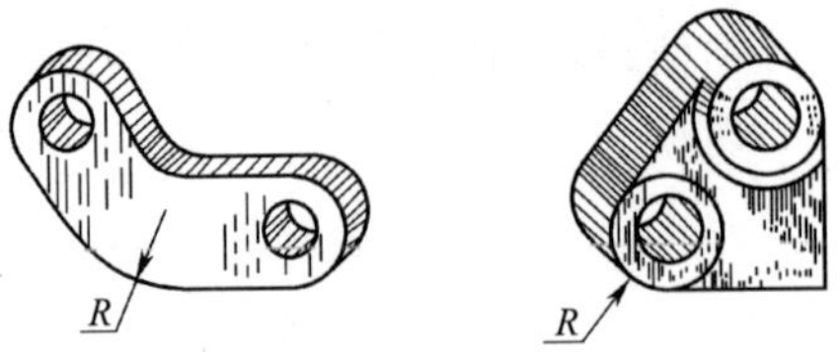	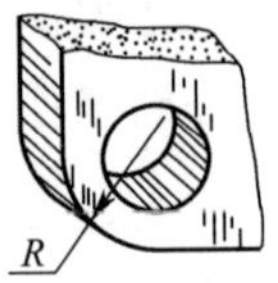

3. 两圆弧及直线和圆弧之间的圆弧连接

两圆弧及直线和圆弧之间的圆弧连接作图步骤见表1-8。

表1-8　两圆弧及直线与圆弧之间的圆弧连接

名称	外　连　接	内　连　接	混 合 连 接	圆弧连接直线与圆弧
	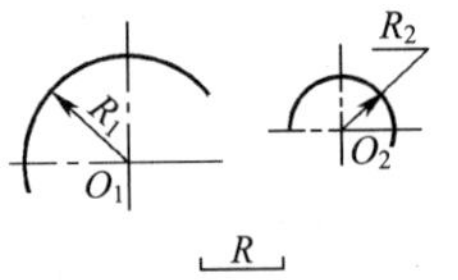	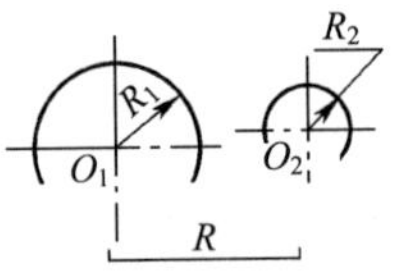	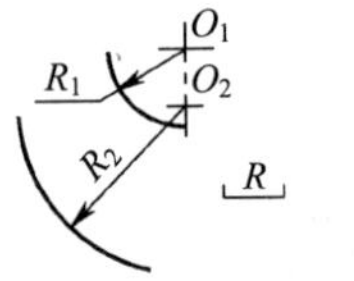	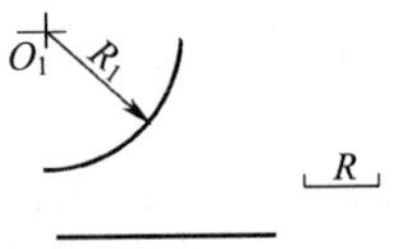
	已知连接圆弧半径 R，外连接两已知圆弧(R_1，R_2)	已知连接圆弧半径 R，内连接两已知圆弧(R_1，R_2)	已知连接圆弧半径 R，外连接已知圆弧(R_1)与已知内连接圆弧(R_2)	已知连接圆弧半径 R，外接已知圆弧(R)和直线
	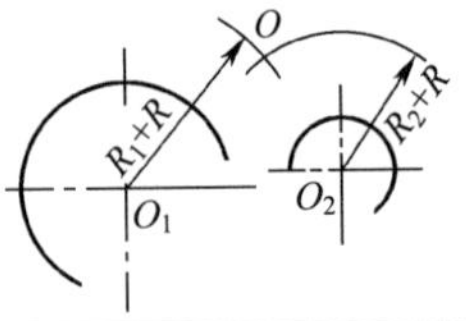	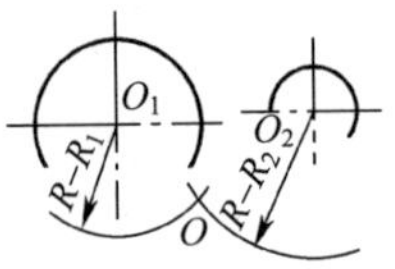	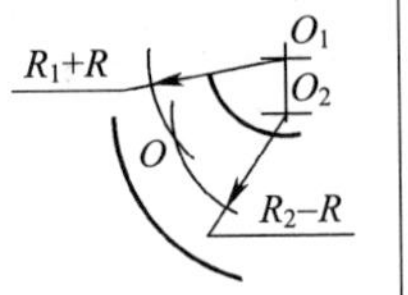	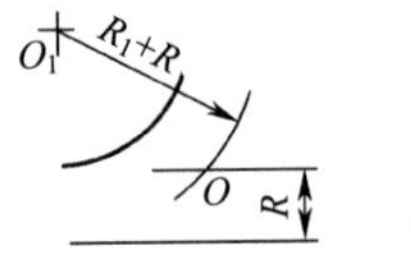
作图步骤	①分别以 O_1、O_2 为圆心，R_1+R 与 R_2+R 为半径画圆弧相交于 O，得连接圆弧的圆心	①分别以 O_1、O_2 为圆心，$R-R_1$ 与 $R-R_2$ 为半径画圆弧相交于 O，得连接圆弧的圆心	①分别以 O_1、O_2 为圆心，R_1+R 与 R_2-R 为半径画圆弧相交于 O，得连接圆弧的圆心	①以 O_1 为圆心，$R+R_1$ 为半径画圆弧，作距离已知直线为 R 的平行线，与圆弧交于 O，得连接圆弧的圆心
	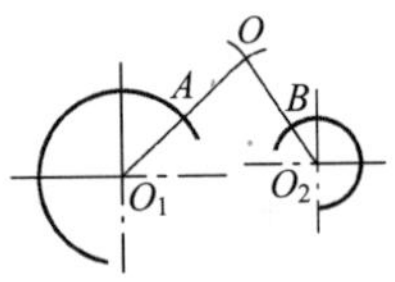	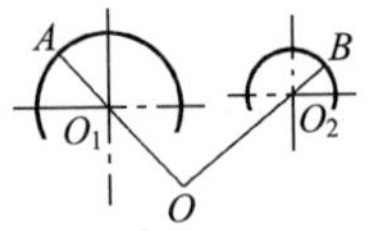	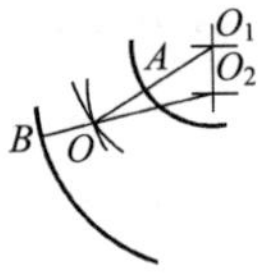	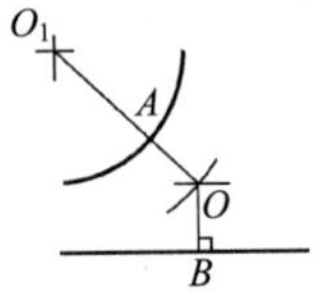
	②作连心线 OO_1、OO_2 与已知两圆弧相交于点 A、B，得切点	②作连心线 OO_1 与 OO_2 并延长，与已知两圆弧相交于点 A、B，得切点	②作连心线 OO_1 与 OO_2 并延长，分别与已知两圆弧相交于点 A、B，得切点	②作连心线 OO_1 和过 O 点作已知线垂直线，得切点 A、B
	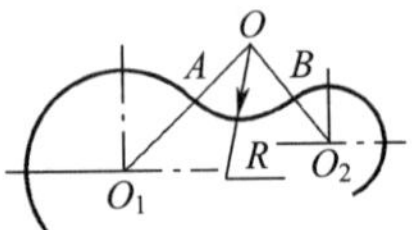	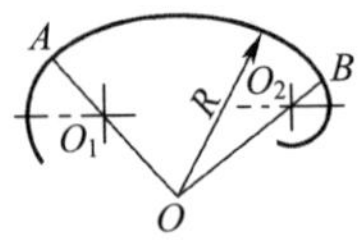	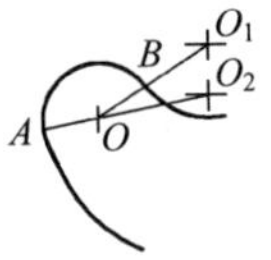	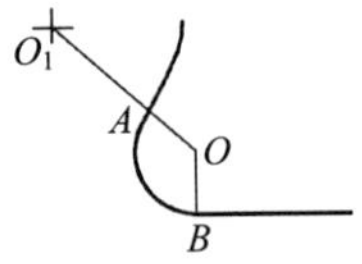
	③以 O 为圆心，R 为半径在两切点 A、B 间作连接弧，即得所求	③以 O 为圆心，R 为半径在两切点 A、B 间作连接弧，即得所求	③以 O 为圆心，R 为半径在两切点 A、B 间作连接圆弧，即得所求	③以 O 为圆心，R 为半径在两切点 A、B 间作圆弧，即得所求

续表

名称	外　连　接	内　连　接	混 合 连 接	圆弧连接直线与圆弧
实例				

第三节　平面图形的画法

一、平面图形的尺寸分析

平面图形由许多线段连接而成，这些线段之间的相对位置和连接关系靠给定的尺寸来确定。平面图形中所注尺寸按其作用可分为三类。

① 定形尺寸。用以确定平面图形中线段的长度、圆及圆弧的直径或半径、角度的大小的尺寸。图 1-22(a) 中除了 A、M、B、N 尺寸以外的所有尺寸，图 1-22(b) 中除了 L 和 H 尺寸以外的所有尺寸，图 1-23 除了 8、15、42 尺寸以外的所有尺寸，都属于定形尺寸。

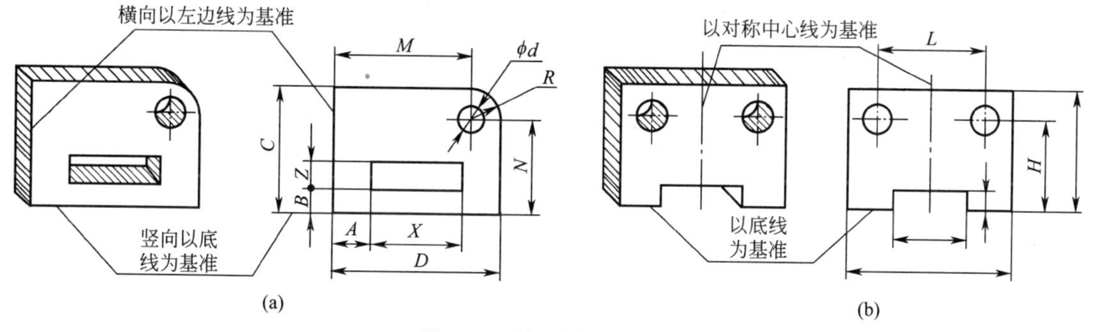

图 1-22　平面图形的尺寸

② 定位尺寸。确定平面图形中各线段（或线框）对尺寸基准的相对位置尺寸，称为定位尺寸。图 1-22(a) 中的 A、M 和 B、N 尺寸分别为水平（横向）和垂直（竖向）定位尺寸；图 1-22(b) 中的 L、H 尺寸和图 1-23 中的 8、15 和 42 尺寸都属于定位尺寸。

③ 尺寸基准。标注平面图形的尺寸，应先确定标注尺寸的起始位置，即尺寸起始点，称为尺寸基准。通常以图形中较长边、对称中心线、较大圆的中心线等作为尺寸基准，如图 1-23

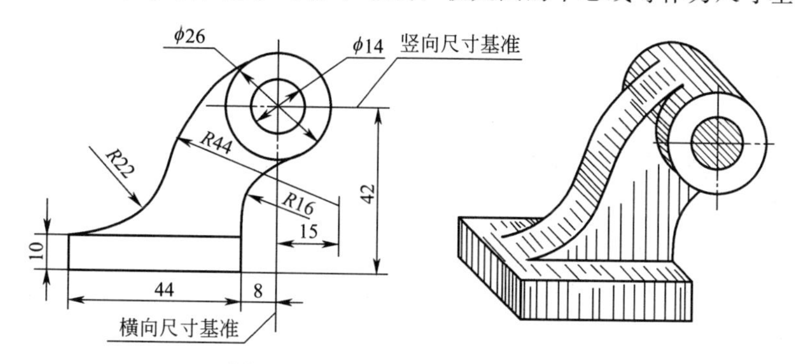

图 1-23　平面图形的尺寸和线段

所示。

二、平面图形的线段分析

画平面图形时，有些线段根据图中所注尺寸便能直接画出，有些线段还要通过线段的连接关系才能正确画出。

平面图形的线段（直线、圆、圆弧）按其定形尺寸和定位尺寸是否齐全分为 3 类。

1. 已知线段

具有定形尺寸和两个方向的定位尺寸的线段，称为已知线段。

已知线段根据给定的定形尺寸和定位尺寸就能够直接作出，如图 1-23 中矩形的两个边 44 与 10，两个同心圆 $\phi14$、$\phi26$，都属于已知线段。

2. 中间线段

具有定形尺寸和一个方向的定位尺寸的线段，称为中间线段。

中间线段不能直接作出，必须借助于线段一端与相邻线段相切的关系才能作出，如图 1-23 的圆弧 $R44$ 只有水平方向定位尺寸 15，属中间线段，完必须通过其一端与圆 $\phi26$ 内连接关系才能作出。

3. 连接线段

仅有定形尺寸，没有定位尺寸的线段，称为连接线段。

连接线段必须借助于其与相邻两个线段相切的关系才能作出，如图 1-23 中的圆弧 $R22$、$R16$ 没有定位尺寸，属连接线段，只能通过与圆弧 $R44$ 和圆 $\phi26$ 的外连接关系及它们与直线的相切关系才能作出。

三、平面图形的绘图方法和步骤

1. 准备工作

① 准备好必需的制图工具和仪器。

② 确定图形采用的比例和图纸幅面的大小。

③ 将图纸固定在图板的适当位置，使绘图时丁字尺、三角板移动自如。

④ 画出图框和标题栏。

⑤ 分析所画图形的尺寸及各线段的性质及画图的先后顺序，确定图形在图纸上的布局。

2. 绘制底稿

① 合理均匀布置图形。

② 画出基准线（用 2H 或 H 铅笔）。

③ 画出已知弧和直线、中间线段和连接线段，见表 1-9(b)、(c)、(d)。

④ 画尺寸界线、尺寸线。

⑤ 仔细校对底稿图，修正错误，擦去多余的图线。

绘制底稿图时，各种线型暂不分粗细，轻画细线，图形准确。

3. 加粗描深

底稿完成后，要按各种图线的线宽要求进行描深，一般用 H、HB、B 铅笔描深各种图线，圆规用的铅芯应比画直线用的铅笔软一号，同类图线粗细一致。

① 先粗后细。一般先描粗全部粗实线，再加深全部虚线、点画线、细实线等，以提高作图速度和保持同类图线粗细一致。

② 先曲后直。画同一种线型时，应遵守先曲线后直线的原则，以保证连接圆滑。

③ 先上后下、先左后右。从上而下画水平线，从左到右画垂直线，最后从左到右画斜线，以提高作图速度和保持图面的整洁，见表 1-9(e)。

④ 画箭头，填写尺寸数字和标题栏，书写字体工整。

⑤ 修饰、校对，完成全图，如表 1-9(f) 所示。

表 1-9　平面图形的作图步骤

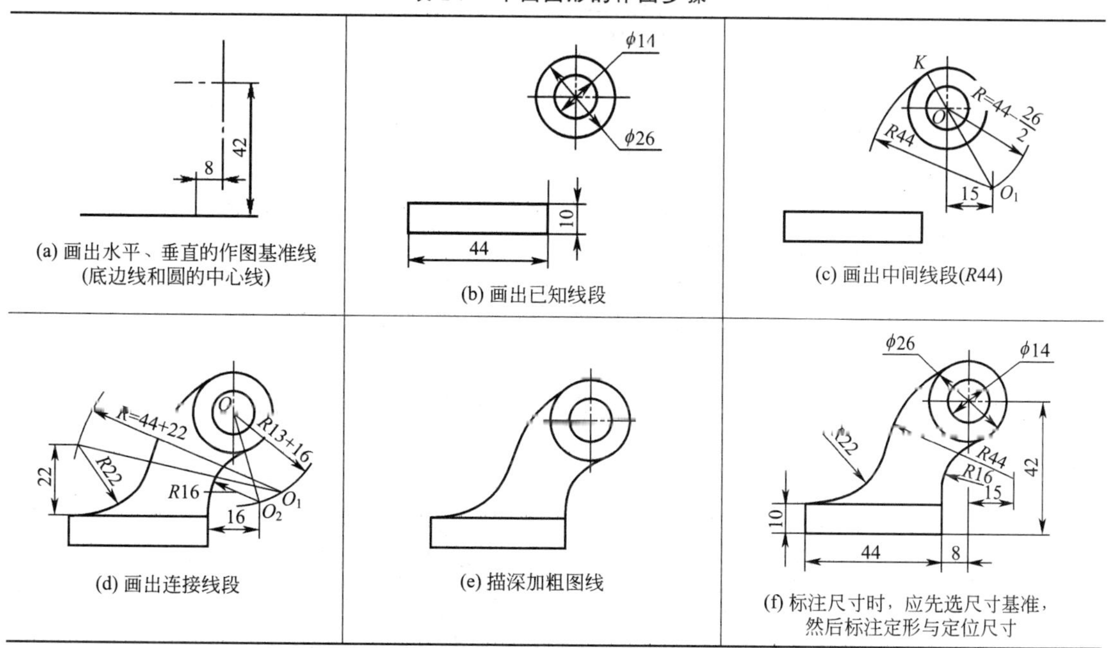

(a) 画出水平、垂直的作图基准线（底边线和圆的中心线）

(b) 画出已知线段

(c) 画出中间线段(R44)

(d) 画出连接线段

(e) 描深加粗图线

(f) 标注尺寸时，应先选尺寸基准，然后标注定形与定位尺寸

第四节　常用绘图工具

正确地使用和维护绘图工具和仪器，是保证绘图质量和加快绘图速度的一个重要方面，因此，必须养成正确使用、维护绘图工具和用品的良好习惯。

一、图板、丁字尺和三角板

图板用来铺放和固定图纸，要求表面平坦、光洁，左边作为导边，必须平直。图纸用胶带纸固定在图板的适当位置。

丁字尺由尺身和尺头两部分组成。用丁字尺画水平线时，必须将尺头紧靠图板导边做上下移动，右手执笔，沿尺身工作边自左向右画线。

一副三角板由 45°和 30°—60°三角板各一块组成。三角板与丁字尺配合使用，可画出垂直线、倾斜线和一些常用的特殊角度线，如 15°、75°、105°等。见图 1-24。

丁字尺、图板和三角板的用法见图 1-24，图中的箭头方向为运笔方向。

二、分规和圆规

分规是用来量取线段和等分线段的工具。分规两腿端部有钢针，两腿合拢时，两针尖应合为一点。见图 1-25。例如将线段三等分，先目测估计使两针尖距离大致为 AB 的 1/3，然后在 AB 上试分，如果第三个试分点 K 在 AB 内（或外），这时应将针尖距离增加（或减

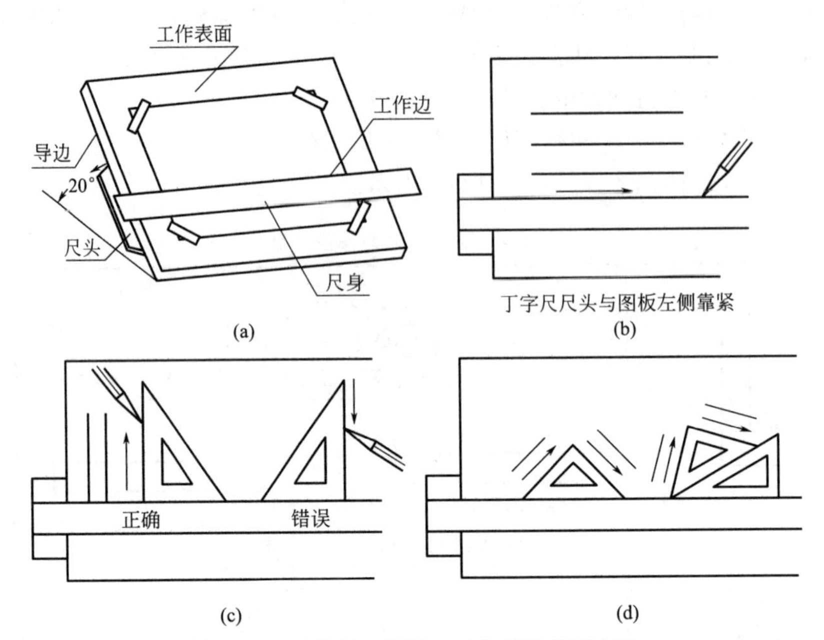

图 1-24　丁字尺、图板、三角板的使用方法

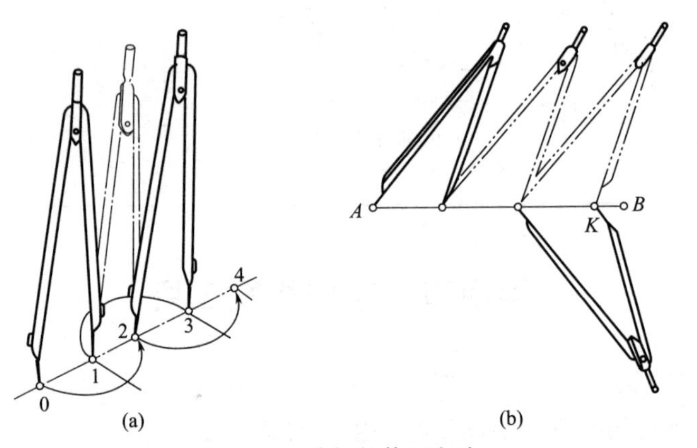

图 1-25　分规的使用方法

少）$BK/3$，再进行试分，这样经过几次试分，即可较为准确地三等分线段 AB。

圆规主要用来画圆或圆弧，常用的大圆规如图 1-26 所示，其一腿装有活动钢针，另一

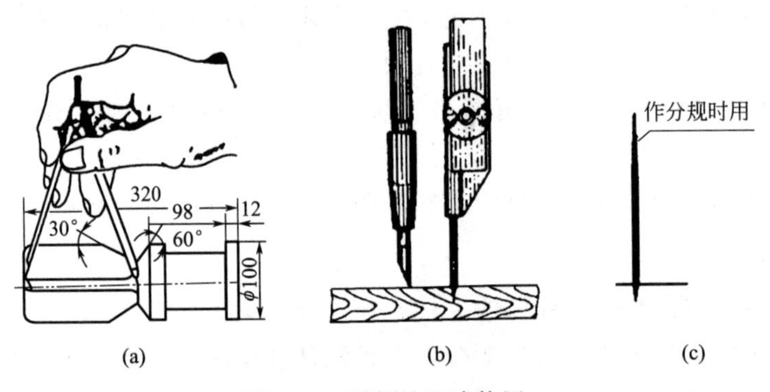

图 1-26　圆规的正确使用

腿装有肘形关节，可装铅笔插腿或鸭嘴笔插腿等，用来画铅笔或墨线图。装上钢针插腿又可作分规使用。要注意活动钢针的形状，如图 1-26(c) 所示，画图时，要用有台阶这端针尖扎向圆心，可防止画图时圆心扩大造成误差，圆规铅芯的尖端应与钢针台阶基本平齐，以使作图准确。

画圆时一般按顺时针方向旋转，且使圆规向运动方向稍微倾斜，通常将圆规针尖和插腿调整到与纸面垂直，见图 1-27。

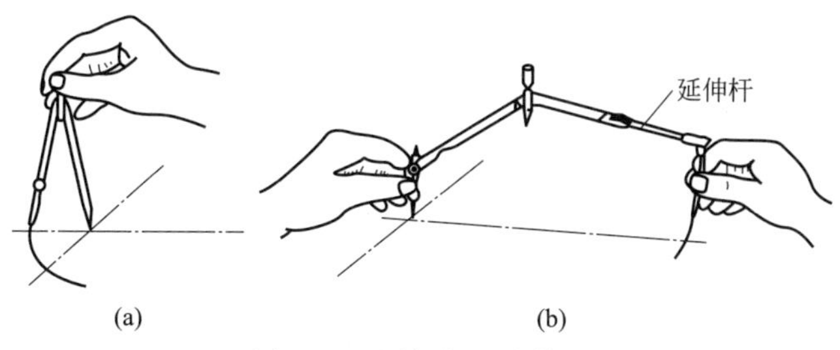

图 1-27　圆规的正确使用

三、铅笔

根据绘图需要，可选择不同软硬程度的铅笔。常用的型号为 2H、H、HB、B、2B。H 表示硬度，H 前数字越大，铅芯越硬；B 表示软度，B 前数字越大，铅芯越软；HB 软硬适中。其选用推荐如下：打底稿用 H、2H；加深直线用 HB、B；加深圆用 B、2B；写字用 HB。

铅笔的铅芯一般用砂纸磨成所需的形状，画底稿和写字时，应磨成锥形；加深粗实线时，应磨成矩形。如图 1-28 所示。

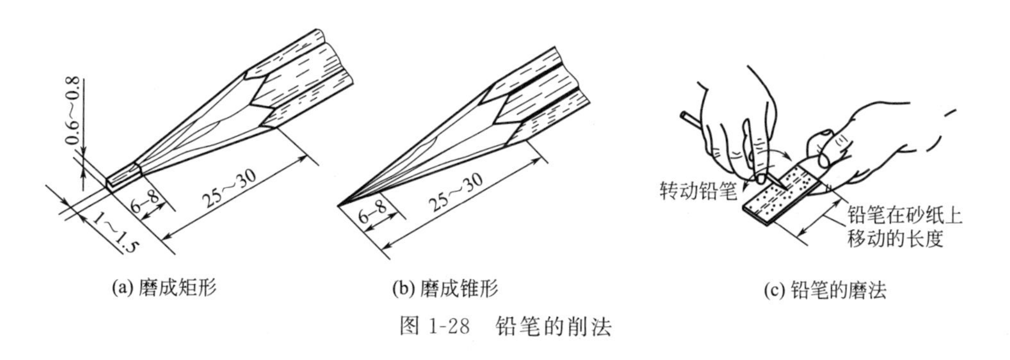

图 1-28　铅笔的削法

第五节　徒手画图方法

用目测法估计图形与实物的比例，徒手绘制的图样，称为草图。在实际生产中，如设计、仿造、修理等经常需要绘制草图，徒手绘图是工程技术人员必备的一项基本技能。

一、直线的画法

徒手画直线时，手腕和小手指微触纸面。画短线时以手腕运笔；画长线时要移动手臂，先定出直线端点 A、B，笔尖着在 A 点上，眼睛转向终点 B 轻轻平移画线；画垂直线自上而下画线，画水平线自左向右画线；画倾斜直线，通常旋转图纸或侧转身体，以变成顺手方向，再画线。如图 1-29 所示。

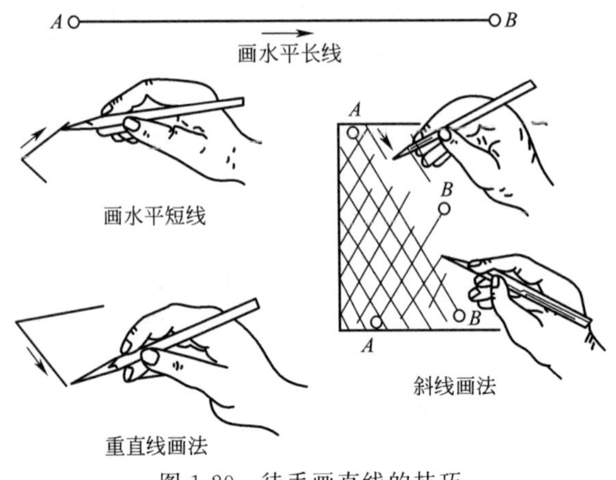

图 1-29 徒手画直线的技巧

二、圆、圆角和圆弧连接的画法

画小圆时，先画中心线，在中心线上按半径大小，目测定出四点，然后过四点分两半画出，如图 1-30 所示。也可以过四点闲话正方形，再画内切的四段圆弧。

画直径较大的圆时，可过圆心画一对十字按半径大小，目测定出八点，然后依次连点画出。

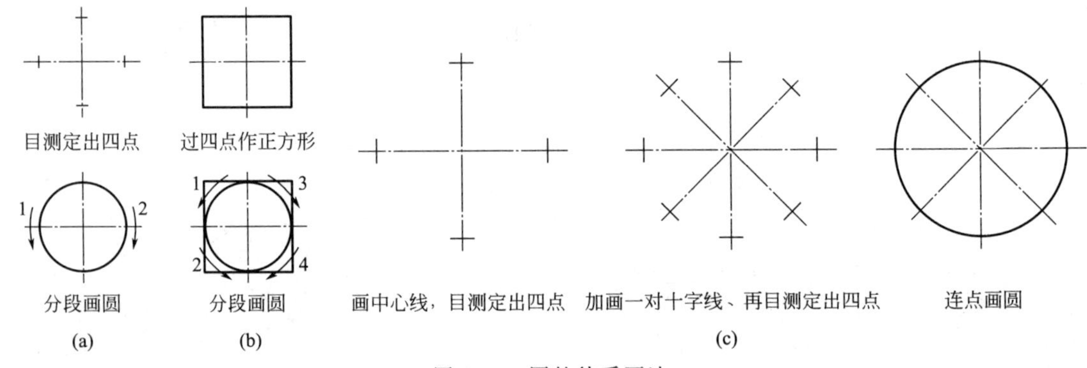

图 1-30 圆的徒手画法

画圆角和圆弧连接时，先根据圆弧半径大小，在角的角平分线上目测圆心位置，从圆心向角两边引垂线，定出圆弧的两个连接点，再徒手画圆弧，如图 1-31(a) 所示；对于半圆和 1/4 圆弧，可先画辅助正方形，再画圆弧与正方形的边相切，如图 1-31(b)、(c) 所示。

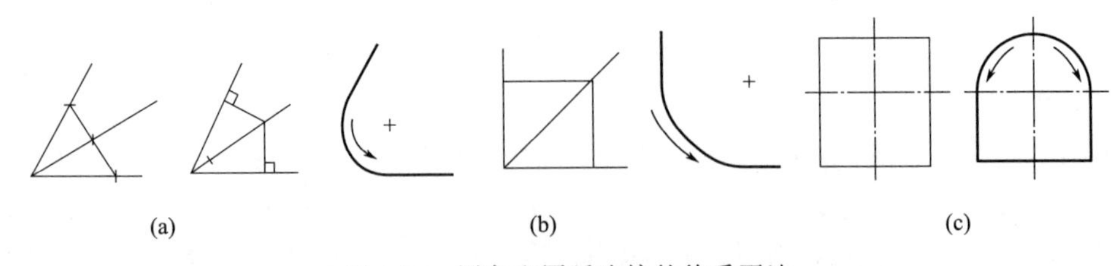

图 1-31 圆角和圆弧连接的徒手画法

三、特殊角度的画法

画 30°、45°、60°、90°、120°等特殊角时，可利用直角三角形两直角边的比例关系，在直角边定点，并连线，即得特殊角，如图 1-32(a)、(b)、(c) 所示；也可用等边直角三角形斜边的比例关系，在斜边上定点，然后连线，如图 1-32(d)、(e)、(f)、(g) 所示。

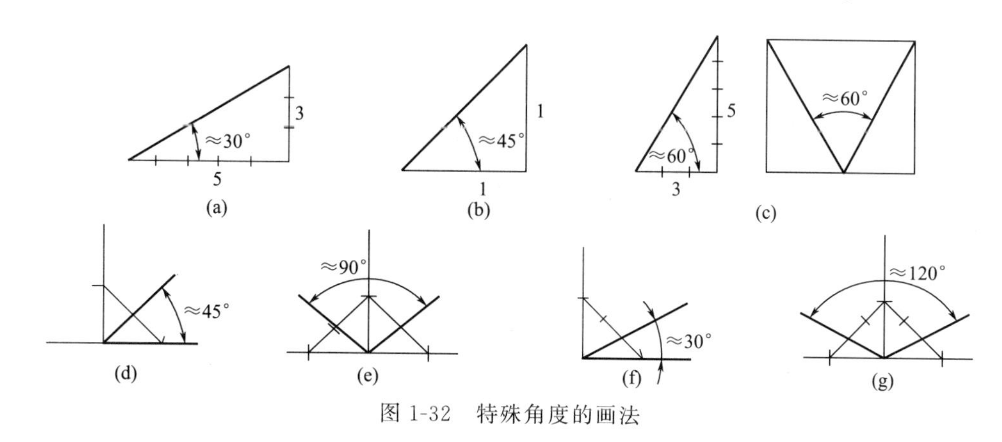

图 1-32 特殊角度的画法

四、椭圆的画法

如图 1-33(a) 所示，先画出椭圆的长、短轴构成矩形，引矩形对角线，用 1∶3 的比例定出点，然后分段画出四段圆弧所组成的椭圆。如图 1-33(a) 所示。也可根据椭圆与菱形外切的特点，先画出菱形，再作钝角、锐角边的内切圆弧，即得椭圆，如图 1-33(b) 所示。

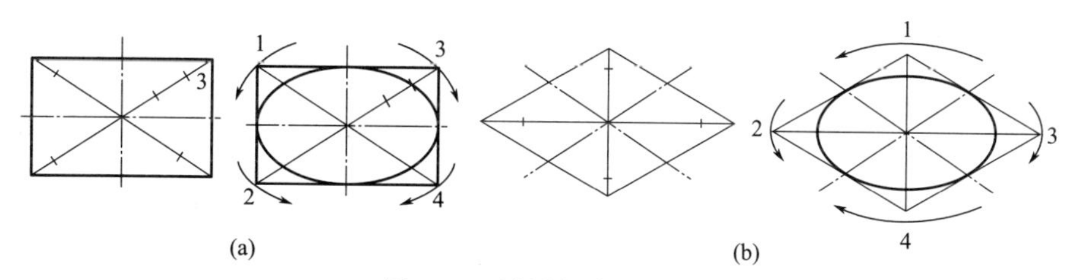

图 1-33 椭圆的徒手画法

五、平面图形草图的画法

绘平面图形草图与用仪器绘图步骤相同，如图 1-34 所示。草图图形的大小是根据目测

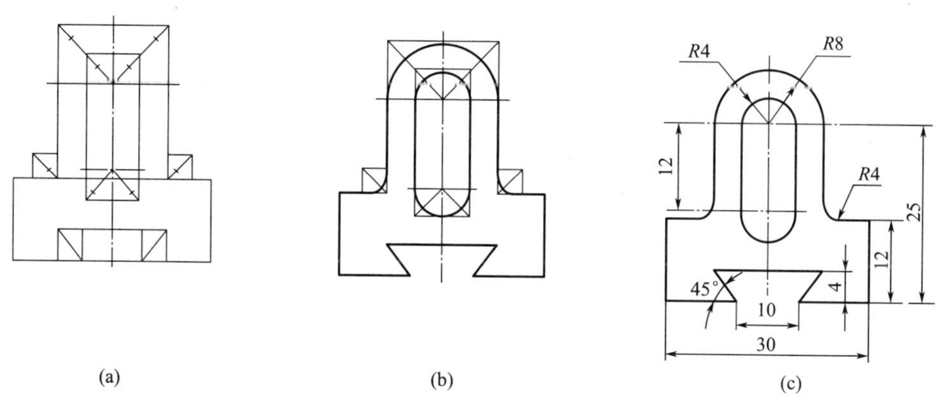

图 1-34 平面图形草图的绘图步骤

估计画出的，目测尺寸应尽可能准。画草图的铅笔一般用 HB 或 B。为了便于转动图纸，提高徒手画图速度，画草图的图纸一般不固定。初学者可在方格纸上进行练习，如图 1-35 所示。

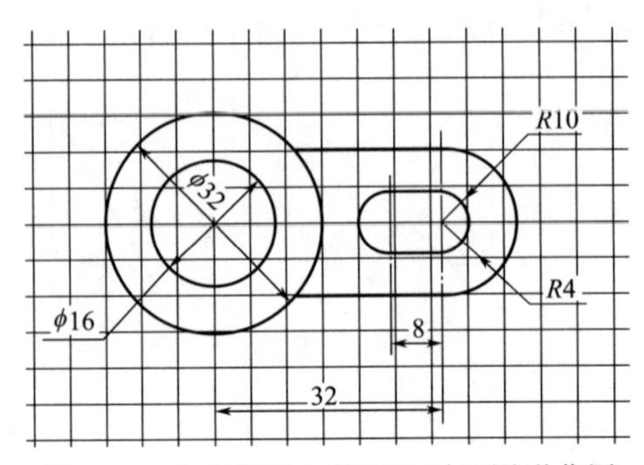

图 1-35　在方格纸上练习画平面图形草图

第二章 正投影基础

第一节 投影法和视图

一、投影法的概念和种类

物体在阳光或灯光照射下，会在地面或墙上留下它的影子，这个影子能在一定程度上反映物体的几何形状。经过科学抽象，把光线模拟为投射线，把地面或墙壁模拟为投影面，这种投射线通过物体向选定的面投射，在该平面上得到图形的方法，称为投影法。根据投影法所得到的图形，称为投影。

要获得投影，必须具备投射线、物体和投影面这三个基本条件。

1. 投影法的种类

根据投射光线发出的位置不同，投影法可以分为中心投影法和平行投影法，见图 2-1。

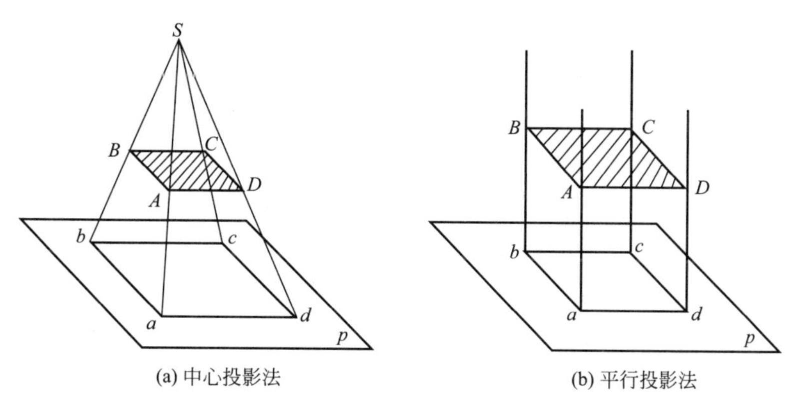

(a) 中心投影法　(b) 平行投影法

图 2-1　投影法

(1) 中心投影法

如图 2-1 所示，投射线汇交于一点 S（投射中心）的投影法，称为中心投影法。中心投影法所得图形大小随着投影面、物体和投射中心三者之间的距离变化而变化，度量性较差，作图复杂，但它具有较强立体感，建筑工程上常用这种方法绘制透视图（见图 2-2）。

图 2-2　建筑物的透视图

(2) 平行投影法

如图 2-3 所示，假设将投射中心（即视点）移到无穷远处，这时投射线可视为互相平行，这种投射线互相平行的投影法，称为平行投影法。平行投影法根据投射线与投影面相交的角度分为斜投影法和正投影法。

投射线与投影面倾斜的平行投影法，称为斜投影法，如图 2-3(a) 所示。由斜投影法所得图形称斜投影或斜投影图。

投射线与投影面相垂直的平行投影法，称为正投影法，如图 2-3(b) 所示。由正投影法所得图形称正投影或正投影图。

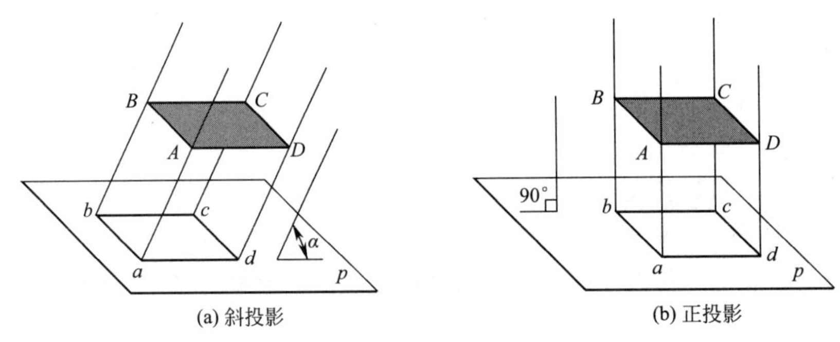

(a) 斜投影　(b) 正投影

图 2-3　平行投影法

由于正投影法能反映物体的真实形状和大小，度量性好，便于作图，所以机械图样多按正投影法绘制。

2. 正投影的基本性质

① 真实性　当直线或平面平行于投影面时，投影反映实长或实形，这种性质称为真实性，如图 2-4(a) 所示。

② 积聚性　当直线或平面垂直于投影面时，投影后积聚成一点或一条直线，这种性质称为积聚性，如图 2-4(b) 所示。

③ 类似性　当直线或平面倾斜于投影面时，直线投影缩短，平面投影变小，但形状与原形相似，这种投影性质称为类似性，如图 2-4(c) 所示。

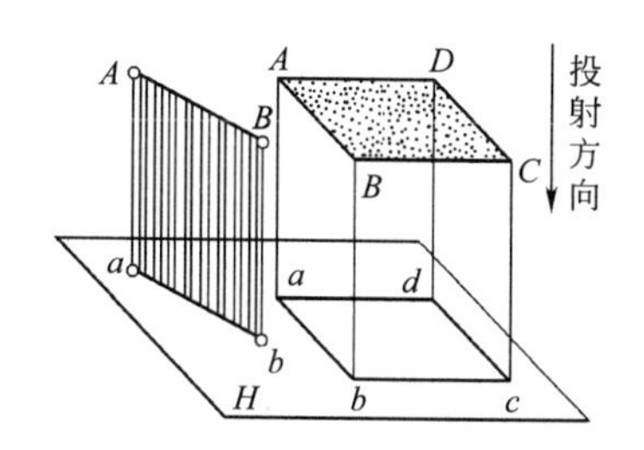

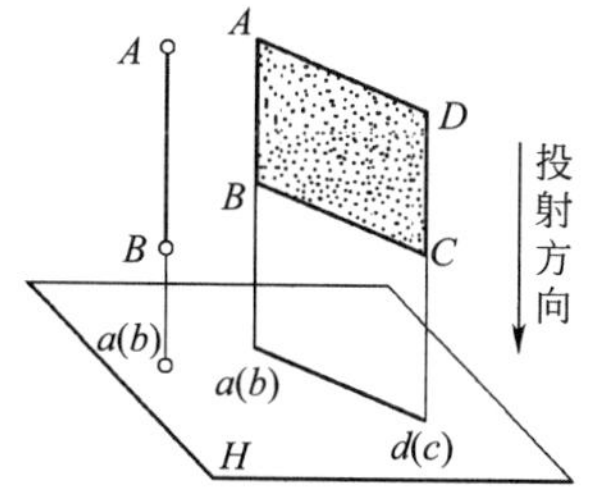

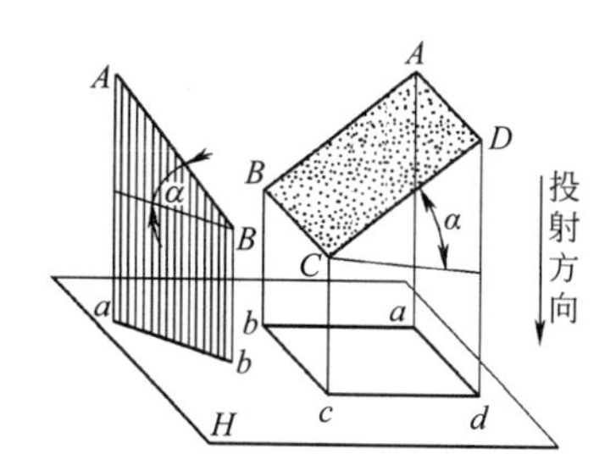

(a) 线、面平行投影面投影具有真实性　(b) 线、面垂直投影面投影具有积聚性　(c) 线、面倾斜投影面，投影具有类似性

图 2-4　直线、平面形正投影的基本性质

二、视图

在机械制图中，通常假设人的视线为一组相互平行且与投影面垂直的投射线，将物体向投影面进行投射，这样在投影面上就会得到物体的投影，这个投影称为视图，如图 2-5 所示。通常一面视图只能反映物体一个方向的形状，不能完整反映物体形状，见图 2-6。

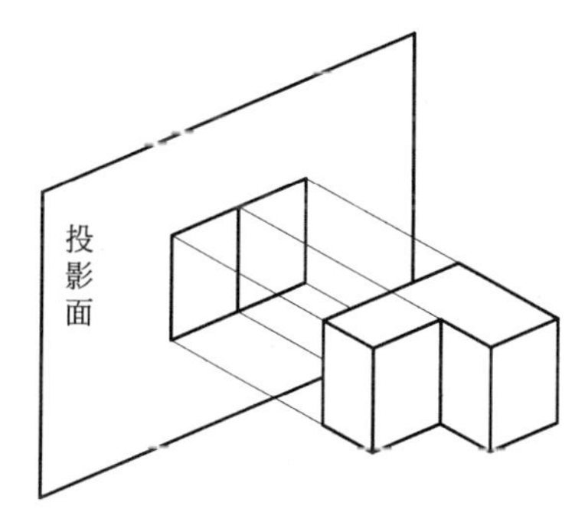

图 2-5　物体的视图

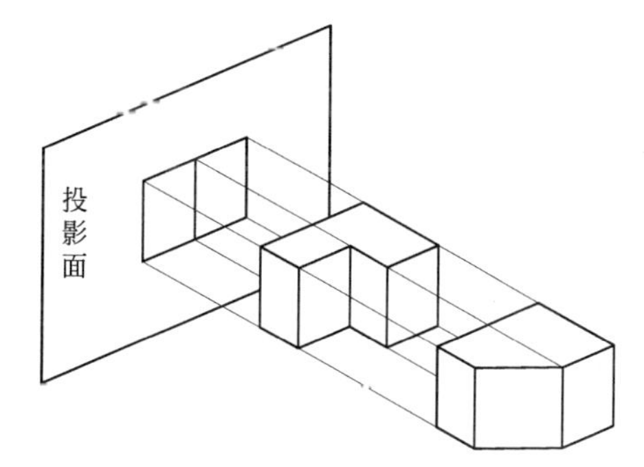

图 2-6　一个视图不能确定物体的形状

第二节　三视图

一、投影面体系的建立

三个互相垂直的投影面组成三面投影体系，分别用 V、H、W 表示如图 2-7 所示。

正立投影面（V）—正对着观察者的投影面（简称正面）；

侧立投影面（W）—右边侧立的投影面（简称侧面）；

水平投影面（H）—水平位置的投影面（简称水平面）。

这三个互相垂直的投影面就像教室内一个角，如黑板墙、右侧墙和地板那样，构成一个三投影面体系。

在投影法中，互相的投影面之间的交线，称为投影轴。三根互相垂直投影轴分别用 $OX(X)$、$OY(Y)$、$OZ(Z)$ 表示。三个轴的汇交点称为原点，用 O 表示。

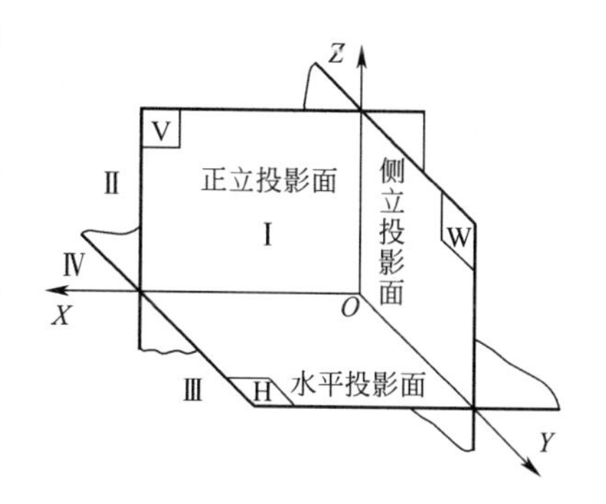

图 2-7　三面投影体系

二、三视图的形成和名称

将物体置于三投影面体系第一分角中，并使其处于观察者与投影面之间，分别向 V、H、W 面进行正投影，即得图 2-8(a) 所示的 3 个视图，分别称为：

主视图—自前方投射，在 V 面所得的视图；

俯视图—自上方投射，在 H 面所得的视图；

左视图—自左方投射，在 W 面所得的视图。

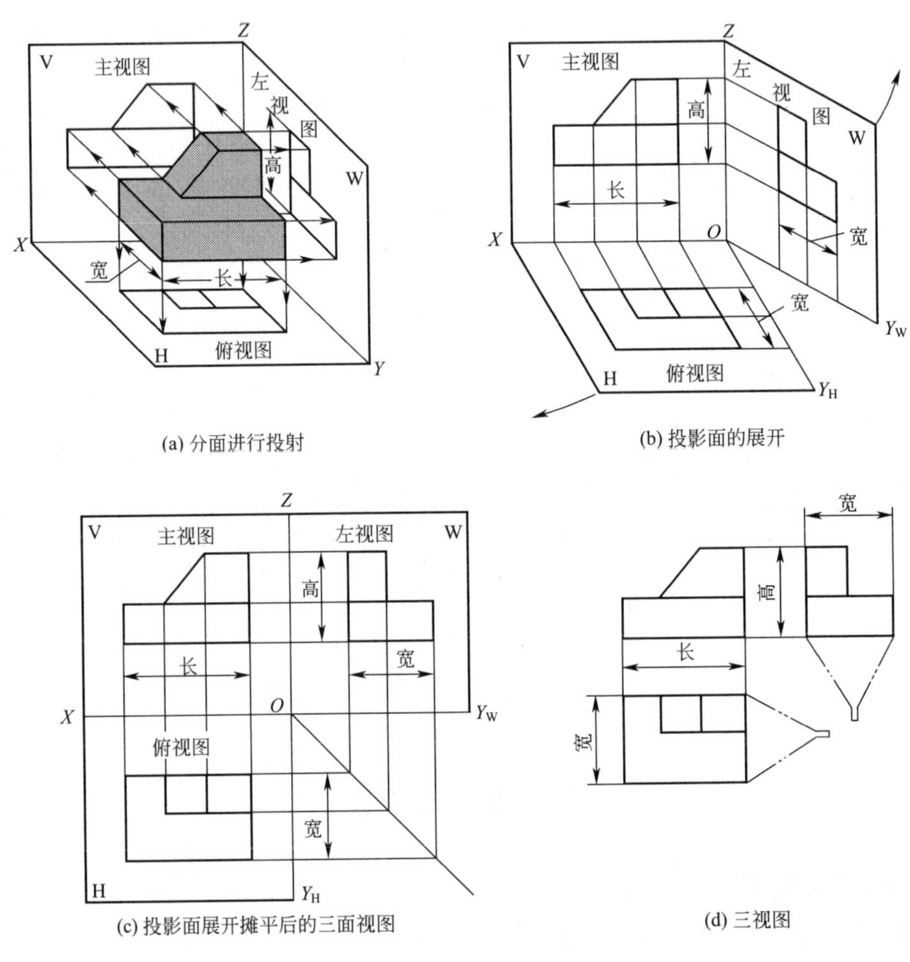

图 2-8　物体三视图

三、三视图及三个投影面的展开

为了把图 2-8(a) 所示的三个视图画在同一张图纸上，按图 2-8(b) 所示，V 面（主视图）不动，H 面（俯视图）绕 X 轴向下旋转 90°，W 面（左视图）绕 OZ 轴向右后旋转 90°，使其与 V 面（主视图）处在同一平面上，即得图 2-8(c) 所示三面视图。

由于视图所表示的物体形状与物体和投影面之间的距离无关，因此绘图时省略投影面边框及投影轴，如图 2-8(d) 所示。

四、三视图之间的对应关系及投影规律

① 位置关系　以主视图为准，俯视图在它的正下方，左视图在它的正右方。画三视图

时，按此规定配置三视图位置时不需标注其名称，如图 2-9(d) 所示。

② 尺寸关系　物体都有长、宽、高 3 个方向的大小。通常规定：物体左右之间的距离长（X）、前后之间的距离为宽（Y），上下之间距离为高（Z），每一个视图反映物体两个方向的尺寸。

主视图反映长度和高度的尺寸。俯视图反映长度和宽度的尺寸。左视图反映高度和宽度的尺寸。

由于 3 个视图反映同一个物体的 3 个方向尺寸，所以相邻两个视图之间有一个方向的尺寸相等，如图 2-9 所示。

主、俯视图相应长度方向尺寸投影相等，且对正，即“主、俯长对正”。

主、左视图相应高度方向尺寸投影相等，且平齐，即“主、左高平齐”。

俯、左视图相应宽度方向尺寸投影相等，即“俯，左宽相等”。

三视图之间存在的“长对正、高平齐、宽相等”的“三等”关系，反映了三视图的投影规律，它不仅适用于物体总尺寸，也适用于物体的局部尺寸，画图、读图时都应严格遵循和利用这个规律。

③ 方位关系　物体具有左、右、上、下、前、后 6 个方位，当物体的投影位置确定后，其所处方位也确定，如图 2-9(a) 所示。

主视图反映物体左右、上下方位关系，前后重叠。

俯视图反映物体左右、前后方位关系，上下重叠。

左视图反映物体上下、前后方位关系，左右重叠。

五、画物体三视图的方法和步骤

画物体三视图时，首先分析物体的形状，确定特征形方向，将物体正置于三面投影体系中，使物体主要面与三个投影面平行或垂直，把视线模拟成正投影线，自前方，上方，左方向三个投影面投射，把观察到的物体轮廓形状，分别用主、俯、左 3 个视图表示，如图 2-9 所示。

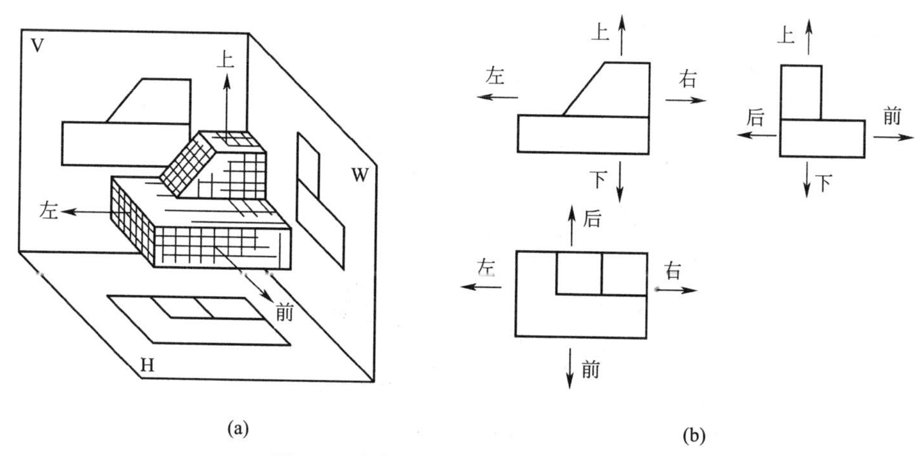

图 2-9　物体和三视图的方位对应关系

画三视图时，应先画反映形体特征的视图，然后根据“长对正，高平齐，宽相等”的投影规律画出其他视图。画三视图时，物体的每一组成部分，最好是三个视图配合着画。不要先把一个视图画完后再画另一个视图。其作图步骤见表 2-1。

表 2-1 画物体三视图的步骤

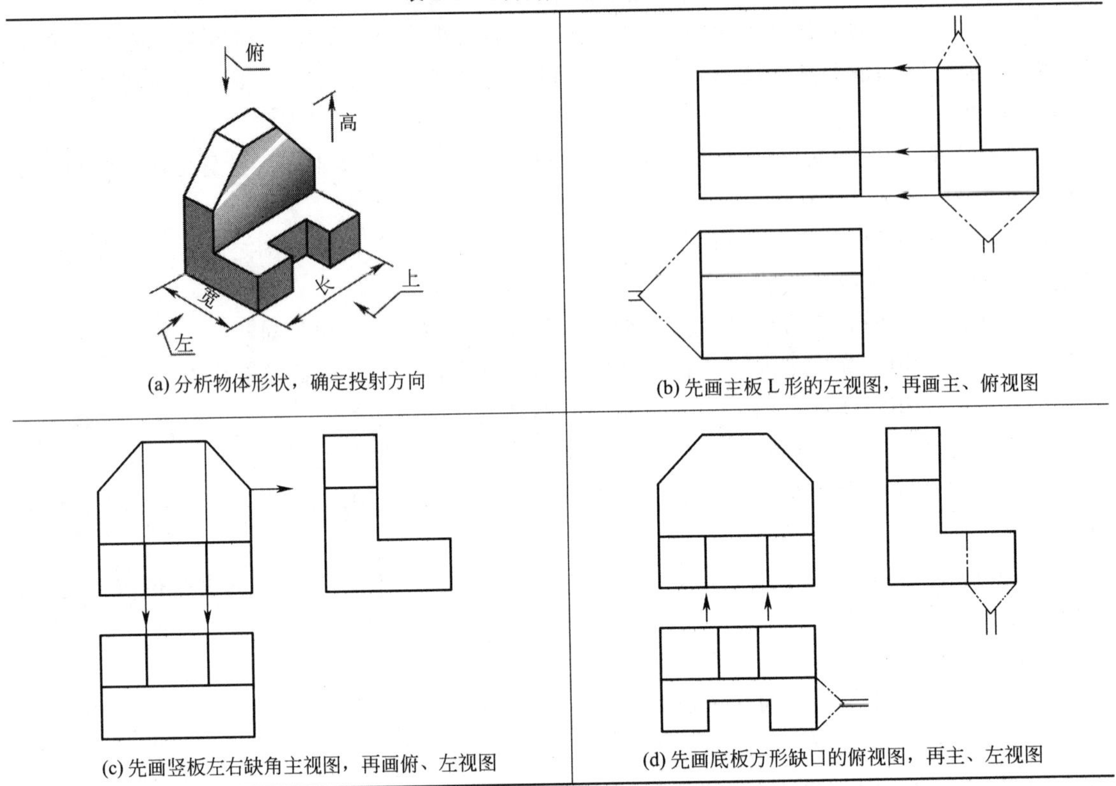

(a) 分析物体形状，确定投射方向

(b) 先画主板 L 形的左视图，再画主、俯视图

(c) 先画竖板左右缺角主视图，再画俯、左视图

(d) 先画底板方形缺口的俯视图，再主、左视图

第三节 点的投影

点是构成立体最基本的几何元素。图 2-10 所示的正三棱锥是由三角形 SAB、SBC、SAC、ABC 的 4 个棱面所围成；相邻棱面相交线为 SA、SB…6 条棱线；各棱线汇交点 S、A、B、C 为 4 个公共顶点。显然，画正三棱锥的三视图，其实质是画这些点的三面投影，然后把各点同一投影面的投影依次连线而得。

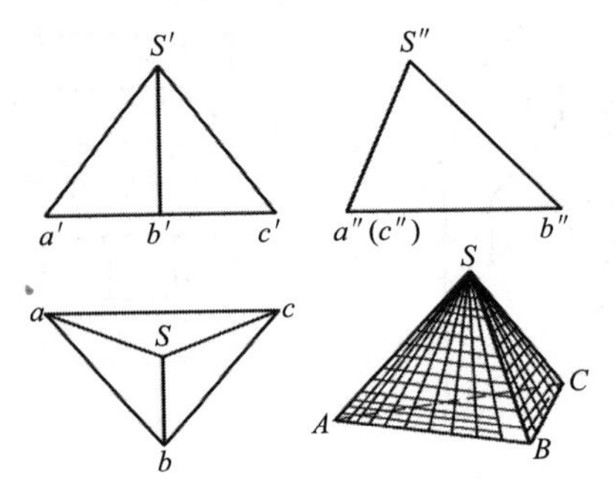

图 2-10 正三棱锥上的点、线、面投影

一、点的三面投影

如图 2-11(a) 所示，过空间点 A 分别向 3 个投影面引投射线，与投影面相交点（垂足）的 a、a'、a''，即为点 A 在 3 个投影面上的投影。

按图 2-11(b) 箭头所示方向展开 3 个投影面，摊平后去掉边框，得图 2-11(c) 所示点的投影图。图中点的两面投影连线分别与投影轴 OX、OY、OZ 相交于点 a_x、a_{YH}、a_{YW}、a_Z。这里应注意 OY 轴分为 OY_H 和 OY_W 两个投影轴。

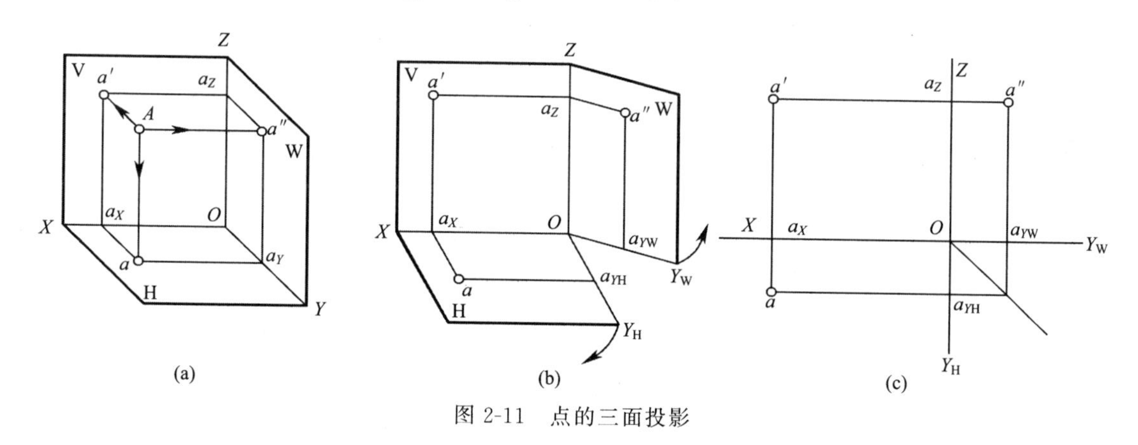

图 2-11　点的三面投影

二、点的投影规律

① 点的两面投影的连线，必定垂直于相应投影轴。

点 A 的正面投影 a' 与水平投影 a 的连线垂直于 OX 轴，即 $a'a \perp OX$；

点 A 的正面投影 a' 与侧面投影 a'' 的连线垂直于 OZ 轴，即 $a'a'' \perp OZ$；

点 A 的水平投影 a 到 OX 轴距离等于点的侧面投影 a'' 到 OZ 轴距离，即 $aa_x = a''a_z$（a_{YH} 与 a_{YW} 是属于同一个点 a_Y）。

点的三投影面系中的投影规律，其实质是反映了物体三视图“三等”关系的投影规律。

② 点的投影到投影轴的距离，等于空间点到相应的投影面的距离。

$a'a_x = a''a_{YW}$ = 点 A 到 H 面的距离 Aa；

$aa_x = a''a_Z$ = 点 A 到 V 面的距离 Aa'；

$a'a_Z = aa_{YH}$ = 点 A 到 W 面的距离 Aa''。

三、点的投影与直角坐标的关系

点的空间位置可用直角坐标表示，如图 2-12 所示。若将 3 个投影面当作坐标面，3 个投影轴当作坐标轴，O 即为坐标原点。空间点 A 到 3 个投影面的距离便可分别用它的坐标 X_A、Y_A、Z_A 表示。

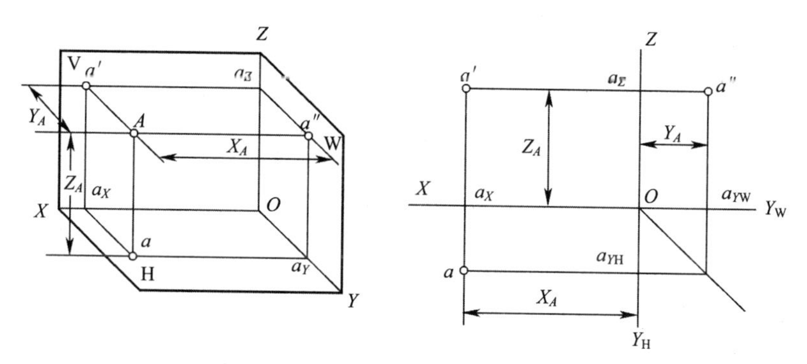

图 2-12　点的投影和直角坐标的关系

点的 X 坐标 $X_A=(Oa_x)=Aa''$，为点 A 到 W 面距离。

点的 Y 坐标 $Y_A=(Oa_y)=Aa'$，为点 A 到 V 面距离。

点的 Z 坐标 $Z_A=(Oa_z)=Aa$，为点 A 到 H 面距离。

点 A 的坐标书写形式为 $A(X,Y,Z)$，如 $A(30,10,20)$。

给定点的 3 个坐标值，便可作出点的三面投影；根据点的三面投影，也可直接量出该点 3 个坐标值，想象空间点到 3 个投影面的距离。

［例 2-1］ 已知点 $A(30,10,20)$，求作其三面投影图。

作图步骤见表 2-2。

表 2-2 由点的坐标作三面投影图

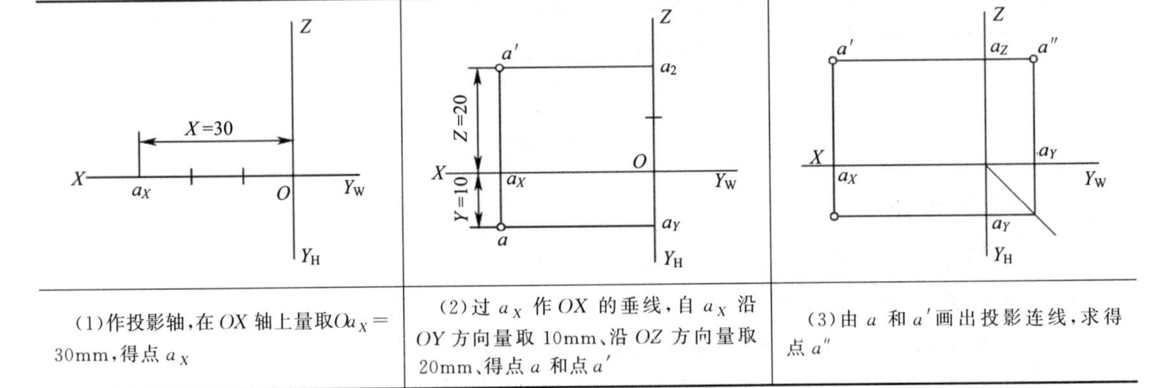

(1)作投影轴，在 OX 轴上量取 Oa_X = 30mm，得点 a_X	(2)过 a_X 作 OX 的垂线，自 a_X 沿 OY 方向量取 10mm、沿 OZ 方向量取 20mm，得点 a 和点 a'	(3)由 a 和 a' 画出投影连线，求得点 a''

［例 2-2］ 已知图 2-13(a) 所示点 A 的正面和侧面投影 a' 和 a''，想象其空间位置，求作水平投影 a。

① 投影面旋转归位，想象点 A 的空间位置　想象时，假想点 a' 的正面投影（V）不动，把点 a'' 的侧面投影面（W）绕着 OZ 轴往前旋转到原位置（即旋转归位），然后过点 a' 和 a'' 分别引 V 面和 W 面的垂线，得交点 A 的空间位置，见图 2-13(b)。

② 应用点投影规律，求作点 a 的投影。如图 2-13(b) 所示，过空间点 A 向 H 面引垂线得垂足 a。求点 a 时，由点 a'、a'' 按点的投影规律求得，如图 2-13(c) 箭头所示。

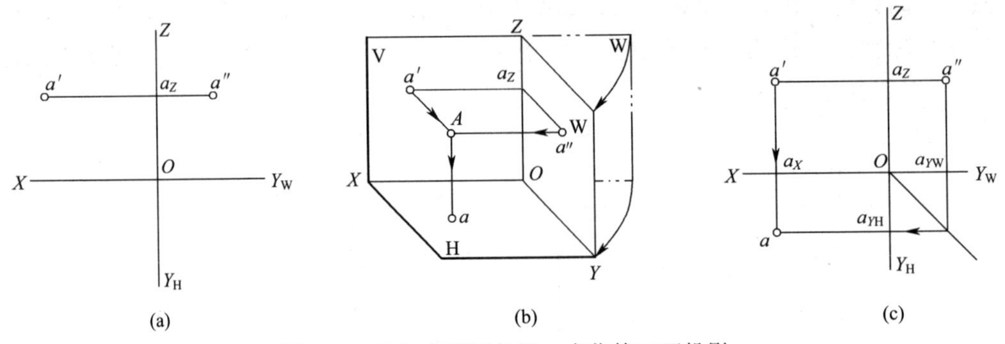

图 2-13 已知点两面投影，求作第三面投影

四、两点的相对位置

两点相对位置可以由两点的坐标来判断确定。

两点的左、右相对位置由 X 坐标确定，X 坐标值大在左。

两点的前、后相对位置由 Y 坐标确定，Y 坐标值大在前。

两点的上、下相对位置由 Z 坐标确定，Z 坐标值大在上，见图 2-14(b)。

由于 X 值的 $b_x > a_x$，所以点 B 在点 A 的左方；

由于 Y 值的 $b_{yH}(b_{yw}) > a_{yH}(a_{yw})$，所以点 B 在点 A 的前方；

由于 Z 值的 $a_Z > b_Z$，所以点 B 在点 A 的下方。

综合起来，想象点 B 处在点 A 的左、前、下方，如图 2-14(c) 所示。

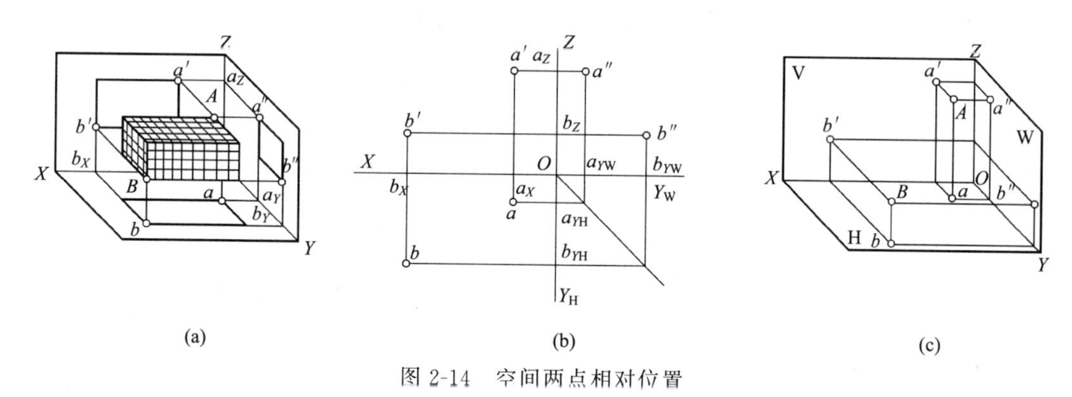

图 2-14　空间两点相对位置

当空间两点处于某投影面的同一投射线上，两点在该投影面的投影重叠成一个点，称为重影点。如果沿着其投射方向观察这两个点，则一个点可见，另一个点不可见。不可见点的投影用括号表示。

如图 2-15(a)、(c) 所示，长方体棱线两端点 A、B 处在水平面的同一垂线上，水平投影重合为一个点 $a(b)$，点 A 在上，所以点 a 可见，点 b 不可见，如图 2-15(b) 所示。

如图 2-15(d)、(f) 所示，点 A、C 两点处在正面的同一垂线上，正面投影重合为一个

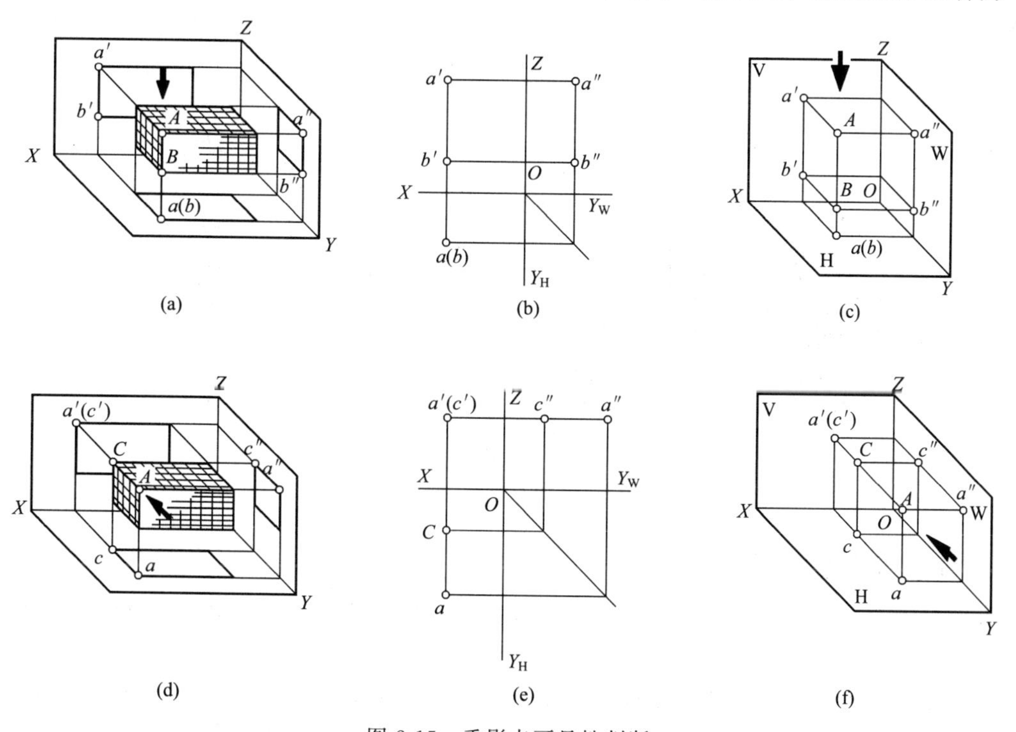

图 2-15　重影点可见性判断

点 a'（c'），点 A 在前，所以点 a'可见，点（c'）不可见，如图 2-15(e) 所示。

［例 2-3］ 已知图 2-16(a) 点 A 的三面投影，点 B 在其右方 14、上方 12，前方 8，求作点 B 三面投影。

① 在 OX 轴上自 a_x 往右量 14 得点 b_x；在 OZ 轴上自 a_z 往上量 12，得点 b_z；在 OY_H 轴上自 a_{YH} 往前量 8，得点 b_{YH}，过这 3 个点，分别作 OX、OY_H、OZ 的垂线，得点 b、b'，如图 2-16(b) 所示。

② 根据已知点 b、b'求得 b''，如图 2-16(c) 箭头所示。

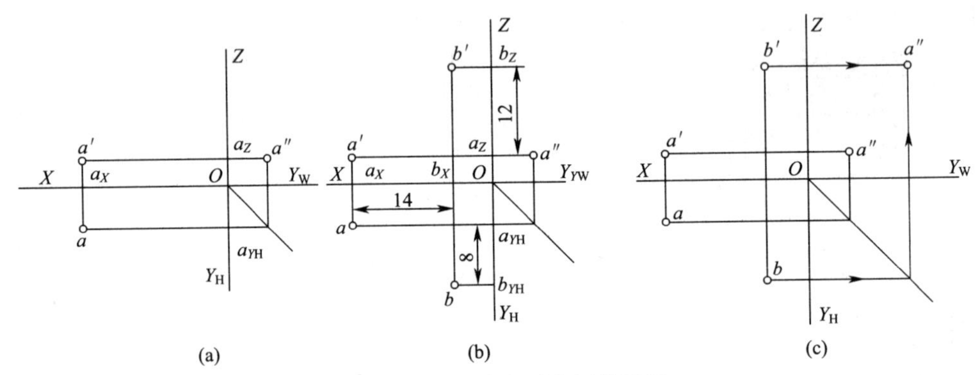

图 2-16　求作两点相对位置投影图

第四节　直线的投影

一、直线的三面投影

直线的各面投影是直线上两个点的同面投影的连线。直线上任一点的投影必在该直线的同面投影上（从属性），属于直线上的点，分线段之比等于同面投影之比，如图 2-17 所示。

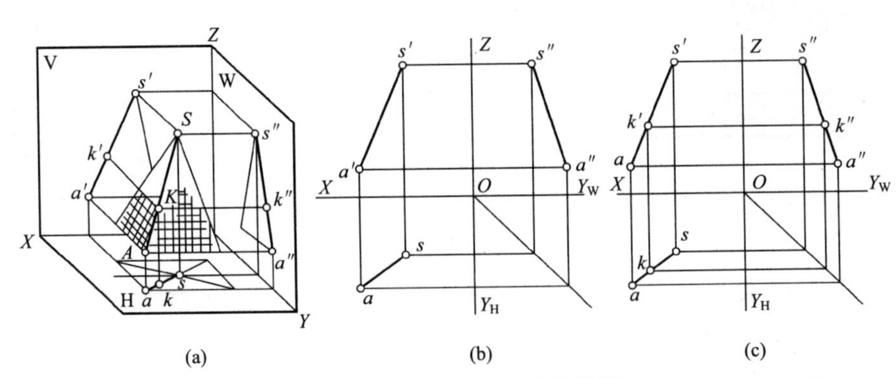

图 2-17　直线及直线上点的投影

二、各种位置直线的投影

直线在三面投影体系中有三种位置：投影面垂直线、投影面平行线、一般位置直线，前两种直线又称为特殊位置直线。

① 投影面垂直线　垂直于一个投影面并与其他两投影面平行的直线，称为投影面垂直线。垂直于 H 面的称为铅垂线；垂直于 V 面的称为正垂线；垂直于 W 面的称为侧垂线，见表 2-3。

表 2-3　投影面垂直线的名称、空间位置及投影特性

名称	铅垂线(⊥H,//V 和 W)	正垂线(⊥V,//H 和 W)	侧垂线(⊥W,//H 和 V)
直线的空间位置及投影的直观图	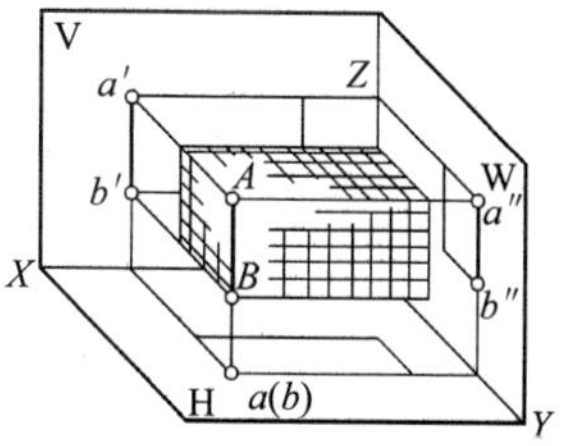	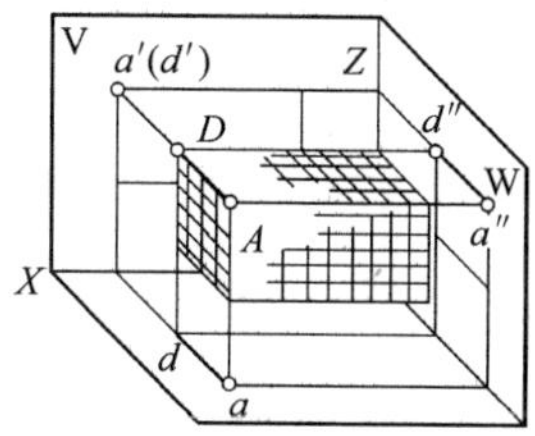	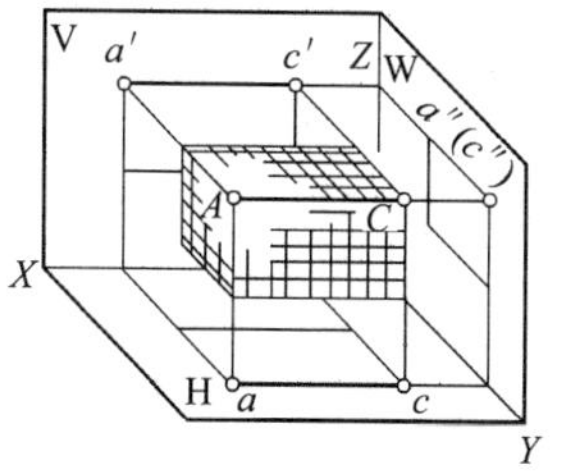
投影图	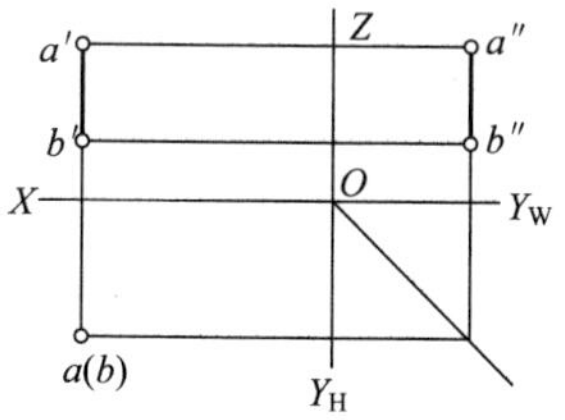	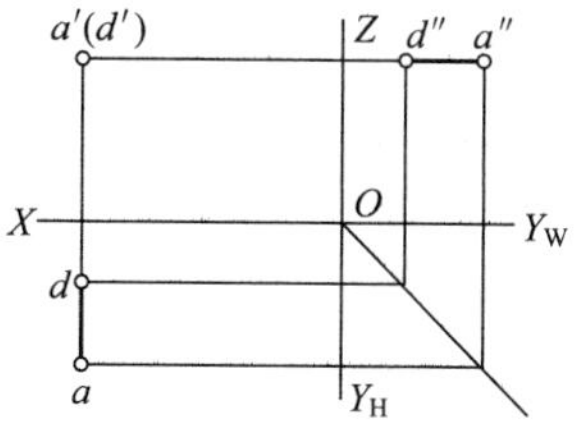	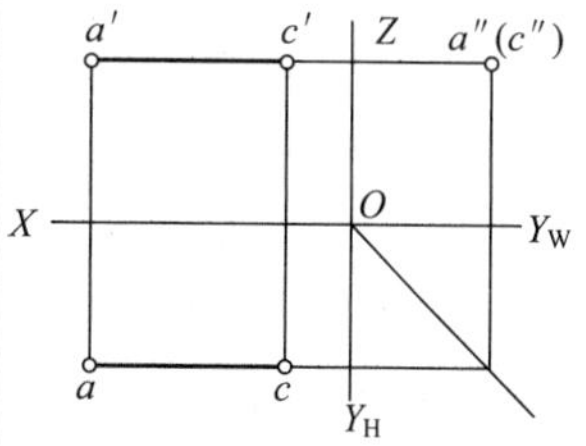
投影特性	(1)水平投影积聚成一个点 $a(b)$ (2)$a'b'=a''b''=AB$ 的实长,且 $a'b'\perp OX$,$d''b''\perp OY_W$,均是竖向线	(1)正面投影积聚成一个点 $a'(d')$ (2)$ad=a''d''=AD$ 的实长,且 $ad\perp OX$(竖向线),$a''d''\perp OZ$(横向线)	(1)侧面投影积聚成一个点 $a''(c'')$ (2)$ac=a'c'=AC$ 的实长,且 $a'c'\perp OZ$,$ac\perp OY_H$,均是横向线
小结	(1)直线在其所垂直的投影面上的投影积聚成点 (2)其他两面投影反映空间线段实长,且分别垂直于空间直线所垂直的投影面上的两根投影轴(横向线或竖向线)		

② 投影面平行线　平行一个投影面，并且与其他两个投影面倾斜的直线，称为投影面平行线。平行于 H 面的直线称为水平线；平行于 V 面的直线称为正平线；平行于 W 面的直线称侧平线，见表 2-4。

表 2-4　投影面平行线的名称、空间位置及投影特性

名称	水平线(//H,倾斜 V 和 W)	正平线(//V,倾斜 H 和 W)	侧垂线(//W,倾斜 H 和 V)
直线的空间位置及投影的直观图	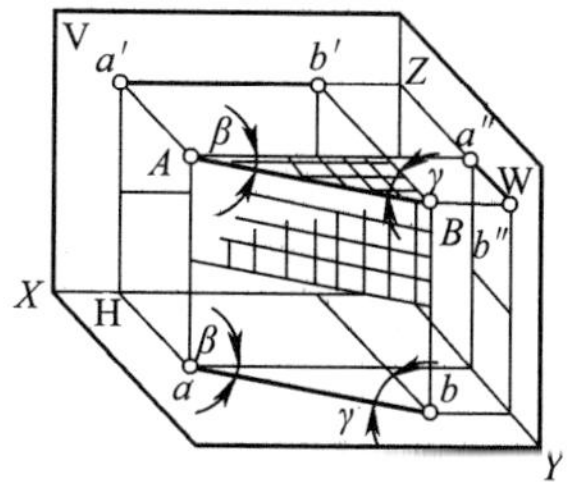	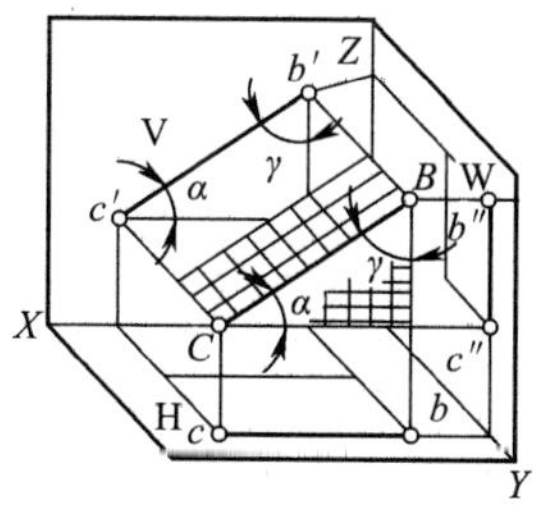	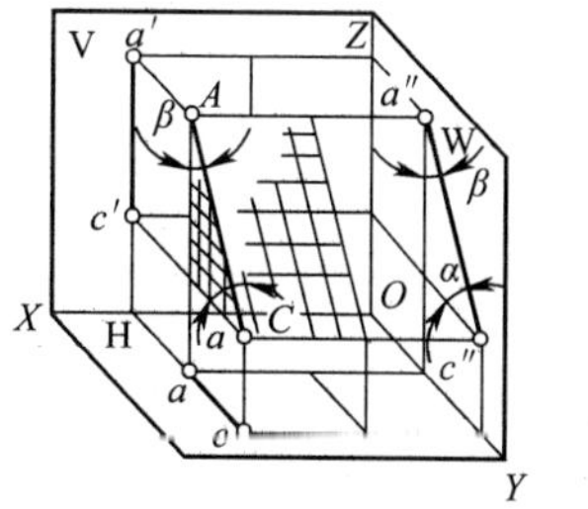
投影图	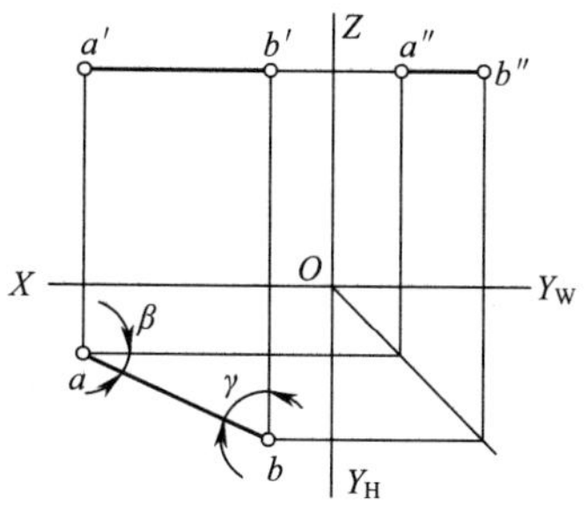	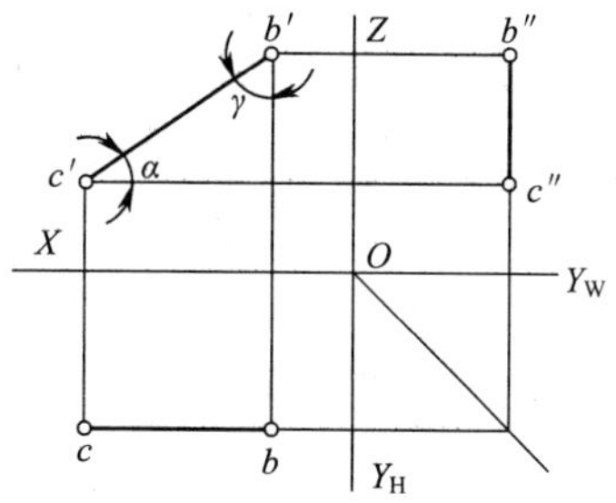	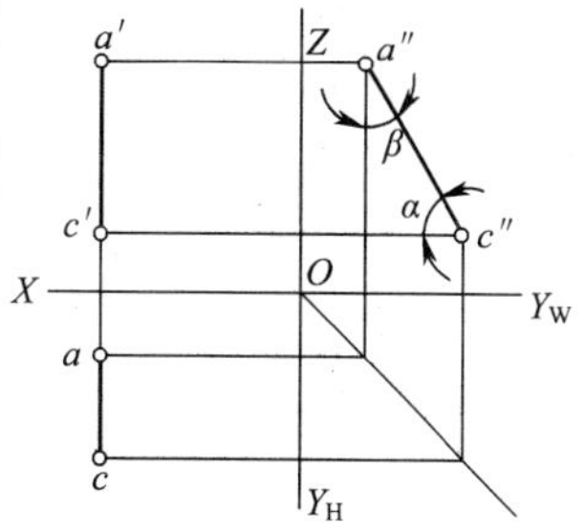

续表

名称	水平线(//H,倾斜 V 和 W)	正平线(//V,倾斜 H 和 W)	侧垂线(//W,倾斜 H 和 V)
投影特性	(1)水平投影 $ab=AB$,反映空间直线的实长 (2)$a'b'//OX$,$a''b''//OY_W$,均是横向线,比空间直线 AB 缩短 (3)β、γ 角反映空间直线 AB 与 V 面 W 面的倾角	(1)正面投影 $a'b'=BC$,反映空间直线 AB 的实长 (2)$bc//OX$(横向线),$b''c''//OZ$(竖向线),均比空间直线 BC 缩短 (3)α、γ 反映空间直线与 H 面,W 面的倾角	(1)侧面投影 $a''c''=AC$,反映空间直线 AC 的实长 (2)水平投影 $ac//OY_H a'c'//OZ$,均是竖向线,比空间直线 AC 缩短 (3)α、β 反映空间直线与 H 面、V 面的倾角
小结	(1)在所平行的投影面上的投影为斜线,反映空间直线的实长 (2)其他两面投影比空间直线缩短,且分别平行于所平行的投影面上的相应投影轴(横向线或竖向线)		

作图时，应先画反映实长的那个投影（与投影轴倾斜的直线），再画其他两个与相应投影轴平行的投影；读图时，一个投影为斜线，对应另一个或两个投影为平行于相应投影轴的直线（横向线或竖向线），即为投影面的平行线，平行于投影为斜线所在投影面。

③ 一般位置直线　对三个投影面都倾斜的直线称为一般位置直线，下面以表 2-5 所示三棱锥侧棱 SA 所处位置为例，说明一般位置直线的空间位置和投影特性。

表 2-5　一般位置直线的空间位置及投影特性

名　　称	一般位置直线(倾斜于 H、V、W 面)		
直线空间位置及投影的直观图	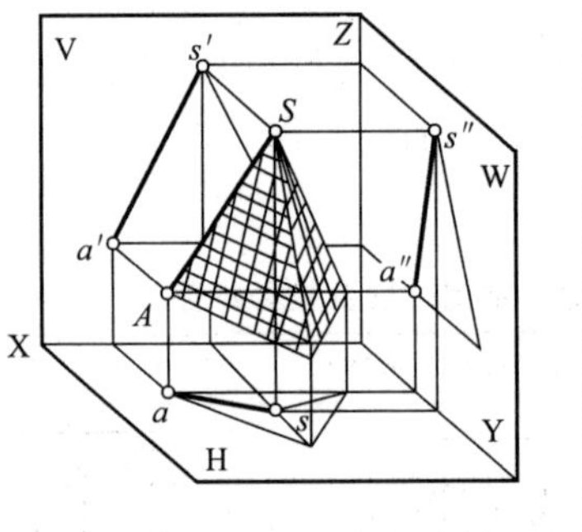	投影图	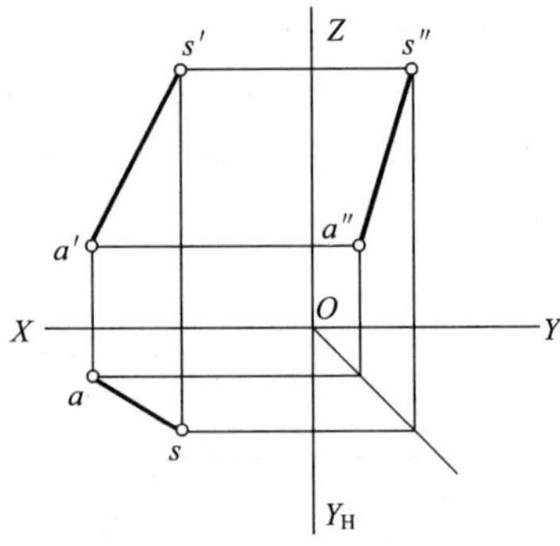
投影特性	三面投影 $s'a'$、sa、$s''a$ 均比空间直线 AB 缩短,且与投影轴倾斜		
小结	一般位置直线的三个投影都是斜线,都小于空间直线的实长		

作图时，应先画直线上两端点的三个投影，再把两点同面投影连成直线；读图时，两个或三个投影都是斜线对应斜线，则为一般位置直线。

［例 2-4］　已知正平线 AB 长 25mm，与 H 面的倾角 $\alpha=60°$，点 A 的坐标为（5，10，25），点 B 在点 A 的左下方，求作直线 AB 的投影。

① 作投影轴及点 A 的投影 a、a'、a''，如图 2-18(a) 所示。

② 过 a' 作与 OX 轴夹角为 60°的斜线，如图 2-18(b) 所示。

③ 截取 $a'b'=25$mm，过点 a、a'' 作 OX、OZ 的平行线，由点 b' 求得点 b、b''，即得所求，如图 2-18(c) 所示。

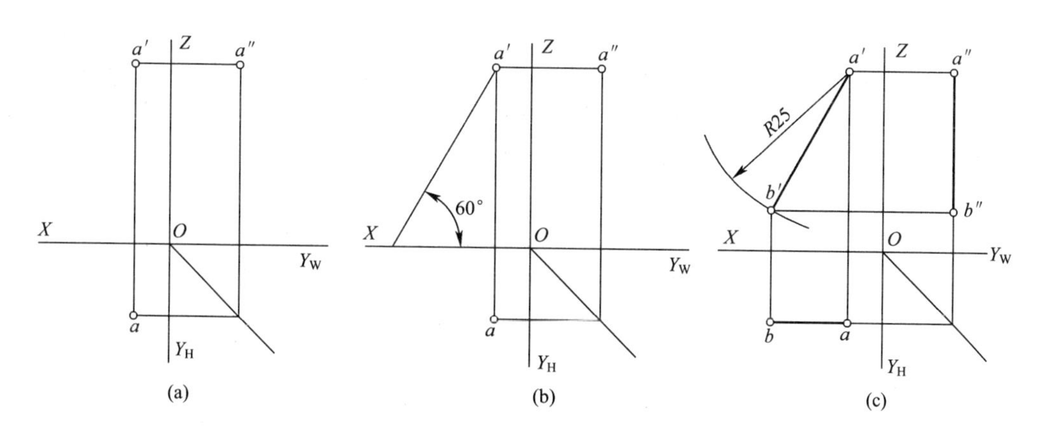

图 2-18　作正平线 AB 的投影

［例 2-5］　如图 2-19(a) 所示，已知直线 AB 的正面投影 $a'b'$ 和水平投影 ab，以及直线上点 S 的正面投影 S'，求作 S 的水平投影。

由于竖向线 $a'b'$ 与 ab 对应，想象直线 AB 为侧平线。

作图方法有两种。作图方法一如图 2-19(b) 所示。

① 求得 AB 的侧面投影 $a''b''$，同时求得点 s''；

② 据点的直线上投影的从属性，由 s'' 求得点 s。

作图方法二见图 2-19(c)。

① 过点 a（或点 b）作任意一辅助斜线，在该线上截取 $a_os_o=a's'$，$s_ob_o=s'b'$；

② 连接 bb_o，过 s_o 作 bb_o 的平行线，交于 ab 上点 s，即得所求。

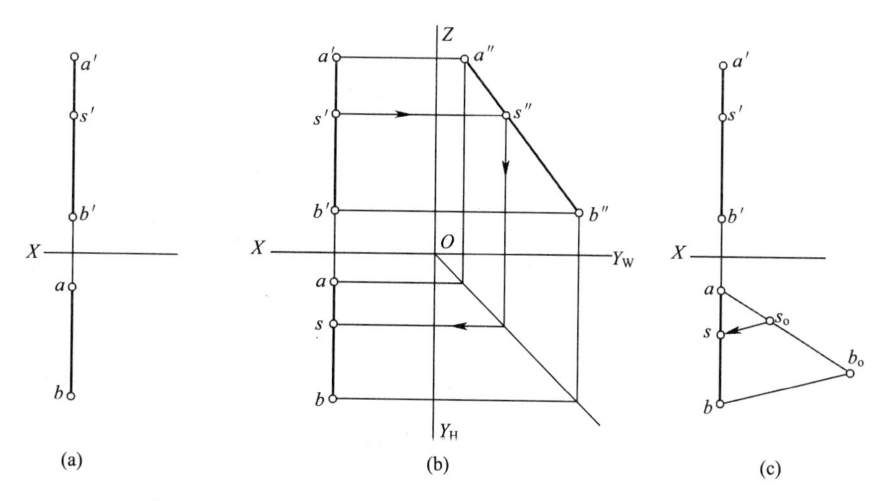

图 2-19　已知直线上点 S 的正面投影，求作水平投影 S'

三、两直线的相对位置

空间两直线的相对位置有平行、相交、交叉三种情况。

1. 两直线平行

空间两直线平行，其同面投影均互相平行，反之，若同面投影均平行，则空间两直线也平行。如图 2-20(a)、(b) 所示，AB 与 CD 平行，其同面投影也相平行，即 $ab/\!/cd$、$a'b'/\!/$

$c'd'$ 、$a''b''//c''d''$。

实际上，对于一般位置的两直线，只需看任意两组同面投影是否平行即可确定；但当两直线与某一投影面平行时，则要看两直线所平行投影面上的投影是否平行才能确定，如图 2-20(c) 中 $a''b''$与 $c''d''$不平行，则 AB 与 CD 不平行。

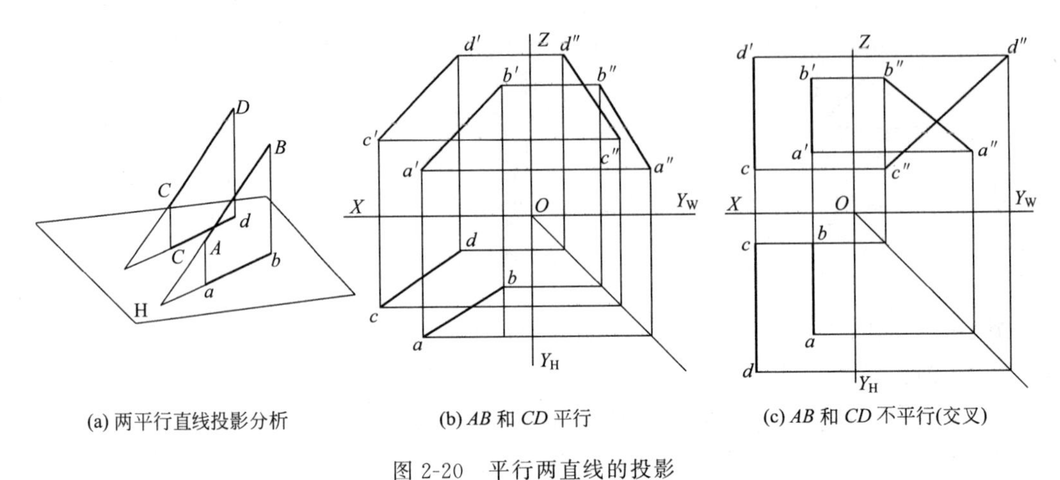

(a) 两平行直线投影分析　(b) AB 和 CD 平行　(c) AB 和 CD 不平行(交叉)

图 2-20　平行两直线的投影

2. 两直线相交

空间两直线相交，其同面投影一定相交，且交点符合点的投影规律。

图 2-21(a)、(b) 中，直线 AB 与 CD 相交于点 E，其投影 ab 与 cd 相交于 e，$a'b'$与 $c'd'$相交于 e'，$a''b''$与 $c''d''$相交于 e''。点 e、e'、e''符合点的投影规律。

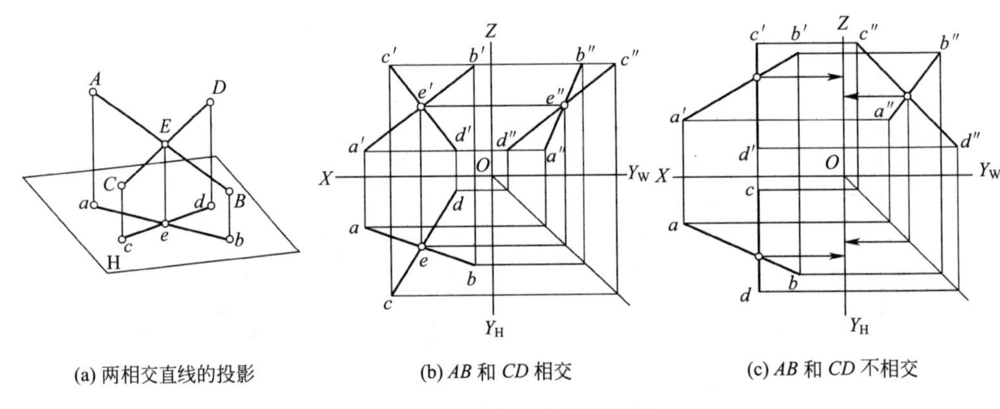

(a) 两相交直线的投影　(b) AB 和 CD 相交　(c) AB 和 CD 不相交

图 2-21　相交两直线的投影

反之，如果两直线的同面投影都相交，且交点投影符合点的投影规律，则空间两直线必定相交。

3. 两直线交叉

空间两直线既不平行又不相交，则两直线交叉（异面两直线）。

交叉两直线的同面投影可能相交，但交点不符合点投影规律，交点的投影是两直线处于同一投射线上两个点的重影点。如图 2-22(a)、(b) 所示，AB 与 CD 的同面投影交点 1(2)、3′(4′) 不符合点的投影规律，是两直线上点Ⅰ、Ⅱ及点Ⅲ、Ⅳ的重影。

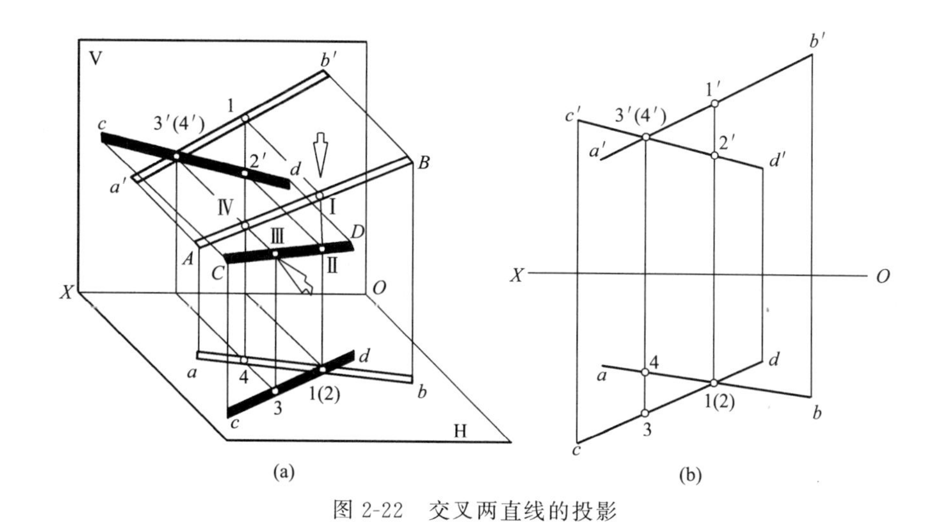

图 2-22　交叉两直线的投影

第五节　平面的投影

不在同一直线上三点、一条直线及直线外的一个点、两相交直线、平行两直线、任意平面形都可以确定一个平面，因此平面可用图 2-23 中任何一组几何要素的投影来表示。在投影图中，常用平面图形来表示空间的平面，如三角形、矩形、梯形、圆形等。

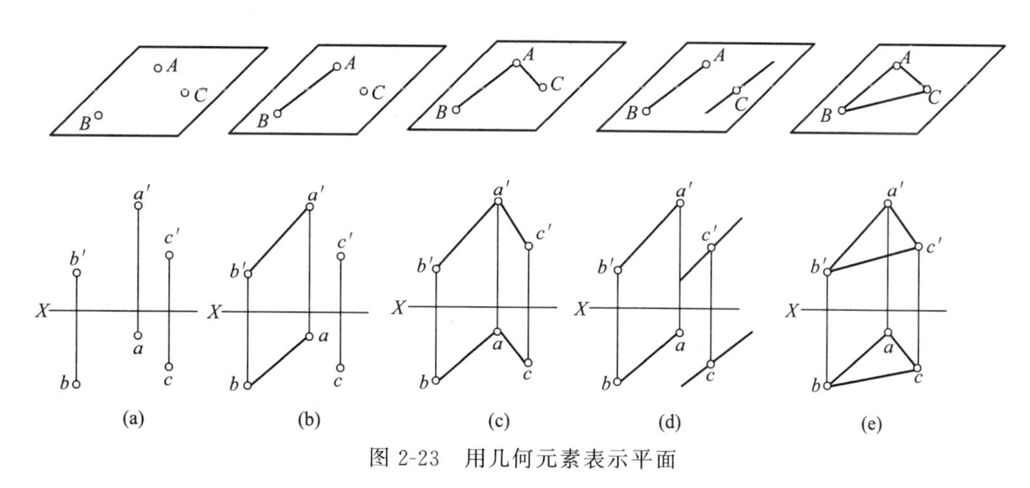

图 2-23　用几何元素表示平面

一、各种位置平面的投影

在三投影面体系中，平面与投影面的相对位置有三种。

与某个投影面平行的平面称为投影面平行面；与某一投影面垂直而对另外两个投影面倾斜的平面称为投影面垂直面；与三个投影面都倾斜的平面称为一般位置平面。

投影面平行面和投影面垂直面统称为特殊位置平面。

1. 投影面平行面

投影面平行面有：平行于 V 面的平面称为正平面；平行于 H 面的平面称为水平面；平行 W 面的平面称为侧平面。表 2-6 中列出了投影面平行面的投影特性。

投影面平行面的三面投影特性可概括为“一框两线”，其中的一框显实，两线平投影轴平行。

表 2-6　投影面平行线的投影特性

名称	正平面（//V）	水平面（//H）	侧平面（//W）
轴测图			
投影图			
投影特性	1. 正面投影反映实形 2. 水平投影积聚成直线，且平行于 OX 轴 3. 侧面投影积聚成直线，且平行于 OZ 轴	1. 水平投影反映实形 2. 正面投影积聚成直线，且平行于 OX 轴 3. 侧面投影积聚成直线，且平行于 OY 轴	1. 侧面投影反映实形 2. 正面投影积聚成直线，且平行于 OZ 轴 3. 水平投影积聚成直线，且平行于 OY 轴

2. 投影面垂直面

投影面垂直面有：只垂直于 V 面的平面称为正平面；只垂直于 H 面的平面称为铅垂面；只垂直于 W 面的平面称为侧垂面。表 2-7 列出了投影面垂直面的投影特性。

投影面垂直面的三面投影特性可概括为“一线两框”，其中一线与投影轴倾斜，两框是平面的类似形。

表 2-7　投影面垂直面的投影特性

名称	正垂面（⊥V）	铅垂面（⊥H）	侧垂面（⊥W）
轴测图	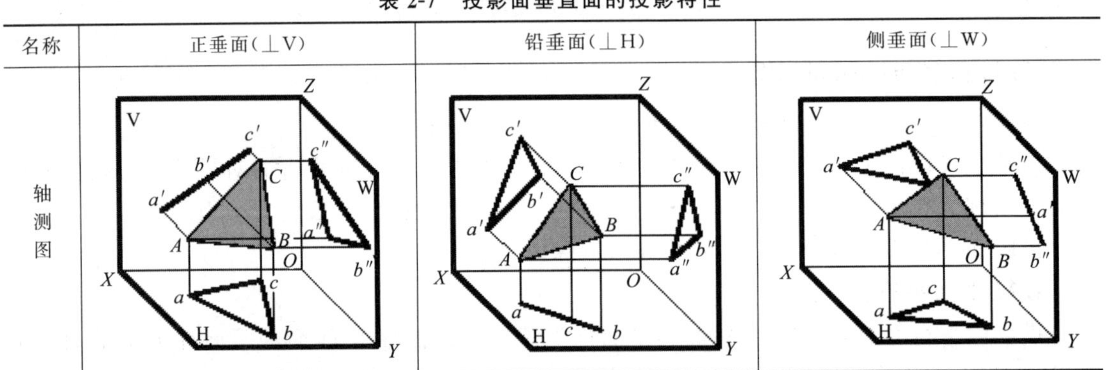		

续表

名称	正垂面(⊥V)	铅垂面(⊥H)	侧垂面(⊥W)
投影图	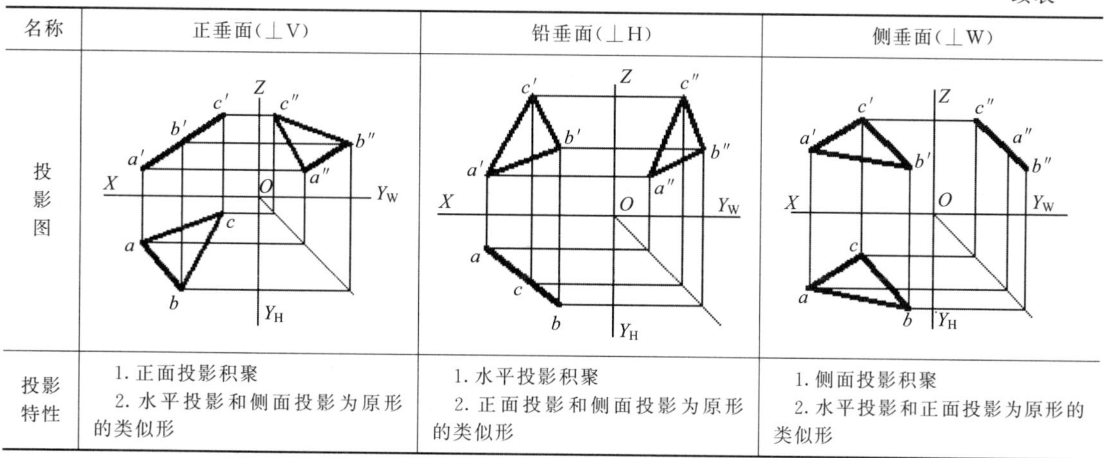		
投影特性	1. 正面投影积聚 2. 水平投影和侧面投影为原形的类似形	1. 水平投影积聚 2. 正面投影和侧面投影为原形的类似形	1. 侧面投影积聚 2. 水平投影和正面投影为原形的类似形

3. 一般位置平面

与三个投影面都倾斜的平面，称为一般位置平面。下面以表 2-8 所示的三棱锥的侧面 SAB 为例，说明其空间位置和投影特性。

表 2-8　一般位置平面的空间位置及投影特性

名称	一般位置直线		
平面的空间位置及投影的直观图	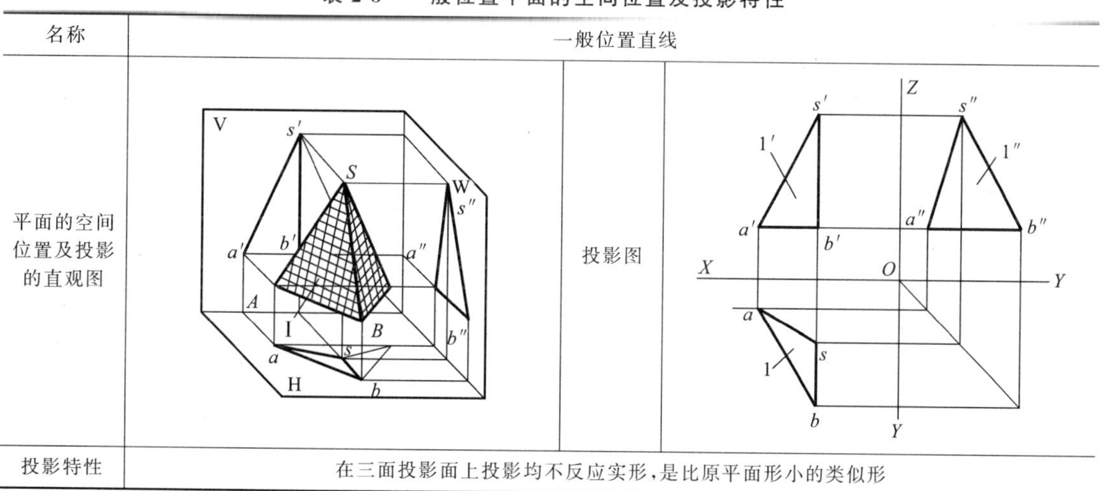	投影图	
投影特性	在三面投影面上投影均不反应实形，是比原平面形小的类似形		

［例 2-6］　已知图 2-24(a)、(b) 所示斜燕尾形柱上的斜面 M 为侧垂面，与 H 面的倾角

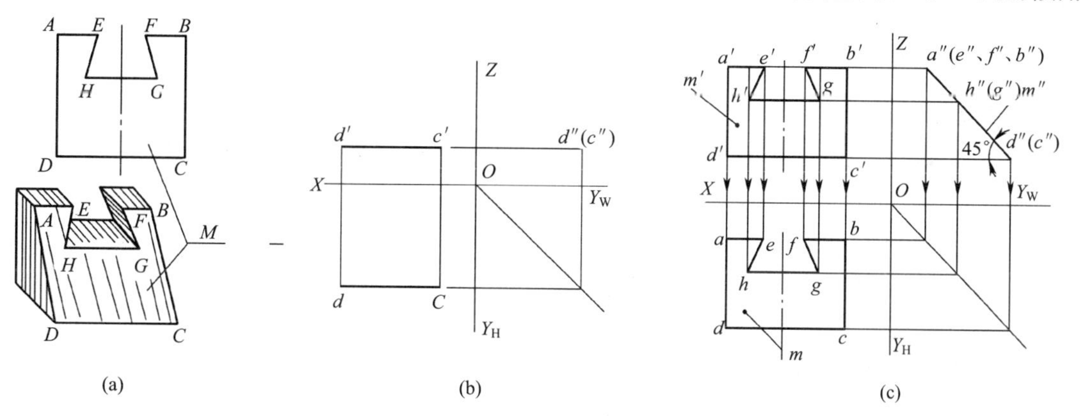

图 2-24　作侧垂面 M 的三面投影图

α 为 45°，缺口朝后，M 面底边 DC 投影为 dc、$d'c'$、$d''(c'')$，求作 M 面的三面投影。

平面 M 为侧垂面，侧面投影积聚为斜线，正面和水平投影为 M 面的类似形。

① 过点 $d''(c'')$ 作与 OY_w 夹角为 α 的斜线，其长度等于侧平线 $AD(BC)$ 长度，定出点 $a''(e''$、f''、$b'')$，并在其上定出侧垂线 GH 积聚性投影点 $h''(g'')$；

② 画正面投影时，由点 $a''(e''$、f''、$b'')$ 及点 $h''(g'')$ 引投影线，作直线 $c'd'$ 对称中心线与 OZ 平行，取 $a'e'=AE$、$f'b'=FB$、$h'g'=HG$ 对称直线，连接 $e'h'$ 和 $f'g'$，得面 M 的类似形 m'（应注意图形对称性）；

③ 由正面和侧面投影，求得水平投影的类似形 m。作图时，应用点的“二求三”方法，如图 2-24(c) 箭头所示。

[**例 2-7**]　已知图 2-25(a) 所示三视图和主、俯视图指定的线框和线段，想象各面空间位置，说出名称，在左视图找出对应的投影，并在立体上标出对应面的字母。

按主、俯长对正，找出线框、线段对应关系，由平面投影特性，想象面形和空间位置。

① 线框 a' 对应横向线 a，矩形面 A 为正平面，侧面投影为竖向线 a''；

② 线框 b' 与 b 对应，边线 $1'2'$ 与 12 都为横向线，线ⅠⅡ为侧垂线，六边形面 B 为侧垂面，侧面投影为斜线 b''；

③ 横向线 c' 与线框 c 对应，矩形面 c 为水平面，侧面投影为横向线 c''；

④ 斜线 d' 对应线框 d，直角梯形面 D 为正垂面，侧面投影直角梯形 d''。

综合想象这四个面组的相对位置，在立体图上标出位置，如图 2-25(c) 所示。

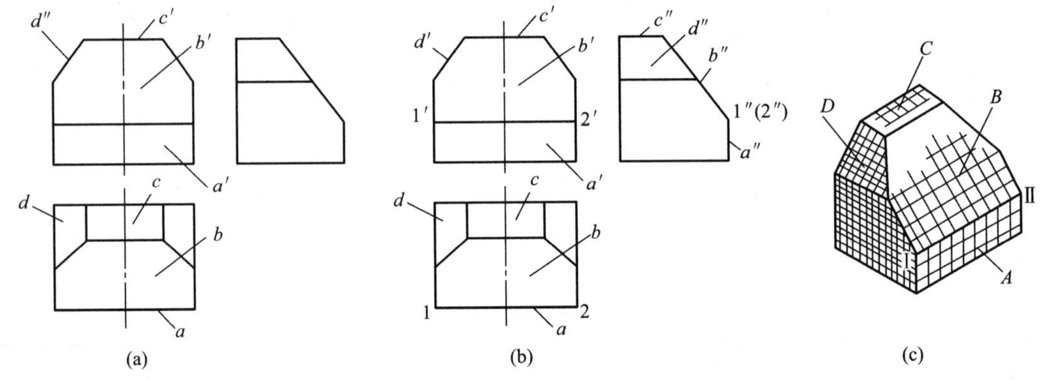

图 2-25　分析体上指定面的名称及投影关系

二、平面内直线和点的投影

1. 平面内的直线

直线从属于平面上的几何条件有两种情况：一是直线经过平面内的任意两点；二是直线通过属于平面内的一点，且平行于从属平面内一直线。

图 2-26(a) 中，点 M、N 属于△ABC 平面上的两点，所以直线 MN 在△ABC 平面上。点 M 是在△ABC 平面上的点，过点 M 作直线 MP 平行于 AC，所以直线 MP 在△ABC 平面上。作图方法如图 2-26(b)、(c) 所示。

2. 平面内的点

若点在平面内的任一直线上，则点在此平面上。

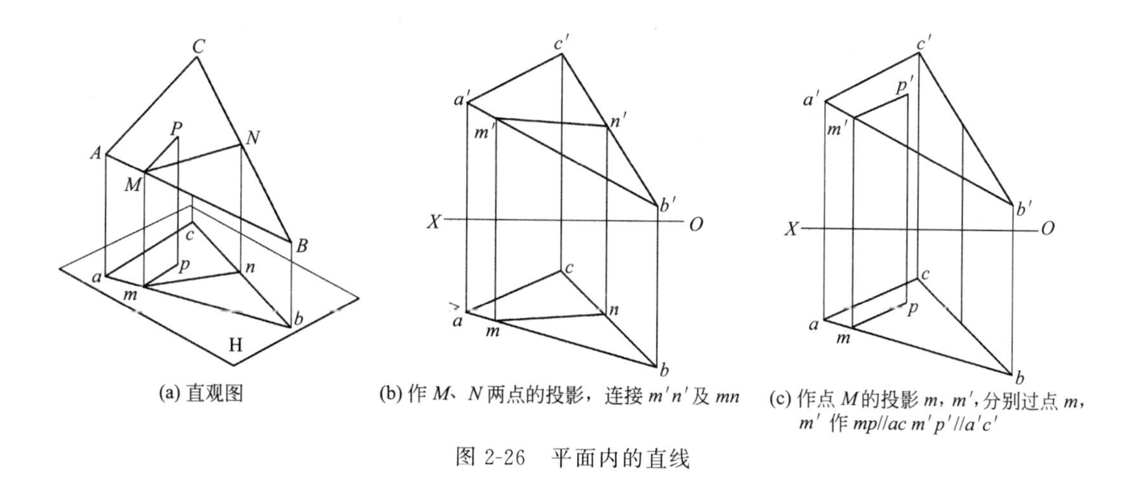

(a) 直观图　(b) 作 M、N 两点的投影，连接 m′n′ 及 mn　(c) 作点 M 的投影 m，m′，分别过点 m，m′ 作 mp//ac m′p′//a′c′

图 2-26　平面内的直线

如图 2-27(a) 所示，点 K 在△ABC 平面的一条直线 DE 上，所以点 K 在△ABC 平面上。其投影如图 2-27(b) 所示。

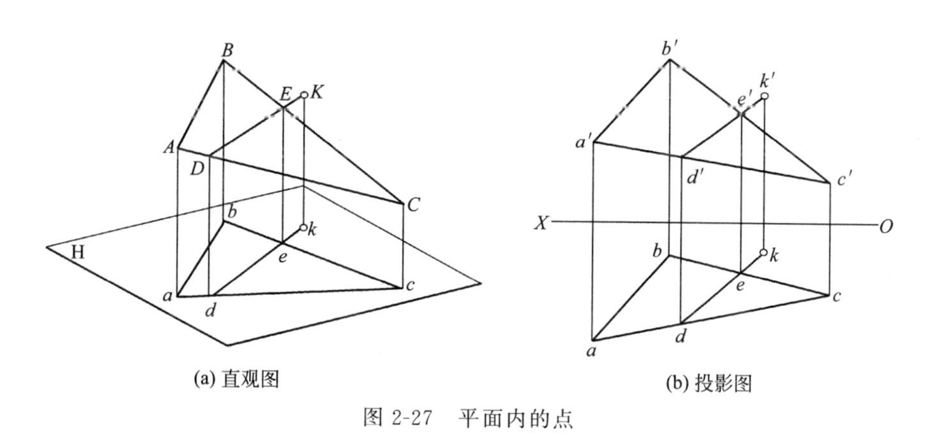

(a) 直观图　(b) 投影图

图 2-27　平面内的点

［**例 2-8**］　已知图 2-28(a) △ABC 平面上点 K 的正面投影 k'，求作水平投影 k。

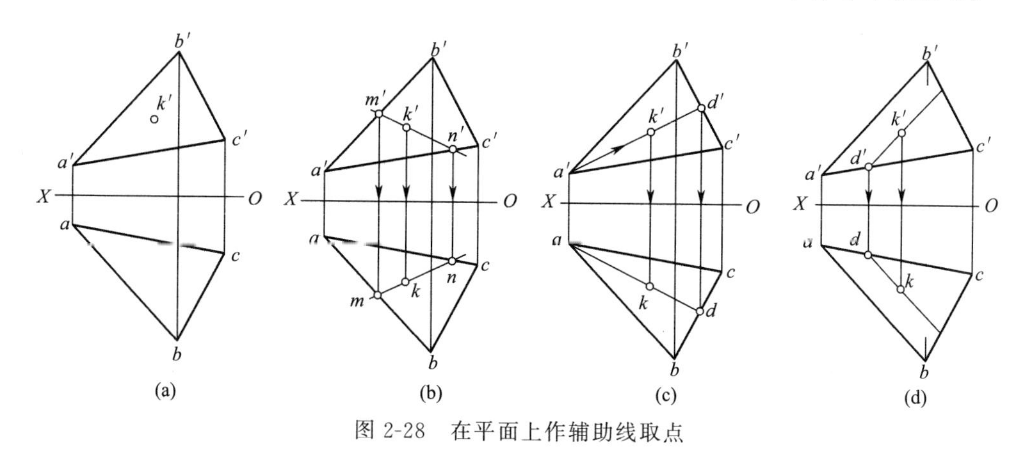

图 2-28　在平面上作辅助线取点

点 K 在△ABC 平面上，点 K 必在△ABC 平面上任一直线上，过点 K 在三角形平面引辅助线，点 K 同属辅助线上的同面投影上。

（1）方法一

如图 2-28(b) 所示，过点 k'在$\triangle a'b'c'$上作辅助线与 $a'b'$、$a'c'$交于点 m'、n'，再由点 m'、n'求得点 m、n 并连线，再由点 k'在 mn 线上求得 k。有时为了简化作图，引辅助线时，通过平面上已知点，其解题结果相同，如图 2-28(c) 所示。

（2）方法二

过点 K'引辅助直线平行于$a'b'$，求该线在水平面的投影，由 K'求得 K，如图 2-28(d) 所示。

第三章

基本立体的画法

通常把组成机件的棱柱、棱锥、圆柱、圆锥、球、环等基本几何体称为基本立体。常见基本立体分为平面立体和回转体两类。图 3-1 所示是由基本立体组成的机件实例。

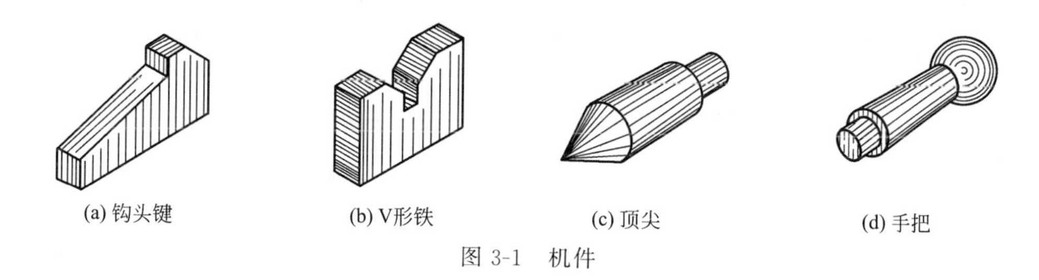

(a) 钩头键　(b) V形铁　(c) 顶尖　(d) 手把

图 3-1　机件

第一节　几何体的投影

一、平面立体

1. 棱柱

棱柱的两底面为多边形，起着确定棱柱形状的主要作用，称为特征面；若干矩形侧面、侧棱垂直于特征面。如图 3-2(a) 所示，正六棱柱的两底面是正六边形的特征面，6 个矩形侧面和 6 个侧棱垂直于正六边形平面。

六棱柱三视图特点：特征面所平行的投影面上的投影为多边形，反映特征形，这个视图称为特征视图，多边形线框称特征形线框，另两个投影均是单个或多个相邻虚、实线的矩形，为一般视图，见图 3-2(b)。

当棱柱表面上的点从属于立体上的某个平面时，则该点的投影必在它所属平面的各同面投影内。若该平面投影是可见的，则该点也是可见，反之是不可见的。

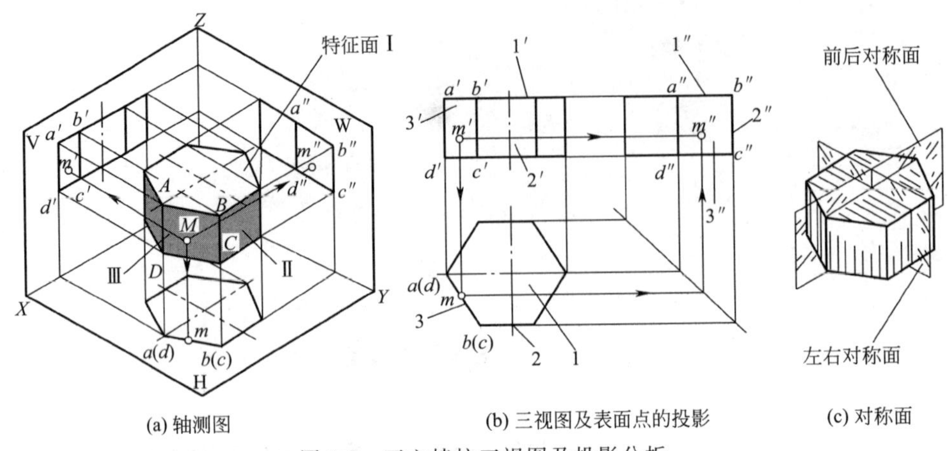

(a) 轴测图　　(b) 三视图及表面点的投影　　(c) 对称面

图 3-2　正六棱柱三视图及投影分析

如图 3-2(b) 所示，已知六棱柱表面上点 M 的正面投影点 m'，作另两个面的投影。

按点 m'的位置及可见性，判断点 M 属于六棱柱左侧面 $ABCD$，$ABCD$ 铅垂面，因此，点 M 的水平投影 m 必在该面的水平积聚性投影 $abcd$ 线上。

作图时，由点 m'求得点 m，再由点 m、m'求得点 m''（见箭头所示）。

由于点 M 从属六棱柱的左边侧面，该面的侧面投影—矩形 $a''b''c''d''$是可见的，所以点 m''为可见。

2. 棱锥

棱锥的底面为多边形（特征面），各侧面为若干具有公共顶点的三角形，从棱锥顶点到底面距离为棱锥的高。

棱锥三视图特点：在与底面所平行的投影面上的投影的外形线框为多边形，反映底面实形，线框内由数个有公共顶点的三角形所组成，这个视图称特征形视图；另两个投影为单个或多个有公共顶点的三角形，为一般视图，如图 3-3 所示。

求作棱锥面上的点的投影时，对于特殊位置平面上的点，利用该平面投影积聚性，用取点法求得；对于一般位置平面上的点，利用作该平面上辅助线方法求得。

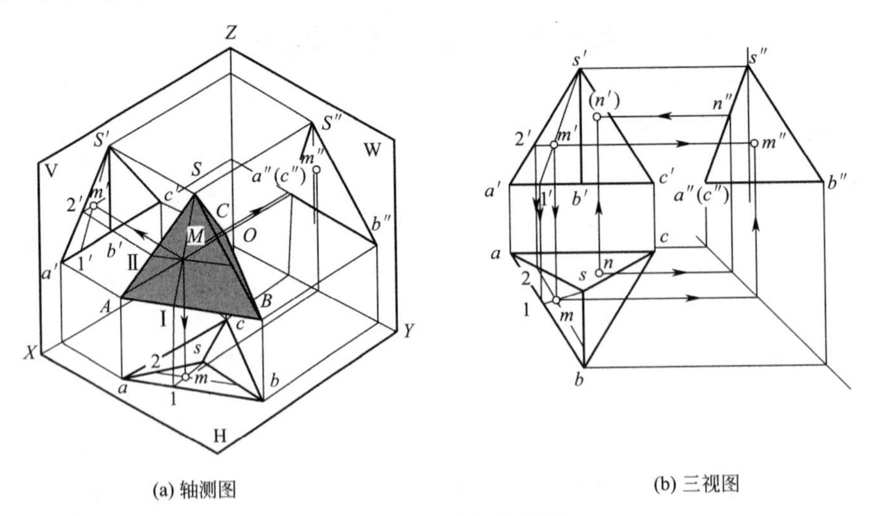

(a) 轴测图　　(b) 三视图

图 3-3　正三棱锥的投影

如图 3-3(b) 所示，已知点 M、N 的正面投影 m'和水平投影 n，求作其他两面投影。

由于点 n 可见，点 N 在三棱锥后侧面的三角形 SAC 上，利用积聚性投影法直接求得点 n''，由点 n 和 n''求得点 n'。由于三角形 $s'a'c'$为不可见，所以点（n'）为不可见，作图步骤见箭头所示。

点 m'为可见，从属于三棱锥侧面三角形 SAB，而三角形 SAB 为一般位置平面，投影没有积聚性，因此过点 M 与锥顶 S 引辅助线 SI，作出 SI 的有关投影，根据点在直线上的投影从属性求得点的相应投影。作图时，过点 m'引 $s'1'$，求得水平投影 $s1$，过点 m'引投影连线交 $s1$ 线于点 m，由点 m'、m 求得点 m''。

由于点 M 所属侧面三角形 SAB 在 V 面和 W 面上的投影都是可见的，所以点 m、m''也是可见的。

二、曲面立体

1. 圆柱

如图 3-4 所示，圆柱面可看成是由一条直线 AA_1（母线）绕与其平行的轴 OO_1 回转而成的。圆柱面上任意一条平行于轴线 OO_1 的直线称为圆柱面素线。圆柱的表面由圆柱面和上、下底面（圆平面）所围成。

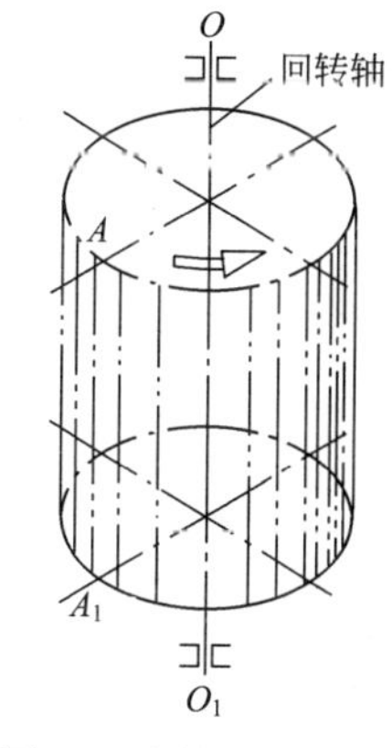

图 3-4 圆柱面的形成

如图 3-5 所示，圆柱轴线垂直于 H 面，圆柱面上所有素线都是铅垂线，因此圆柱面的水平投影积聚为一个圆周。在圆柱面上任何点、线的投影都重合在此圆周上。圆形反映圆柱顶面、底面的实形。

正面投影矩形的上、下边表示圆柱顶面和底面的积聚性投影；左右两边 $a'a'_1$和 $c'c'_1$是圆柱面正面轮廓线 AA_1 和 CC_1 的投影，是圆柱面前半部可见和后半个不可见的分界线，它们的水平投影积聚为点 $a(a_1)$、$c(c_1)$，侧面投影与圆柱轴线投影的点画线重合，由于圆柱面是光滑的，所以不再画线。

圆柱面上点的投影，均可借助圆柱面投影积聚性取点法求得。

如图 3-6 所示，已知圆柱面上点 M 和 N 的正面投影 m'和 n'，求作其他两面的投影。

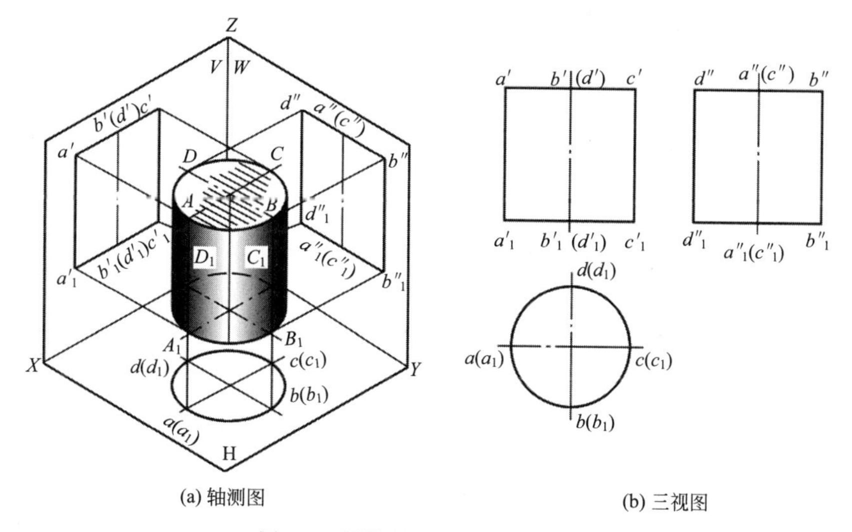

图 3-5 圆柱的三视图及投影分析

从点 m' 的位置和可见性，确定点 M 位于圆柱面前半部的左边，由点 m' 求得点 m，再由点 m'、m 求得点 m''。由于圆柱面左半部的侧面投影可见，所以点 m'' 为可见。

点 n' 在圆柱正面右边轮廓线上，由点 n' 直接求得点 n 和 n''。由于圆柱面右半部的侧面投影不可见，所以点（n''）为不可见。以上作图过程，如图 3-6 箭头所示。

2. 圆锥

如图 3-7 所示，圆锥面可看成是一直线 SA（母线）绕着与其相交一定角度的轴线 SO 回转而成。在圆锥面上通过锥顶的任一直线称为圆锥面素线。在母线上任意一点的运动轨迹为圆。圆锥是由圆锥面和圆底面所围成的。

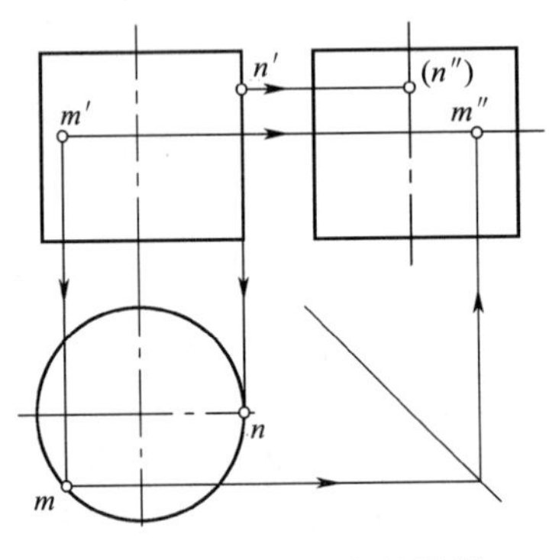

图 3-6　圆柱面上点的投影

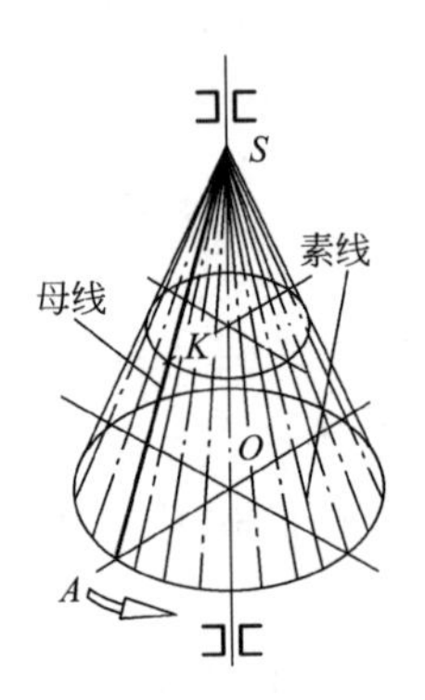

图 3-7　圆锥面的形成

圆锥的投影，如图 3-8(a)、(b) 所示，圆锥轴线垂直于 H 面，水平投影的图形反映底面的实形和圆锥面的投影。

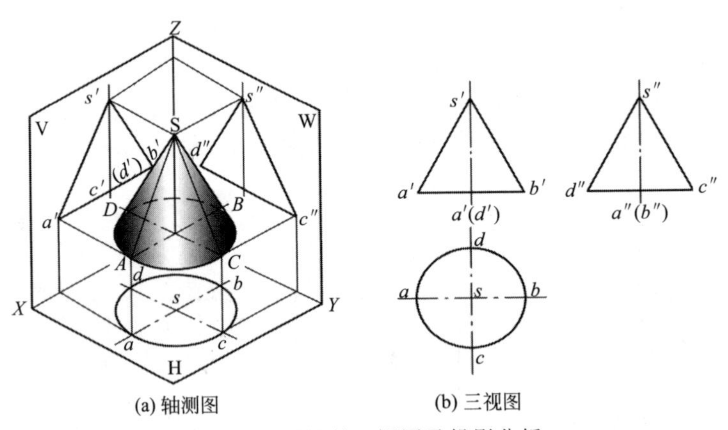

图 3-8　圆锥的三视图及投影分析

正面投影的等腰三角形两腰 $s'a'$、$s'b'$ 是圆锥正面左、右轮廓线 SA、SB 的投影，是圆锥面前半部可见，后半部不可见的分界线。它的水平投影 sa、sb 与圆锥横向对称中心线重合，侧面投影 $s''a''(b'')$ 与圆锥轴线重合，由于圆锥面是光滑的，所以不画线。

［例 3-1］ 已知图 3-9(b) 所示圆锥面上点 M、N 的正面投影 m'、n'，求作其他两面投影。

根据点 m'、n' 所处的位置和可见性，判断点 M、N 处在如图 3-9(a) 所示圆锥面的正面的最左和侧面最前的轮廓线 SA、SB 上，利用点在直线上投影的从属性，由点 m' 求得点

m、m''；由点 n'求得点 n''，再由点 n''求得点 n，其作图步骤如图 3-9(c) 箭头所示。

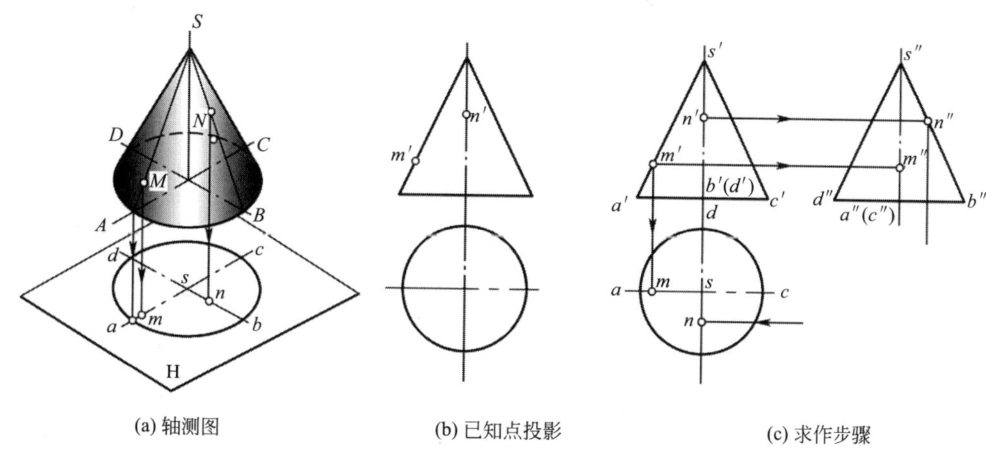

(a) 轴测图　(b) 已知点投影　(c) 求作步骤

图 3-9　圆锥面上轮廓线上点的投影

3. 圆球

如图 3-10(a) 所示，圆球面可看成以一个圆作母线 K，绕其直径 OO'旋转而成的。母线圆上任意点的运动轨迹为大小不等的圆。

圆球在任何方向的投影都是等径的圆。图 3-10(b)、(c) 所示三个圆 a'、b、c''分别表示三个不同方向上圆球面轮廓线的投影。

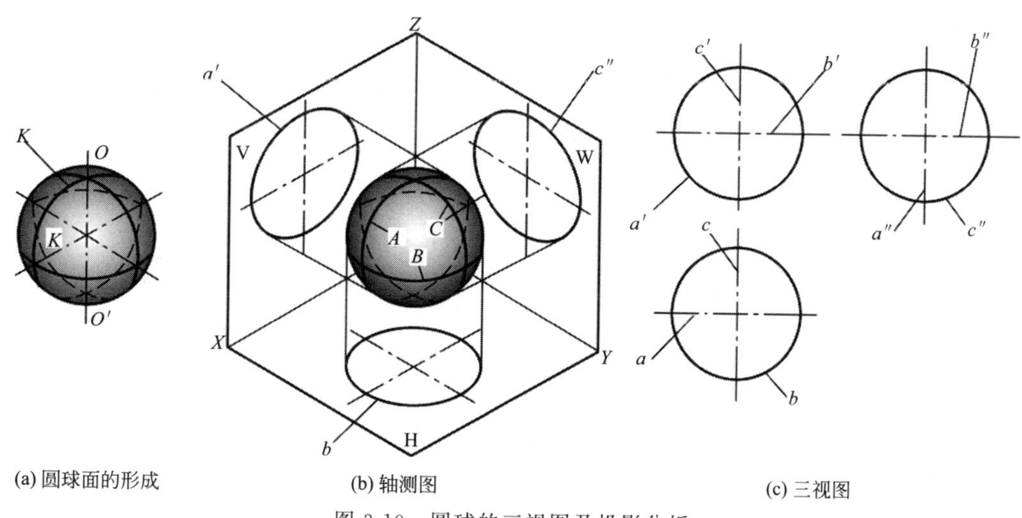

(a) 圆球面的形成　(b) 轴测图　(c) 三视图

图 3-10　圆球的三视图及投影分析

正面投影的圆 a'是圆球面正面轮廓线 A 的投影，是球面前半部可见和后半部不可见的分界线，它的水平和侧面投影直线 a、a''与圆横向、竖向中心线重叠。

水平投影的圆 b 是圆球面水平方向轮廓线 B 的投影，表示圆球上半部可见、下半部不可见的分界线，正面和侧面投影 b'、b''与圆的横向中心线重叠。

[例 3-2]　已知图 3-11 所示球面上点 M、N 的正面投影 m'和水平投影 n，求作其他两面投影。

点 M 处在圆球正面轮廓线上，由点 m'直接求得点 m、m''。

点 N 处在圆球水平方向轮廓线上，由点 n 直接求得点 n'、n''。

以上作图步骤如图 3-11(b) 箭头所示，图 3-11(a)、(c) 所示为点在轮廓线上的投影分析。

除了点（n''）为不可见，其他点均可见。

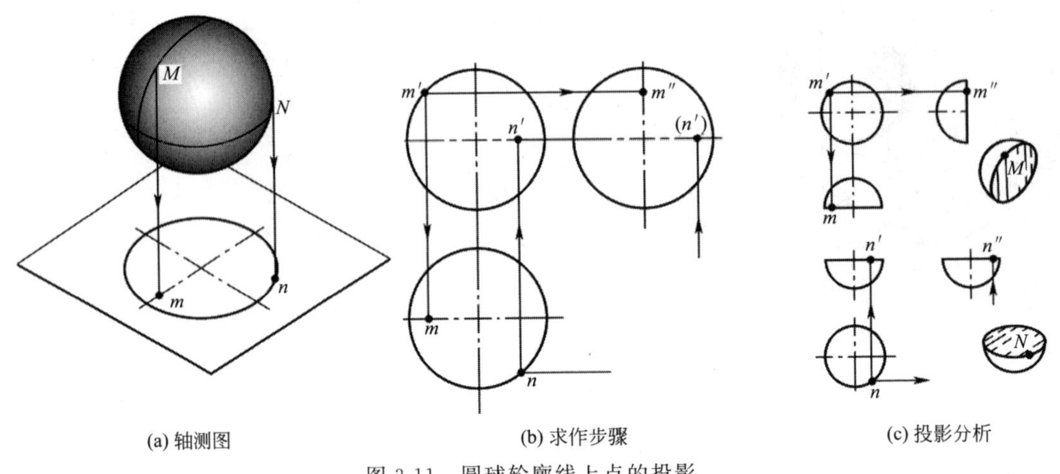

图 3-11　圆球轮廓线上点的投影

［**例 3-3**］　已知图 3-12 所示为圆球面上的点 M 的正面投影 m'，求作其他两面投影。

在圆球面上求点，用辅助圆取点法求得。从点 m' 位置和可见性，判断点 M 处在上左半球的前面，过球面上点 M 作平行于 H 面或 W 面的辅助圆，点的投影必在辅助圆的同面投影上。

作图时，如过点 m' 作水平辅助圆的正面积聚性投影 $e'f'$，然后作该圆的水平投影，由点 m' 求得点 m，再由点 m'、m 求得 m''，如图 3-12(a) 箭头所示。

同样，也可按图 3-12(b) 所示，在球面上作平行于 W 面的辅助圆，其投影结果均相同。

由于点 M 所在圆球面的水平投影和侧面投影可见，所以点 m、m'' 可见。

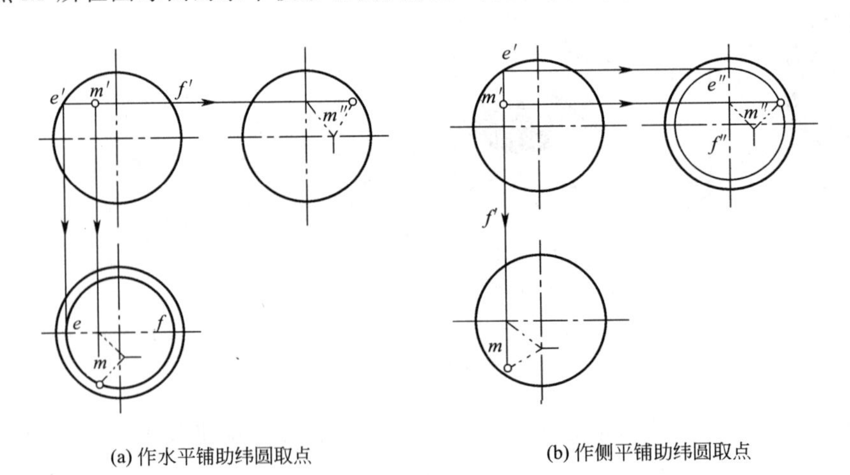

图 3-12　圆球面上点的投影

4. 圆环

如图 3-13(a) 所示，圆环面可看成一圆母线绕着与圆平面共面但不通过圆心的轴线 OO 回转而成的。圆环的外环面是由母线圆外侧半圆弧 ABC 旋转而成；圆环的内环面是由母线圆内侧半圆弧 CDA 旋转而成。

圆环的投影如图 3-13(b) 所示，圆环轴线垂直于 H 面，水平面投影是两个同心圆，分别表示圆环面水平方向最大和最小的轮廓线圆的投影；点画线的圆表示母线圆心运动轨迹的水平投影。

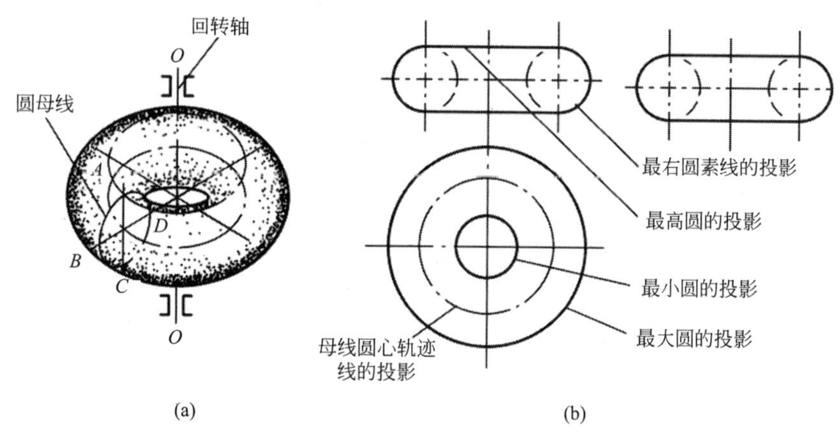

图 3-13　圆环面的形成及其三视图

V 面的两个小圆是圆环面最左、最右轮廓线圆的正面投影，靠近轴线的两个虚线半圆表示内环面不可见。与两小圆相切的直线表示内外环面分界圆的投影。基本立体的尺寸标注。

第二节　基本几何体的尺寸标注

一、平面立体的尺寸标注

平面立体的棱柱和棱锥应标注确定底面大小和高度的尺寸。棱台应标注确定上下底面大小和高度的尺寸。为了便于读图，确定底面形状的两个方向尺寸一般应集中标注在反映底面实形的特征视图上，如图 3-14 所示。

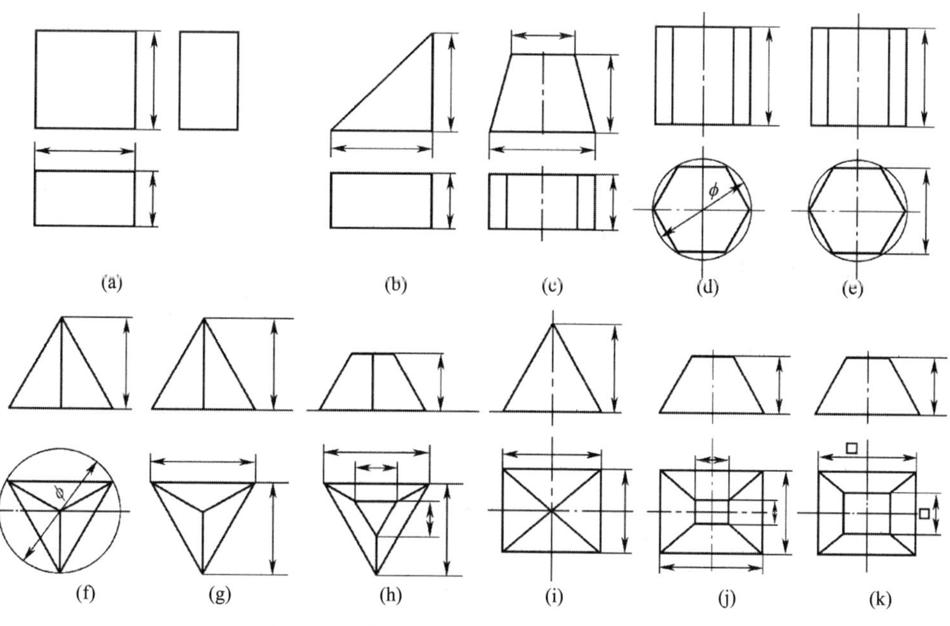

图 3-14　棱柱、棱锥、棱台的尺寸标注

二、曲面立体的尺寸标注

圆柱、圆锥、圆台应标注底圆的直径和高度尺寸。直径尺寸一般标注在非圆视图上，如图 3-15(a)、(b)、(c) 所示。圆球、圆环的尺寸标注如图 3-15(e)、(f) 所示。

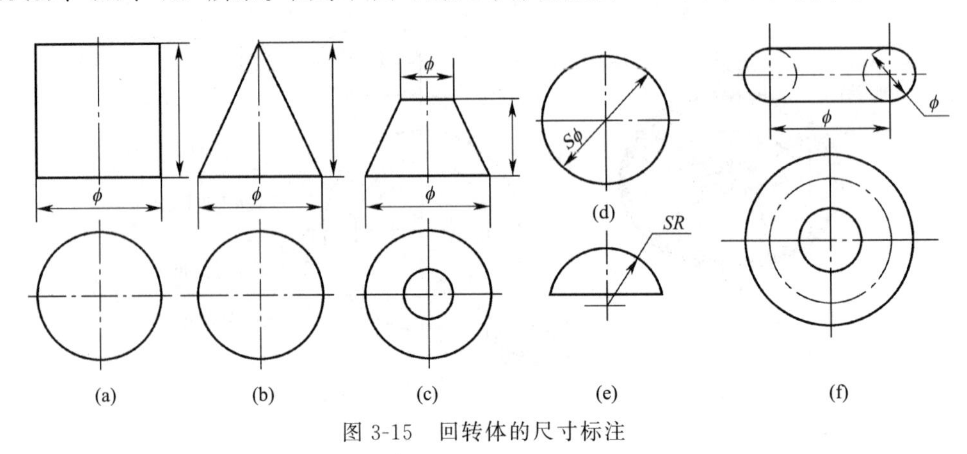

图 3-15　回转体的尺寸标注

第三节　截交线

立体被平面截断成两部分时，其中任何一部分都称为截断体，截切立体的平面称截平面，截平面与立体表面的交线称截交线，截交线有以下两个共性：

① 截交线是截平面与立体表面的共有线，是共有点的集合；

② 截交线是封闭的平面形（平面折线，平面曲线或两者的组合）。

一、平面立体的截交线

1. 棱柱的截交线

［**例 3-4**］ 求作图 3-16(a) 所示平面斜截四棱柱的投影。

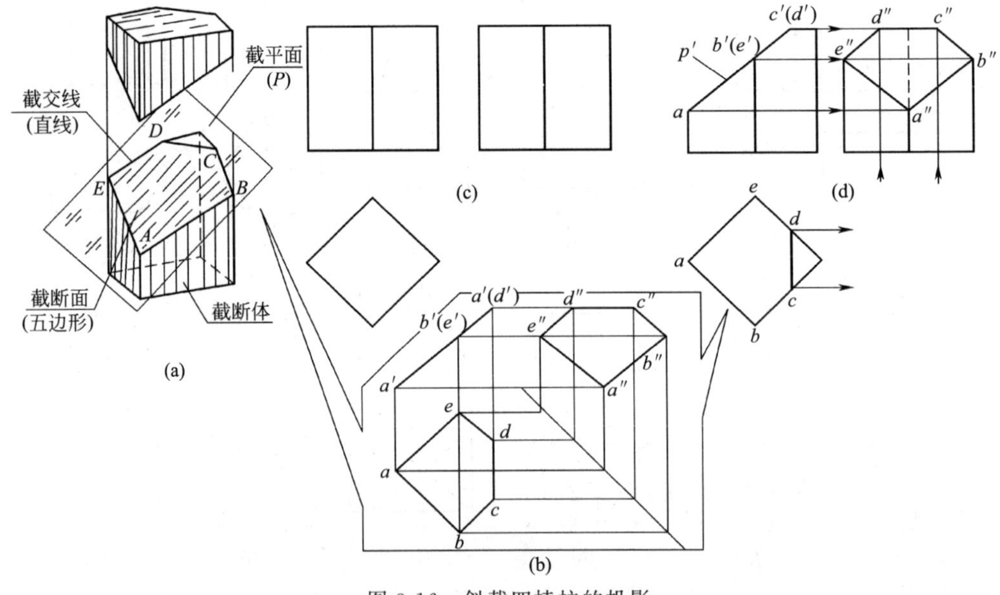

图 3-16　斜截四棱柱的投影

四棱柱被正垂面 P 切去一角，截交线为五边形 $ABCDE$ 的正垂面。截交线的正面投影积聚为斜线，反映切角特征；截交线的水平投影和侧面投影是五边形的类似形，如图 3-16(a)、(b) 所示。

① 先画出完整的四棱柱三视图，如图 3-16(c) 所示。

② 画主视图反映切口特征的斜线 p'。用棱线法在斜线上定出截交线各顶点 a'、$b'(e')$、$c'(d')$；根据直线上点的从属性求得水平投影 a、b…和侧面投影 a''、b''…；依次连接各顶点的同面投影，即得截交线的投影，如图 3-16(d) 所示。

③ 删除被切去棱线及判断可见性。截平面 P 把点 A、B、E 以上棱线切去，投影图应删除。按图 3-16(a) 所示的截切位置，右侧棱的侧面投影不可见。图 3-16(d) 所示为斜截四棱柱三视图。

2. 棱锥的截交线

［**例 3-5**］ 求作图 3-17(a) 所示切槽四棱台的投影。

四棱台通槽是由两个侧平面和一个水平面的组合面截切而成的。两侧截交线梯形 M 是

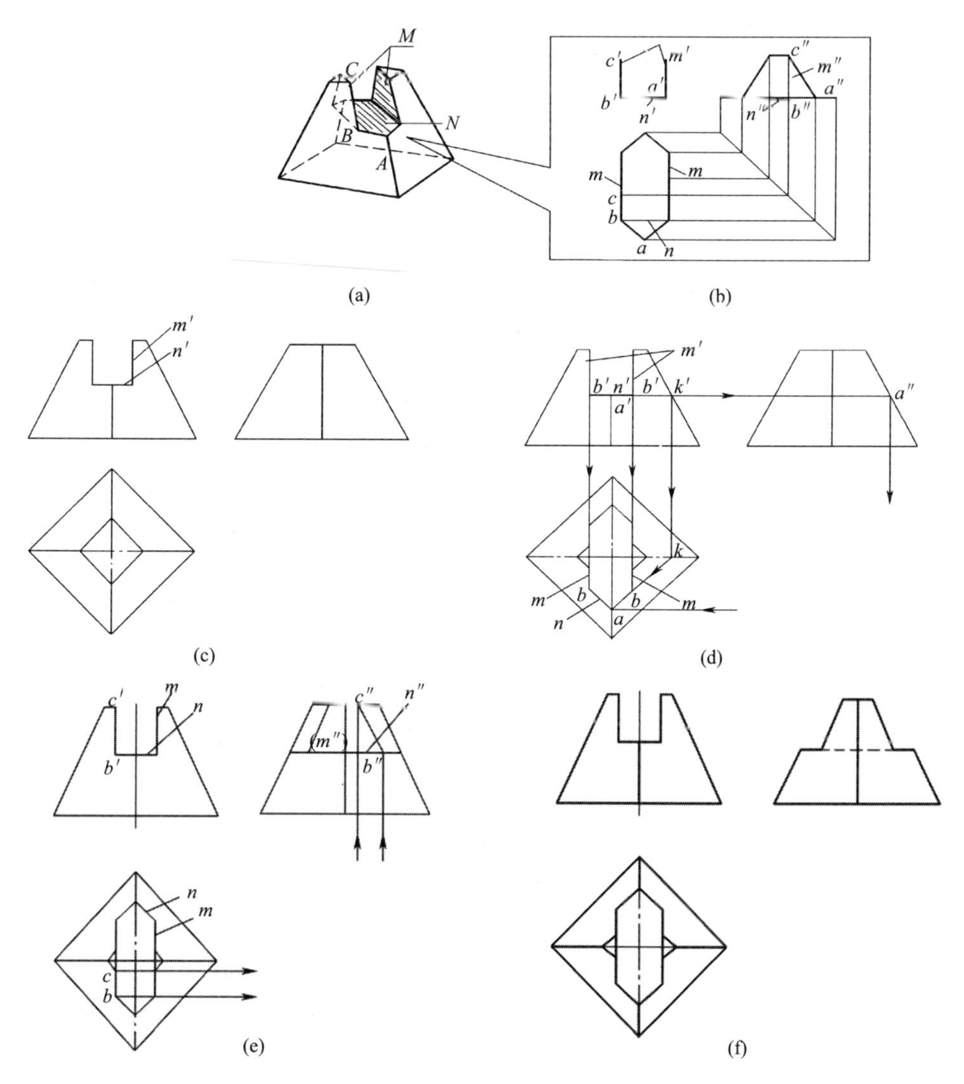

图 3-17　切槽四棱台的投影

侧平面，正面和水平投影积聚为直线，侧面投影线框 m'' 为实形；槽底截交线六边形 N 是水平面，正面和侧面投影积聚为直线，水平投影 n 为实形，如图 3-17(a)、(b) 所示。

① 画通槽正面投影。画四棱台三视图和反映通槽特征形状的直线的 m'、n'，如图 3-17(c) 所示。

② 画通槽的水平投影。由线 m' 求得线 m；求作线框 n，其作图要点为求 ab 及对应边。作图方法为由点 a' 求 a''，再求 a，并作 ab（ab 平行对应底边）；或过点 a' 引辅助水平线 $a'k'$，作 ak，得 ab，如图 3-17(d) 所示。

③ 画通槽的侧面投影。由线 n' 求得 n''；求作线框 m'' 要点是求作 $b''c''$ 及对应边，由点 b、c 和 b'、c' 求得 b''、c'' 并连线，如图 3-17(e) 所示。

④ 删除被切去的棱线和判断轮廓线可见性。删除点 A 上方前后侧棱。线 n'' 上的点 b'' 是可见和不可见的分界点；描深加粗图线，如图 3-17(f) 所示。

二、回转体的截交线

1. 圆柱的截交线

截平面与圆柱轴线相对位置不同，其截交线形状也不同，如表 3-1 所示。

表 3-1　圆柱面的截交线

截平面位置	与轴线平行	与轴线垂直	与轴线倾斜
截交线形状	直线	圆	椭圆
轴测图	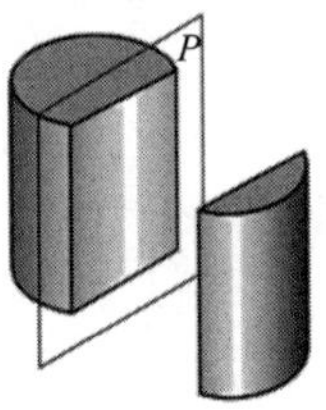	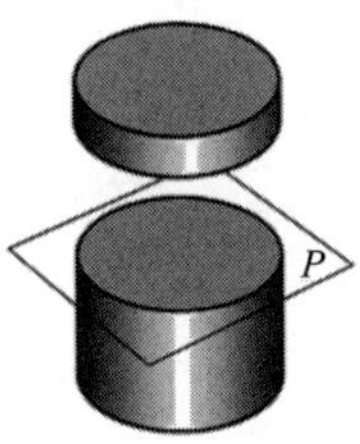	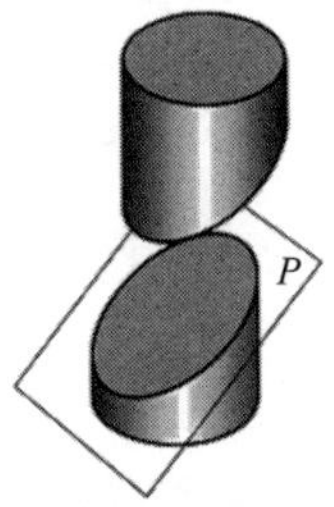
投影图	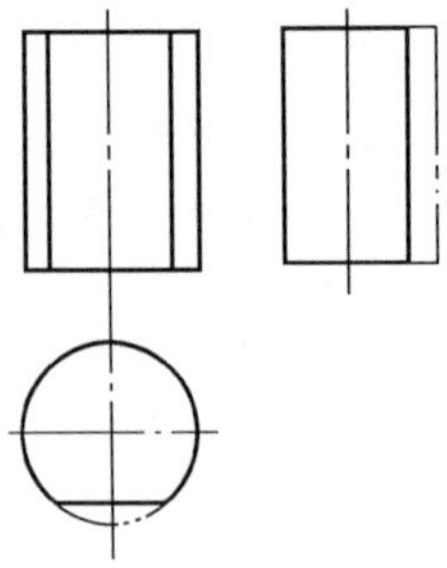	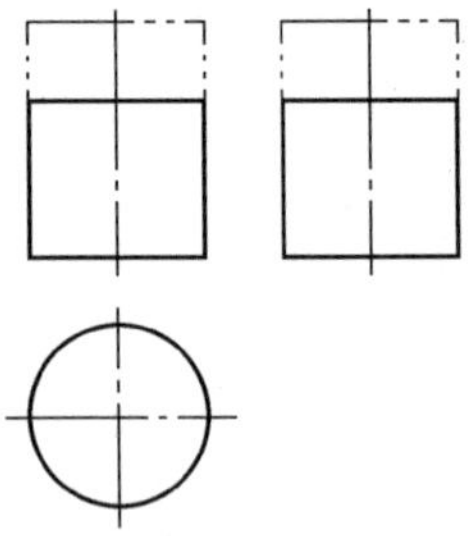	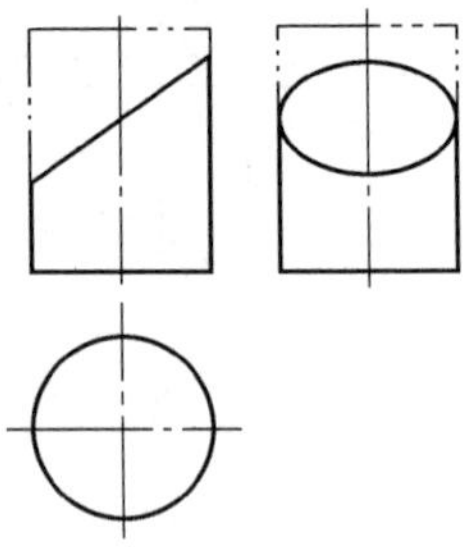

［例 3-6］ 求作图 3-18(a) 所示上切口、下通槽圆柱的投影。

圆柱的上端两个切口是由两个平行轴线左右对称的侧平面 M 与两个垂直于轴线的水平面 P 截切而成，正面反映切口特征；下端通槽是由两个平行轴线前后对称的正平面 N 和一个垂直轴线水平面 G 截切而成的，侧面反映通槽特征。

截平面与圆柱面上的八条截交线是铅垂线，其水平投影积聚为点；四条圆弧交线平行于水平面，水平投影重合在圆上。

① 先画完整圆柱三视图。

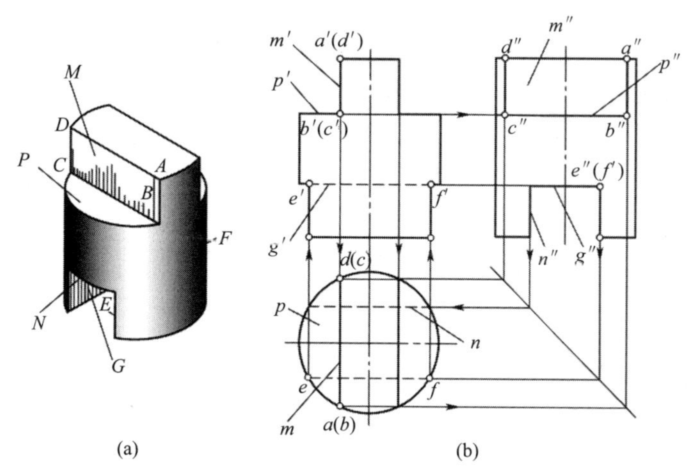

图 3-18 圆柱切口、切槽的投影

② 画上端切口投影。先画反映切口特征的正面投影积聚性线 m'、p'；求水平投影线 m；侧面投影除了画线 p''外，由点 $a(b)$ 和 $d(c)$ 求得 $a''b''$、$d''c''$，如图 3-18(b) 箭头所示。

③ 画下部通槽。先画反映切槽特征侧面投影积聚直线 n''、g''；求水平面投影线 n；止面投影除了画线 g'外，由点 e、f 求得直线 e'、f'，如图 3-18(b) 箭头所示。

④ 删除被切去轮廓线，判断可见性。正面投影删除切槽处的左右轮廓线，点 e'、f'为槽底可见和不可见分界点。

[例 3-7] 求作图 3-19(a) 所示平面 P 斜切圆柱的截交线投影。

截平面 P（正垂面）与圆柱轴线斜交，截交线为椭圆。椭圆的正面投影积聚为斜线 p'，水平投影与圆柱面投影的圆重合，侧面投影仍是椭圆的类似形。由于截交线的两个投影具有积聚性（已知投影），由“二求三”求得侧面投影。

① 求特殊点。特殊点是指截交线上处于最左与最右，最前与最后，最高与最低的点。这种点一般在视图轮廓线上，它限定截交线的范围。

图 3-19(a) 中椭圆长、短轴的端点 A、C 与 B、D 是特殊点。求作时，先在主视图上定出左、右轮廓线上最左（最低）和最右（最高）的点 a'、c'，求得点 a''、c''；定出前、后轮廓线上最前、最后的重影点 b'（d'），求得点 b''、d''，如图 3-19(b) 箭头所示。

② 求一般点。用圆柱面积聚性取点法求得。作图时，先在俯视图的圆周上定出对称点 e、g、h、f（常用等分圆周），并求得点 $e'(f')$、$g'(h')$，再求得点 e''、f''、g''、h''，如图 3-19(c) 箭头所示。

③ 连成光滑曲线。按顺序把点 a''、e''、b''…连成光滑曲线，即得所求，如图 3-19(d) 所示。

④ 删除被切去的轮廓线及判断可见性。从图 3-19(a) 所示的圆柱截切位置看出，左、右轮廓线在点 A、C 以上和前后轮廓线的点 B、D 以上被 P 平面切去，所以点 a'、c'及点 b''、d''以上外形轮廓线应删除。椭圆的侧面投影均可见。

2. 圆锥的截交线

截平面与圆锥面的截交线有五种形状，见表 3-2。

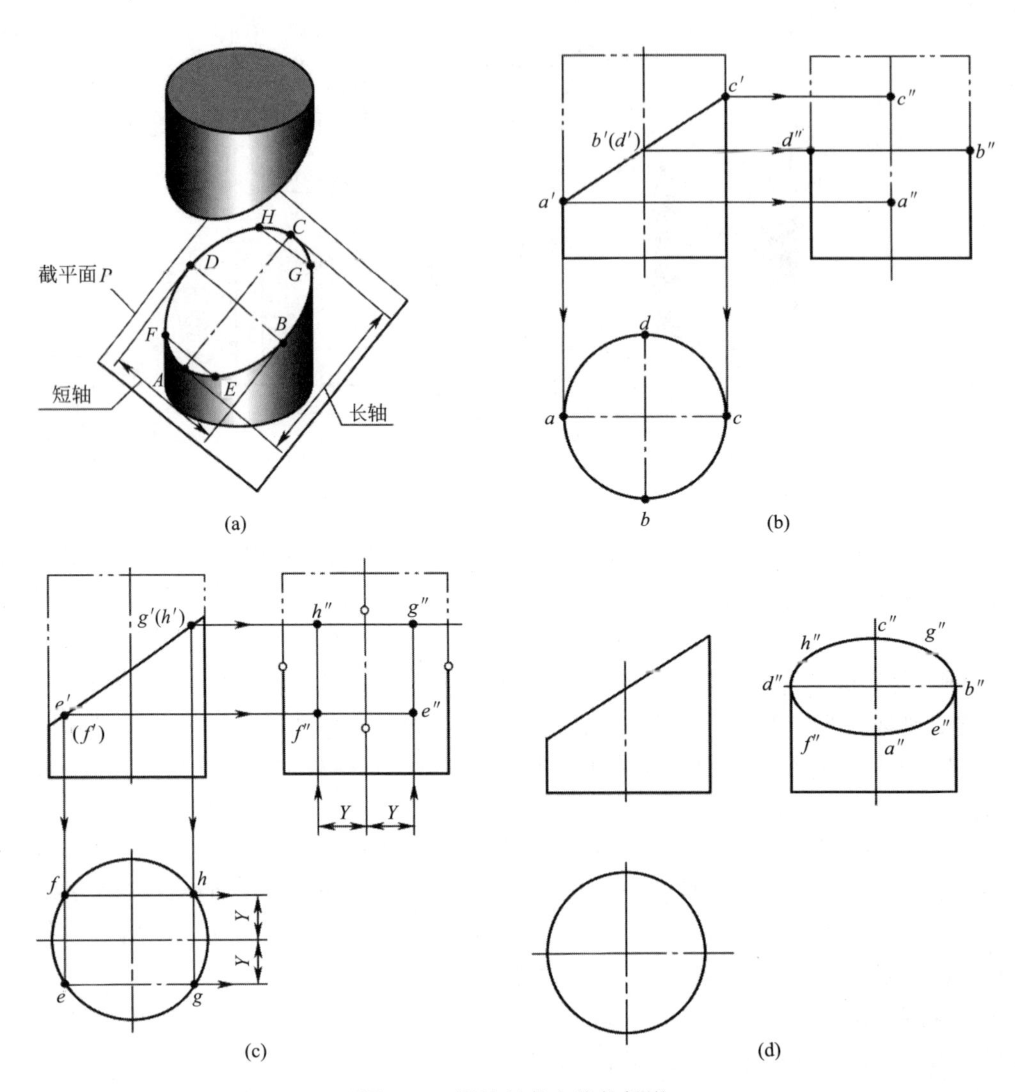

图 3-19 圆柱斜截交线的投影

表 3-2 圆锥面的截交线

截平面位置	垂直于轴线	过锥顶	倾斜于轴线不与轮廓线平行	平行任一条素线	平行于轴线
截交线形状	圆	直线	椭圆	抛物线	双曲线
轴测图	①	②	③	④	⑤

续表

截平面位置	垂直于轴线	过锥顶	倾斜于轴线不与轮廓线平行	平行任一条素线	平行于轴线
投影图	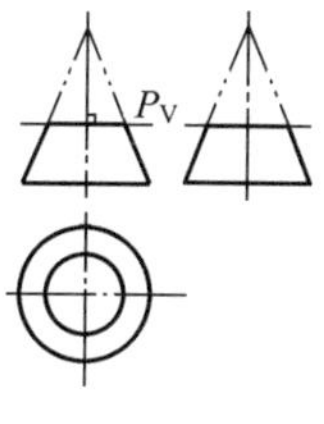	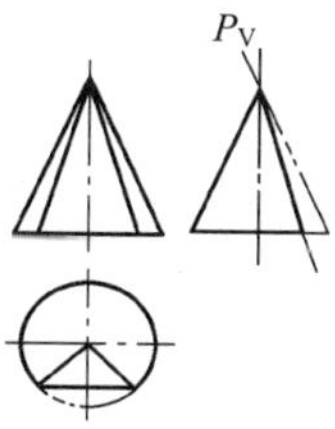	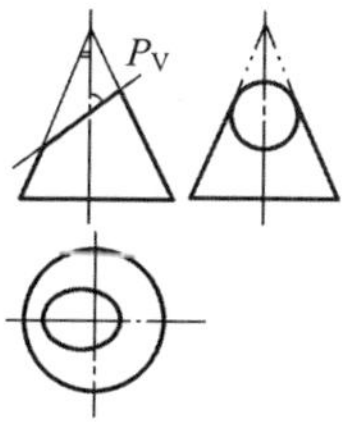	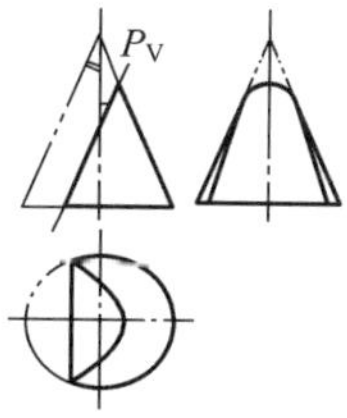	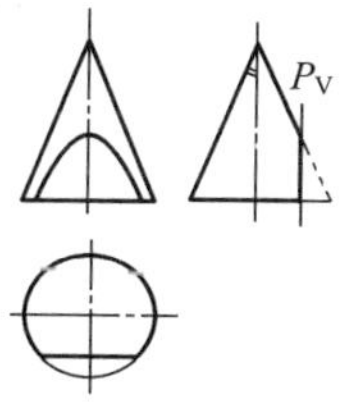

［例 3-8］ 求作图 3-20(a) 所示平面 P 截切圆锥的截交线投影。

圆锥面被平行于轴线的平面 P 截切，截交线为双曲线，其水平面和侧面投影分别积聚为直线，正面投影的双曲线是实形。

由于圆锥面没有积聚性投影，所以采用下列两种作图方法。

① 辅助素线法。在圆锥面截交线上任取一点 M，过点 M 作辅助素线 SF，点 M 的投影属于辅助素线 SF 的同面投影，如图 3-20(b) 所示。

② 辅助平面法（三面共点法）。在截交线的范围内，作垂直于圆锥轴线的辅助平面 R，与圆锥面交线为圆，圆与截平面 R 相交于点 C、D，是圆锥面、截平面 P 和辅助平面 R 三个面的公共点，点 C、D 的投影同属圆周同面投影，如图 3-20(c) 所示。

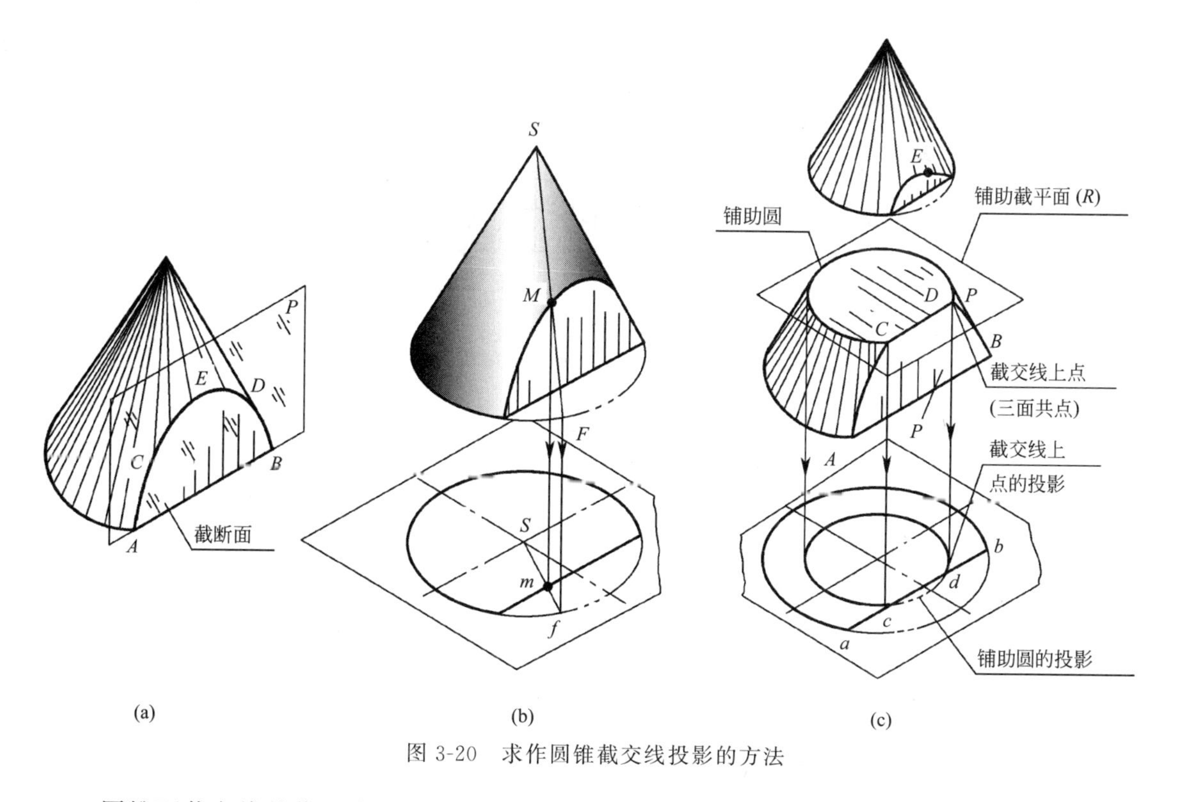

(a)　(b)　(c)

图 3-20　求作圆锥截交线投影的方法

圆锥面截交线的作图步骤见表 3-3。

表 3-3　圆锥面截交线的作图步骤

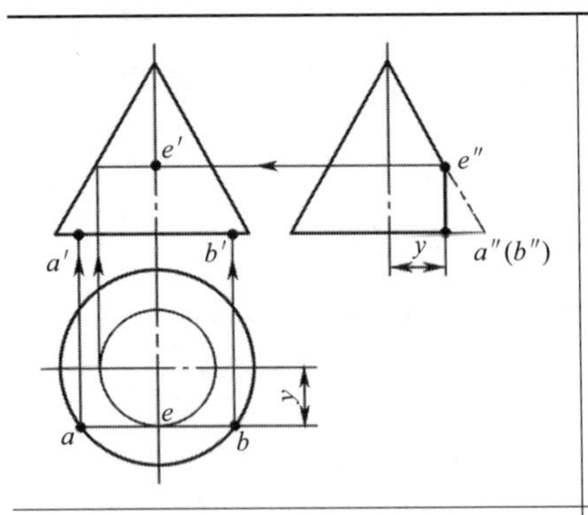	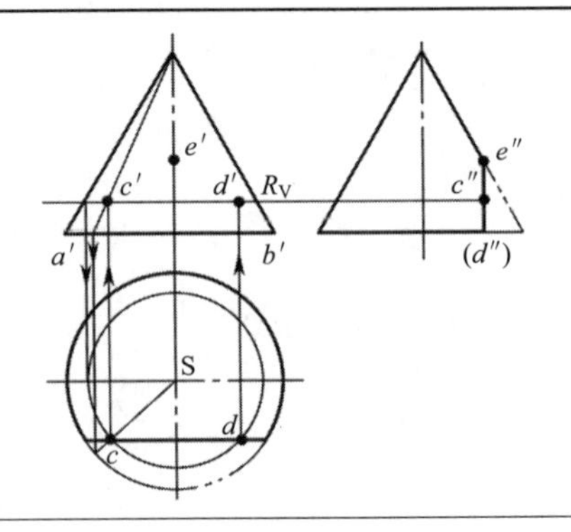	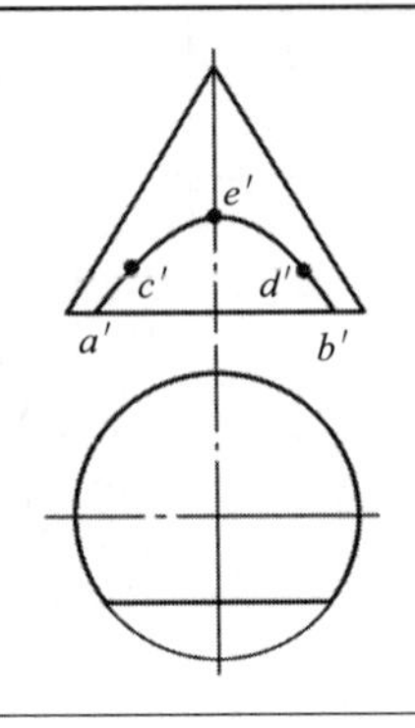
(a)求特殊点：点 E 是最高点，由点 e'' 求 e'（或作辅助圆求得）；点 A、B 为最左、最右点，是底面和截平面 P 的交点，由点 a、b 求得点 a'、b'	(b)求一般位置点：引辅助素线或作辅助平面法，在截交线已知的水平投影上求得交点 c、d，由点 c、d 求点 c'、d'	(c)将各点顺序连成光滑曲线。点 a'、c'、e'、d'、b' 用曲线光滑连接起来，即得所求

3. 圆球的截交线

圆球被任意方向的平面截断，截交线都是圆。圆的大小取决于截平面与球心的距离。

当截平面平行某一投影面时，交线圆在该投影面的投影为实形，其他两个投影积聚为直线，其长度等于截线圆的直径，如图 3-21 所示。当截平面是投影的垂直面时，截交线在该投影面的投影积聚为直线，其他两个投影均为椭圆，如图 3-21 所示。

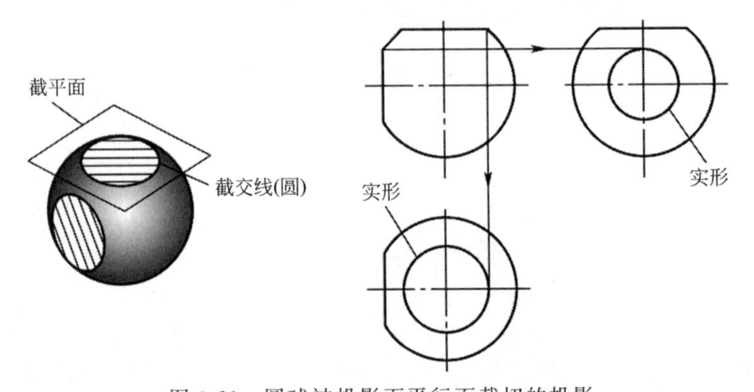

图 3-21　圆球被投影面平行面截切的投影

［例 3-9］　求作半圆球切槽的投影（见图 3-22）。

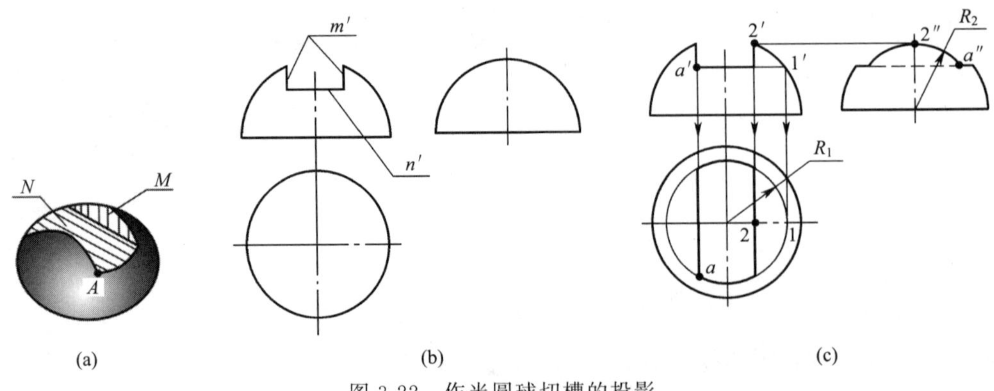

图 3-22　作半圆球切槽的投影

半圆球槽的两侧面 M 与球面交线是等径的两段圆弧（平行侧面），侧面投影的圆弧为实形；槽底面 N 与球面交线是两段同心圆弧（平行水平面），水平投影反映实形。

① 先画完整半球投影，根据槽宽、槽深尺寸画反映切槽特征形正面投影的线 m'、n'。

② 作切槽水平投影，交线圆弧半径 $R1$，由点 $1'$求得 1。

③ 作切槽侧面投影，交线圆弧半径 $R2$，由点 2 求得 $2''$。

④ 通槽把球侧面轮廓线切去一段圆弧。点 a''为槽底可见与不可见分界点。

第四节　相贯线

两立体表面相交时产生的交线，称为相贯线。相贯线具有下列基本性质：

① 封闭性。相贯线一般是封闭的空间曲线，特殊情况下是平面曲线或直线；

② 共有性。相贯线是两回转体表面上的共有线，相贯线上的点是两表面上的共有点。

一、两圆柱正交

1. 两圆柱异径相交

［例 3-10］ 求作图 3-23(a) 所示两圆柱正交的相贯线。

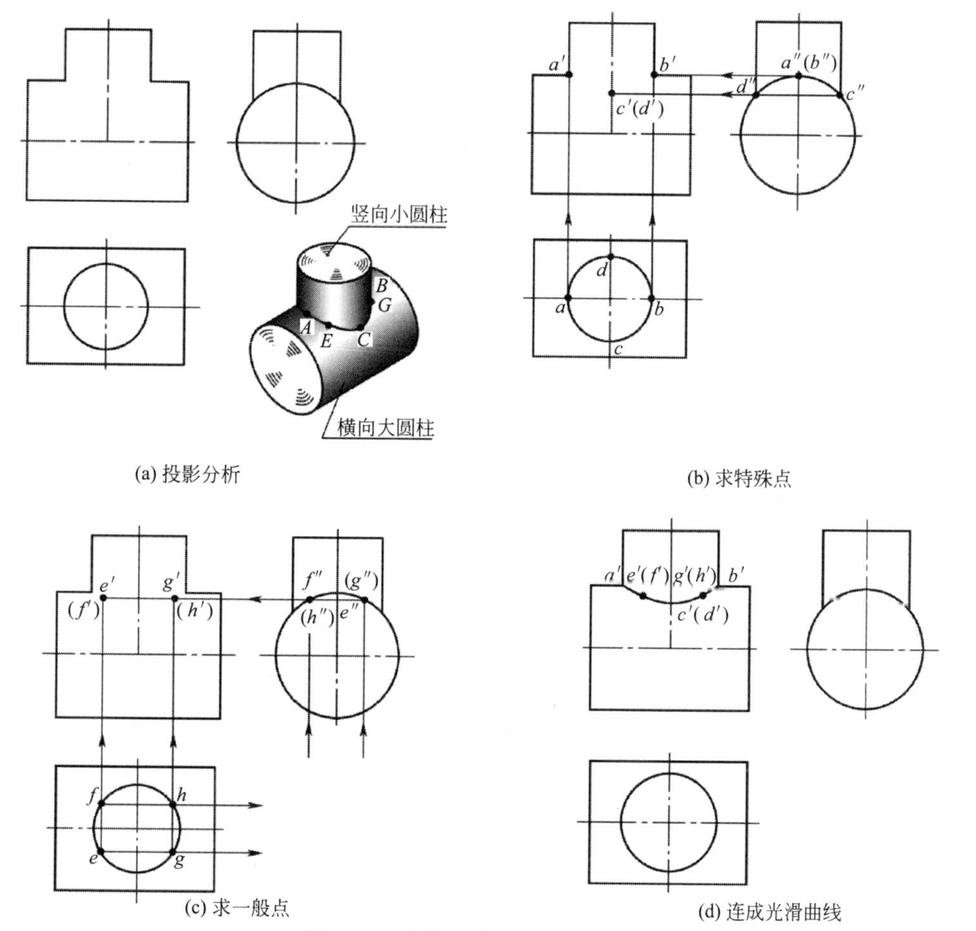

(a) 投影分析　(b) 求特殊点　(c) 求一般点　(d) 连成光滑曲线

图 3-23　求作正交两圆柱的相贯线

两圆柱面的相贯线为左右、前后对称的空间曲线。竖向小圆柱轴线垂直水平面，相贯线水平投影积聚在竖向小圆柱面投影的小圆周上；横向圆柱轴线垂直于侧面，相贯线侧面投影积聚在大圆柱面投影的大圆周上的一段圆弧，所以相贯线的水平和侧面投影均是已知投影，相贯线的正面投影应用积聚性取点法求得。

① 求特殊点：大、小圆柱正面轮廓线相交点 a'、b' 是相贯线最左最右点，最低点 $c'(d')$ 由小圆柱前后轮廓线与大圆柱面侧面投影的交点 c''、d'' 求得，如图 3-23(b) 箭头所示。

② 求一般位置点：在相贯线水平投影上任取 e、g、h、f 的对称点（一般用圆周等分而得），在侧面投影求得对应点 $e''(g'')$、$f''(h'')$，再求得正面投影点 $e'(f')$、$g'(h')$，如图 3-23(c) 箭头所示。

③ 连点成线：把各点按顺序连成光滑曲线，如图 3-23(d) 所示。

2. 两圆柱正交时相贯线的变化

当两圆柱的相对位置不变，两圆柱的直径发生变化时，相贯线形状和位置也将随之变化。水平圆柱直径与竖直圆柱直径处于不同变化情况时的相贯线如图 3-24 所示。

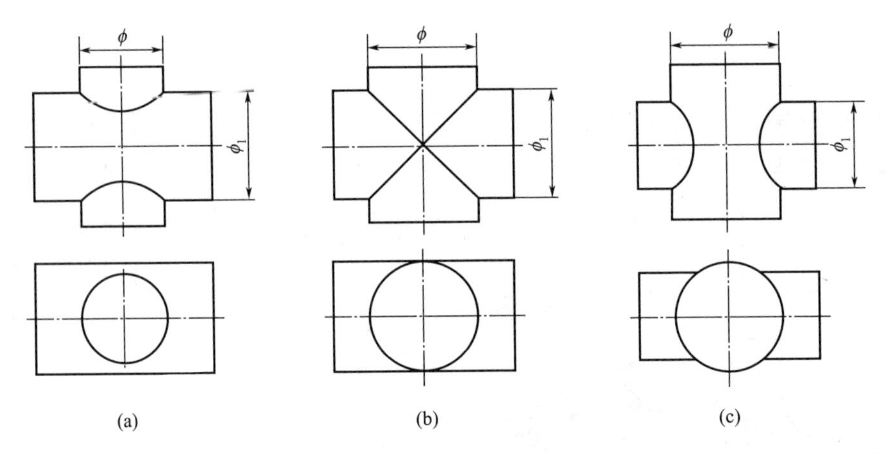

图 3-24　两圆柱正交时相贯线的变化

3. 两圆柱正交时相贯线的简化画法

为了简化作图，国家标准规定，允许采用简化画法做出相贯线的投影，即用圆弧代替非圆曲线。当两圆柱异径相交，且不需要准确画出相贯线时，可采用简化画法作出相贯线的投影，如图 3-25 所示。

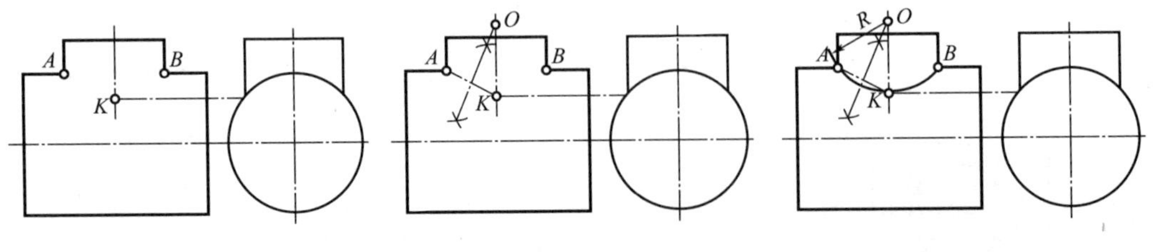

(a) 第一步：求出相贯线的最低点 K　(b) 第二步：作 AK 的垂直平分线与轴线相交　(c) 第三步：以 O 为圆心、OA 为半径画弧即可

图 3-25　两圆柱正交相贯线的近似画法

二、圆柱与圆锥正交

当已知相贯线只有一个投影有积聚性，或投影都没有积聚性，不能利用积聚性取点法求作相贯线上的点时，可采用辅助平面法求得，如图 3-26 所示。

用假想辅助平面在两回转体交线范围内同时截切两回转体，得两组交线的交点，即为相贯线上的点。如图 3-26(b) 所示，用辅助水平面 P 同时截切圆锥和圆柱，圆锥面上的圆交线和圆柱面上的直交线相交于点 E、G、H、F，为相贯线上的点，这些点既在辅助平面上，又在两回转体表面上，是三面的共有点。因此，利用三面共点原理可以作出相贯线一系列点的投影。

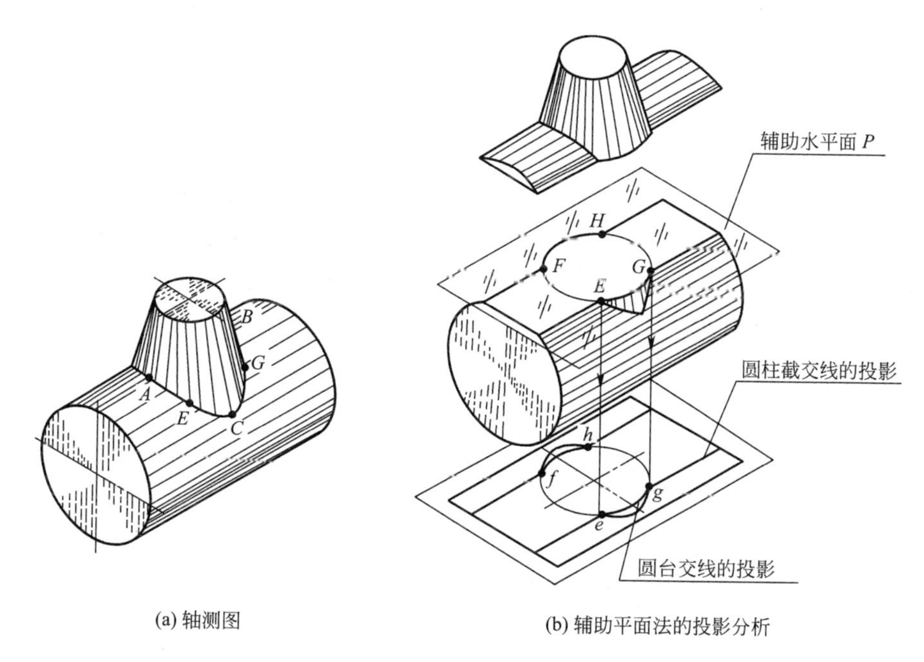

(a) 轴测图　　(b) 辅助平面法的投影分析

图 3-26　用辅助平面法求作相贯线

为了简化作图，辅助平面选用投影面平行面，使辅助平面与两回转体辅助截交线的投影简单易画。

［例 3-11］ 求作图 3-27(a) 所示圆锥台和圆柱正交的相贯线。

圆锥台和圆柱正交的相贯线为左右、前后对称的封闭形空间曲线，圆柱轴线为侧垂线，相贯线的侧面投影为已知投影。

① 求特殊点。最左、最右点（也是最高点）A、B 是圆锥台与圆柱正面轮廓线的相交点 a'、b'，由点 a'、b'求得点 a、b；最前、最后点（也是最低点）C、D 是圆锥台侧面轮廓线与圆柱面相交点。由 c''、d''求得点 $c'(d')$ 和点 c、d，如图 3-27(b) 箭头所示。

② 求一般点。按图 3-27(b) 所示作辅助水平面 P，求得水平投影的辅助交线圆与两直线的交点 e、f、g、h，再求得点 $e'(f')$、$g'(h)$，如图 3-27(c) 箭头所示。

③ 连曲线，判断可见性。把各点同面投影按顺序连成曲线；水平投影相贯线可见，正面投影相贯线可见部分和不可见部分相重合，如图 3-27(d) 所示。

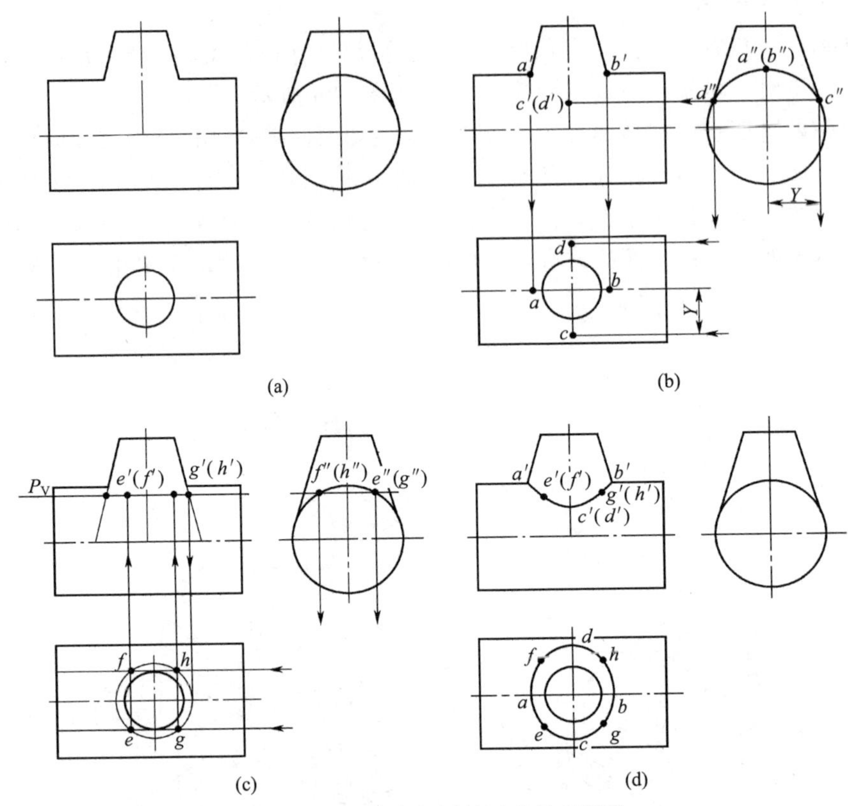

(a) (b)

(c) (d)

图 3-27　圆锥台与圆柱正交的相贯线

三、相贯线特殊情况及画法

当两回转体具有公共轴线时，其相贯线为垂直于轴线的圆，该圆在轴线所平行投影面上的投影积聚为直线段，在与轴线垂直投影面上的投影为圆，如图 3-28 所示。

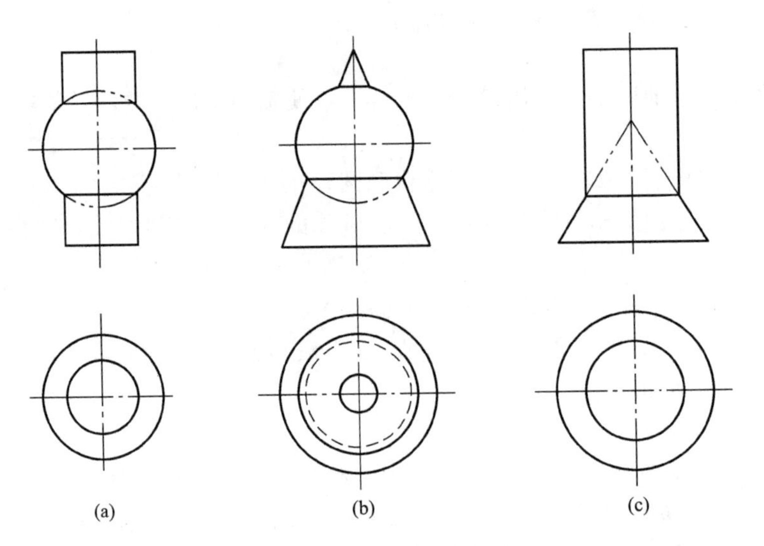

(a) (b) (c)

图 3-28　同轴回转体相贯线

圆柱与圆柱、圆柱与圆锥的轴线斜交，并公切于一圆球时，其相贯线为椭圆，在两相交轴线所平行投影面上的投影积聚为直线段，其他投影为类似形（圆或椭圆），如图 3-29 所示。

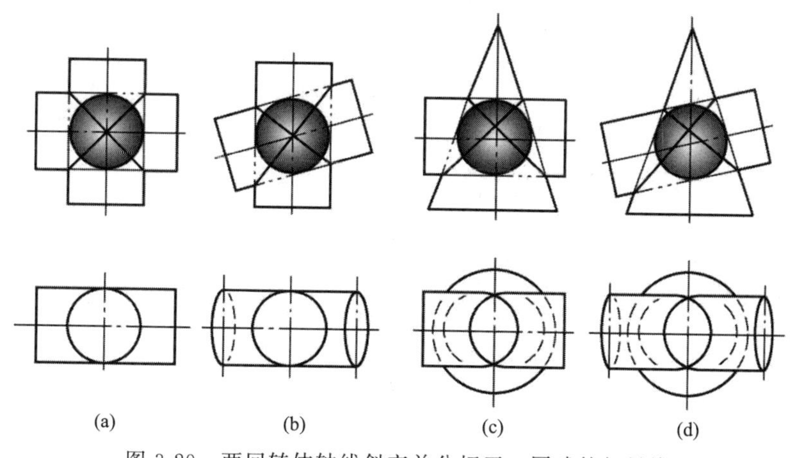

图 3-29　两回转体轴线斜交并公切于一圆球的相贯线

第五节　截断体和相贯体的尺寸标注

一、截断体的尺寸标注

标注截断体的尺寸，除了标注基本体的定形尺寸外，还应标注确定截断面位置的定位尺寸，并应把定位尺寸集中标注在反映切角、切口和凹槽的特征视图上。当截断面位置确定后，截交线随之确定，所以截交线上不能再标注尺寸，如图 3-30 所示。

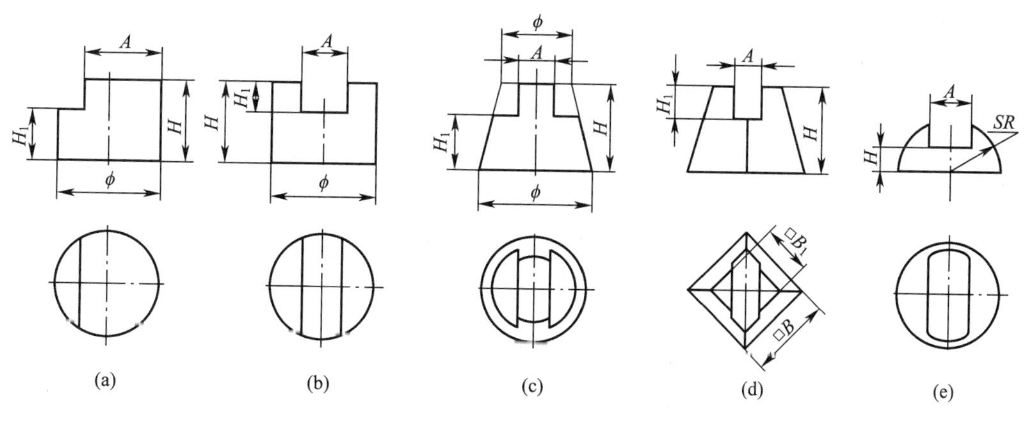

图 3-30　截断体的尺寸标注

二、相贯体的尺寸标注

标注相贯体的尺寸时，除了标注两相交基本体的定形尺寸外，还应标注两个基本体的相对位置尺寸（定位尺寸），并把定位尺寸集中标注在反映两形体相对位置明显的特征视图上。当两相交基本体的形状、大小和相对位置确定之后，相贯线的形状、大小自然确定，因此相贯线不标注尺寸，如图 3-31 所示。

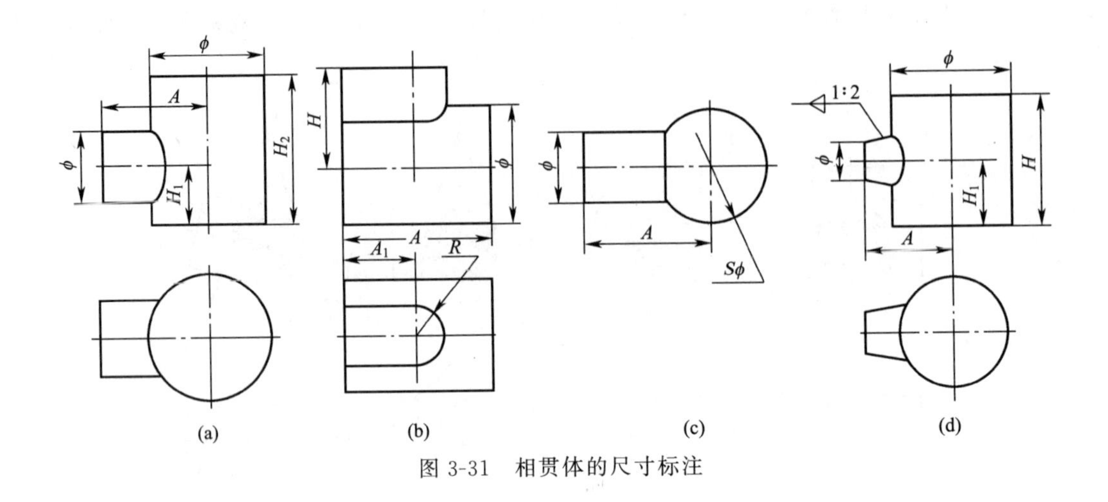

图 3-31　相贯体的尺寸标注

第六节　轴测图

正投影图是工程上应用最广泛的图样，但这种图形缺乏立体感。轴测图虽然所表达的物体的一些表面形状有所改变，但富有直观效果，有助于我们尽快了解物体的结构形状，因此工程上常用轴测图来表达机器外观、内部结构或工作原理等。

一、正等测图

1. 正等测图的形成

如图 3-32(a) 所示，正方体的正面置于平行于轴测投影面投影位置，然后按图 3-32(b) 所示的位置绕 Z 轴旋转 45°，再按图 3-32(c) 所示位置把正方体向正前方旋转 45°后向轴投影面的正投影，得到图 3-32(d) 所示的正方体的正等测图。

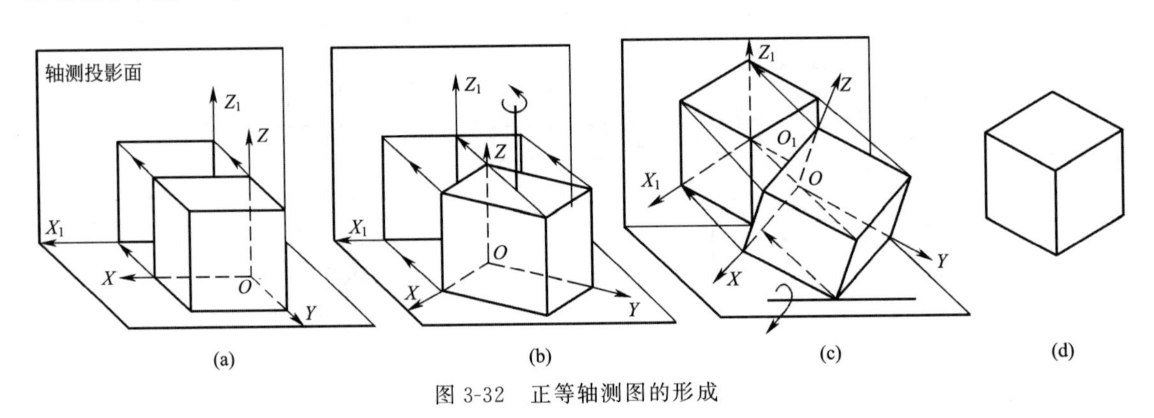

图 3-32　正等轴测图的形成

2. 轴间角和轴向伸缩系数

正等测图的轴间角均为 120°，如图 3-33(a) 所示。作图时，按图 3-33(b) 所示将 O_1Z_1 轴画成垂直位置，将 O_1X_1 和 O_1Y_1 轴画成与水平线夹角为 30°。

由于三个坐标轴与轴测投影面的倾角相等，所以三根轴的轴向伸缩系数相等，即 $p_1=q_1=r_1\approx0.82$。为了作图方便，把轴向伸缩系数简化为 $p_1=q_1=r_1=1$，即凡是轴向线段均按实长量取。这样绘图简便，但图形的轴向线段放大了 1.22 倍（1∶0.82≈1.22），所绘的

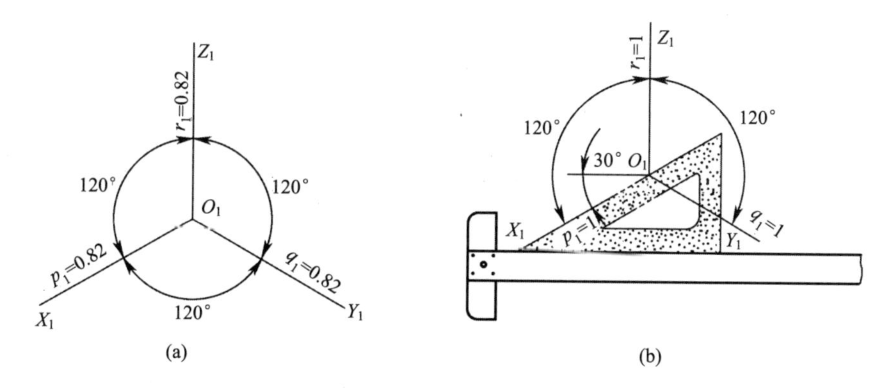

图 3-33　正等测图的轴测轴、轴间角和轴向伸缩系数

正等测图也放大，如图 3-34(b)、(c) 所示。

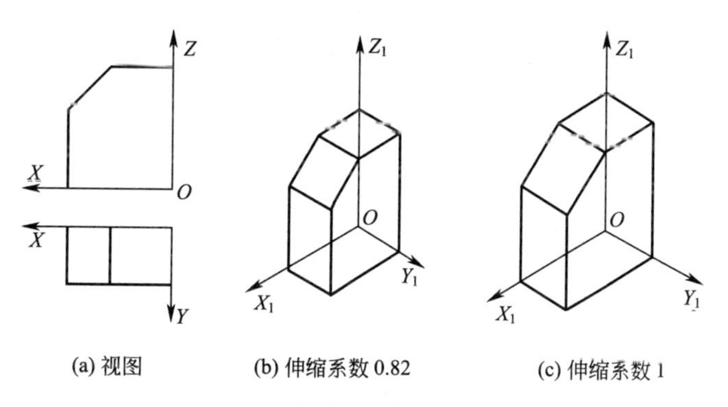

图 3-34　不同伸缩系数的正等测的比较

二、正等测图的画法

1. 平面立体正等测图画法

① 用切割法。将平面立体画成长方体轴测图，然后在其上进行切割作图，从而作出平面立体的轴测图。

［例 3-12］ 画表 3-4(a) 所示平面柱形体主、俯视图的正等测图。其作图方法和步骤见表 3-4。

表 3-4　方箱切割法画工等测图示例

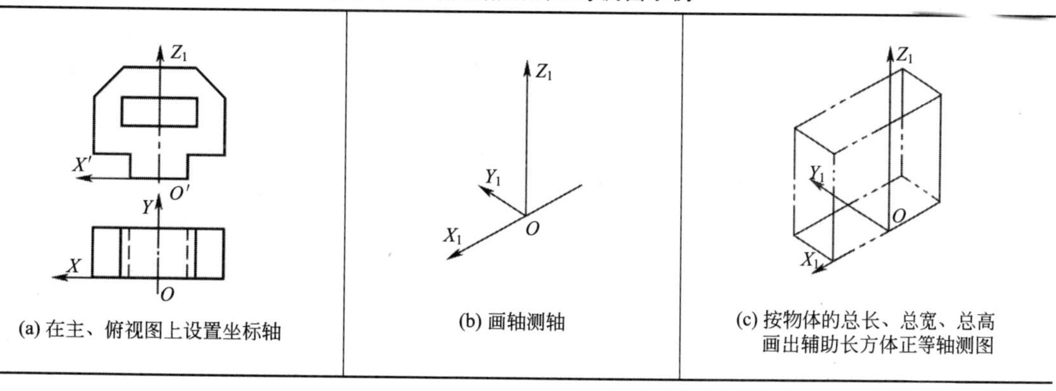

续表

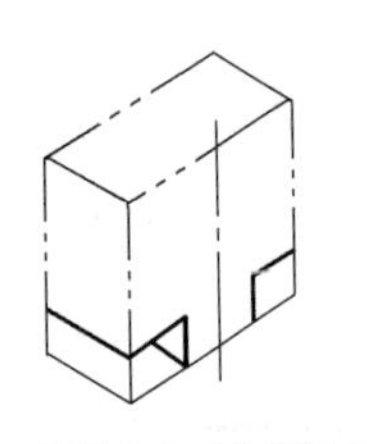 (d) 画底部左右对称形缺口	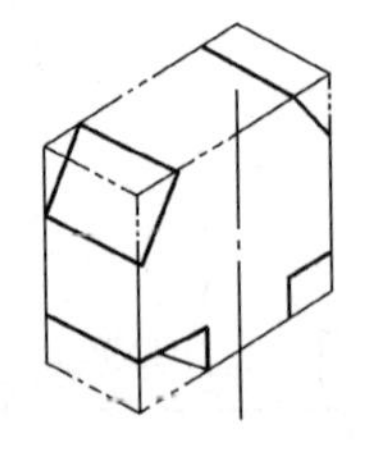 (e) 画顶部左右对称形缺角	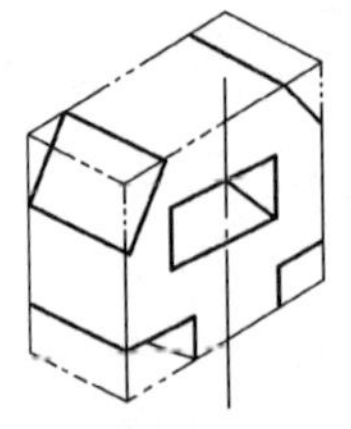 (f) 画中间方槽	 (g) 描深加粗图线，擦去多余图线

② 坐标法。在平面立体或视图设置坐标轴，确定体上各顶点的坐标值，映射到轴测轴的对应点，按顺序连线，从而作出平面立体的轴测图。坐标法是画轴测图的基本方法。

［**例 3-13**］ 画表 3-5(a) 所示正六棱柱主、俯视图的正等测图，见表 3-5。

表 3-5 正六棱柱正等测图画法

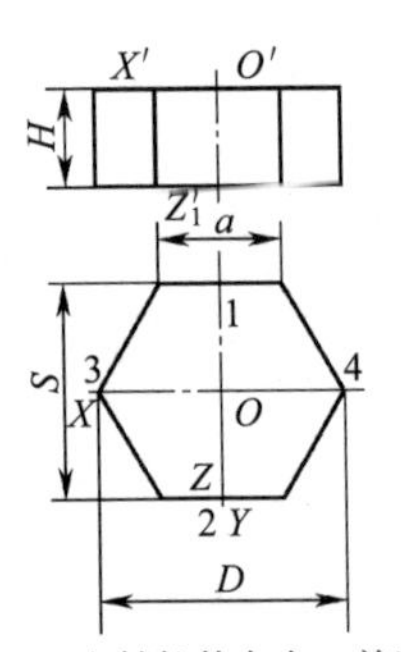 (a) 六棱柱的左右、前后均对称，选顶面中心为坐标原点，定出坐标轴	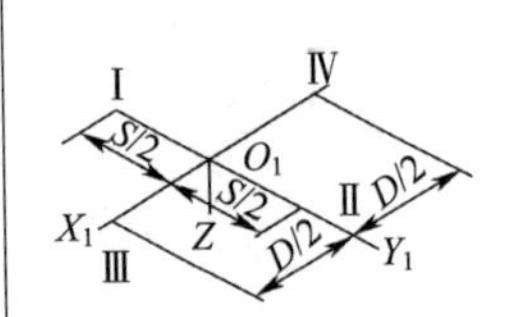 (b) 画 O_1X_1、O_1Y_1 轴测轴。根据尺寸 S、D 沿 O_1X_1 和 O_1Y_1 定出点Ⅰ、Ⅱ和点Ⅲ、Ⅳ	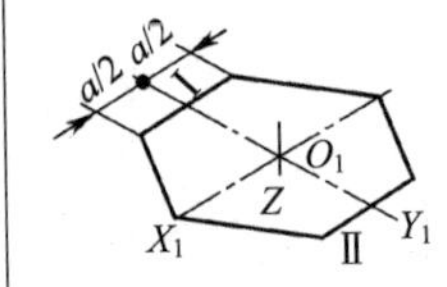 (c) 过点 Ⅰ、Ⅱ 作直线平行 O_1X_1，并在所作两直线上分别量取 $a/2$，得各顶点，并按顺序连线	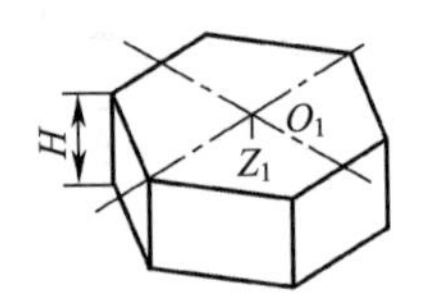 (d) 过各顶点沿 O_1Z_1 方向，往下画侧棱，取尺寸H；画底面各边；描深即完成全图(虚线省略不画)

［**例 3-14**］ 画表 3-6(a) 所示斜四棱台主、俯视图的正等测图。见表 3-6。

表 3-6 斜四棱台正等测图画法

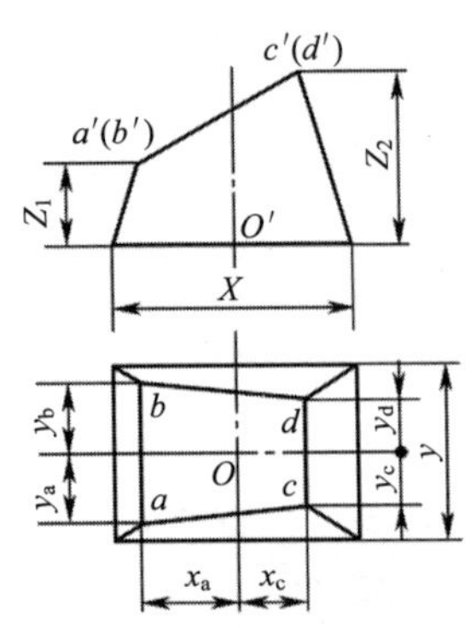 (a) 在主、俯视图上设置坐标轴，定各棱点的坐标值	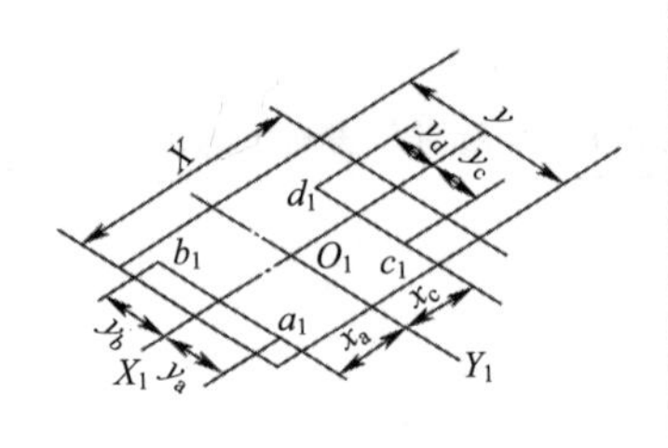 (b) 画轴测轴 O_1X_1、O_1Y_1，由 X、Y 画底面；由 x_a、x_c 与 y_a、y_b、y_c、y_d 定点 a_1、b_1、c_1、d_1	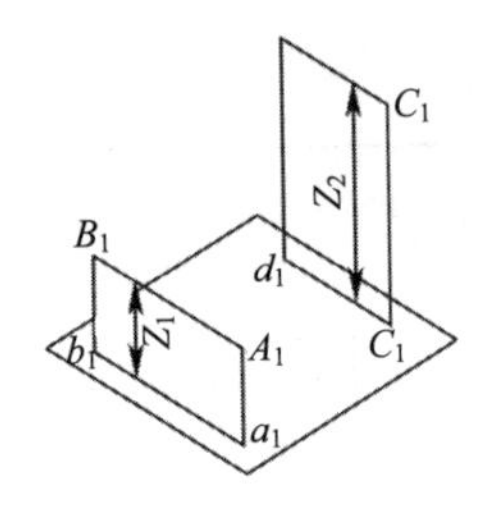 (c) 分别过点 a_1、b_1、c_1、d_1 作 O_1Z_1 平行线(垂直线)，并在其上截取各坐标值 z_1、z_2,得点 A_1、B_1、C_1、D_1

续表

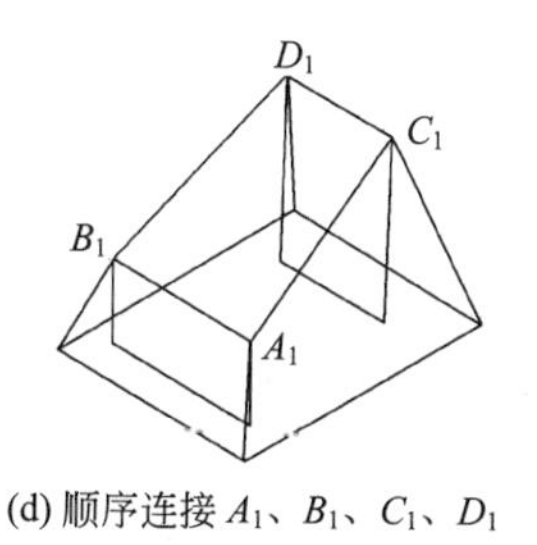 (d) 顺序连接 A_1、B_1、C_1、D_1	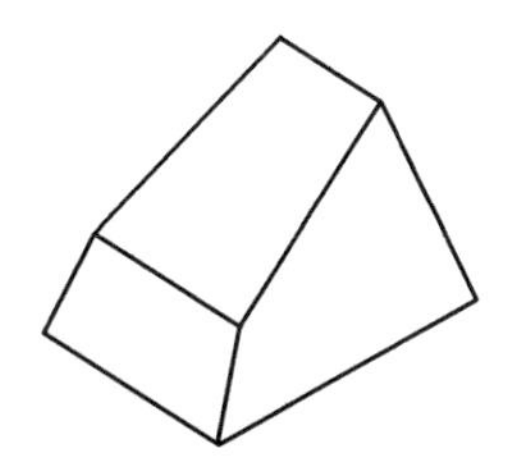 (e) 去掉作图线与看不见的轮廓线，得斜四棱台的正等测图

2. 圆的正等测图画法

平行于坐标面的圆，正等测图都是椭圆。如图 3-35(a) 所示，正方体上三个不同坐标面上圆的正等测图都是椭圆。

虽然椭圆大小相同，但椭圆长、短轴方向各不相同。如图 3-35(b) 所示，水平椭圆长轴垂直于 O_1Z_1 轴，短轴与 O_1Z_1 轴重合；正面椭圆长轴垂直于 O_1Y_1 轴，短轴与 O_1Y_1 轴重合；侧面椭圆长轴垂直于 O_1X_1 轴，短轴与 O_1X_1 轴重合。从图中可知，若以椭圆为端面画三个不同方向圆柱的正等轴测图，圆柱厚度方向与短轴同向。

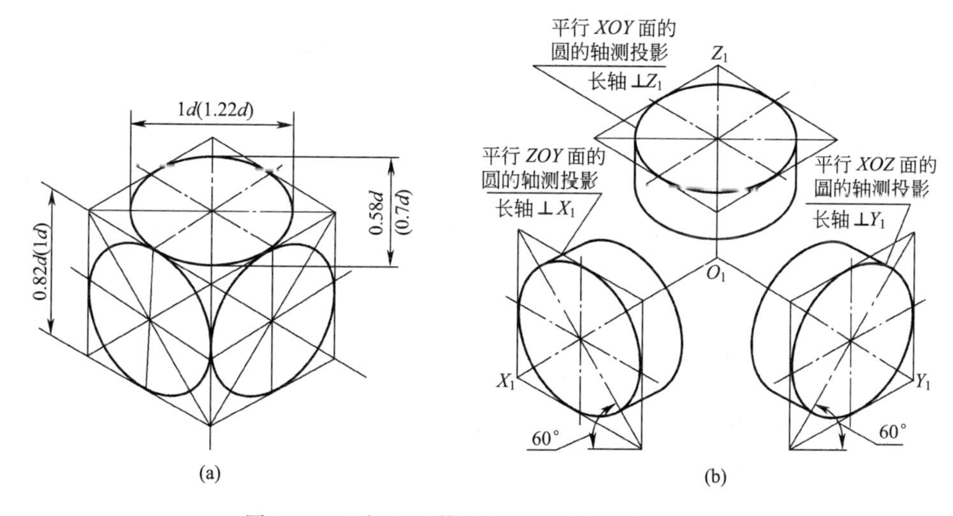

图 3-35　坐标面及其平行面上圆的正等轴测图

3. 圆柱的正等测图的画法

画圆柱的正等测图，应先作上、下底面的椭圆，然后再作两椭圆的公切线。表 3-7 所示为圆柱正等测图的作图步骤。

从表 3-7(c) 可知，上、下底的椭圆相同。为了简化作图，可在先画好顶面椭圆后，将该椭圆的四段圆弧平移，即把四个圆心和切点向下移动圆柱高 H 的距离，并分别作出相对应圆弧，即得底面的椭圆，这种作图方法称圆心平移法，如图 3-36 所示。

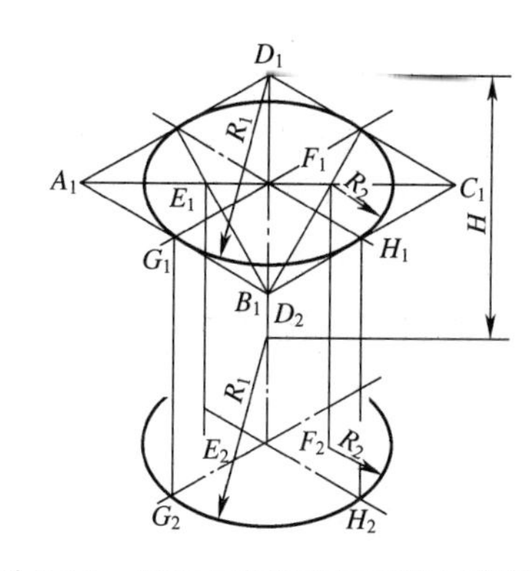

图 3-36　用圆心平移法画圆柱正等测图

表 3-7　圆柱正等测图的作图步骤

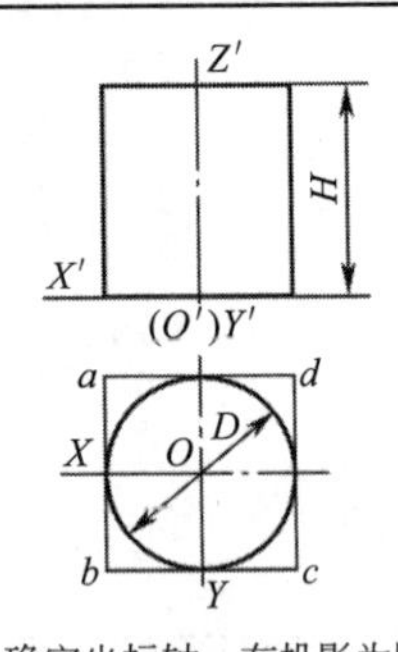	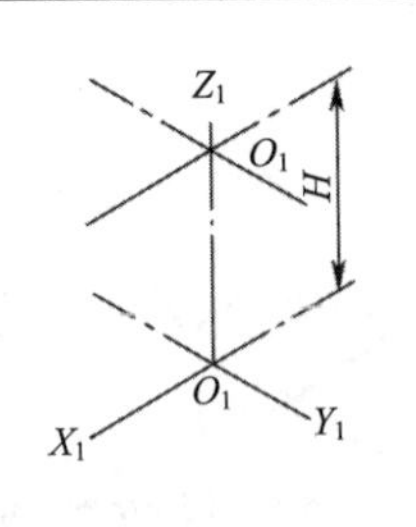	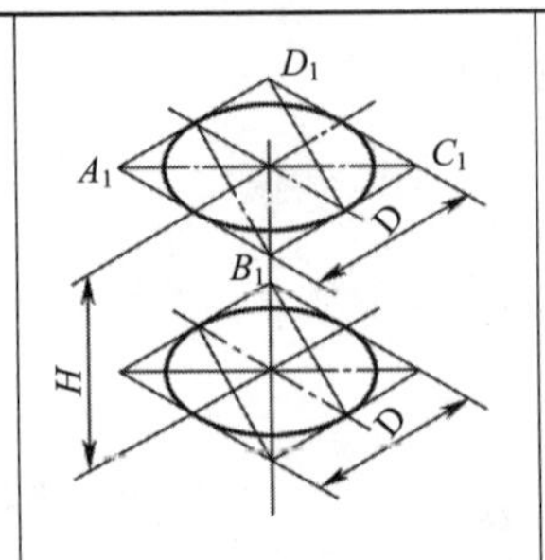	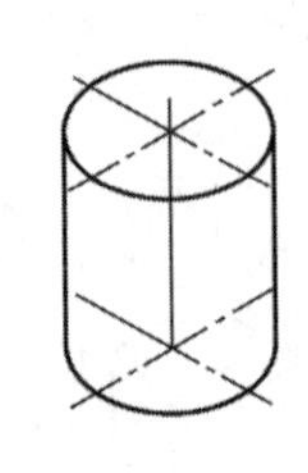
(a) 确定坐标轴，在投影为圆的视图上作圆的外切正方形	(b) 作轴测轴 X_1、Y_1、Z_1，在 Z_1 轴上截取圆柱高度 H,并作 X_1、Y_1 的平行线	(c) 作圆柱上、下底圆的轴测投影的椭圆	(d) 作两椭圆的公切线，对可见轮廓线进行加深（虚线省略不画）

三、斜二测图

1. 斜二测图的形成和投影特点

如图 3-37(a) 所示，物体上的两个坐标轴 OX 与 OZ 与轴测投影面平行，用斜投影法将物体连同其坐标轴一起向轴测投影面投射，所得到的投影称为斜二轴测图，简称斜二测图，如图 3-37(b) 所示。

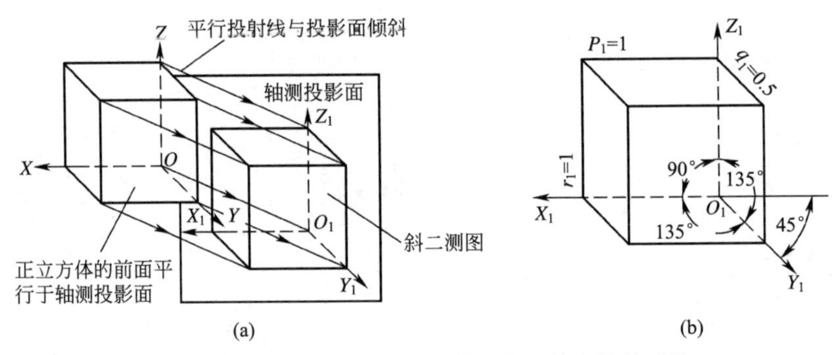

图 3-37　斜二测图的形成和轴间角及轴向伸缩系数

2. 轴间角和轴向伸缩系数

① 斜二测图的轴间角：$\angle X_1O_1Z_1=90°$，$\angle X_1O_1Y_1=\angle Y_1O_1Z_1=135°$（$O_1Y_1$ 轴与水平线夹角为 45°）。

② 轴向伸缩系数：O_1X_1 和 O_1Z_1 的 $p_1=r_1=1$；O_1Y_1 的 $q_1=0.5$。

四、斜二测图的画法

1. 平面立体的斜二测图画法

［例 3-15］　画图 3-38(a) 所示的正四棱台的两面视图的斜二测图。

作图方法和步骤如图 3-38 所示。

2. 圆的斜二测图画法

如图 3-39 所示，平行于 $X_1O_1Z_1$ 轴测面（正平面）的圆的斜二测图仍是圆；平行于 $X_1O_1Y_1$（水平面）和 $Y_1O_1Z_1$（侧平面）轴测面的圆的斜二测图为椭圆，但长、短轴方向不同。它们的长轴与圆所在坐标面上的一根轴线的夹角为 7°10′。

当物体的正面形状有较多圆或圆弧时，其他方向形状较简单，采用斜二测作图十分简

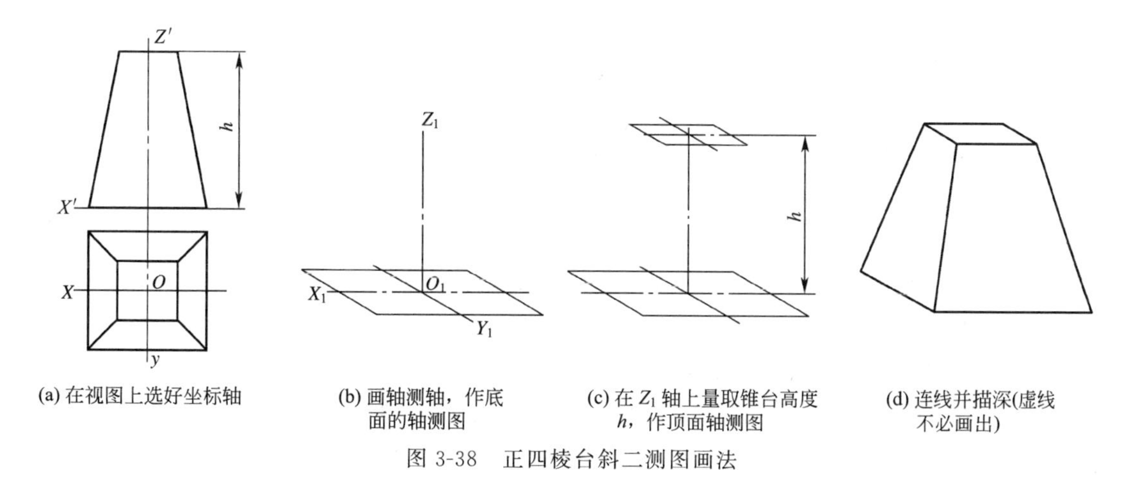

图 3-38　正四棱台斜二测图画法

便，如图 3-40 所示的端盖。

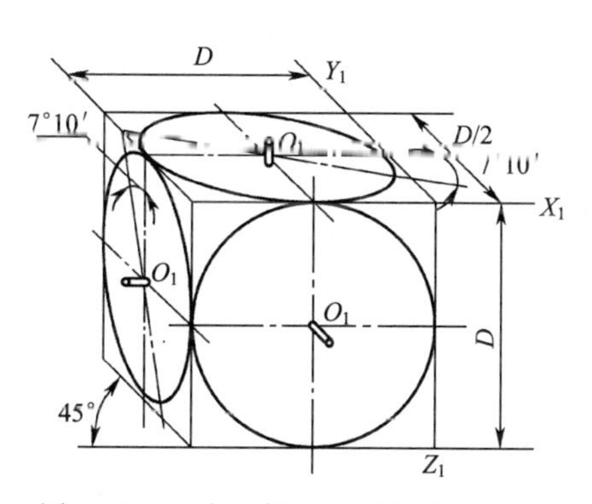

图 3-39　三个坐标面上圆的斜二测图

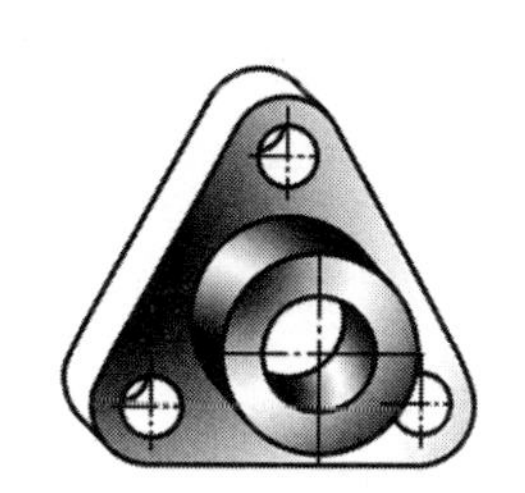

图 3-40　作端盖的斜二测图

3. 圆锥台体的斜二测图画法

［例 3-16］　画图 3-41(a) 所示穿孔圆台的斜二测图，其两底圆平行于水平面，为了方便作图，把图中所示立体往正前方转动 90°，使两底圆平行于 *XOZ*（正面），所绘制斜二测图形状相同，仅是方向不同。其作图步骤如图 3-41(b)、(c)、(d) 所示。

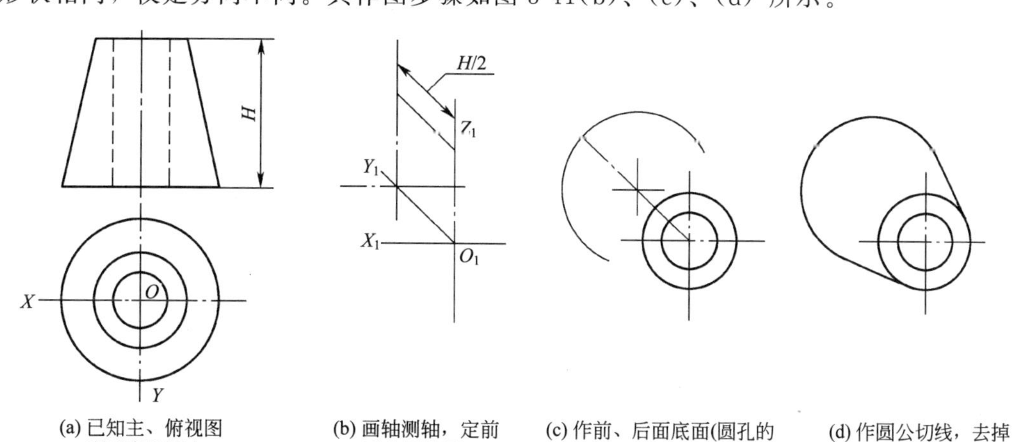

图 3-41　穿孔圆台斜二测画法

五、轴测草图画法

工程上常用轴测草图表示或记录立体形状，读图时，常借助画轴测草图验证所想象立体形状的正确性，以增强形体想象力。若由视图画轴测草图，应先读懂视图，想象出物体形状，然后选择所画轴测图的类型，徒手画出轴测草图。

画轴测草图应注意以下几点。

① 三向性，在轴测草图上每一个点，都有三条线汇交。

② 平行性，物体上相互平行的线段，在草图上都要画成相互平行。

③ 准确性，轴测草图上目测画出各部分的比例大小应与实物基本一致。

画椭圆时，应先确定椭圆所在轴测面，画的轴测轴，在轴测轴画菱形。

［**例 3-17**］ 画图 3-42(a) 所示主、俯视图柱形体的正等测草图。

从主视图的特征形线框 1′，对应俯视图为矩形线框，想象以特征形线框 1′为端面的等厚柱形体。

① 在主、俯视图上设置坐标轴 OX、OZ、OY，如图 3-42(a) 所示。

② 徒手画轴测轴 O_1X_1、O_1Y_1、O_1Z_1，如图 3-42(b) 所示。

③ 在 O_1X_1、O_1Z_1 轴坐标面上画特征面Ⅰ外形轮廓轴测草图，确定圆孔中心位置，按圆孔直径徒手画辅助菱形，并在菱形上画四个相切圆弧，得椭圆，如图 3-42(c) 所示。

④ 沿 O_1Y_1 方向画侧面可见轮廓线；由物体厚度 B 画出后端面可见轮廓线；去掉多余作图线，描深加粗轮廓线，即得所求，如图 3-42(d) 所示。

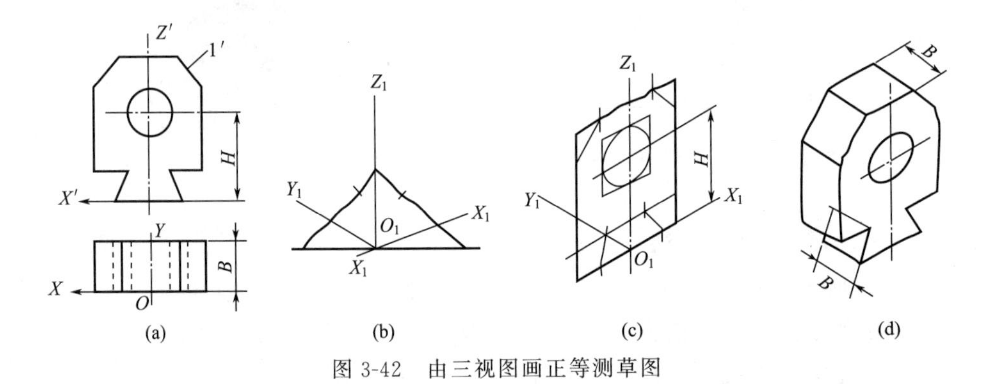

图 3-42 由三视图画正等测草图

第四章 组合体的画法

第一节 组合体的组合形式

一、组合体的构成

组合体的组合形式分为叠加和切割两种，而常见是两种形式的综合体。如图 4-1(a) 所示，六角螺柱坯是由六棱柱、圆柱和圆台叠加而成的；图 4-1(b) 所示的导块可看成是长方体Ⅰ切割去直角梯形柱Ⅱ、Ⅲ和挖去圆柱Ⅳ后而形成的。

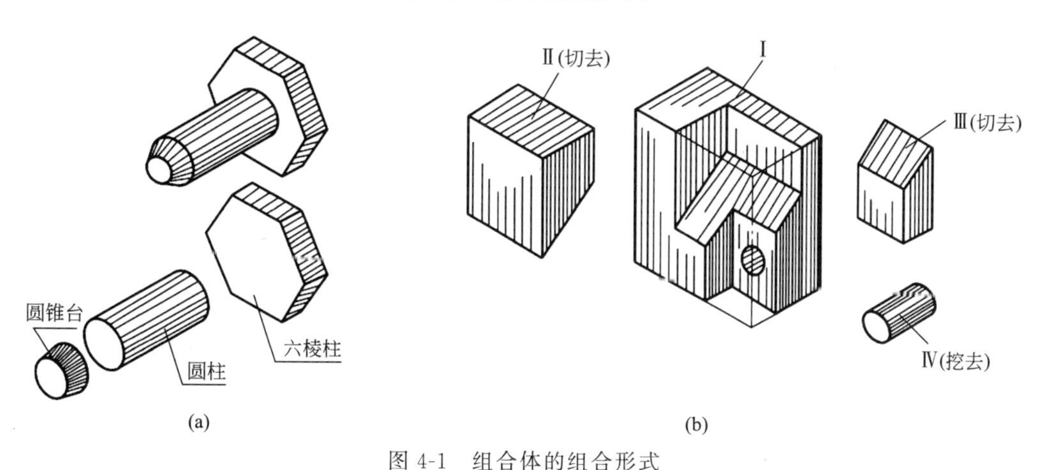

图 4-1 组合体的组合形式

二、组合体相邻表面之间关系及画法

当基本立体组合在一起时，必须正确地表示基本立体之间表面连接关系。连接关系一般分为四种形式。

1. 两表面不平齐

当两个基本立体叠加，形体之间的相邻两个平面不平齐时，两立体之间存在分界面。画视图时，分界处应画有分界线。如图 4-2(a) 所示，机座的形体Ⅰ、Ⅱ叠加，但宽度不等，两形体的前、后端的相邻面不平齐，所以图 4-2(b) 中主视图的线框 1′与 2′之间画了表示两个形体的分界线。而图 4-2(c) 中的主视图上漏画了分界线。

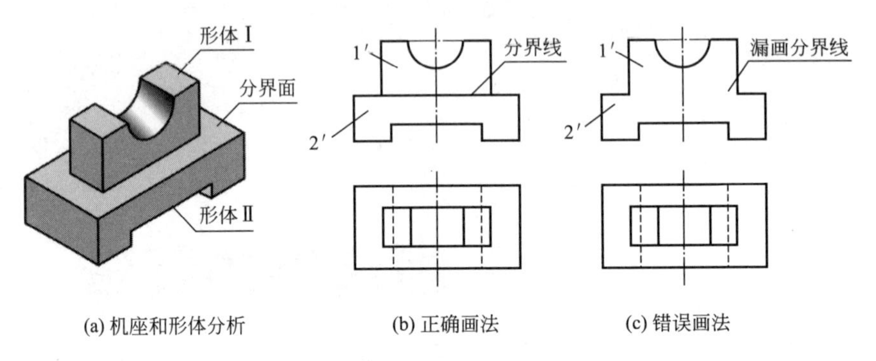

图 4-2　相邻表面不平齐的画法

2. 两表面平齐

当两个基本立体叠加，形体之间的相邻两个平面平齐时，平齐处无界线。画视图时，该处不应画分界线。如图 4-3(a) 所示，机座的形体Ⅰ、Ⅱ叠加，宽度相等，两形体的前、后端的相邻面平齐，形成共面，也不存在接缝面，所以图 4-3(b) 所示的主视图不应画两形体之间的分界线。图 4-3(c) 所示主视图多画了线。

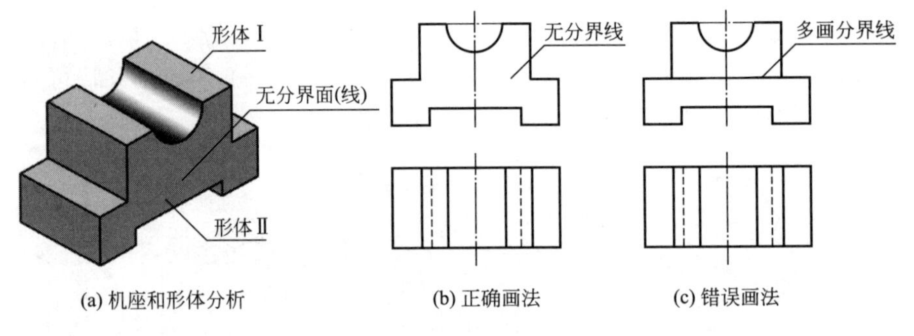

图 4-3　相邻表面平齐的画法

3. 两表面相切

当两基本立体的相邻表面相切时，相切处无界线。画视图时，该处不应画切线（接缝线）。常见的基本立体的两表面相切的形式有平面与曲面相切、曲面与曲面相切。

图 4-4(a) 中的摇臂是由图 4-4(b) 中的耳板和圆筒相切而成的。耳板前、后侧平面和圆柱面相切，在相切处光滑过渡，画视图时，图 4-4(c) 中主、左视图相切处不画线，但耳板顶面Ⅰ的投影应画到切点 a'（b'）和 a''、b''，如图 4-4(f) 所示。图 4-4(d)、(e) 所示是常见错误画法。

图 4-5(a) 中 1/4 圆环面切于小圆柱面和大圆柱顶面，在相切处不存在分界线。图 4-5(b) 中主、俯视图中的相切处不画线。图 4-5(c) 所示是错误画法。

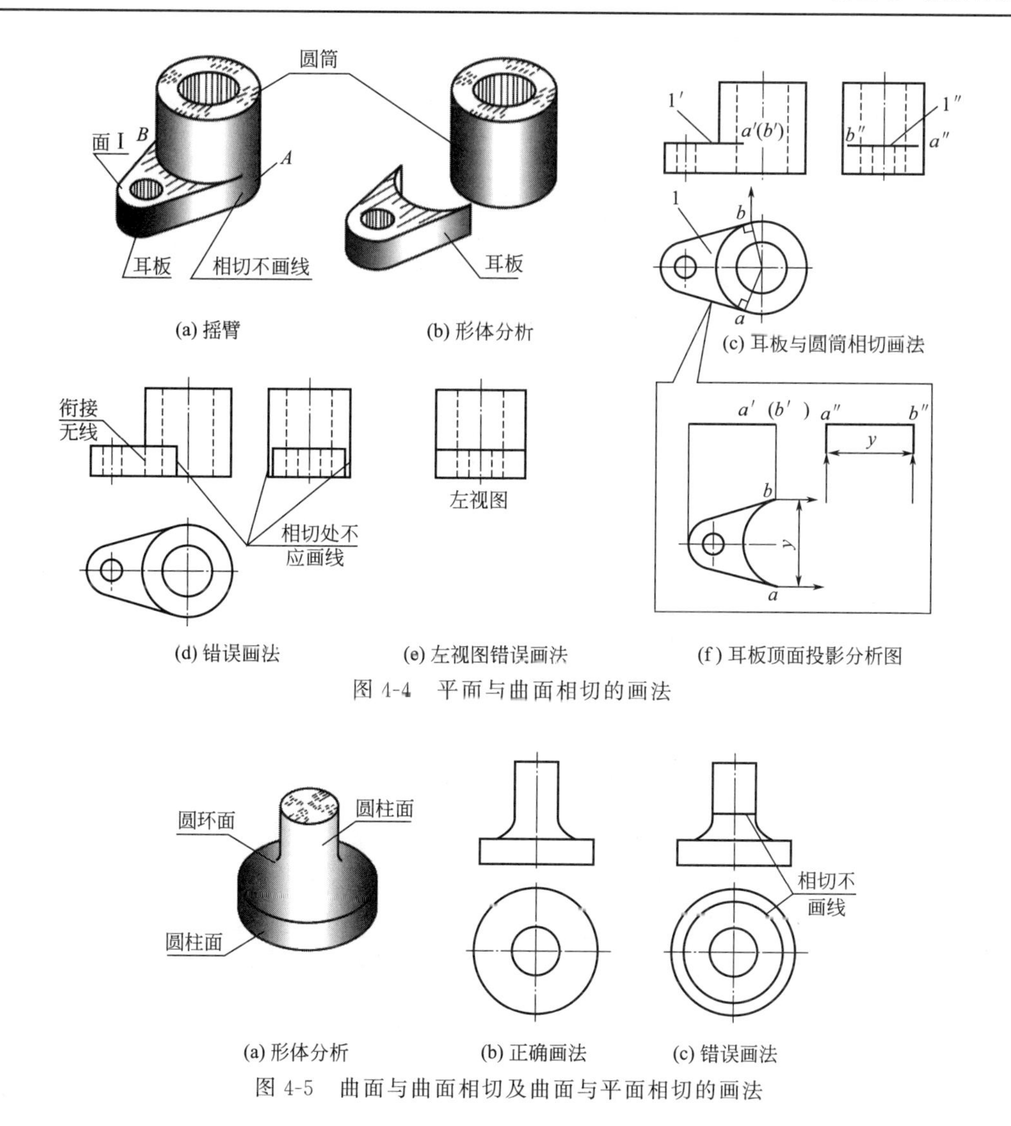

(a) 摇臂　(b) 形体分析　(c) 耳板与圆筒相切画法

(d) 错误画法　(e) 左视图错误画法　(f) 耳板顶面投影分析图

图 4-4　平面与曲面相切的画法

(a) 形体分析　(b) 正确画法　(c) 错误画法

图 4-5　曲面与曲面相切及曲面与平面相切的画法

4. 两表面相交

当两基本立体相交或立体被切割时，两表面相交处有交线。画视图时，相交处应画出交线的投影。

如图 4-6(a) 所示，机座耳板、肋板的前、后侧平面与圆柱面相交，交线为 AB、CF，

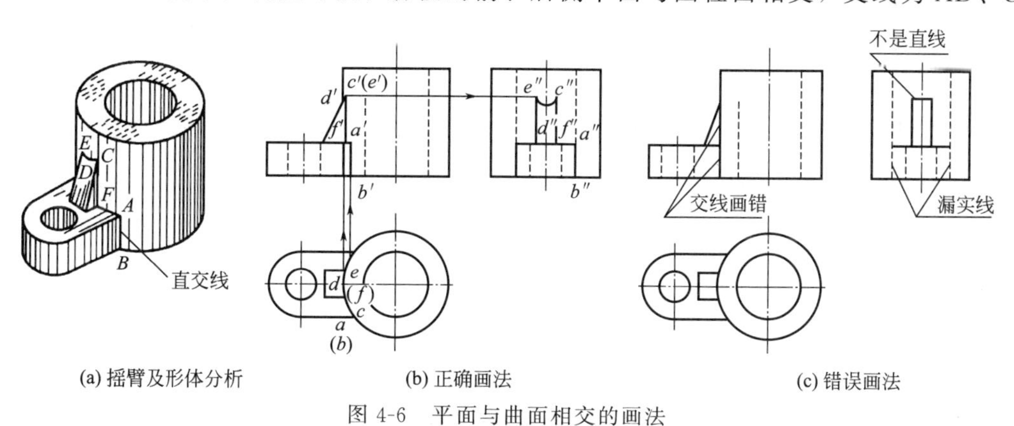

(a) 摇臂及形体分析　(b) 正确画法　(c) 错误画法

图 4-6　平面与曲面相交的画法

主视图中在相交处应画出交线的投影 $a'b'$、$c'f'$。

肋板的斜面与圆柱面斜交，交线为椭圆线，左视图上应画椭圆线的投影 $c''d''e''$曲线。如图 4-6(b) 所示。

图 4-6(c) 所示是错误画法，读者自行分析。

第二节　组合体三视图画法

一、形体分析

组合体是由若干个基本形体组合而成的。形体分析法是用假想的方法把组合体分解成若干个基本形体，并确定各基本形体的组合形式和邻接表面间的相互位置的方法。形体分析法的目的是将组合体由复杂变为简单，进而掌握组合体的结构特点及投影。形体分析法是绘图、标注尺寸和读图时采用的基本方法。

如图 4-7(a) 所示的轴承座可分解为图 4-7(b) 所示的底板、圆筒、支承板和肋板四个部分，支承板、肋板叠加在底板之上；支承板两侧面与圆筒外圆柱面相切；肋板与圆筒外圆柱面相交，整体形状左、右对称。

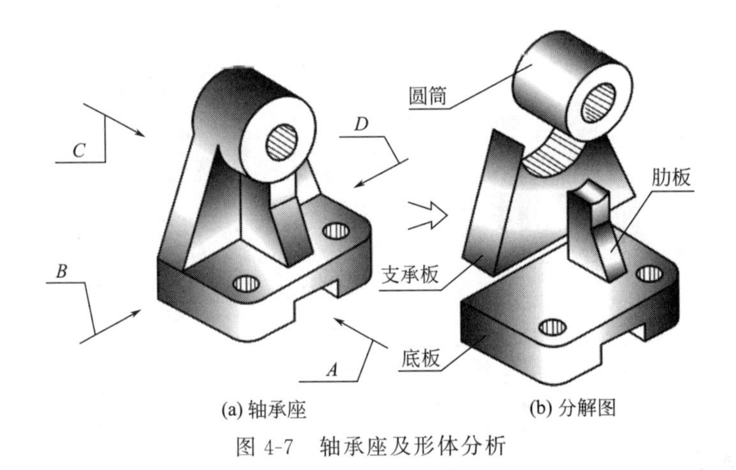

图 4-7　轴承座及形体分析

二、视图选择

在三个视图中，主视图是主要视图，主视图投射方向一旦确定，俯、左视图投射方向随之确定。

1. 主视图的选择

主视图是表达组合体的一组视图中最主要的视图，选择主视图应符合三条要求：

① 反映组合体的结构特征。一般应把反映组合体各部分形状和相对位置信息较多的方向作为主视图的投射方向。

② 符合组合体的自然安放位置，主要面应平行于基本投影面。

③ 尽量减少其他视图的虚线。

从图 4-7(a) 箭头所示几个投射方向可以看出，显然 A 向作为主视图投射方向更符合上述要求。

2. 视图数量的确定

在组合体形状表达完整、清晰的前提下，其视图数量越少越好。如图 4-7 轴承座的主视图确定后，还要画出俯视图，表达底板的形状和两孔的中心位置，左视图表达圆筒的形状位置。

三、确定比例、选择图幅

视图确定后，要根据实物大小和复杂程度，选择符合标准规定的比例和图幅。在一般情况下，尽可能选用 1∶1 的比例。

图幅大小应根据所绘制视图的面积大小，留足标注尺寸、标题栏的位置后确定。

布置视图时，把各视图匀称地布置在图幅上，使各视图之间有足够空间，视图与图框之间的位置应适当。

四、叠加组合体的作图步骤

图 4-7(a) 中的轴承座三视图的作图步骤见表 4-1。

表 4-1　画轴承座三视图的步骤

图例	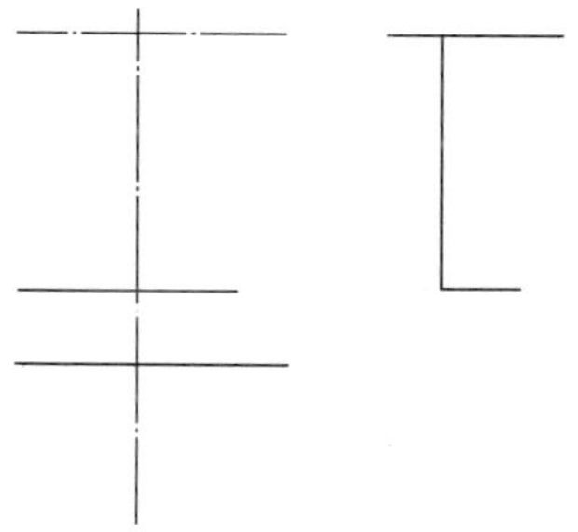	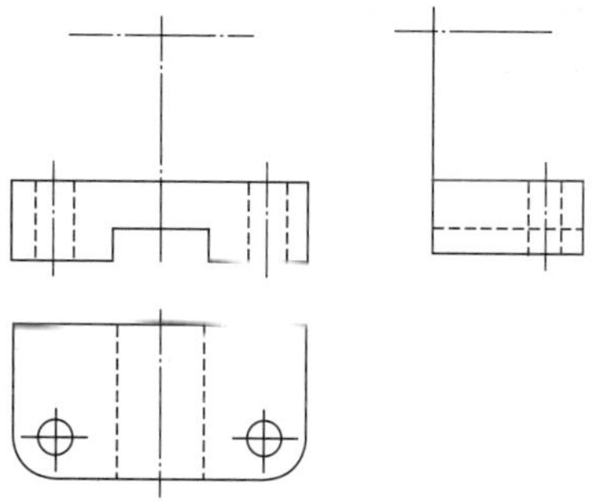
说明	画出各视图的作图基准线，如对称中心线，大圆孔中心线及其对应的轴线，底面和背面对应的位置线	按形体分析法逐个画三视图：画底板从俯视图先画，画凹槽从主视图先画
图例		(b′) a′ b″ a″ b a 无外形轮廓线
说明	画圆筒，先画反映圆筒特征形状的主视图	画支承板，先从反映支承板特征形的主视图画，再画俯、左视图。注意支承板两侧平面与圆筒外圆柱面相切处无界线，准确定出切点的投影 $a'(b')$ 和 a、b 及 a''、b''，并应擦去圆筒衔接处轮廓线
图例	c′ (d′) d″-c″ 无衔接线	

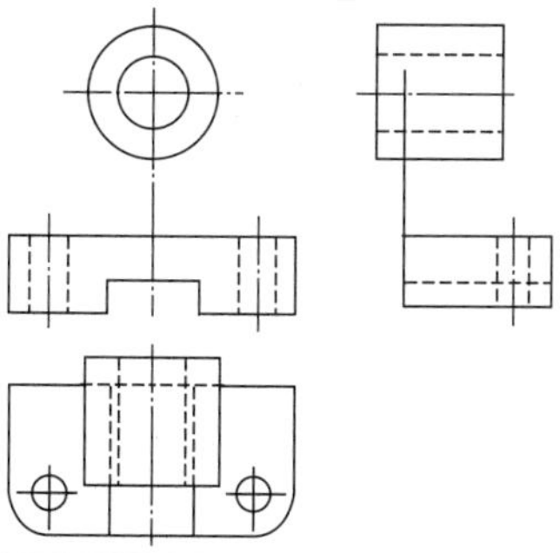

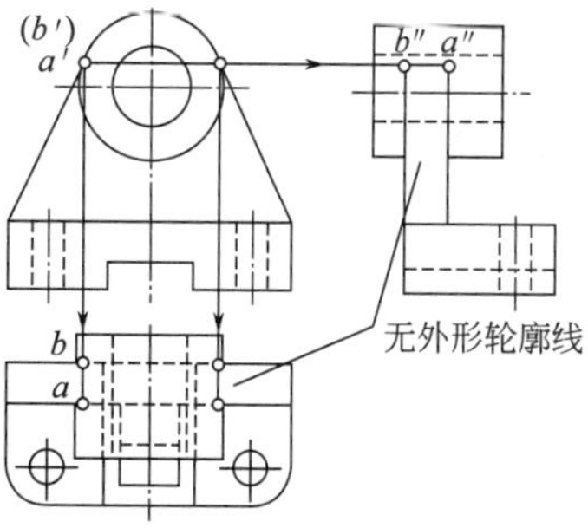

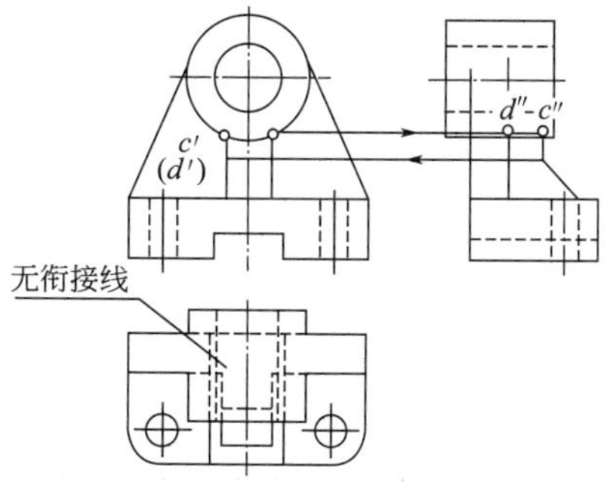

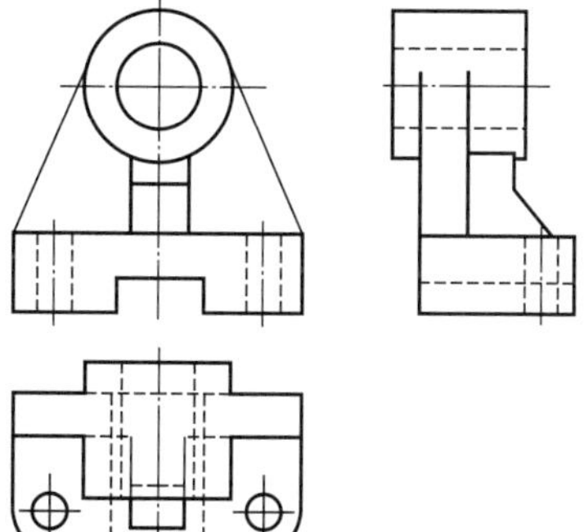

续表

说明	画肋板，主、左视图先画，再画俯视图。左视图上 $c''d''$ 交线由 $c'(d')$ 求得，取代圆柱上一段轮廓线；俯视图应擦去支承板与肋板衔接处的界线	核对视图，整理图线。画完底稿图后，再按形体分析法核对轴承座每个视图，改正错漏并擦去多余的图线，确定无误后，按标准线型描深、加粗

五、画底稿图时的注意点

① 作图过程先分后合：按每个基本立体的形状和位置，逐个画出其三视图，切忌对着物体画出整个视图后，再画其他整个视图的“照相式”画图法。应用形体分析法画图，可提高作图速度，又可避免漏画或错画图线。

② 画图顺序：先画主要部分，后画次要部分；先画可见部分，后画不可见部分；先画每部分的特征视图，再画其他视图，三个视图配合作图。

六、切割组合体的画法

［**例 4-1**］ 画图 4-1(b) 所示导向块的三视图。

此导向块属于切割式组合体，作图时，应在画完整体视图的基础上，按顺序逐个画出被切割后留下的空、缺体的投影，并从反映切割形特征的视图先画，准确作截交线的投影，其作图步骤见表 4-2。

表 4-2　画导向块三视图的步骤

图例	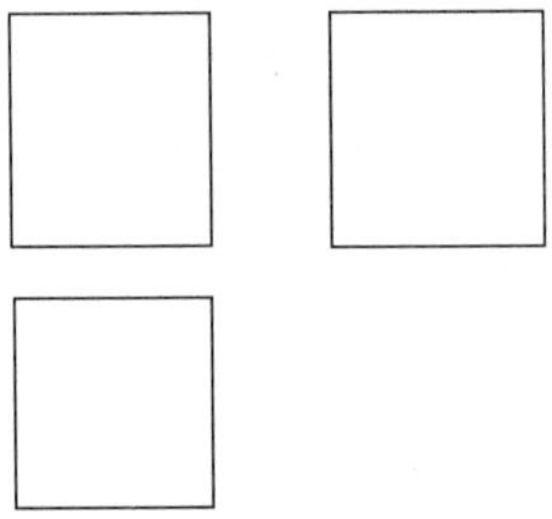	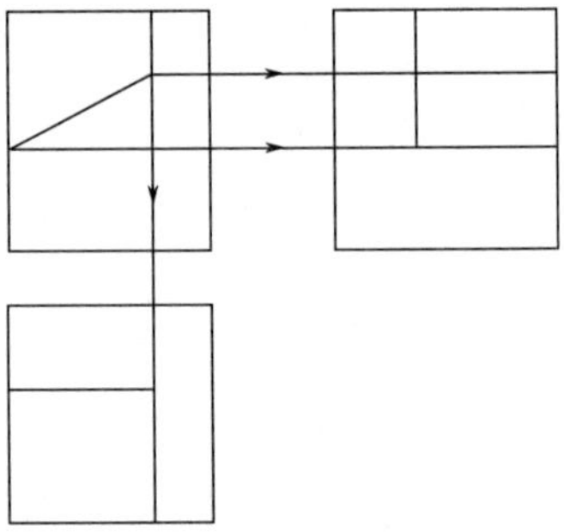
说明	画完整基本体：长方体的三视图	逐个画出被切割部分的三视图：画被去形体Ⅱ，从反映缺角特征的主视图先画
图例	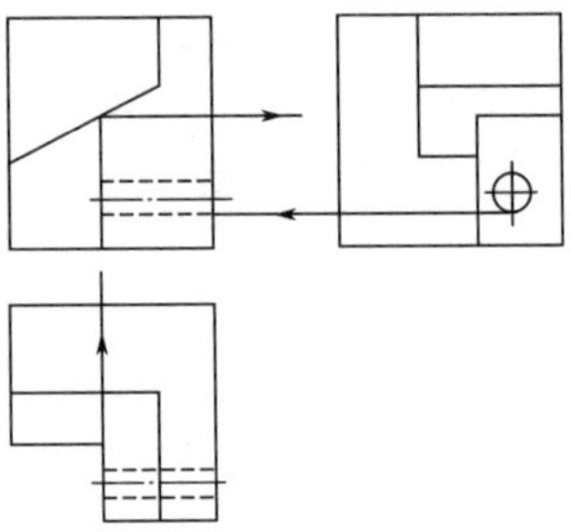	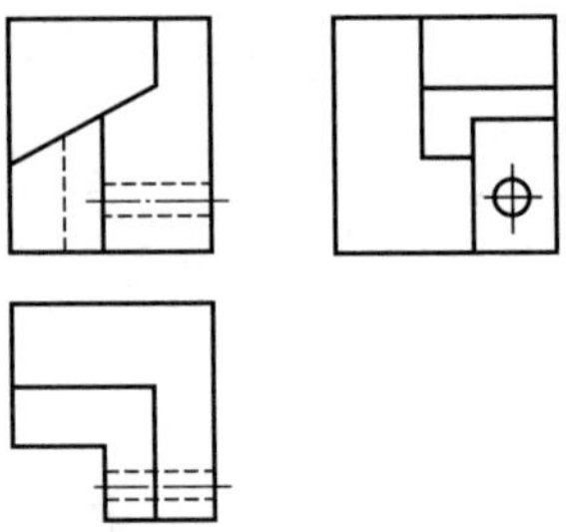
说明	画被切去形体Ⅲ，从反映切口特征的俯视图先画；画圆孔Ⅳ从左视图先画	核对视图、整理图线：用逆顺序核对所画切割三视图，特别要分析截交线是否正确画出，被切去的轮廓线是否删除，然后按标准线型描深加粗

第三节　组合体的尺寸标注

视图只能表达组合体的形状，各形体的真实大小要靠尺寸确定。尺寸标注的基本要求：正确，完整，清晰。

一、尺寸标注的基本要求

1. 正确性

尺寸数值应正确无误，所标注的尺寸必须符合国家标准中有关的尺寸注法规定。

2. 完整性

标注的尺寸要完整，不允许遗漏，一般也不得重复。

3. 清晰性

尺寸配置整齐清晰，便于读图。为此，标注尺寸时，应注意如下几点。

① 为使图形清晰，应尽量把尺寸配置在视图之外，相邻视图的相关尺寸最好标注在两个视图之间，如图 4-8(a) 所示。图 4-8(b) 所示的尺寸配置不符合清晰性要求。

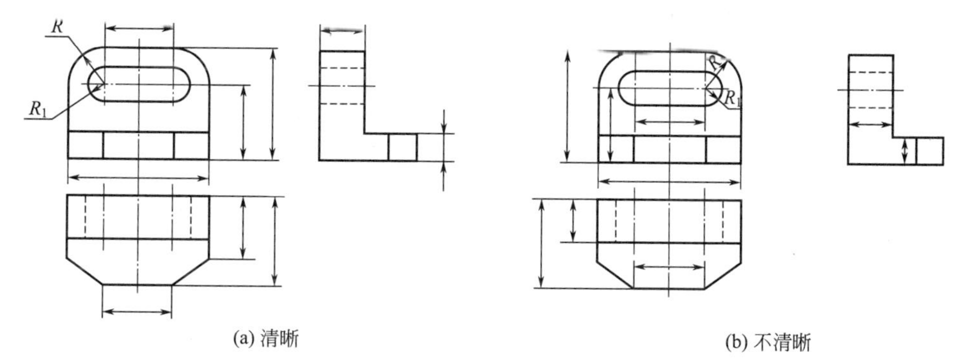

图 4-8　尺寸布置的清晰性（一）

② 基本立体的定形尺寸和定位尺寸应标注在反映形体特征和形体之间相对位置较为明显的视图上，同时两类尺寸尽可能集中。如图 4-9(a) 的 L 形板的尺寸 7 与尺寸 8 应标注在主视图，板的切角尺寸 10 与 5 应标注在左视图。底板上两个圆孔的定形尺寸 2×ϕ6 和定位

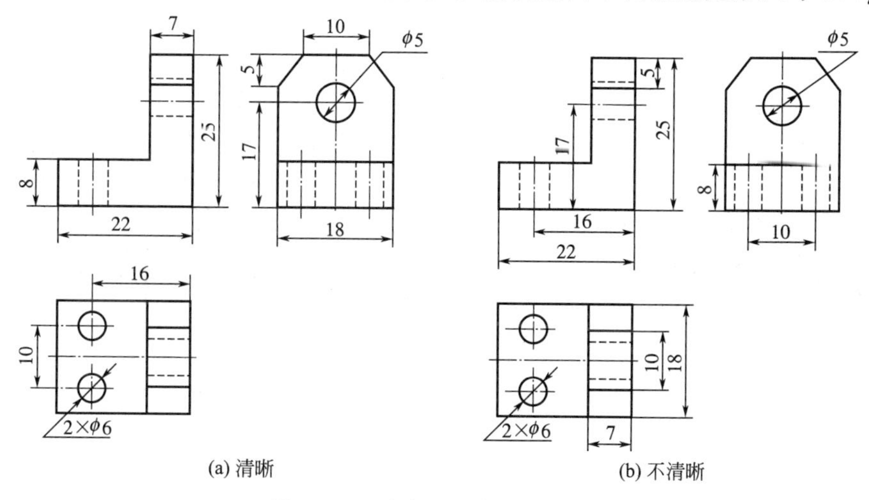

图 4-9　尺寸布置的清晰性（二）

尺寸 16、10 集中在俯视图，圆孔 $\phi5$ 的定位尺寸 17 标注在左视图。而图 4-9（b）标注的尺寸，既不明显又分散。

③ 圆柱及圆锥的直径尺寸一般标注在非圆视图上，圆弧半径尺寸则应标注在圆弧视图上，如图 4-10(a) 所示。图 4-10(b) 所示的 $\phi6$、$\phi10$ 注法不好，$R7$ 是错误的。

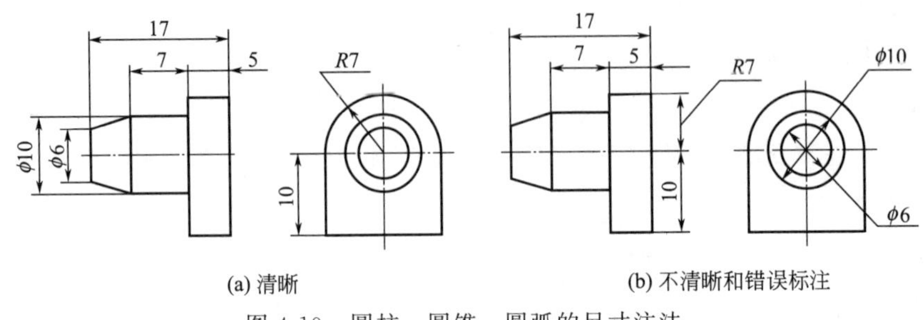

图 4-10　圆柱、圆锥、圆弧的尺寸注法

二、尺寸标注的种类

1. 定形尺寸

定形尺寸是确定组合体各组成部分（基本立体）形状和大小的尺寸，如图 4-11(a) 所示。

2. 定位尺寸

定位尺寸是确定组合体各组成部分（基本立体）之间的相对位置尺寸，如图 4-11(b) 所示，尺寸 9、26 是确定竖板及竖板上圆孔高度方向的定位尺寸；尺寸 40、14 是确定底板

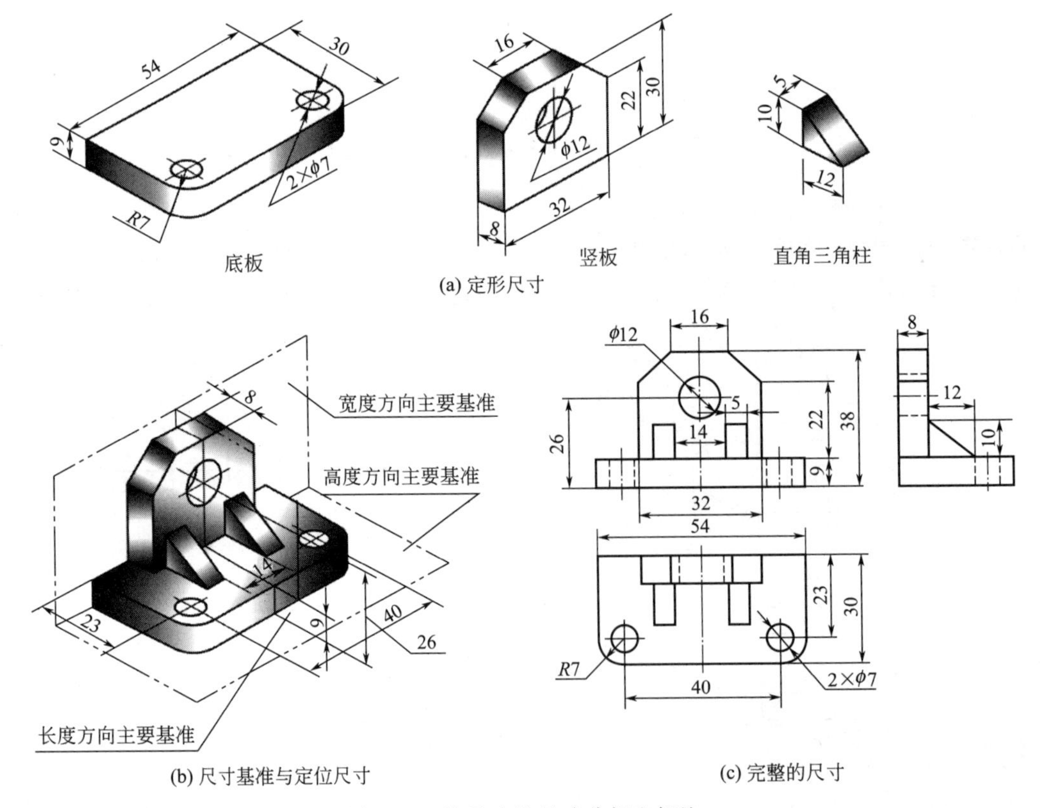

图 4-11　轴承座的尺寸分析和标注

上两个圆孔和两个直角三角柱的长方向的定位尺寸；尺寸 23 是确定底板上两个圆孔宽方向的定位尺寸。

有的定位尺寸和定形尺寸是重合的，如底板高尺寸 9 也是竖板高方向的定位尺寸；竖板宽尺寸 8 也是两直三角柱宽方向的定位尺寸。

3. 总体尺寸

确定组合体外形的总长、总宽、总高的尺寸，称总体尺寸。如图 4-11(c) 所示，尺寸 54 和 30 是总长、总宽尺寸（与底板定形尺寸重合），尺寸 38 为总高尺寸。当标上某一方向的总体尺寸后，往往可省略某个定形尺寸，如标注总高尺寸 38，应省略竖板高度尺寸 30。

对于带有圆孔、圆弧面的结构，为了明确圆弧和圆孔的中心位置，通常不标注总尺寸，只标注确定圆弧和圆孔中心线的定位尺寸，省略总体尺寸，如图 4-12(a)、(c) 所示。

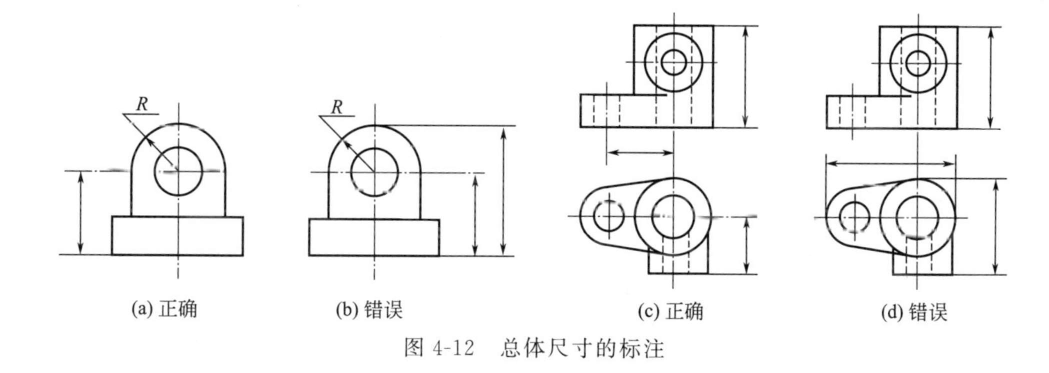

图 4-12 总体尺寸的标注

4. 尺寸基准

尺寸基准是标注或测量尺寸的起点。标注组合体的尺寸时，应先选择尺寸基准。由于组合体具有长、宽、高三个方向的尺寸，因此在每个方向都有尺寸基准。

选择尺寸基准必须体现组合体的结构特点，并使尺寸度量方便。一般选择组合体的对称面、底面、重要端面及轴线为尺寸基准。如图 4-11(b) 中选轴承座的左右对称面、后端面和底面作长、宽、高三个方向的尺寸基准。

当基准选定后，各方向的主要尺寸应从相应尺寸基准进行标注，如图 4-11(c) 所示，主、俯视图长度方向尺寸 14、32、40、54 以左右对称面为基准对称标注；俯、左视图宽度方向尺寸 23、30、8 以后端面为基准进行标注；主视图高度方向尺寸 9、26、38 以底面为基准进行标注。

三、标注组合体尺寸

标注组合体尺寸的基本方法是形体分析法，其标注步骤如下。

① 选择尺寸基准：根据组合体的结构特点，选取三个方向的尺寸基准。

② 标注定形尺寸：假想把组合体分解为若干基本立体，逐个标注出每个基本立体的定形尺寸。

③ 标注定位尺寸：从基准出发标注各基本体与基准之间的相对位置尺寸。

④ 标注总尺寸：标注三个方向的总长、总高、总宽的尺寸。

⑤ 核对尺寸，调整尺寸的布局，达到所标注尺寸清晰。

表 4-3 所示是轴承座尺寸标注示例。

表 4-3　轴承座尺寸标注示例

图例	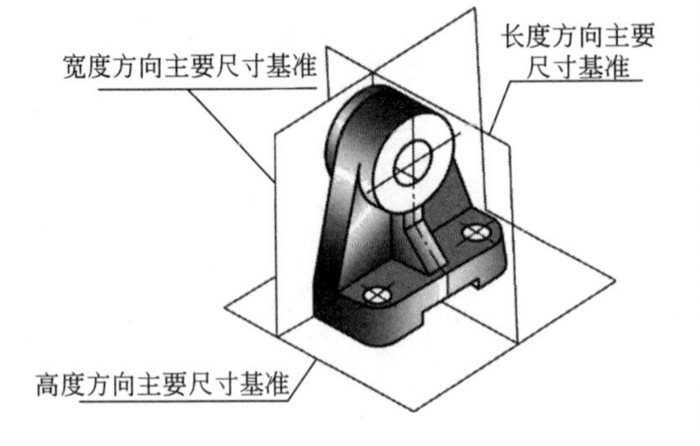 (a)	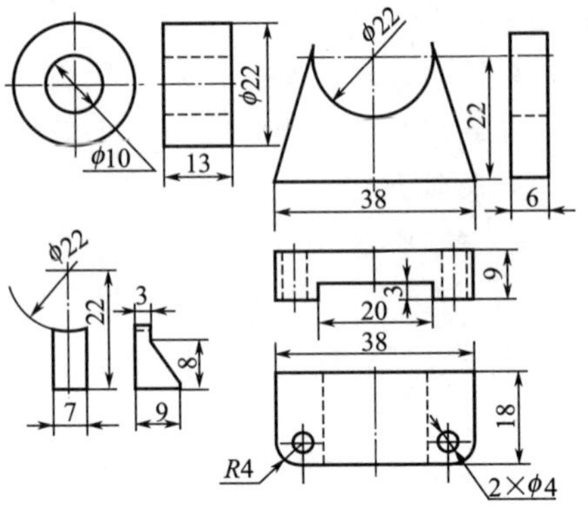 (b)
说明	(1)选择尺寸基准：根据轴承座结构特点，长度方向以左右对称面为基准，高度方向以底面为基准，宽度方向以背面为基准	(2)形体分析，标注定形尺寸：轴承座分解为底板、支承板、圆筒和肋板四个部分，标注出这四部分的定形尺寸
图例	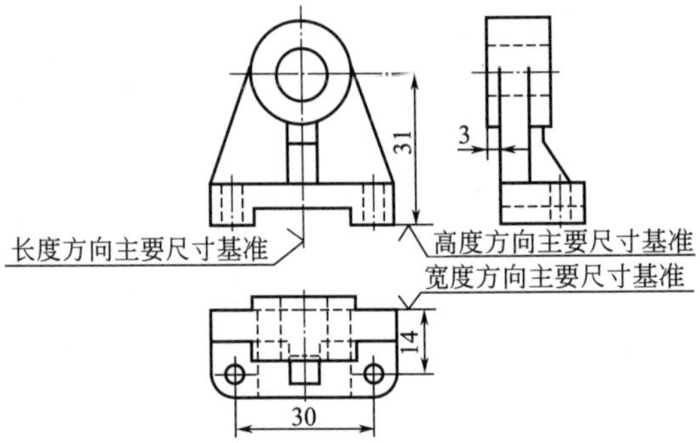 (c)	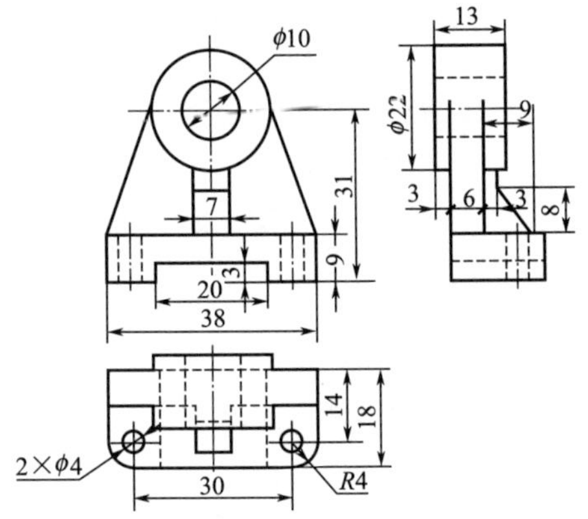 (d)
说明	(3)标注定位置尺寸：从三个基准出发，标注确定底板、支承板、圆筒和肋板四个部分的相对位置尺寸 31、3、30 和 14 尺寸。有的定形尺寸和定位尺寸重合，例如确定支承板高的定位尺寸 9 与底板定形尺寸 9 相重合	(4)标注总体尺寸：此例的总长、总宽、总高尺寸均与定形或定位尺寸重合 (5)核对尺寸、调整布局：再次按四个部分，逐个分析定形尺寸和定位尺寸是否齐全、正确。并使尺寸配置符合清晰性要求

第四节　看组合体视图

画图，是将物体用正投影法表示在二维平面上；看图，则是依据视图，通过投影分析想象出物体的形状，建立三维模型的过程。

一、看图要点

1. 想象各部分形状

在基本立体的三视图中，有一个视图反映其形状特征，读图时，应以特征视图的特征形线框所示平面形为基础，配合其他视图所示的厚度，想象立体形状。

如图 4-13(a) 所示三视图，如果只从主、左视图识读，物体形状不易想象出来或只能想象出图 4-13(b) 所示六种物体形状。只有从俯视图的特征视图识读，并以特征形线框 1 所示面形和位置为基础，配全主视图、左视图所示高度，图 4-13(c) 所示立体形状才能想象出来。

由于组成组合体的各基本体的特征形不一定都集中在同一方向，各基本立体特征形不一定集中在同一个视图上，所以读图时，必须几个视图配合起来读，从各个视图中分离出表示各基本立体的特征形线框，并以各个特征形线框为基础，想象每个基本立体的形状和方位。

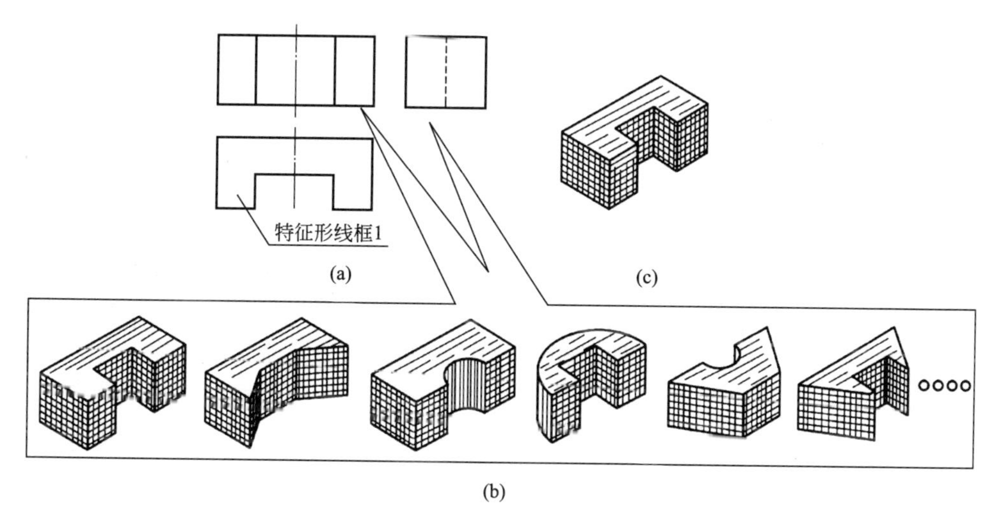

图 4-13　由形状特征视图想象立体形状（一）

如图 4-14(a) 所示的三视图，通过主视图的线框 1′、2′、3′与俯视图、左视图对投影关系，确定主视图的线框 3″、俯视图的线框 1 和左视图的线框 2″为特征形线框。

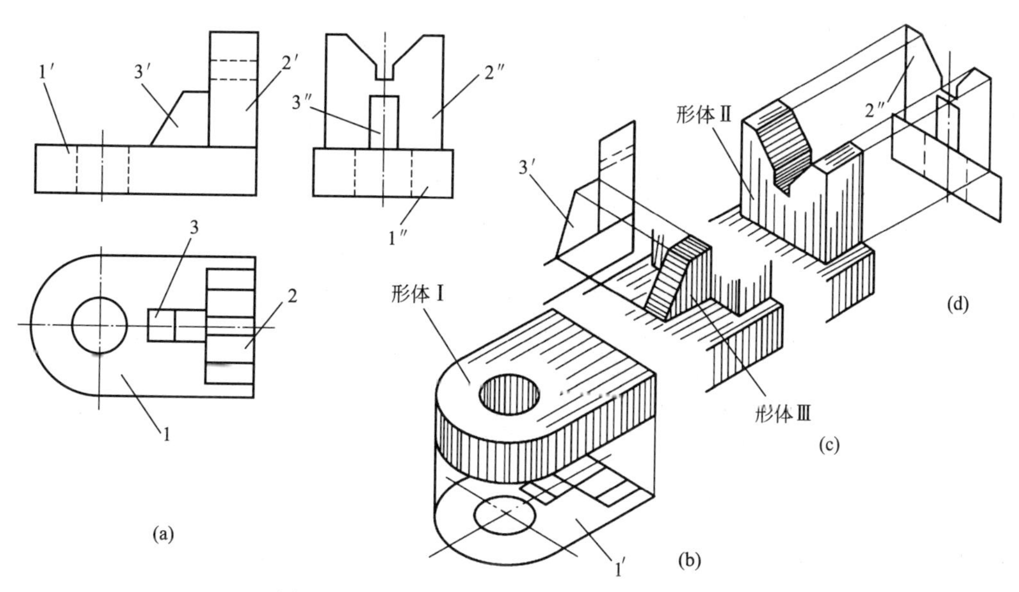

图 4-14　由形状特征视图想象立体形状（二）

想象形体Ⅰ时，以俯视图的特征形线框 1 所示形状为基础，配合主视图、左视图所示的高度进行。

想象形体Ⅱ时，以左视图的特征形线框 2″所示形状为基础，配合主视图、俯视图所示的长度进行。

想象形体Ⅲ时，以主视图的特征形线框3′所示形状为基础，配合俯视图、左视图所示的宽度进行。

通过图4-14(b)、(d)、(c)所示的思维和想象过程，物体三个部分的形状和方向就想象出来。

2. 想象各部分的相对位置

组合体的三个视图中，必有反映各基本立体之间的上下、左右、前后相对位置最为明显的视图，即位置特征视图。读图时，应以位置特征视图为基础，想象各基本立体的相对位置。

如图4-15(a)所示，主视图的线框1′和2′清晰地表示了形体Ⅰ、Ⅱ的上、下位置和左、右对称的位置特征。但前后关系，即哪个凸出，哪个凹入，只能通过俯、左视图加以判别。假若只联系俯视图，则因长方向投影关系相重，不能依靠主、俯视图"长对正"关系分清这两个形体的凸凹关系，至多能想象出如图4-15(b)所示的四种形体。只有把主、左视图配合起来读，根据主、左"高平齐"的投影关系，以及左视图表示前、后方位，才能想象出形体Ⅰ凹、形体Ⅱ凸，如图4-15(c)所示。所以要判断形体Ⅰ与Ⅱ的相对位置，只能从反映位置特征的主、左视图上线框1′与2′、1″与2″相对方位来确定。

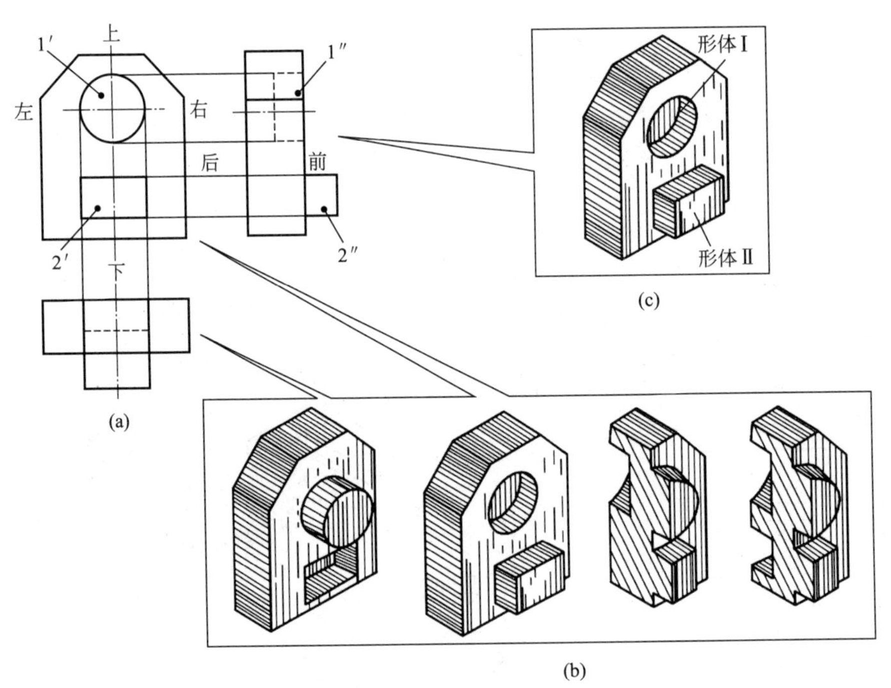

图4-15　从位置特征视图，想象各基本立体的相对位置

3. 几个视图配合读

有的形体具有两个或两个以上的形状特征，所以读图时，切忌只凭一个视图就臆造出物体形状，必须把几个视图配合起来读，才能正确想象出物体形状。

如图4-16(a)所示的三视图，单从主视图读，可能会误认是拱形柱体［如图4-16(b)所示］；配合俯视图读，还会误认为是圆柱与圆球相切［如图4-16(c)所示］；只有再配合左

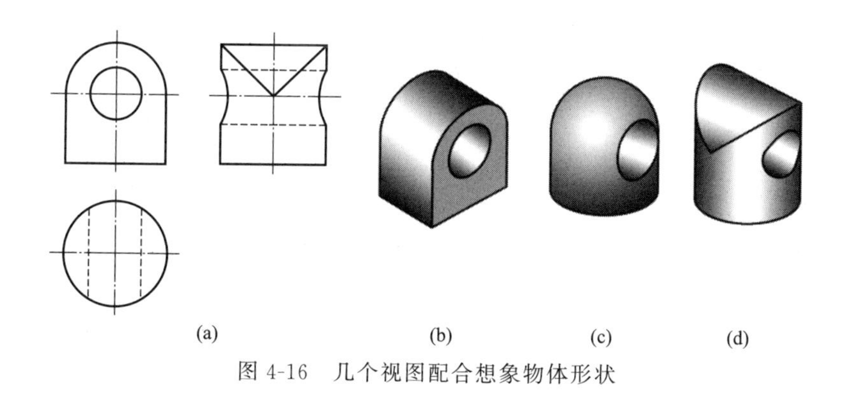

图 4-16　几个视图配合想象物体形状

视图，分析其线框和相贯线的形状，才能正确想象出图 4-16(d) 所示的立体形状。

4. 判断投影相重合形体的相对位置

当一个视图中有两个或两个以上的线框不能借助于“三等”关系和“六方位”关系在其他视图中找到确切对应关系时，应从视图投射方向及视图中线框或线段的可见性加以判别。

如图 4-17(a)、(b) 所示三视图，俯、左视图形状相同，主视图（有实线和虚线之别）不同。从图 4-17(a) 主视图实线框 l'和 a'，想象直角三角柱 A 叠加在 L 形柱体之中。图 4-18(b) 主视图的线框（b'）有两条虚线，表示直角三角柱槽 B 在五边柱 C 正中。

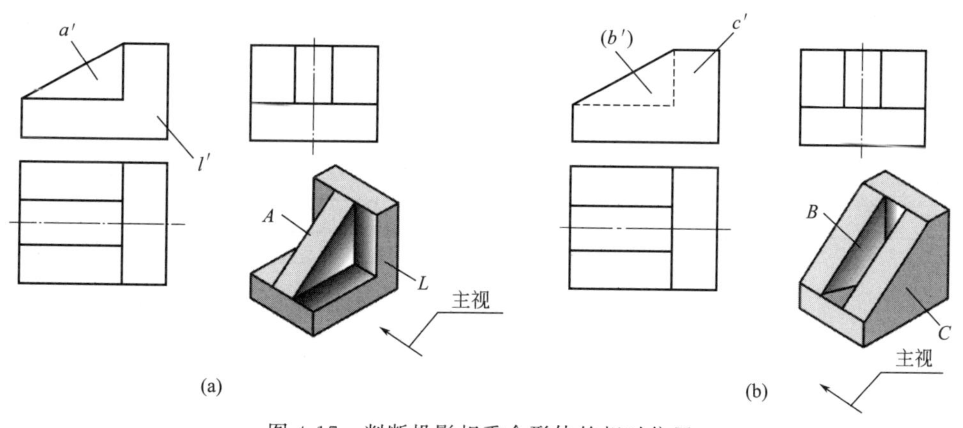

图 4-17　判断投影相重合形体的相对位置

如图 4-18(a) 所示，俯视图的方框形对应主视图中是竖向线，想象方框体。主视图的方框 1′和圆形 2′相切，与俯、左视图对投影，仅能判断方框形体的前、后壁有方孔和圆孔，未能分清其确切位置。这时，借助于主视图的投影方向来想象，实线方框 1′表示方孔Ⅰ应在前壁，图形 2′表示圆孔Ⅱ应在后壁，如图 4-18(b) 所示，才能符合主视图的圆和方框都是实线。图 4-17(c) 方框（1′）为虚线，圆形 2′为实线，则方孔Ⅰ应在后壁，如图 4-18(d) 所示。

5. 完善想象的立体形状

读图过程中，根据给定的视图，往往可想象出多种不同形状的空间形体表象，因此必须与给定视图的形状反复对照，不断修正想象过程中不符合视图形状要求的空间立体表象。

如图 4-19(a) 所示主、俯视图，根据主视图形状特点，较易想象为图 4-19(b) 所示的立体表象，但它不符合俯视图要求；再考虑俯视图三个矩形线框，易想象为图 4-19(c) 所示立体表象，但它又不符合主视图要求；只有想象为图 4-19(d) 所示立体形状，才符合主、俯视图要求，想象的立体形状才能成立。

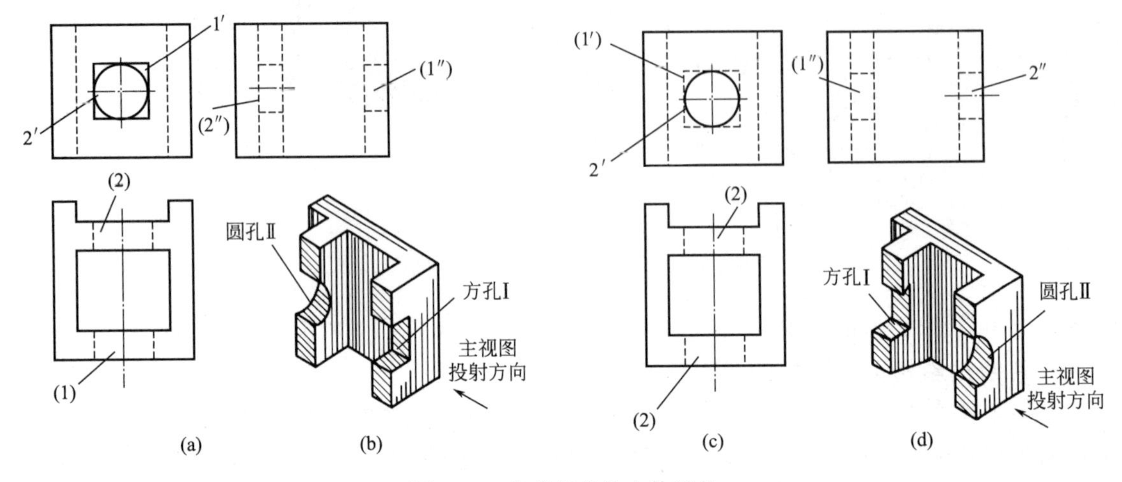

图 4-18 完善想象的立体形状

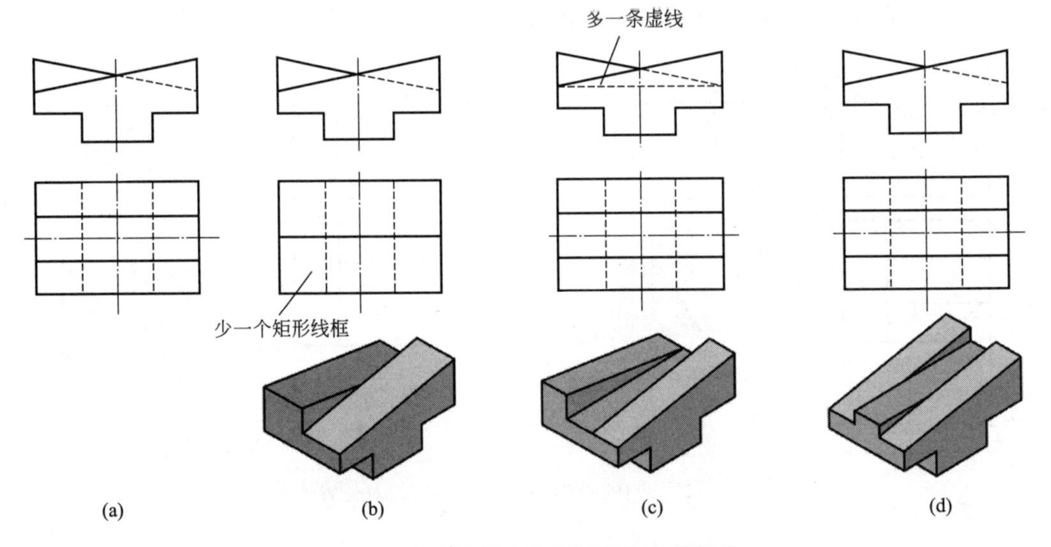

图 4-19 由主视图和俯视图想象立体形状

二、读组合体视图

1. 形体分析法

形体分析法是读图的基本方法。形体分析法的着眼点是基本立体，它把视图中线框与线框的对应关系想象为基本立体。读图时，把视图分解为若干线框，然后逐个线框对投影，想象基本立体形状，并确定其相对位置、组合形式和表面连接关系，最后综合想象出整体形状。

[例 4-2] 读图 4-20(a) 所示三视图，想象立体形状。

由于已知视图形状较有规律，投影关系清楚，因此可采用形体分析法读图，读图步骤如下。

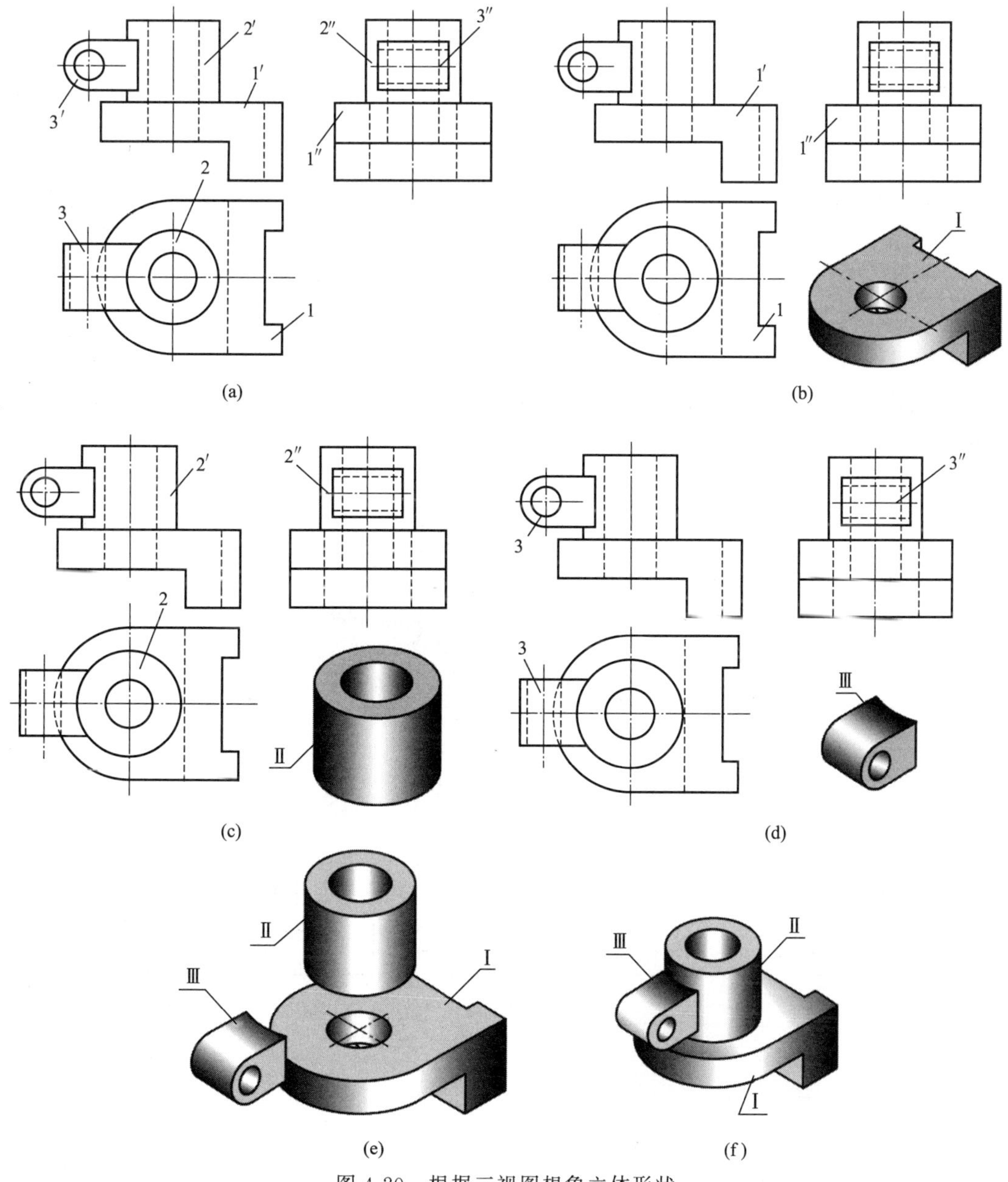

图 4-20　根据三视图想象立体形状

(1) 对投影，分线框

根据已知视图的形状，按“三等”投影关系，把视图中的各个线框分离出来。分离时，常以主视图为主，三个视图配合进行。图 4-20（a）中有线框 1、2、3 以及 1′、2′、3′和 1″、2″、3″。

(2) 按线框想象形体

在视图间按线框找对应关系，想象基本立体形状。想象时，以特征形线框为主，逐个想象各部分形状。

如图 4-20(b) 所示，线框 1、1′、1″对应，以特征形线框 1、1′相配合，想象底板Ⅰ的形状。

如图 4-20(c) 所示，线框 2、2′、2″对应，以特征形线框 2 为主，配合线框 2′、2″的高度，想象圆筒Ⅱ。

如图 4-20(d) 所示，线框 3、3′、3″对应，以特征形线框 3′为主，配合线框 3′或 3″所示的厚度，想象形体Ⅲ。

(3) 综合想象整体形状

想象出各部分形状后，由位置特征视图的各线框相对位置和连接关系及视图所示的“六方位”综合起来，想象整体形状。

分步想象三部分基本立体形状后，由反映位置特征的主、俯视图综合想象出组合体前后对称，形体Ⅱ与Ⅰ上下叠加，形体Ⅲ与Ⅱ相交，得图 4-20(f) 所示立体形状。

[例 4-3] 已知图 4-21(a) 所示主、俯视图，求作左视图。

已知两面视图，求作第三视图，是读图和画图的综合训练，是培养空间想象和图形表示能力的有效途径之一。

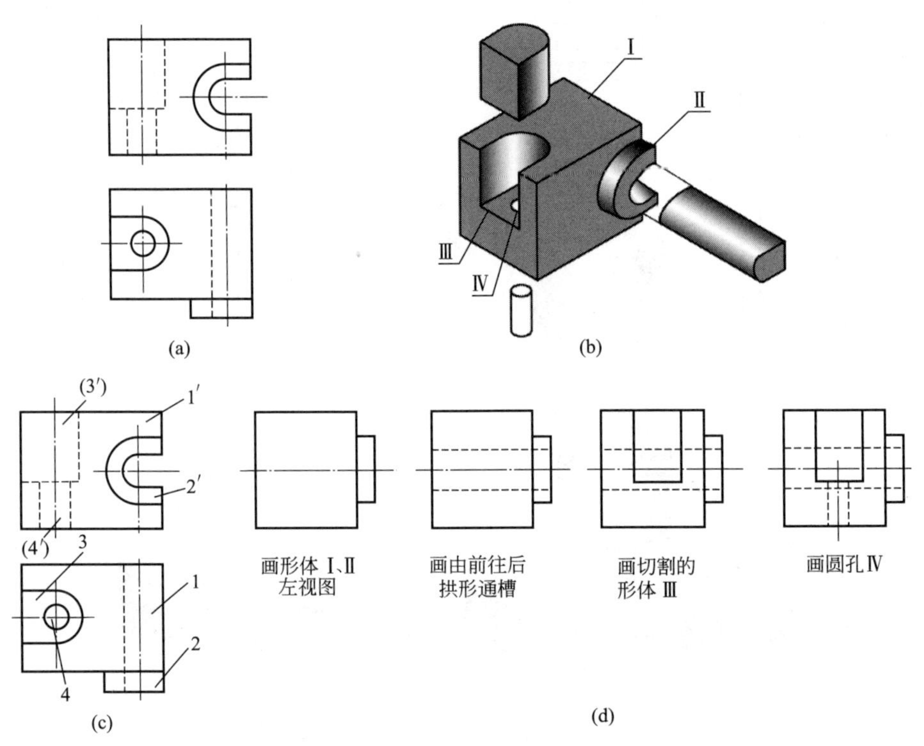

图 4-21 已知主、俯视图，求作左视图

① 由已知视图想象立体形状。通过图 4-21(c) 主、俯视图对照投影关系，找出线框 1′与 1，2′与 2，3′与 3，4′与 4 的对应关系，从特征形的线框 1′、2′、3、4 及两视图中各线框相对位置想象出图 4-21(b) 所示叠加切割式的立体形状。

② 求作指定视图，按想象的立体形状，先叠加，后切割，逐个画左视图，如图 4-21(d) 所示。

[例 4-4] 已知图 4-22(a) 所示主、俯视图，想象立体形状，画轴测草图和左视图。

① 想象立体形状。通过主、俯视图对投影，分离图 4-22(e) 所示线框 1′与 1、线框 2′与 2、线框 3′与 3，想象出立体形状由Ⅰ、Ⅱ、Ⅲ形体叠加而成的，如图 4-22(d) 所示。

② 画正等测草图。由于它是叠加式，按图 4-22(b)、(c)、(d) 所示逐个叠加画其正等测草图。

③ 补画左视图。按图 4-22(f) 所示逐个画出每个形体的左视图。

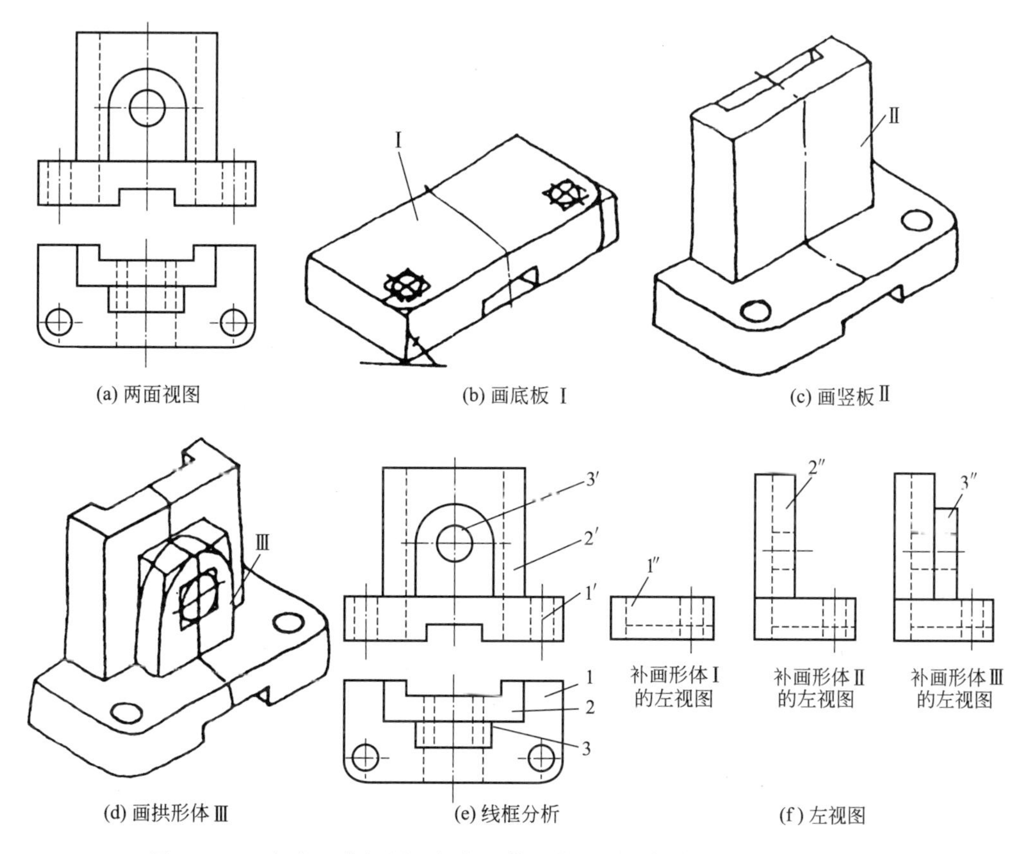

(a) 两面视图　(b) 画底板 Ⅰ　(c) 画竖板Ⅱ

(d) 画拱形体Ⅲ　(e) 线框分析　(f) 左视图

图 4-22　已知主、俯视图，想象立体形状，画正等轴测草图和左视图

2. 线面分析法

当给定视图所表达的物体形状较不规则或轮廓线投影重合，应用形体分析法读图难以奏效时，则应用线、面分析法。线、面分析法着眼点是体上的面，把相邻视图中的线框与线框、线框与线段对应关系想象为面的关系。通过逐个线框、线段对投影，想象立体各表面形状、相对位置，并借助立体概念，想象立体形状。线、面分析法根据给定视图特点，采用下列三种思维方法。

（1）形体切割法

若已知视图的外形有缺口和缺角，可初步判断是切割体。读图时，把视图缺口、缺角进行“整形”，使其表示一个完整基本立体。然后从反映缺口、缺角特征的积聚性线段出发，与相关视图对投影，找出对应线框，确定切割位置，想象被切去的形体及留下的缺口、缺角的形状，这种读图方法称为切割法。

［**例 4-5**］ 已知表 4-4(a) 的主、左视图，想象立体形状，求俯视图。

由于主、左视图外形具有缺口、缺角的特点，所以用形体切割法读图。读图思维过程如表 4-4 所示。

表 4-4　已知主、左视图，应用切割法，想象立体形状，求作俯视图

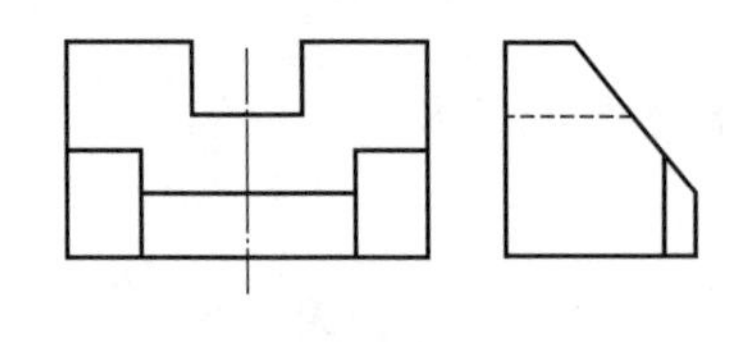

(a) 已知主、左视图

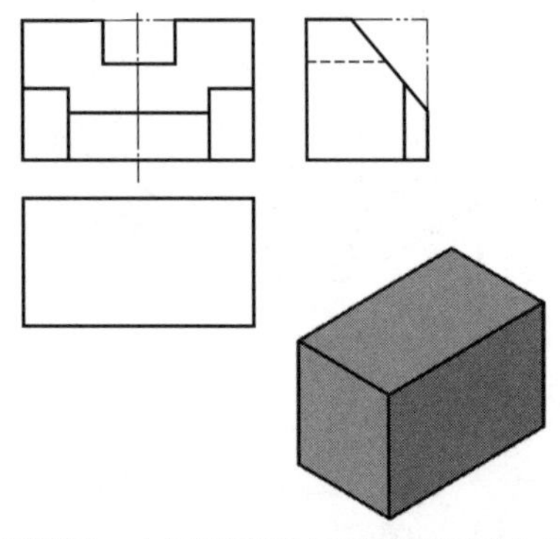

(b) 假想把主、左视图外形的切槽、缺角整形为长方形，并想象为长方体，俯视图为矩形线框

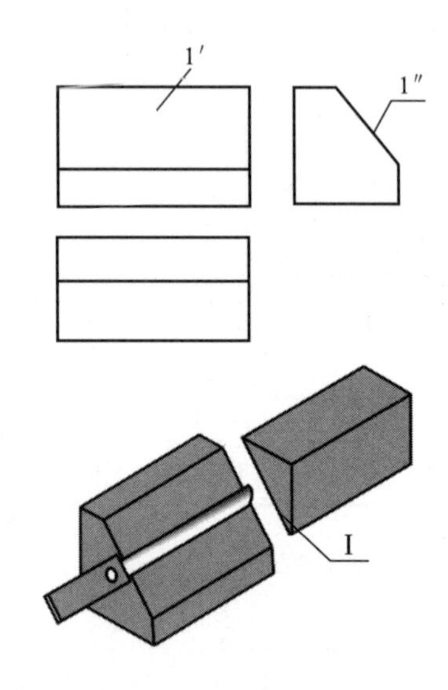

(c) 从左视图的斜线1″，想象用侧垂面Ⅰ切去一角，形成五边形柱体。补俯视图横向线

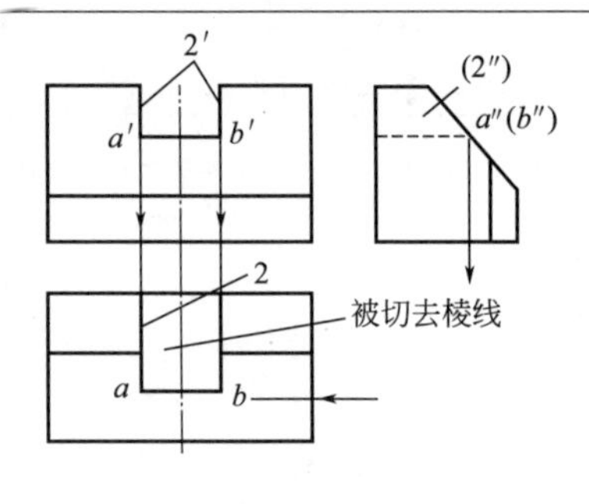

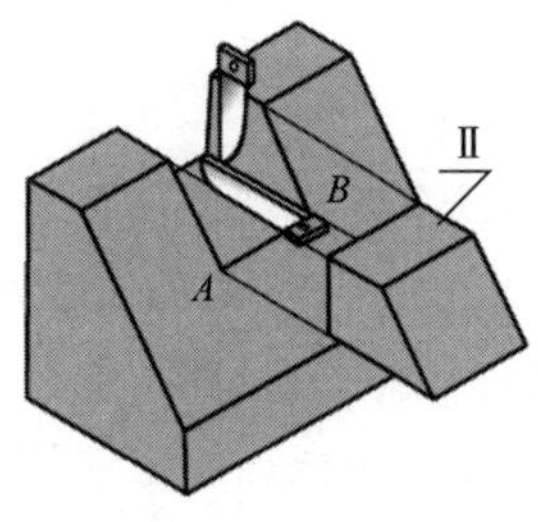

(d) 从主视图反映切槽特征形的线2′、a′ b′，对应左视图的线框(2″)、点a″ (b″)，想象在五边柱上边的左右对称位置切去梯形体Ⅱ而形成的槽，槽的两侧壁为侧平面，俯视图为两条竖向线；槽底为矩形水平面，交线ab由点a" (b″)求得

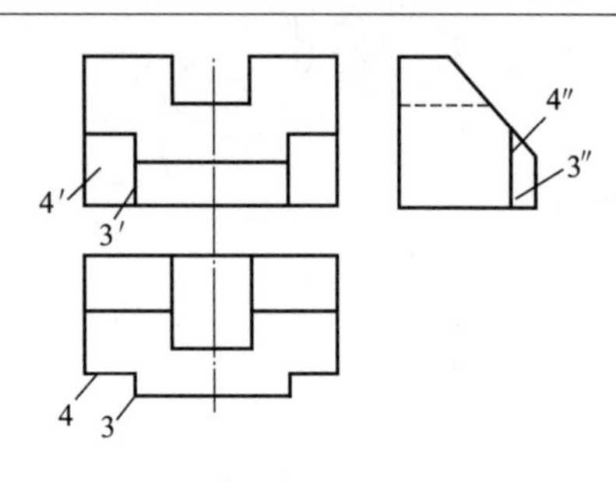

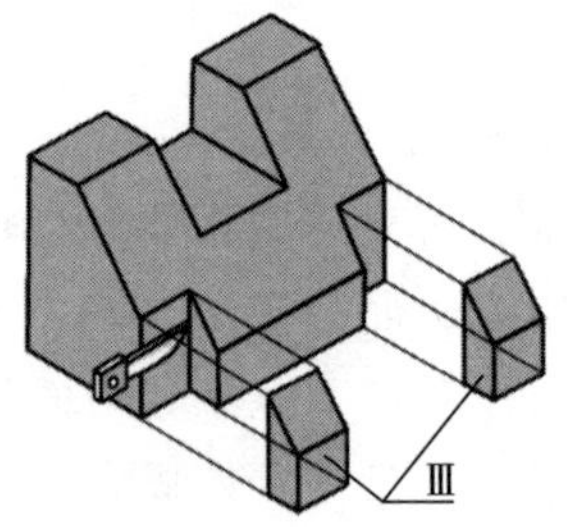

(e) 从主、左视图的线框4′与线段4″、线框3″与线段3′相对应，想象用正平面Ⅳ和侧平面Ⅲ组合面在形体的左前端和右前端左右对称切割去两块直角梯形柱Ⅲ而形成的缺口。俯视图应画出反映缺口特征的线3、4，即得所求视图

（2）形体凸凹构想法

读图时，若一个视图有几个特征形线框在相邻视图中同时对应几条横向线或竖向线，不易分清各自对应关系，可把这些线框想象为几个凸、凹面，根据物体应有厚度，借助于投影可见性，想象其立体形状。

如图 4-23(a) 所示，主视图中上、下两个相邻特征形线框 1′、2′对应俯视图甲、乙两条横向实线，但分不清确切对应关系。这时，根据俯视图投射方向的图线可见性，以及线框 1′上点 a'、b'对应线 a、b，线框 2′上点 c'对应着线 c，考虑线 a、b、c 的起始位置及长度分别表示各自位置和厚度［见图 4-23(b)］，判断线框 1′对应线乙，线框 2′对应线甲。根据甲、乙线的相对位置即可想象出面Ⅱ在前（凸出），面Ⅰ在后（凹入）的两层凸凹柱形体，构思立体形状如图 4-23(c) 所示。

又如图 4-23(d) 所示，主视图的上、下两个相邻线框 1′、2′虽同时对应线甲、乙，但从线框点 a'、b'对应线 ab 及线乙是虚线，就可确定线框 1′对应实线甲，线框 2′对应虚线乙，想象为面Ⅰ在前（凸出）、面Ⅱ在后（凹入）的两层凸凹柱形体，构思立体形状如图 4-23(e) 所示。

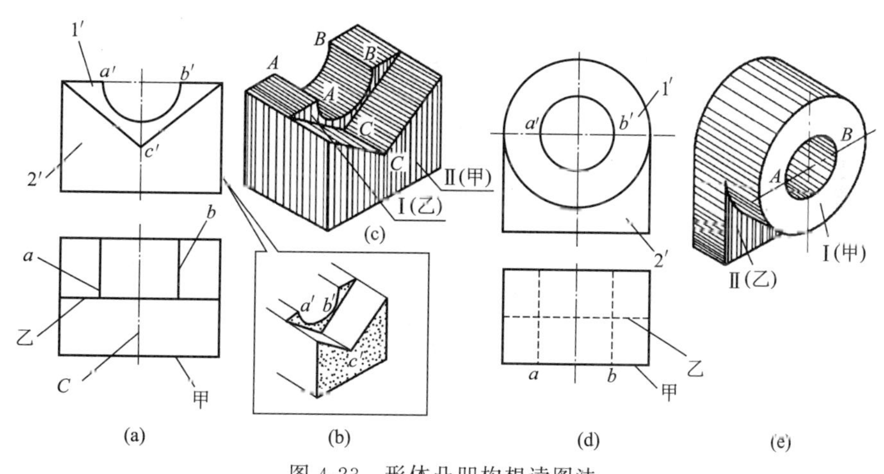

图 4-23　形体凸凹构想读图法

分析图 4-24 中线框、线段对应关系，想象立体形状。

① 图 4-24(a) 的线框 1′对应甲线；线框 2′对应乙线；面Ⅰ（甲）在前（凸出）、面Ⅱ（乙）在后（凹入）。物体是两层柱形体；图 4-24(a) 表示立体Ⅰ凹、Ⅱ凸相反。

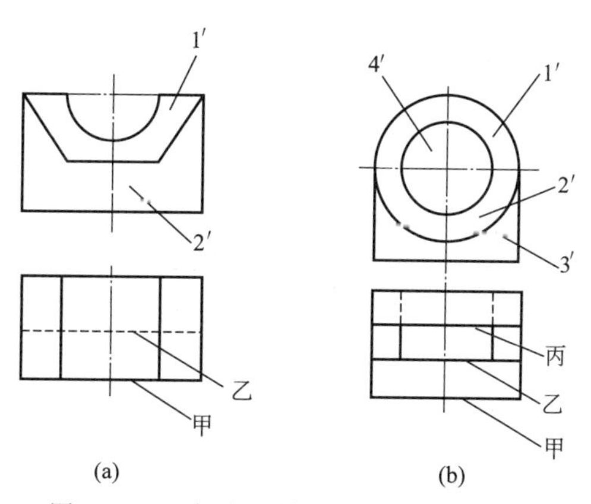

图 4-24　已知主、俯视图，想象立体形状

② 图 4-24(b) 的线框 1′对应横向线丙；线框 2′对应横向线乙；框 3′对应横向线甲；Ⅲ（甲）面在前（凸出），Ⅱ（乙）面居中，面Ⅰ在后（凹入）。物体是三层柱形体，与图 4-23(b) 表示的立体凸凹关系和层次均不相同。

［**例 4-6**］ 读图 4-25(a) 主、俯视图，想象其立体.形状，求作左视图。

① 读主、俯视图，想象立体形状。从主、俯视图形状特点，确定主视图是特征视图，分上、中、下三个特征形线框 1′、2′、3′；俯视图为一般视图，分为三层矩形相邻线框及甲、乙、丙三条横向实线。根据对应关系确定三个特征形线框位于正平面，为前、中、后三层凸凹体，如图 4-25(b) 所示。

从主视图三个线框所处高、低位置及俯视图三条横向实线和俯视投射方向，确定线框 1′对应线甲，点 a'对应线 a，面Ⅰ在最前，柱形体Ⅰ分前、中、后三层，见图 4-25(d)。

线框 2′对应线乙，点 b'对应线 (b)，面Ⅱ居中，柱形体Ⅱ占中、后两层，见图 4-25(e)。

线框 3′对应线丙，点 c'对应线 c，面Ⅲ在后（凹入），柱形体Ⅲ在后层，见图 4-25(f)。

通过上述的投影分析和分层想象，综合得出图 4-25(c) 所示的立体形状。

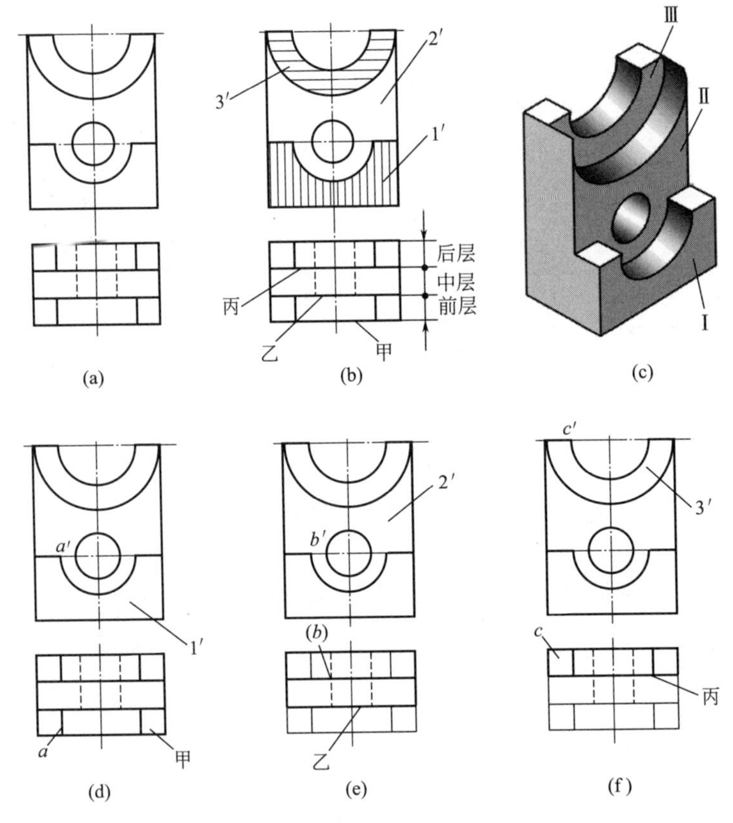

图 4-25　形体凸凹构想读图法

② 作左视图。由于该物体为凸凹柱形体，左视图都是矩形线框。作图时，先画出端面Ⅰ、Ⅱ、Ⅲ及Ⅳ（后端面）的侧面投影，分别为竖向线 1″、2″、3″及 4″，然后根据各面的层次（厚度），逐个作出侧向轮廓线，并判断可见性，详见图 4-26。

（3）表面组装法

读视图时，若已知视图的线框较不规则，难于采用前面介绍的几种读图构形方法，这时可逐个线框、线段对投影关系，想象面形及位置，然后把这些面按其相对位置进行组装，综合想象出立体形状。

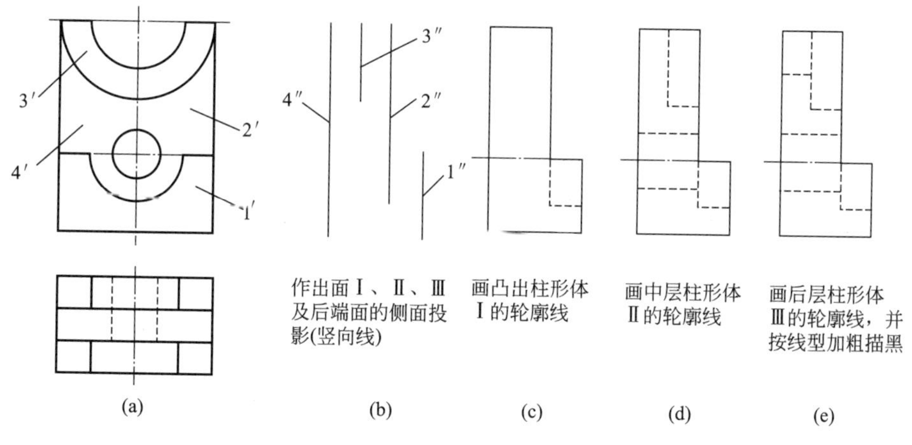

图 4-26　已知主、俯视图，求作左视图

3. 改正、补画视图错漏图线

改正、补画视图错漏图线，是读图的进一步要求，也是学习审核工程图样的方法之一。读图时，通过投影分析，判断视图错画之处，想象立体形状，然后分析视图错漏图线的成因，并予改正。

［**例 4-7**］　补画图 4-27(a) 所示主、左视图的漏线。

从图 4-27(b) 中看，线框 1、2 与 1′、2′及 1″、2″对应，想象柱形体Ⅰ与Ⅱ上下叠加，两形体的前端面及左、右侧端面不平齐，线框 a 表示分界面 A，主、左视图漏画线 a'、a''。

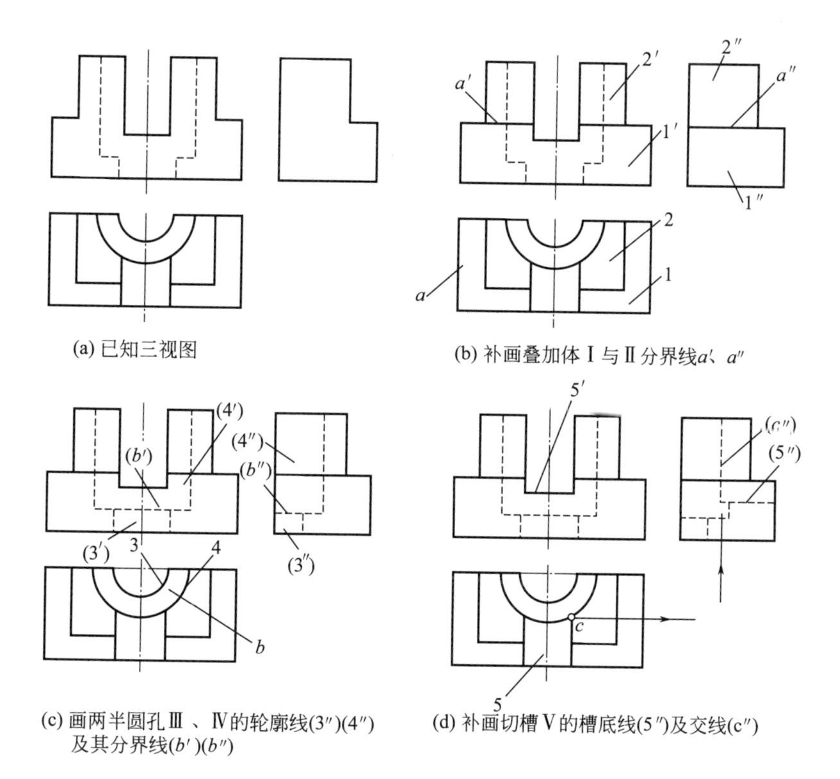

图 4-27　补画主、左视图的漏线

图 4-27(c) 中俯视图两同心半圆弧 3、4 对应主视图的竖向直线，想象为上、下两个半圆孔，主视图漏画了表示两半圆孔分界面的线（b'），左视图应补画表示两半圆孔的轮廓线及分界线（b''）。

图 4-27(d) 中线框 5 对应线组 $5'$，表示切方槽Ⅴ，左视图漏画槽底线（$5''$）及与圆柱面Ⅳ的交线（c''），删除一段轮廓线。

通过上述分析和补画图线，即得图 4-27(d) 所示正确三视图。

第五章

机件的常用画法

实际生产中机件的结构形状是多种多样的，当机件的结构较为复杂时，仅用三视图是无法表达清楚机件的结构的，还需要采用剖视图和断面图等把机件的结构形状完整清晰地表示出来。

第一节 视 图

用正投影法所绘制出的物体的图形称为视图。

一、基本视图

将机件向基本投影面投射所得视图，称为基本视图。

表示一个机件有六个基本投射方向，如图 5-1(a) 所示，相应地有六个基本投影平面，分别垂直于六个基本投射方向，构想围成一个正六面体。机件向六个基本投影平面投射，得

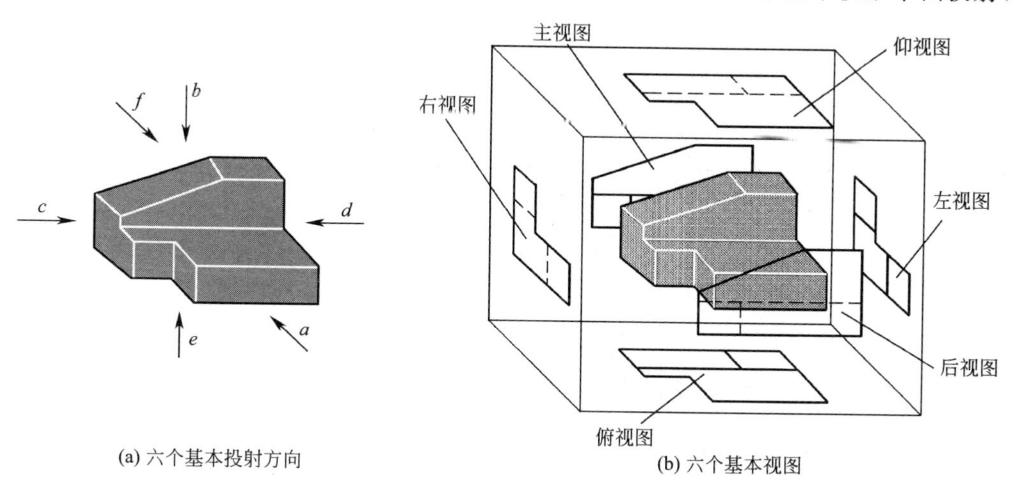

(a) 六个基本投射方向　(b) 六个基本视图

图 5-1　六个基本视图的形成

到六个基本视图，如图 5-1(b) 所示。

六个基本投射方向及视图名称见表 5-1。

表 5-1　六个基本投射方向及视图名称

方向代号	*a*	*b*	*c*	*d*	*e*	*f*
投射方向	自前方投射	自上方投射	自左方投射	自右方投射	自下方投射	自后方投射
视图名称	主视图	俯视图	左视图	右视图	仰视图	后视图

六个投影面的展开方法如图 5-2 所示。展开后六个基本视图的配置位置如图 5-3 所示。

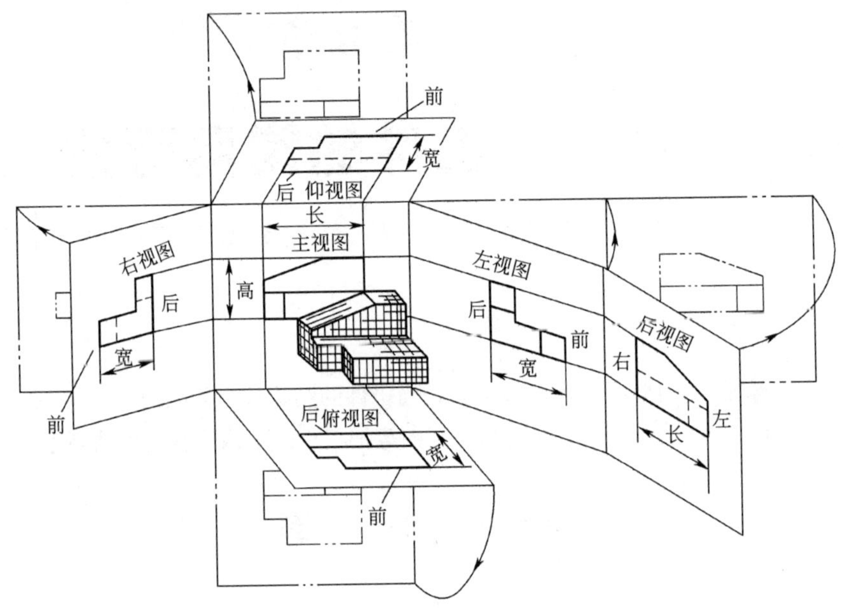

图 5-2　六个基本投影面的展开

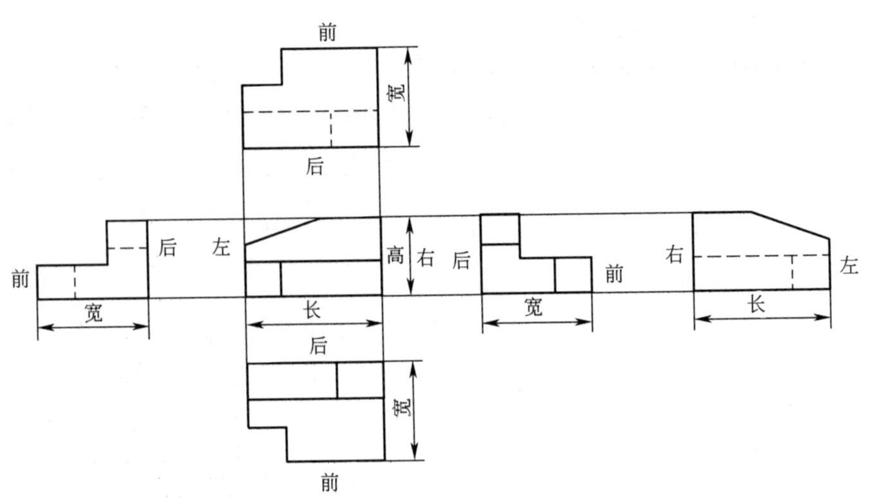

图 5-3　六个基本视图位置配置和前后方位对应关系

在同一张图纸内按图 5-3 配置的基本视图，一律不标注视图名称。

六个基本视图的投影度量关系，仍然保持“长对正、高平齐、宽相等”的三等投影关系；六个基本视图的“六方位”对应关系，上下、左右方位易识别，前后方位不易识别，若以主视图为准，除后视图外，其他视图远离主视图的一侧表示机件的前面，靠近主视图的一侧，表示机件的后面，如图 5-2、图 5-3 所示。

实际画图时，一般不需将六面基本视图全部画出，应根据机件的复杂度和结构特点，按表达需要选择基本视图的数量，通常优先选用主、俯、左视图。

二、向视图

向视图是可自由配置的基本视图。当某个视图不能按投影关系配置时，可按向视图绘制，如图 5-4 的 D、E、F 的向视图。

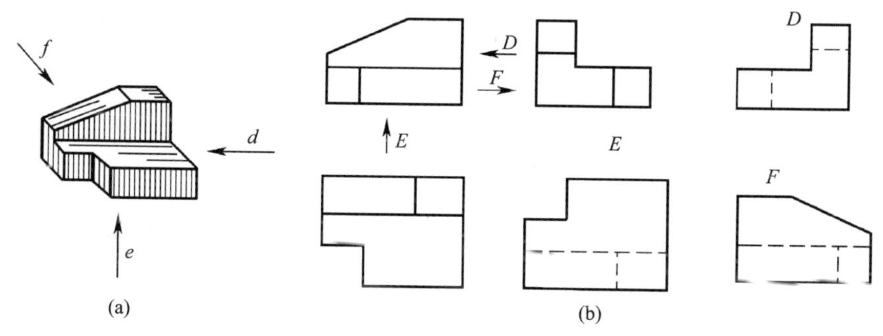

图 5-4　向视图的配置及标注

向视图必须在图形上方注出视图名称“X”（“X”处为大写拉丁字母，如 A、B、C、D、E、F 中的一个），并在相应的视图附近用箭头指明投射方向，注写相同字母。

三、局部视图

将机件的某一部分向基本投影面投射所得视图，称为局部视图。如图 5-5 所示机座的主、俯视图，已把主体结构表示清楚，但左、右端的凸缘特征形状尚未表示，假若再画左、右视图，则主体形状重复表示。这时，可仅画表示两个凸缘端面形状的局部视图。这样画法突出表示重点，便于读图，简化作图。

局部视图通常按基本视图的配置形式配置，若中间没有其他视图隔开时，可省略标注，

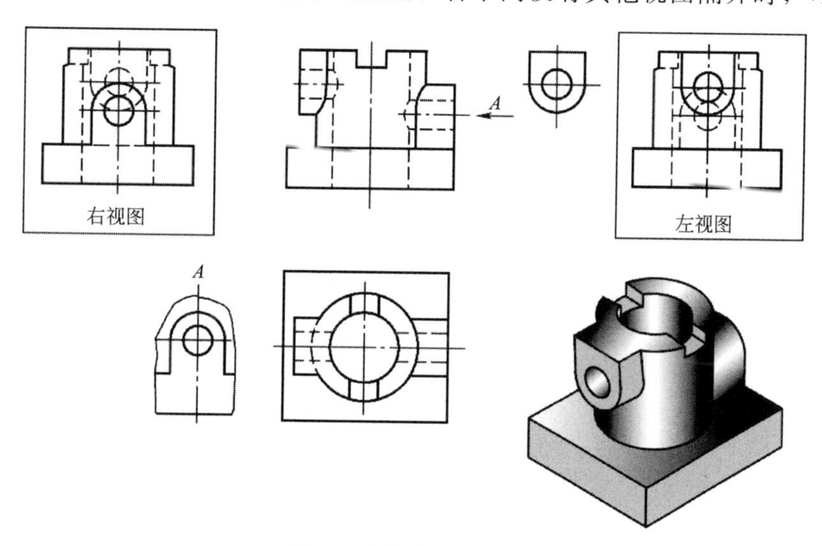

图 5-5　局部视图（一）

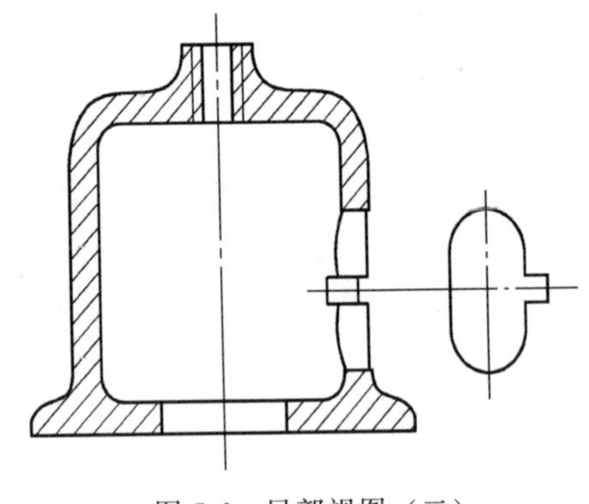

图 5-6　局部视图（二）

如图 5-5 中表示左端拱形凸缘的局部视图。局部视图也可按向视图形式配置和标注，如图 5-5 中表示右端凸缘的 A 向局部视图。

局部视图仅画出需要表示的局部形状，用波浪线（或双折线）表示机件断裂边界，如图 5-5 的 A 向局部视图。若所表示局部结构是完整的，外形轮廓线自成封闭的，断裂边界线可省略不画，如左端凸缘的局部视图。

第三角画法的局部视图，当配置在视图所示局部结构附近，并按投影关系配置，用细点画线连接两图形，此时不需要另行标注，如图 5-6 所示。

四、斜视图

机件向不平行于基本投影面的平面投射所得的视图，称为斜视图。

如图 5-7(a) 所示，夹板的倾斜结构不平行于任何基本投影面，在俯、左视图上不能反映其实形，给绘图和标注尺寸带来困难，为此设置一个与倾斜结构的主要面平行且垂直于某

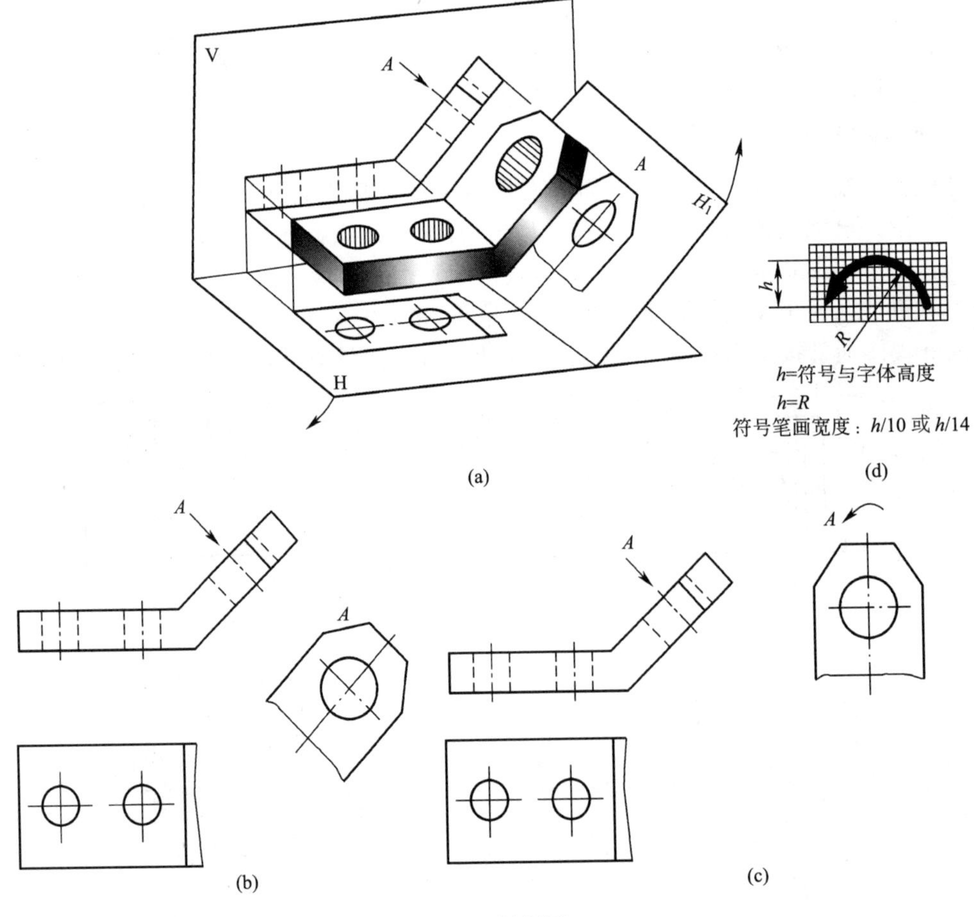

图 5-7　斜视图

一基本投影面（如垂直 V 面）的辅助投影面（H1）。然后，将倾斜结构向 H1 面投射，即得反映机件倾斜结构实形的图 5-7(b) A 向斜视图。

斜视图通常按向视图形式配置并标注。在斜视图上方用字母标出视图名称，在相应视图附近用相同字母和箭头指明表示部位及投射方向，如图 5-7(b) 所示。

在不引起读图误解时，允许将斜视图旋转配置，如图 5-7(c) 所示。这时斜视图上方应加画旋转符号，字母应靠近箭头端。旋转符号可正转也可反转，画法如图 5-7(d) 所示。当需要注出图形旋转角度时，把角度注写在字母之后，如图 5-8 所示。

斜视图仅表示机件倾斜结构的真实形状，与其他相连结构采用断开画法，如图 5-7、图 5-8 所示。

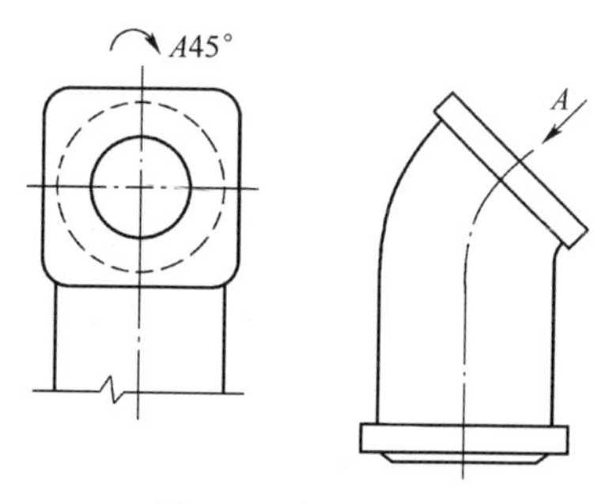

图 5-8　斜视图配置

第二节　剖视图

若机件内部形状比较复杂，视图中出现较多虚线，使图形不清晰，不利于绘图、读图和标注尺寸，如图 5-9(a) 所示的主视图较多虚线，因此为了清晰地表示机件内部形状，国家标准规定可以用剖视图方法来表示。

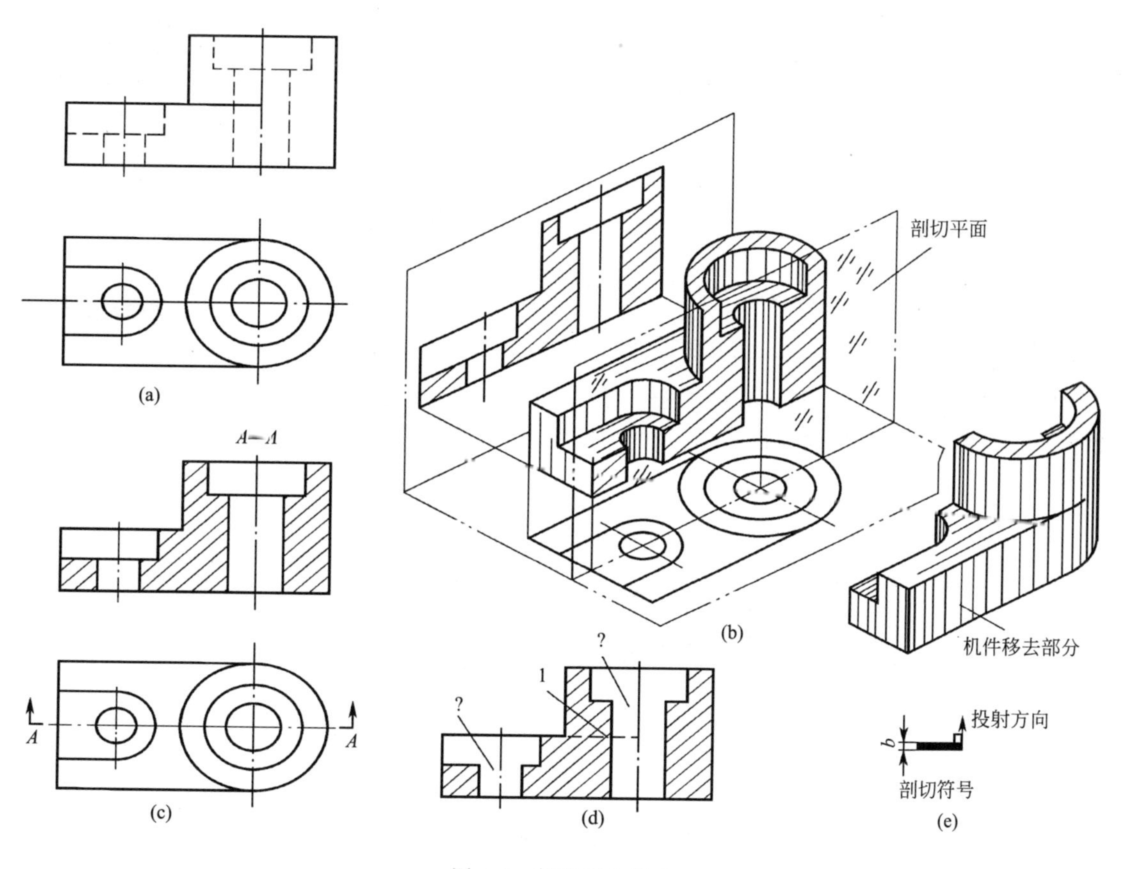

图 5-9　剖视图的形成

一、剖视图的原理和标注

1. 剖视图的形成

假想用剖切面剖开机件，将处在观察者和剖切面之间的部分移去，将其余部分向投影面投射所得图形，称为剖视图，简称剖视。假想剖切面可以用平面，也可以用曲面。剖视图的形成过程如图 5-9(b) 所示。图 5-9(c) 的主视图即为机件的剖视图。

2. 剖面符号

为了区分机件结构的空与实、远与近，通常在剖切面与机件接触部分（剖面区域）画上剖面符号，以增强剖视图表示的效果。不同材料类别的剖面符号见表 5-2。

表 5-2 剖面符号

材料		符号	材料	符号
金属材料(已有规定剖面符号者除外)			液体	
非金属材料(已有规定剖面符号者除外)			木质胶合板(不分层数)	
木材	纵剖面		混凝土	
	横剖面			
玻璃及供观察用的其他透明材料			钢筋混凝土	
线圈绕组元件			砖	
转子、电枢、变压器和电抗器等的叠钢片			基础周围的泥土	
型砂、填砂、粉末冶金、砂轮、陶瓷刀片、硬质合金刀片等			格网(筛网、过滤网等)	

机件使用金属材料最多及不需要表示材料的类别时，用通用剖面线表示。通用剖面线以角度、间隔相等的细实线绘制。剖面线的方向一般与图形主要轮廓线或剖面区域的对称线成 45°，如图 5-10 所示。

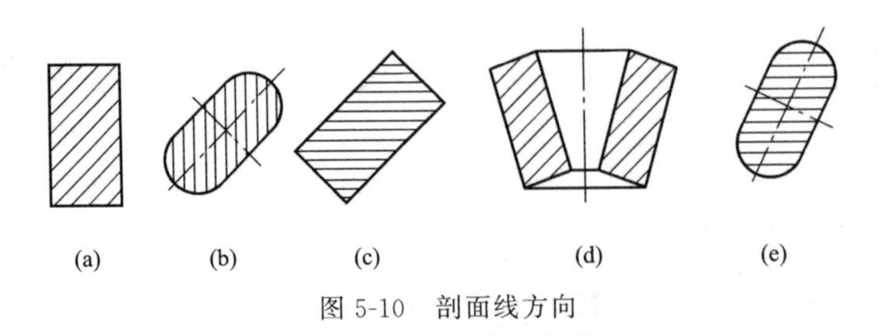

(a) (b) (c) (d) (e)

图 5-10 剖面线方向

当图形主要轮廓线或对称线与水平线成 45°时，该图形的剖面线应画成与水平线成 30°或 60°的平行细实线，其倾斜方向仍与其他图形的剖面线方向一致，如图 5-11 所示。

3. 剖视图的配置

剖视图一般按基本视图形式配置，必要时，按向视图形式配置在适当的位置。

4. 剖视图的标注

为了便于看图，在画剖视图时，应将剖切位置、剖切后的投射方向和剖视图名称标注在相应视图上。标注的内容包含以下三项：

① 剖切符号　指示剖切面起讫和转折位置（用 5～8mm 的粗实线表示），尽可能不与图形的轮廓线相交。

② 投射方向　在剖切符号的两端外侧，用箭头指明剖切后的投射方向。

③ 剖视图的名称　在剖视图的上方用大写拉丁字母标注剖视图的名称“×—×”，并在剖切符号的一侧注上同样的字母。

5. 省略或简化标注

① 单一剖切平面通过机件对称（或基本对称）平面；剖视图按投影关系配置；剖视图和相应视图之间没有其他图形隔开，可省略标注。如图 5-11、图 5-12 中的主视图、图 5-9(c) 中 $A—A$ 全剖主视图也应省略不标。

② 单一剖视图按投影关系配置，中间又没有其他图形隔开，可以省略箭头，如图 5-11 中 $A—A$ 剖视的俯视图。

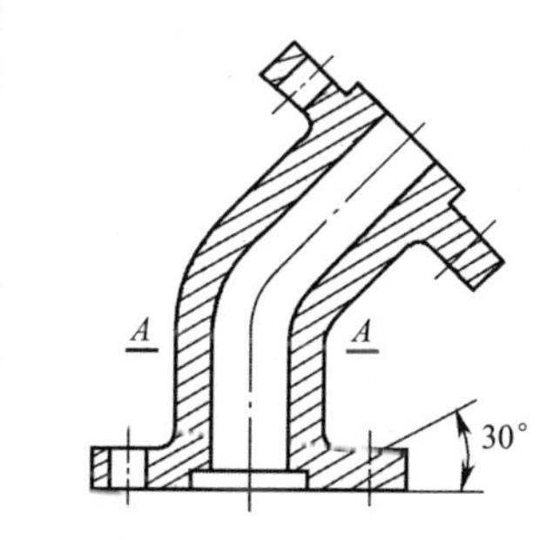

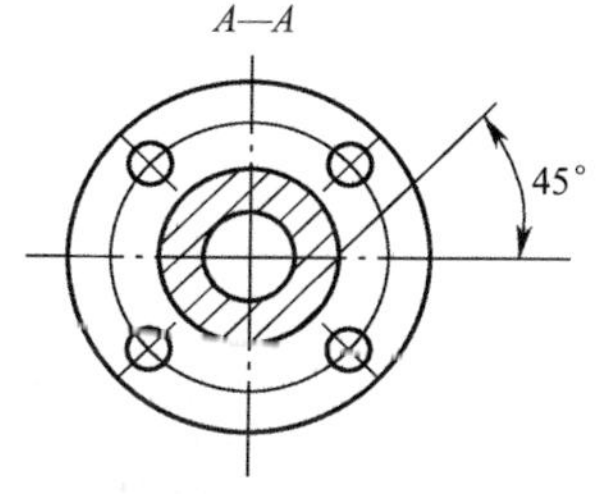

图 5-11　剖面线方向

二、剖视图的规定画法

① 确定剖切面的位置时，应使剖切面尽可能通过机件内腔、孔和槽的对称面或轴线，避免剖切出现不完整结构要素。

② 剖视是假想的作图过程，机件并非被真实剖开和移走一部分。因此，除剖视图外，其他视图仍按完整机件画出，如图 5-9(c) 中的俯视图仍按完整画出。

③ 剖切面后面的可见轮廓线一定要全部画出，不能漏画或多画图线，如图 5-9(c) 所示。请读者分析图 5-9(d) 打问号处的错误画法。

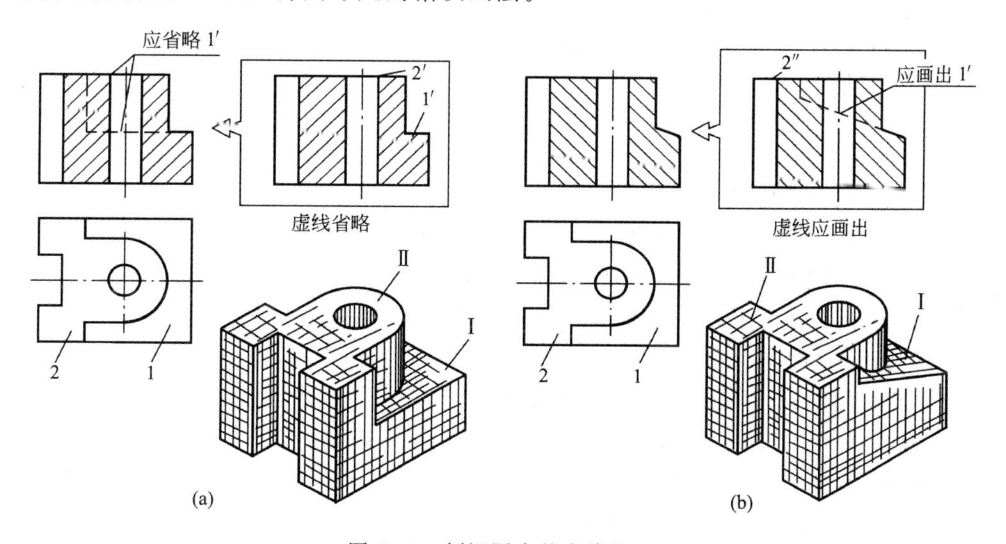

图 5-12　剖视图中的虚线处理

④ 剖切面后的不可见轮廓线（虚线）一般省略，如图 5-9(d) 和图 5-12(a) 中主视图的虚线 1′应省略不画。但对尚未表达清楚的不可见结构，或在保证图面清晰下，用少量的虚线可减少视图的数量时，可画虚线，如图 5-12(b) 中主视图虚线 1′应画出。

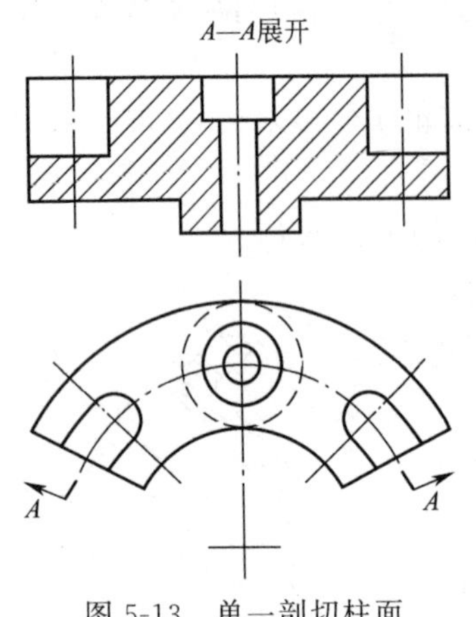

图 5-13　单一剖切柱面

三、剖切面的种类

由于机件内部结构形状多样性和复杂性，为了满足机件各种位置内形表示的需要，国标规定用不同形状、数量及位置的剖切面剖切机件。

1. 单一剖切面

即用一个平面（或柱面）剖切机件。图 5-9～图 5-12 所示均为平行于基本投影面的单一剖切平面；图 5-13 所示为用单一柱面剖切面剖切机件而得全剖主视图，画其剖视图时，应把剖视图展开（拉直），并注“A—A 展开”。

图 5-14(a) 所示为用不平行于基本投影面的单一剖切平面剖切机件。它用来表达机件上的倾斜的内部形状。画这种剖视图时，通常按向视图或斜视图的形式配置和标注，如图 5-14(b) 所示。为了绘图方便，也可采用旋转画，如图 5-14(d) 所示。

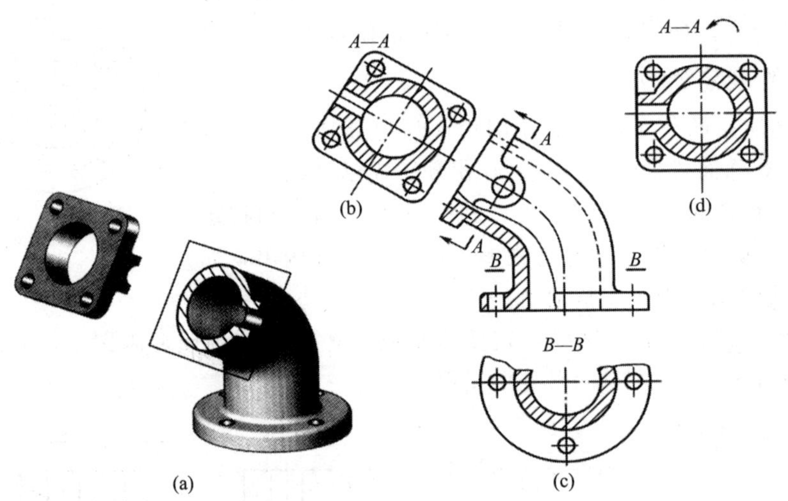

图 5-14　单一斜剖切平面

2. 几个平行的剖切平面

用几个平行的剖切平面剖切机件获得剖视图。如图 5-15 所示，机座前后对称，用单一剖切面不能表示长圆槽和小圆孔，所以用三个互相平行的平面通过机件孔、槽中心线剖切而获得剖视主视图。几个平行剖切平面常用来表达机件的孔、槽及空腔中心线分布在几个互相平行的平面上。

用这类剖切面画剖视图时应注意如下几点。

① 因为剖切面位置是假想的，所以在剖视图不应画剖切平面转折的界线，如图 5-16(b) 中的主视图画界线，是错误画法。

② 选择剖切位置时，应使剖视图中不出现不完整结构要素，如图 5-16(d) 中主视图表示的半个圆孔，是错误画法。只有当两个结构要素在图形上具有公共的对称中心线或轴线

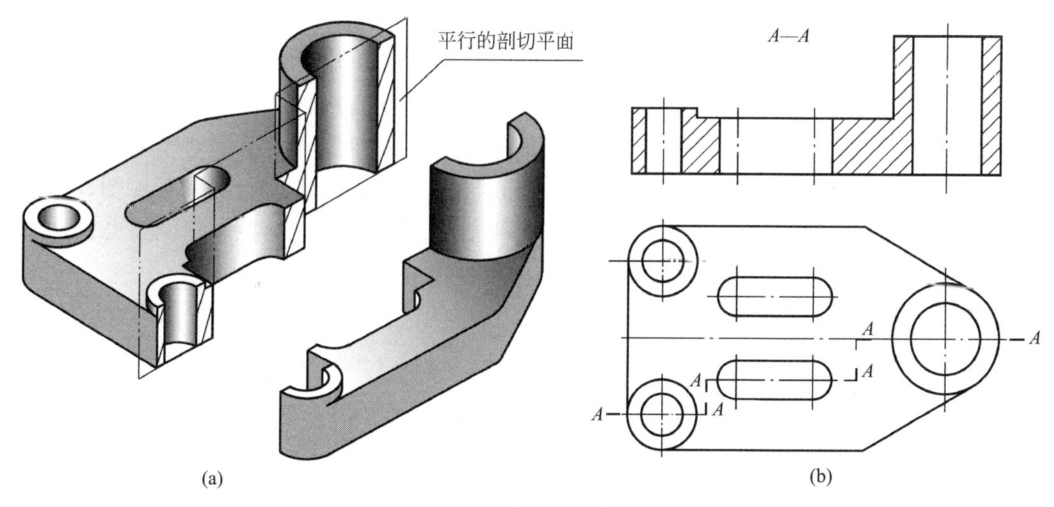

图 5-15 几个平行剖切平面

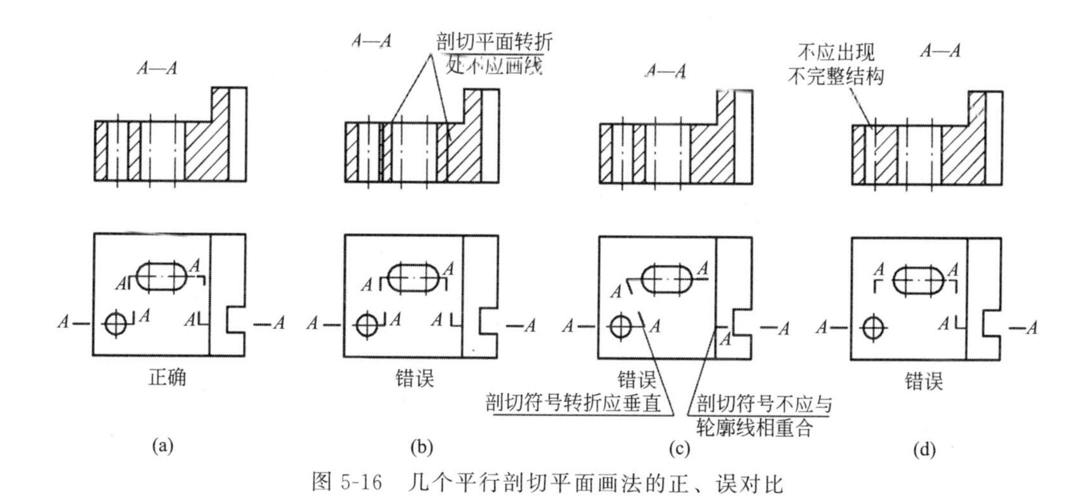

图 5-16 几个平行剖切平面画法的正、误对比

时，可以以对称中心线或轴线为界各画一半，如图 5-17 所示。

③ 用几个平行剖切面获得的剖视图，必须标注剖视名称和剖切符号。如图 5-16(a) 所示，*A*—*A* 省略箭头。剖切符号转折应垂直，不与轮廓线重合，图 5-16(c) 所示的俯视图画

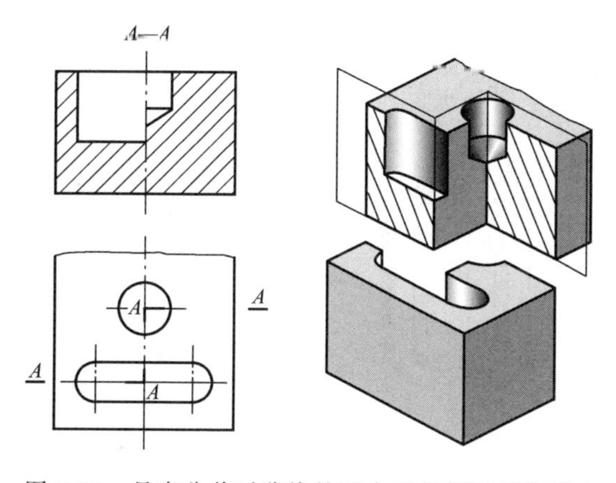

图 5-17 具有公共对称线的两个平行剖切面的画法

的剖切符号，是错误画法。

3. 几个相交剖切面

用几个相交的剖切面（交线垂直于某一基本投影面）剖开机件获得的剖视图。

如图 5-18(a) 所示，圆盘三种圆孔分布在两个相交平面位置上，采用两个相交的剖切平面（交线垂直于正面）通过圆孔轴线剖切圆盘，获得图 5-18(b) 所示的剖视左视图；图 5-19 用三个相交剖切平面，通过机件孔、槽的轴线、中心线剖开而得，剖视左视图展开画法。

相交剖切面常用来表示机件内部结构分布在几个相交的平面上。

采用这种剖切面画剖视图时应注意如下几点。

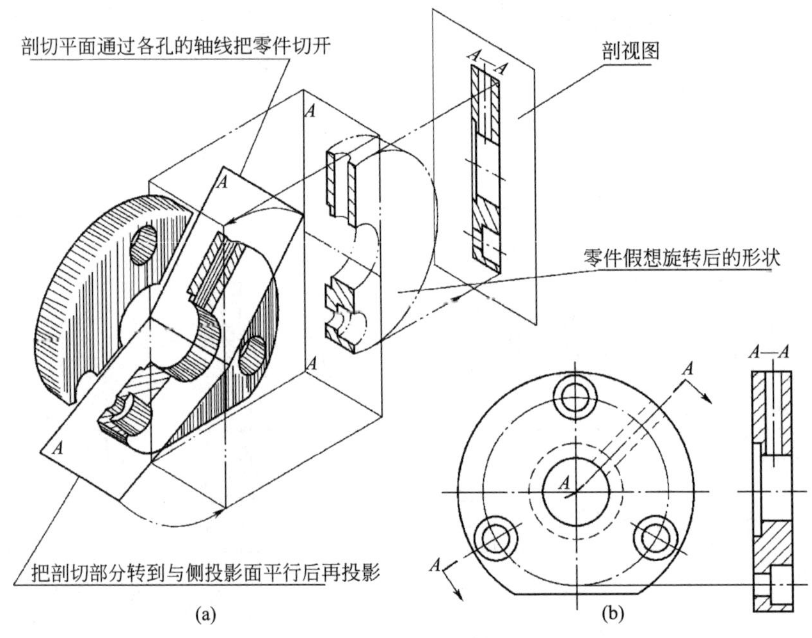

图 5-18　两个相交剖切面

① 画剖视图时，先假想按内形相交位置剖开机件，把倾斜的剖切面的结构及相关部分绕交线旋转到与选定的投影面平行后再进行投射，此时旋转部分的结构与原图形不再保持投影关系，如图 5-18(b) 和图 5-19(b) 所示。相关部分是指与被剖切断面有直接联系且密切

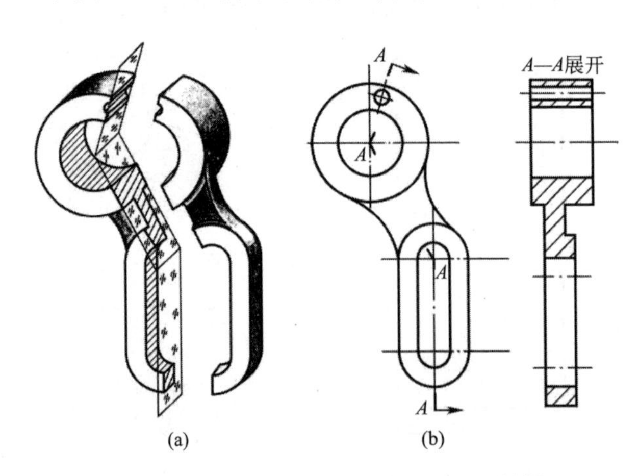

图 5-19　三个相交剖切面的展开画法举例

相关的部分，如图 5-20 所示的肋板。

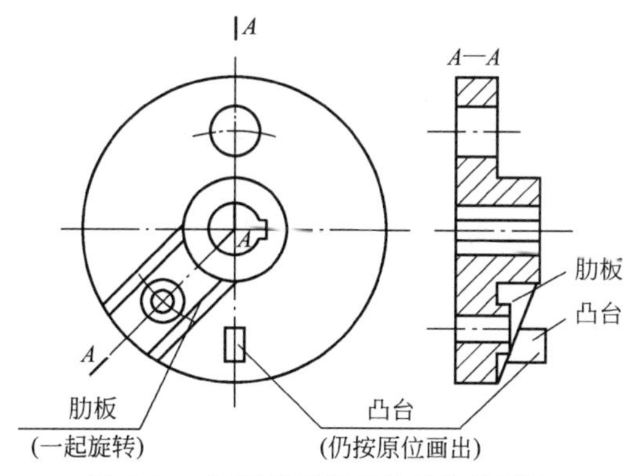

图 5-20 与剖切面相关的结构的画法

② 剖切面后的其他结构一般仍按原来的位置投射。如图 5-20 所示的矩形凸台和图 5-21 所示的油孔。

③ 几个相交剖切面的标注与几个平行剖切平面类同。剖切符号端部箭头的指向，为剖切面旋转后的投射方向（不能误认为是剖切平面的旋转方向），见图 5-18 和图 5-19 中的箭头。若投射方向明确，也可省略箭头，如图 5-20 所示。

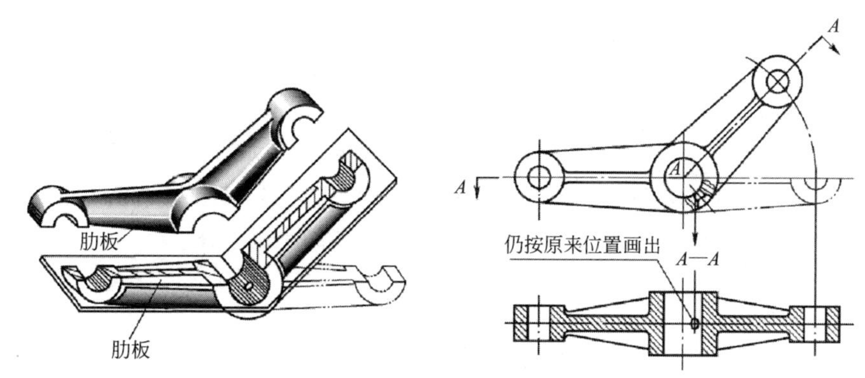

图 5-21 与剖切平面相关的结构的画法

当机件内部结构位置较多，既分布在平行平面上，又在相交平面上时，采用平行面与相交面的组合剖切机件，如图 5-22 所示的 A—A 剖视图。

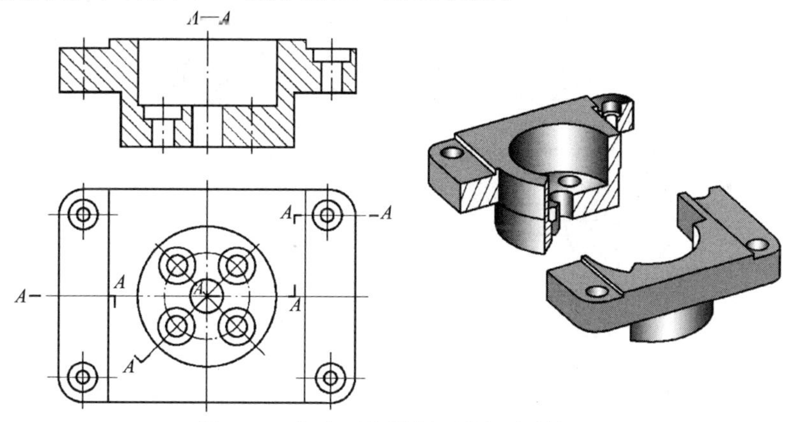

图 5-22 相交面与平行面的组合剖切面

四、剖视图的种类

按机件被剖切范围划分，剖视图可分为全剖视图、半剖视图和局部剖视图三种。

1. 全剖视图

用剖切面完全剖开机件所得的剖视图，称为全剖视图。图 5-9～图 5-22 所示都是全剖视图。

全剖视图一般用来表示外形比较简单、内形比较复杂的不对称形机件的内形，外形简单内形相对复杂的对称形机件，如图 5-23 所示。

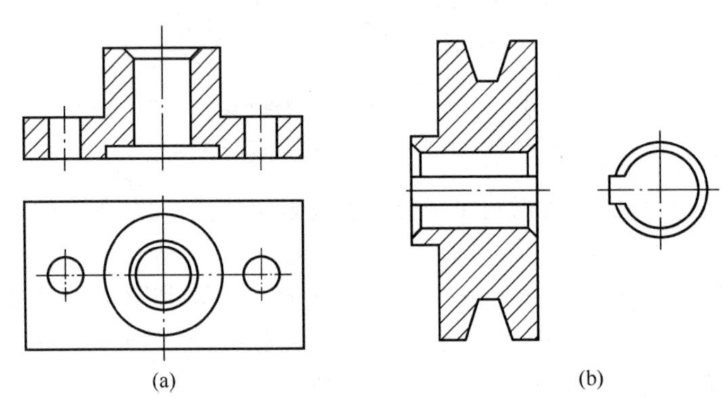

图 5-23　全剖视图

2. 半剖视图

当机件具有对称（或基本对称）平面时，向对称平面所垂直的投影面上投射所得的图形，以对称中心线为界，一半画剖视图，另一半画成视图，这种组合图形称为半剖视图。

如图 5-24 所示，半剖的主视图以左、右对称中心线为界，把视图和剖视图各取一半组合而成。同理，俯、左视图是以前、后对称中心线为界的半剖视图。

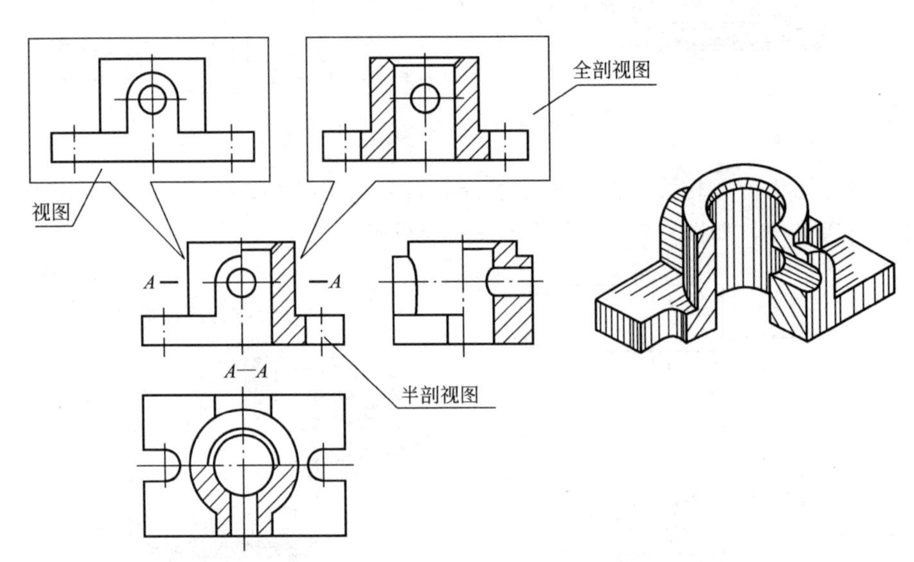

图 5-24　半剖视图

半剖视图主要用于内、外形状都需要表示的对称形机件。当机件形状接近对称，且不对称部分已另有视图表示清楚时，也可画成半剖视图，如图 5-25(a)、(b) 所示。

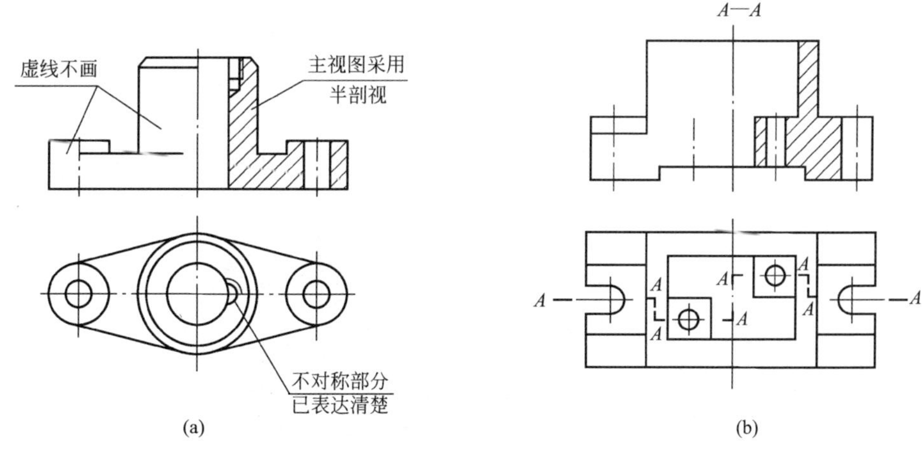

图 5-25　接近对称机件的半剖视图

半剖视图除了采用单一剖切面外，也可采用几个平行剖切平面或相交剖切面，如图 5-23（b）所示为四个平行剖切面。

半剖视图的规定画法：

① 半个视图和半剖视图的分界线用细点画线表示。

② 机件的内形已在半剖视图中表示清楚，半个视图中省略虚线，但对孔、槽应画出中心线的位置，如图 5-25(a)、(b) 中半剖主视图左边圆孔和槽的轴线。

③ 半个剖视图的位置，一般画在垂直中心线的右方，水平中心线的下方，如图 5-24 中半剖视图的位置所示。

半剖视图的标注与全剖视图相同，如图 5-24 和图 5-25(b) 中的 $A—A$ 剖视图。

读半剖视图时，以对称中心线为界，通过半个视图想象机件一半的外形，并推想另一半对应的外形；从半剖视图想象机件一半的内形，并推想另一半对应的内形，从而想象机件整体内外形。

3. 局部剖视图

用剖切面局部地剖开机件所得的剖视图，称为局部剖视图。图 5-26 中，主、俯视图的局部剖表示机件上两个方向圆孔。图 5-27 所示的箱体左右、前后不对称，顶部矩形孔、底

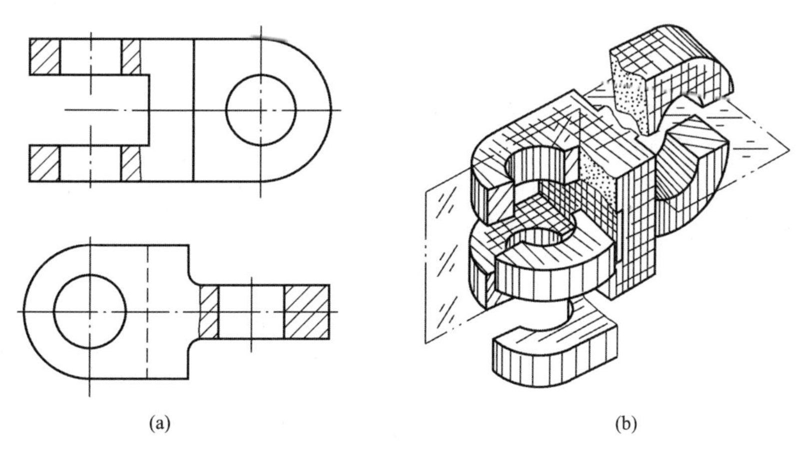

图 5-26　局部剖视图（一）

板 4 个圆孔，前端拱形凸台。为了兼顾内外形表达，将主视图画成两个不同剖切位置的局部剖视图。在俯视图上，为了保留顶部外形，采用一个剖切的局部剖视图。

局部剖视图不受机件是否对称的限制，可根据机件结构、形状特点灵活地选择剖切位置和范围，所以它应用广泛，常用于下列几种情况。

① 不对称形机件，既需要表示外形又需要表示内形时，如图 5-27 所示。

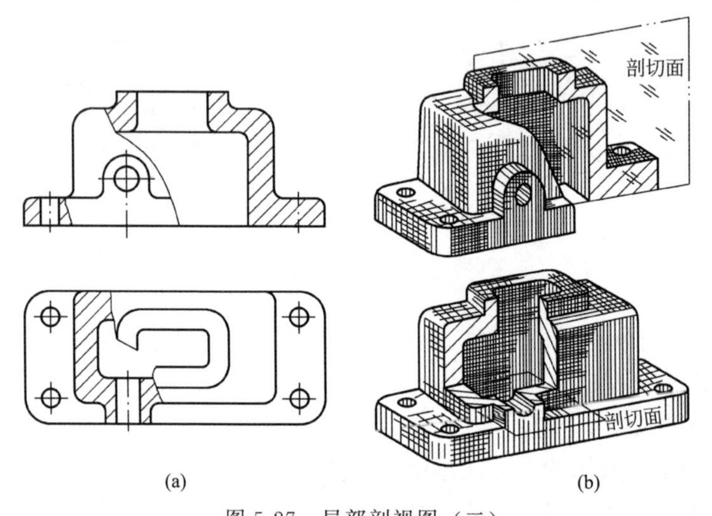

图 5-27 局部剖视图（二）

② 机件上仅需要表示局部内形，但不必或不宜采用全剖视画法时，如图 5-26 所示。

③ 实心机件（如轴、杆等）上的孔、槽等局部结构常用局部剖视图，如图 5-28 所示。

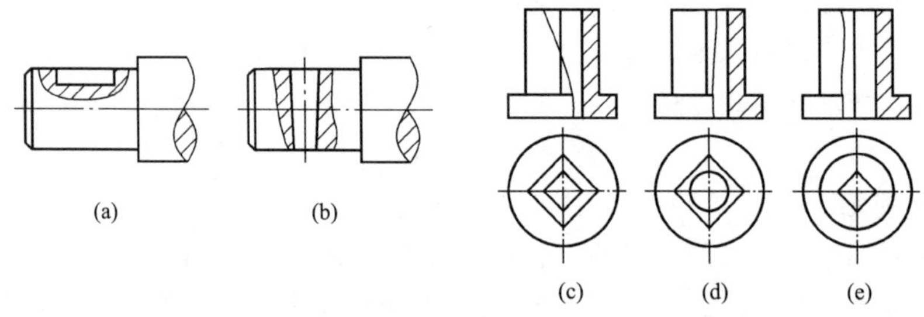

图 5-28 局部剖视图（三）

④ 对称形机件的内形或外形的轮廓线正好与图形对称中心线重合，因而不宜采用半剖视画法时。

局部剖视图的规定画法：

① 局部剖视图的剖视和视图用波浪线分界。波浪线不能与视图上其他图线重合或在轮廓线延长线上，如图 5-29 所示是错误画法，正确画法如图 5-26(a) 所示。

② 当被剖切的局部结构为回转体时，允许将该结构的中心线作为局部剖视与视图的分界线，如图 5-30 所示。

③ 波浪线（表示断裂边界线）只能画在机件实体部分，不能画在实体范围之外，如图 5-31(a)、(d) 所示是错误画法，图 5-31(b)、(c) 所示是正确画法。

④ 剖切位置明显的局部剖视图，一般省略剖视图的标注，如图 5-26～图 5-31 所示。剖切位置不明确时，应进行标注，如图 5-32 所示。

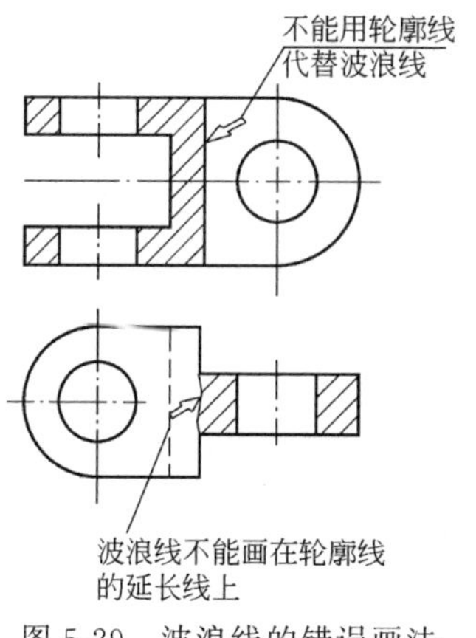

图 5-29　波浪线的错误画法

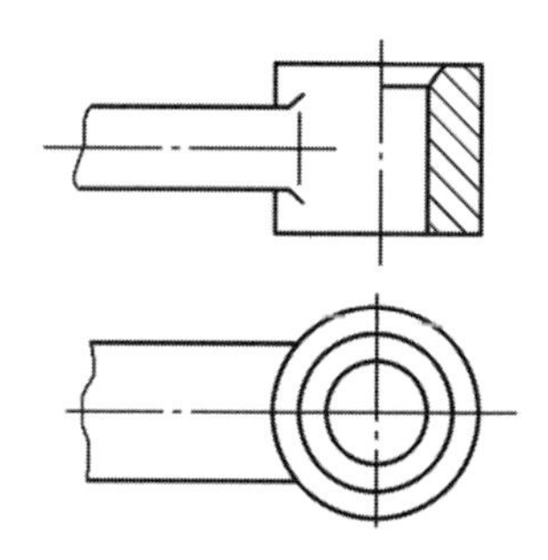

图 5-30　轴线代替波浪线

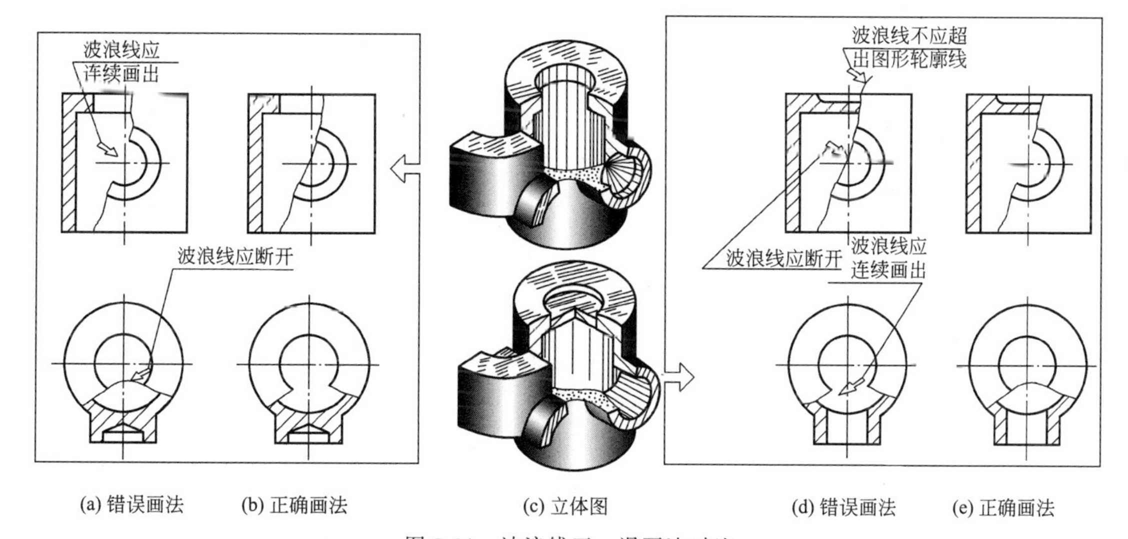

图 5-31　波浪线正、误画法对比

⑤ 如有需要，允许在剖视图中再作一次局部剖，采用这种画法，两个剖面区域的剖面线同方向、同间隔，但要互相错开，如图 5-33 所示。

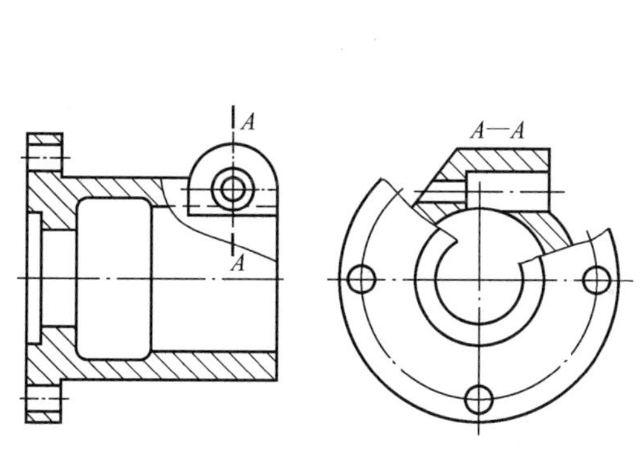

图 5-32　局部剖视图的标注

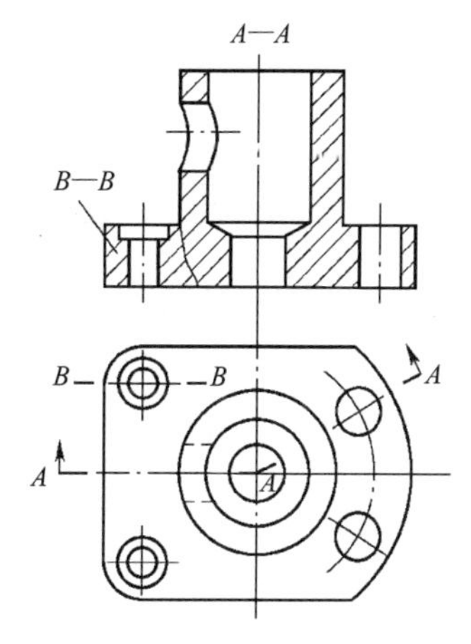

图 5-33　剖视图中再作局部剖视

读图时，以波浪线为界，从局部视图推想机件完整的外形，从局部剖视图想象机件整体的内形。想象内形时，在对应视图中找剖切位置，想象剖切断面及内形。

第三节 断面图

假想用剖切平面将机件的某处切断，仅画出剖切面与机件接触部分的图形，称为断面图，简称断面，如图 5-34(a)、(b) 所示。

断面图与剖视图的区别是：断面图仅画机件被剖切处的断面形状，而剖视图除了画出断面形状外，还必须画剖切面后的可见轮廓线，如图 5-34(c) 所示。

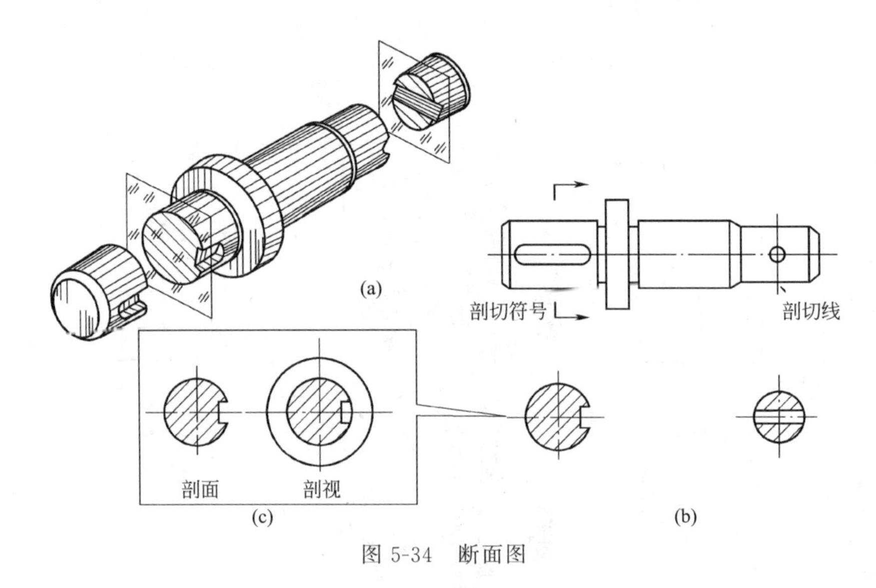

图 5-34 断面图

断面图常用于表示机件上某处的断面结构形状，如肋板、轮辐、键槽、孔及连接板和各种型材的断面形状。断面图分为移出断面图和重合断面图。

一、移出断面图

画在视图之外的断面图，称移出断面图，其轮廓线用粗实线绘制，如图 5-34(b) 所示。

单一剖切面、几个平行剖切平面和几个相交剖切面的概念完全适用于断面图。

1. 移出断面图的配置形式

移出断面图一般配置在剖切符号或剖切线的延长线上，如图 5-34(b) 所示。必要时，可配置在适当位置，如图 5-37 中的 *A—A*、*B—B* 所示的断面图；断面图形是对称的，可配置在视图中断处，如图 5-35 所示。

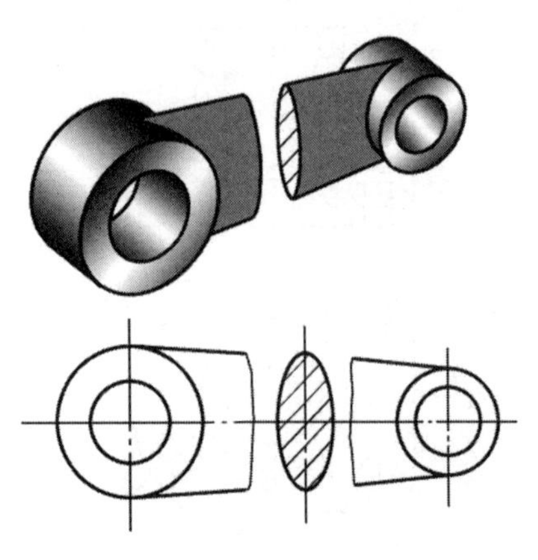

图 5-35 对称形断面

2. 移出断面图规定画法

① 当剖切面通过回转面形成的孔或凹坑的轴线时，这种断面图按剖视图绘制，如图 5-36 中的 *A—A* 断面图。

② 当剖切平面通过非圆孔，会导致出现完全分离

的断面时，这种结构应按剖视图要求画，如图 5-37(b) 中的 A—A 断面图。

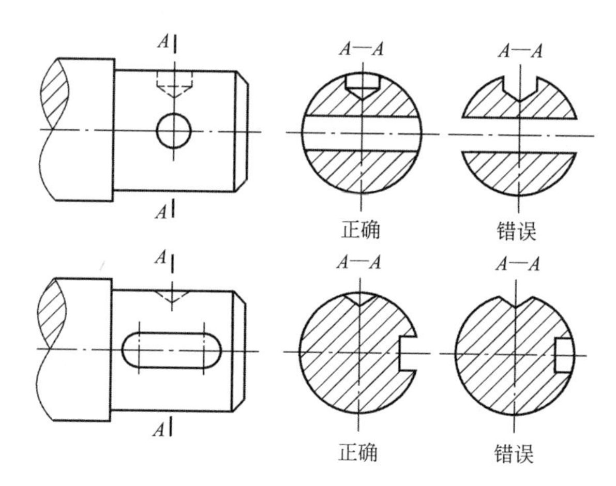
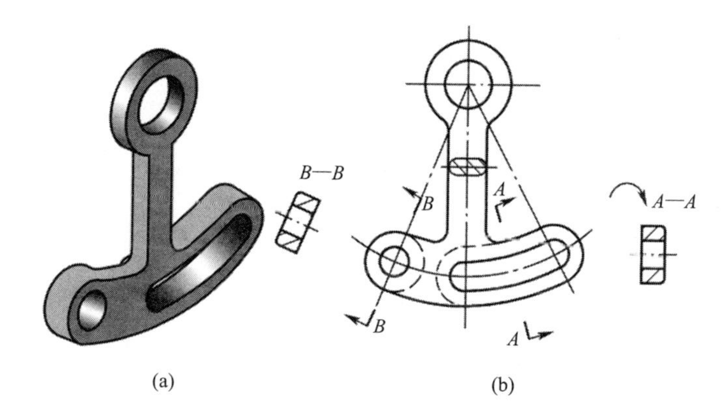

图 5-36　按视图要求绘制移出断面图

图 5-37　剖切平面通过非圆孔断面及旋转画法

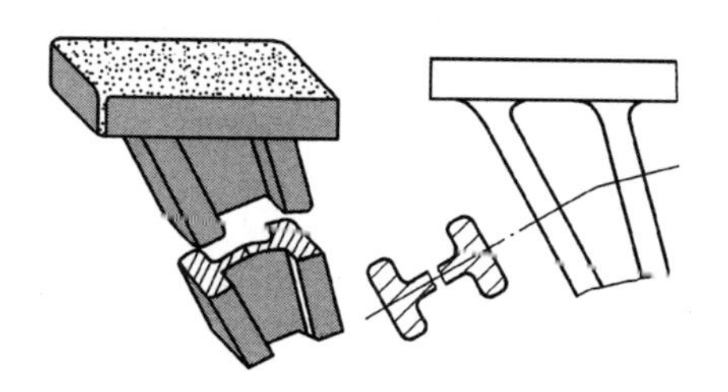

图 5-38　相交剖切面的断面图画法

③ 在不致引起误解时，允许将断面图形旋转，如图 5-37 所示的 A—A 断面图。

④ 剖切平面应垂直于机件主要轮廓线；由两个或多个相交剖切平面剖切所得到的移出断面图，中间一般应断开，如图 5-38 所示。

3. 移出断面图的标注

移出断面图和剖视图的剖切标记的三要素相同。如图 5-37 所示的 B—B 移出断面图。移出断面图的配置及标注方法，见表 5-3。

表 5-3　移出断面的配置位置和标注举例

断面图配置位置	断面形状及标注	
	不对称的移出断面图	对称的移出断面图
不画在剖切符号或剖切线的延长线上	标注剖切符号(含箭头)和字母	省略箭头
投影关系配置	省略箭头	省略箭头
画在剖切符号或剖面线的延长线上	省略字母	用剖切线(细点画线)表示剖切位置，省略剖切符号和字母

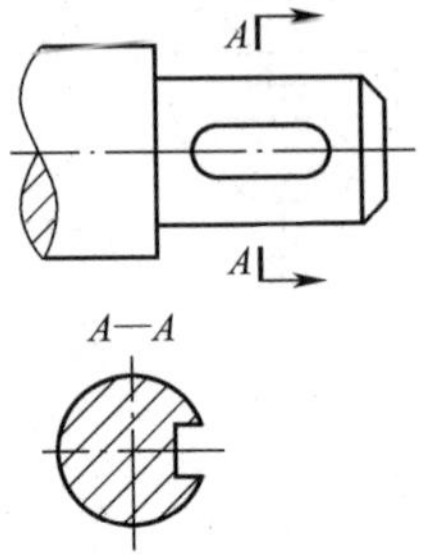

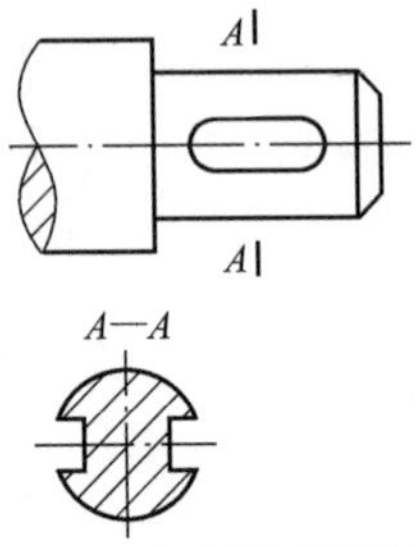

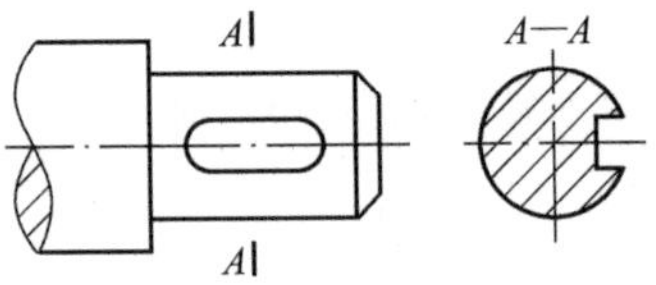

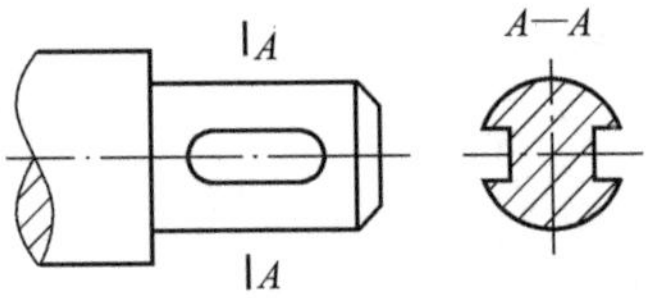

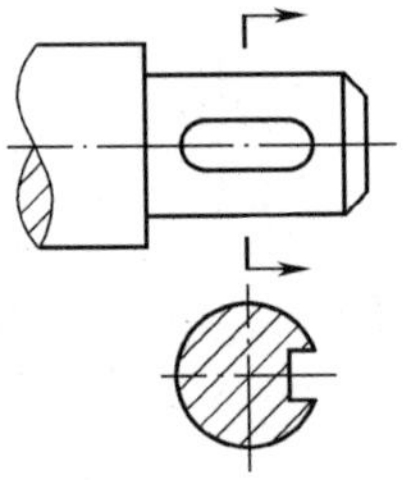

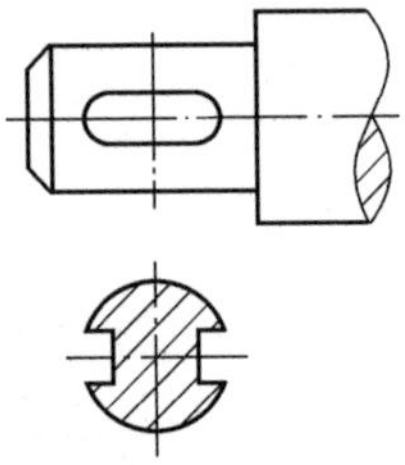

二、重合断面图

画在视图之内的断面图形，称为重合断面图（简称重合断面）。重合断面的轮廓线用细实线绘制，如图 5-39 所示。

当视图轮廓线和重合断面图轮廓线重合时，视图的轮廓线仍按连续画出，不可中断，如图 5-39(b) 所示。

不对称重合断面应标注剖切符号（含箭头），如图 5-39(b) 所示；对称重合断面省略标

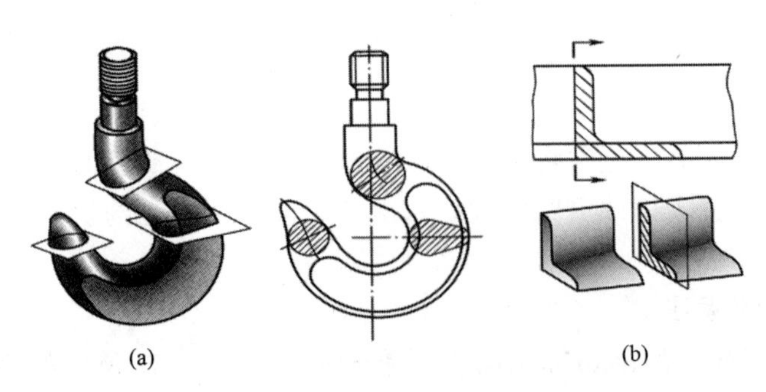

图 5-39　重合断面图

注，如图 5-39(a) 所示。

第四节　局部放大图和简化画法

为了使图形清晰及简化绘图，国家标准规定可采用局部放大图和简化画法，以供绘图时选用。

一、局部放大图

当机件上细小结构在视图中表示不清楚或不便于绘图和标注尺寸时，常采用局部放大图。

将图样中所表示的物体的部分结构，用大于原图形的比例所绘制的图形，称为局部放大图，如图 5-40、图 5-41 所示。

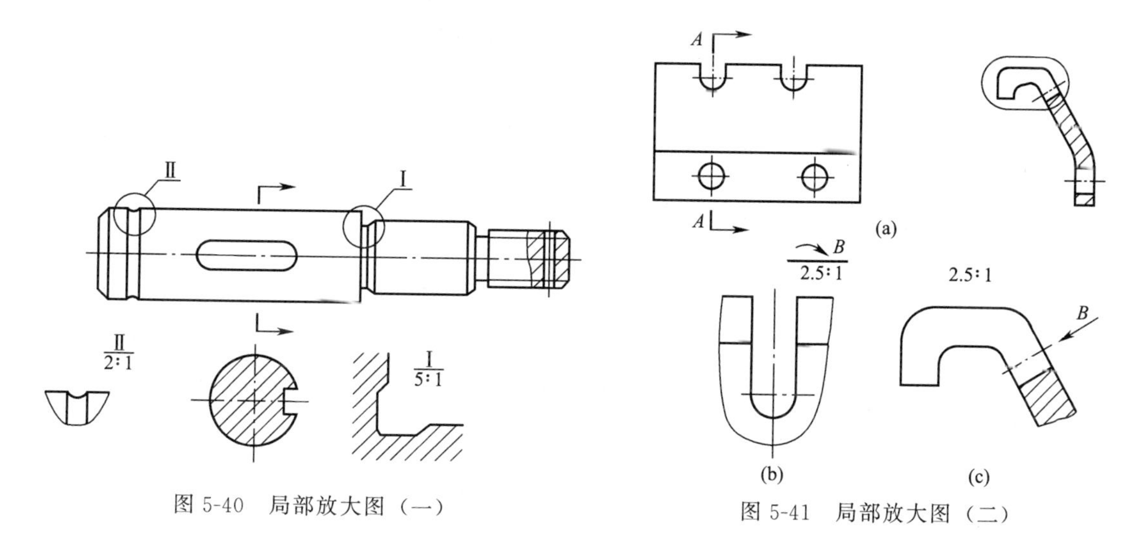

图 5-40　局部放大图（一）

图 5-41　局部放大图（二）

1. 局部放大图的规定画法

① 局部放大图可画成视图、剖视图或断面图，它与被放大部分的原表示方法无关。

② 绘制图形比例仍为图形与实物相应要素的线性尺寸之比，与原图形采用的比例无关。

③ 局部放大图一般配置在被放大部位附近，用细实线（圆或长圆）圈出被放大的部位，用罗马数字标出。如图 5-40 中Ⅰ、Ⅱ处所示。

④ 同一机件上不同部位的局部放大图，当图形相同或对称时，只需画出一个，如图 5-41 所示。

⑤ 必要时，可用几个图形同时表示同一被放大的结构，如图 5-41(b)、(c) 所示。

2. 局部放大图的标注

若机件仅有一个部位被放大时，只需在放大图上方注明比例，如图 5-41 中的 2.5∶1。当机件同时有几处被放大时，用罗马数字标明被放大部位，并在相应局部放大图上方注上相同罗马数字和采用比例，如图 5-40 中Ⅰ、Ⅱ处所示。

二、简化画法

国家标准规定了一系列的简化画法，其目的是减少绘图工作量，提高设计效率及图样清晰度，满足手工制图和计算机制图的要求。

1. 规定画法

对标准中规定的某些特定表达对象所采用的特殊表示方法。

在不致引起误解时，对称机件的视图可只画一半或四分之一，并在对称中心线两端画出对称符号（两条与其垂直的平行细实线），如图 5-42 所示。

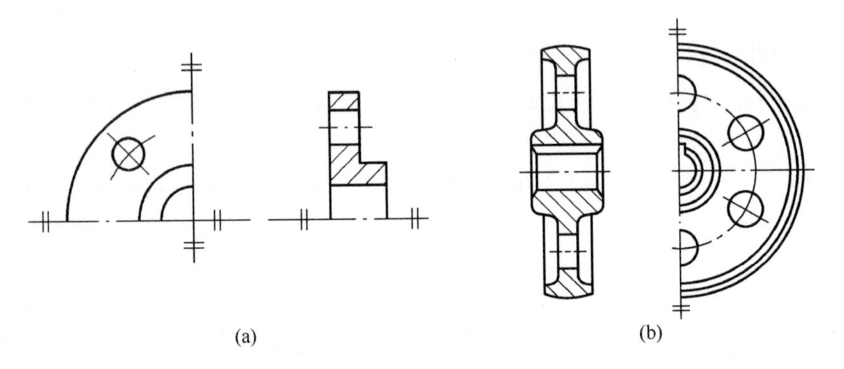

图 5-42　对称视图的简化画法

为例避免增加视图或剖视，对回转体上的平面结构在视图中未能充分表达时，可采用平面符号（两条相交的细实线）表示，如图 5-43 所示。

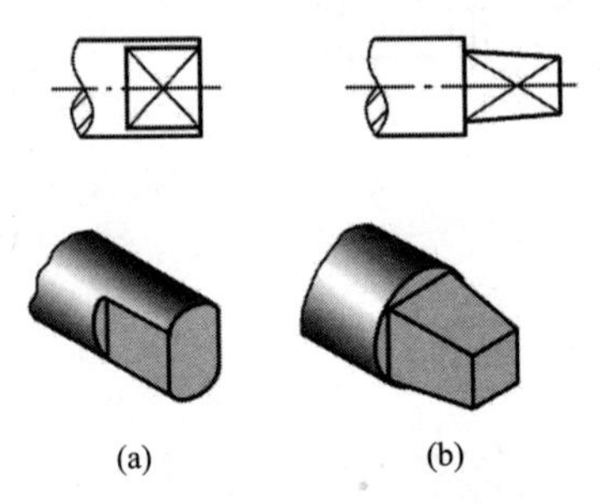

图 5-43　用平面符号表示平面图

对于较长零件（如轴、杆、型材、连杆等）沿长度方向的形状一致或按一定规律变化时，可断开后缩短绘出，其断裂边界用波浪线绘制，也可用双折现或细双点画线绘制，但尺寸仍按实际长标注，见图 5-44。

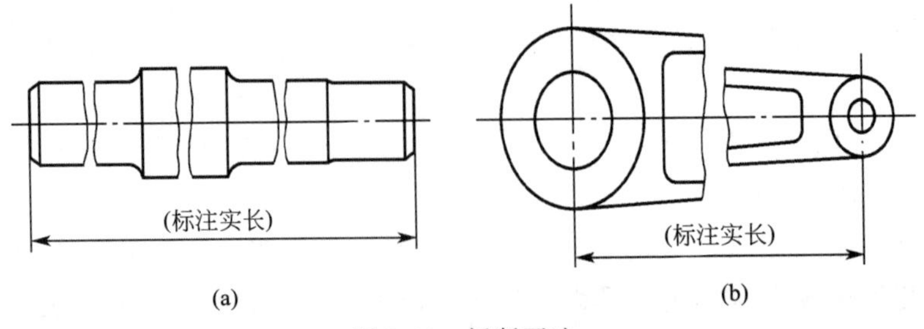

图 5-44　折断画法

在需要表示位于剖切面前的结构时，这些结构可假象地用细双点画线绘制，如图 5-45 所示。

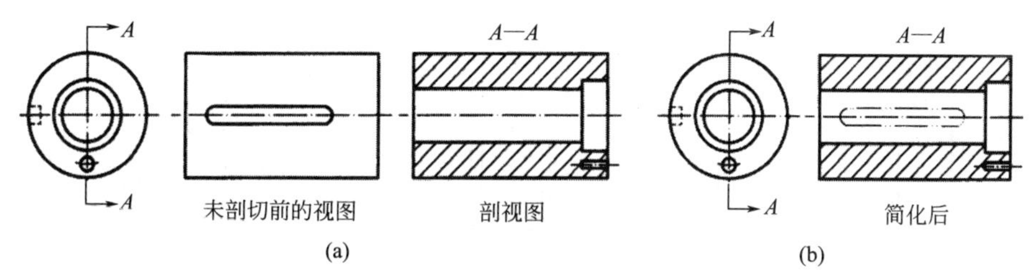

图 5-45　局部视图的规定画法

在不致引起误解时，图形中的过渡线、相贯线可以简化，可用圆弧或直线代替非圆曲线，也可采用模糊画法表示相贯线，如图 5-46 所示。

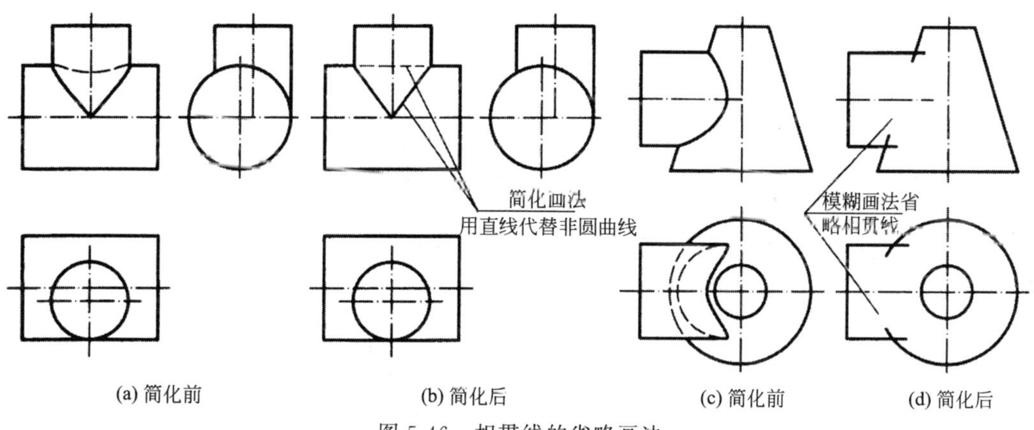

图 5-46　相贯线的省略画法

2. 省略画法

当机件具有若干相同结构要素（齿、槽等），并按一定规律分布时，只需画出几个完整的结构，其余用细实线连接，在图中注明该结构的总数，见图 5-47。

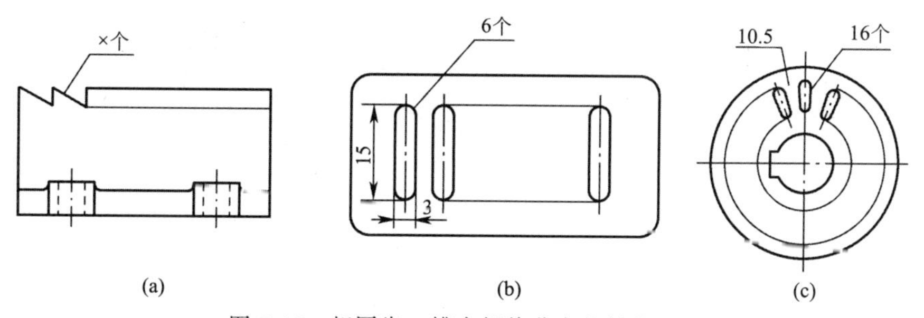

图 5-47　相同齿、槽有规律分布的简化画法

若干直径相同，并按规律分布的孔（圆孔、沉孔、螺孔），可仅画出一个或几个，其余用点画线表示其中心位置，但在图中应注明孔的总数，见图 5-48。

在不致引起误解时，零件图中的小圆角、倒角均可省略不画，但必须注明尺寸或在技术要求中加以说明，如图 5-49 所示。

机件的肋、轮辐及薄壁等，如果纵向剖切（剖切面通过这些结构轴线或对称面），这些结构规定不画剖面线，并用粗实线将它与其邻接部分分开，如图 5-50 所示的全剖左视图的

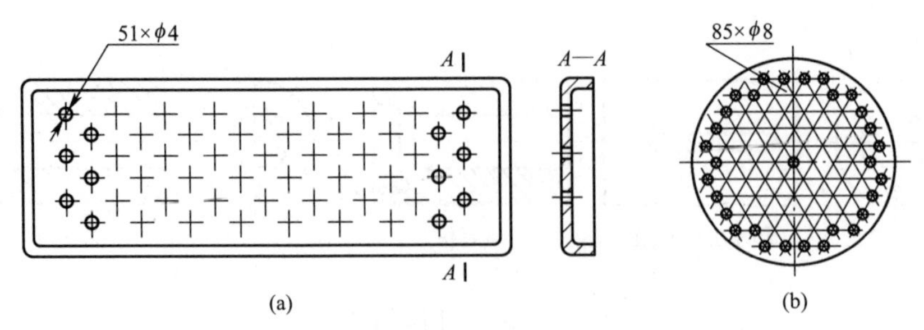

图 5-48　等径圆孔呈规律分布的简化画法

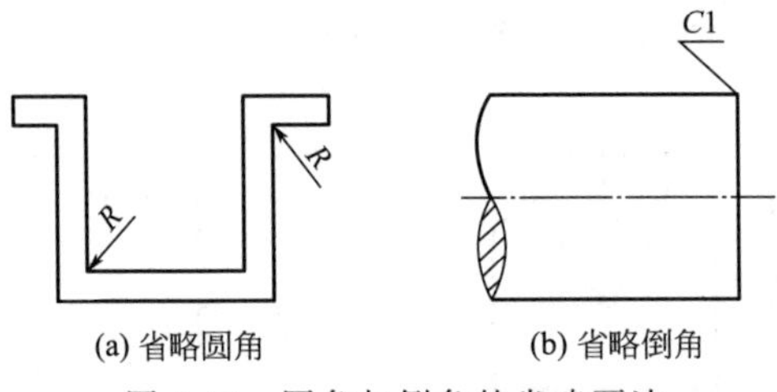

图 5-49　圆角与倒角的省略画法

肋板，图 5-51 所示的全剖主视图的轮辐；若横向剖切，则应画出剖面线，如图 5-50 中的全剖俯视图的肋板和图 5-51 中的椭圆形轮辐的断面。

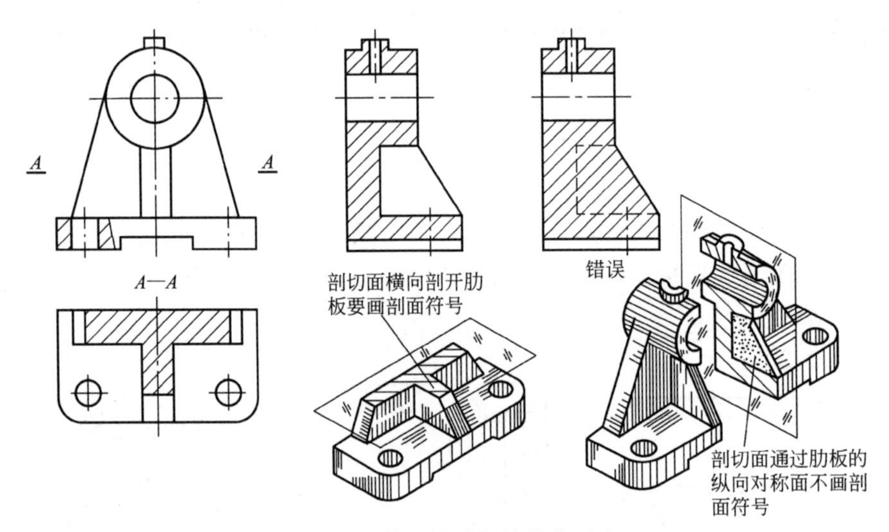

图 5-50　机件上的肋板的简化画法

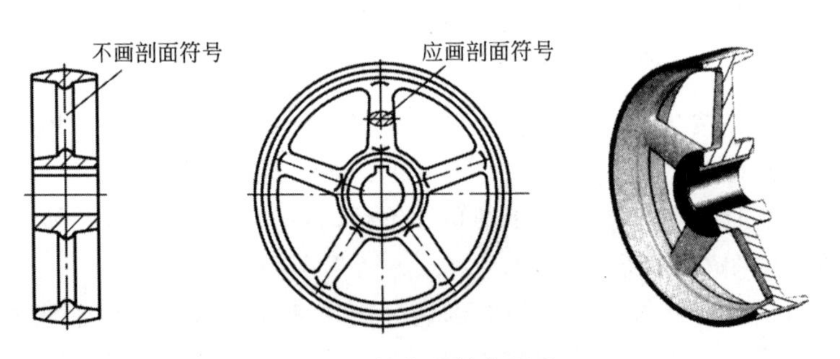

图 5-51　轮辐的简化画法

当机件的回转体上均布的肋、轮辐、孔等结构不处在剖切平面上时，可假想把这些结构旋转到剖切平面上画出，见图 5-52。

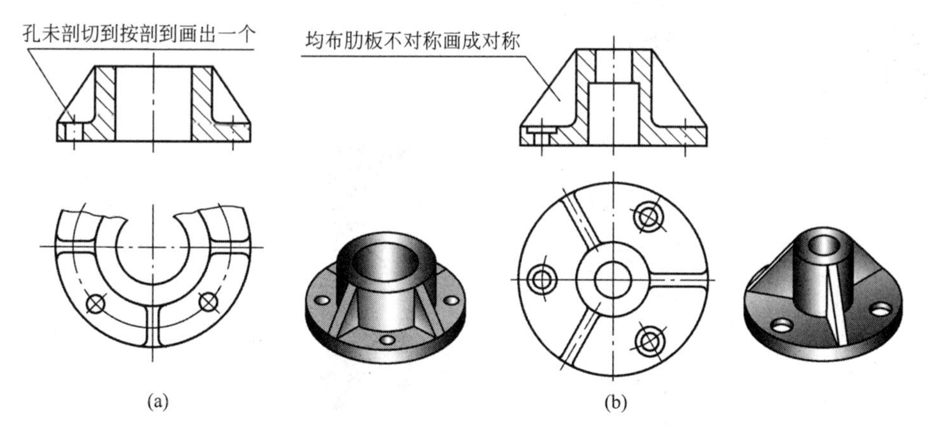

图 5-52　均布在圆盘上孔和肋的规定画法

3. 示意画法

用规定符号和（或）较形象的图线的表意性图示方法，见图 5-53。

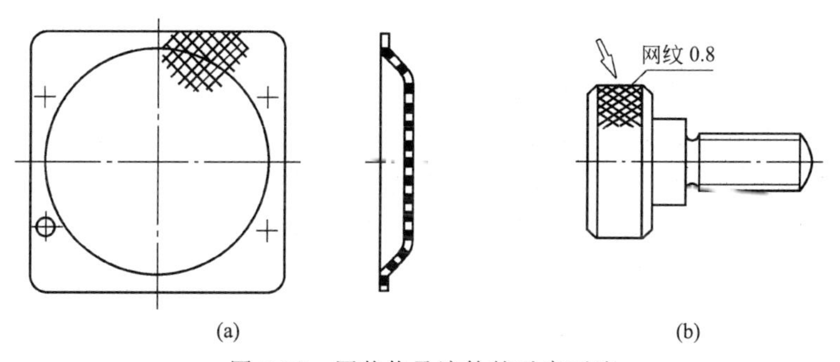

图 5-53　网状物及滚轮的示意画法

第五节　第三角画法

国家机械制图标准图样画法中规定：“技术图样采用正投影法绘制，并优先采用第一角画法”，“必要时允许采用第三角画法”。随着国际技术交流的日益频繁，常会遇到一些来自美国、日本、英国等的采用第三角投影绘制的图样。

一、第一角画法和第三角画法的区别

第一角画法是将物体置于第一分角内，并使物体处于观察者与投影面之间，保持着人—物体—投影面（视图）的投影关系。如图 5-54 所示。

第三角画法将物体置于第三分角内，并使投影面处于观察者与物体之间（假想投影面是镜面），保持着人—投影面（视图）—物体的投影关系。

与第一角画法类似，采用第三角画法得到的三视图符合多面正投影的投影规律，即长对正（主视图、俯视图）、高平齐（主视图、右视图）、宽相等（俯视图、右视图）。如图 5-54 所示。

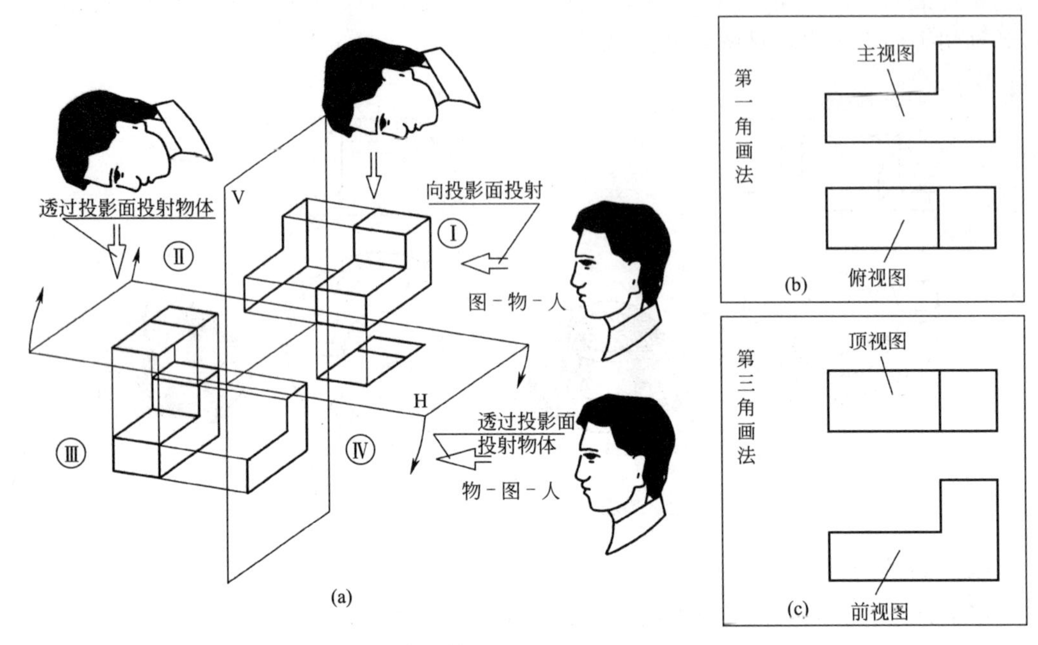

图 5-54　第一角画法和第三角画法

二、第一角画法和第三角画法的特征标记

国家标准规定了相应的第一角画法和第三角画法的投影识别符号，如图 5-55 所示，该符号标在标题栏内（右下角）“名称和符号区”的最下方。采用第一角画法时，在图样中一般不必画出第一脚画法的投影识别符号，采用第三角画法时，必须在图样中画出第三角画法的投影识别符号。

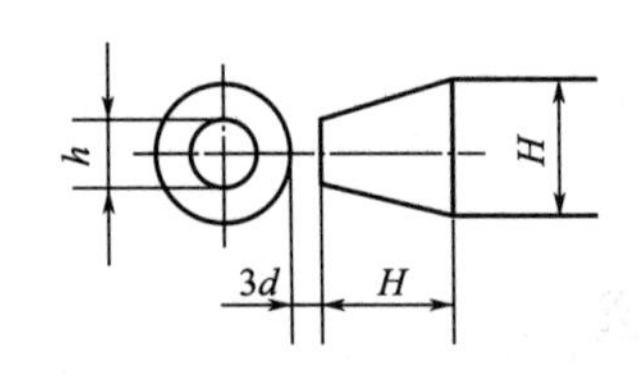

h=图中尺寸数字高度(H=2h)

d为图中粗实线宽度

(a) 第三角画法投影识别符号的画法

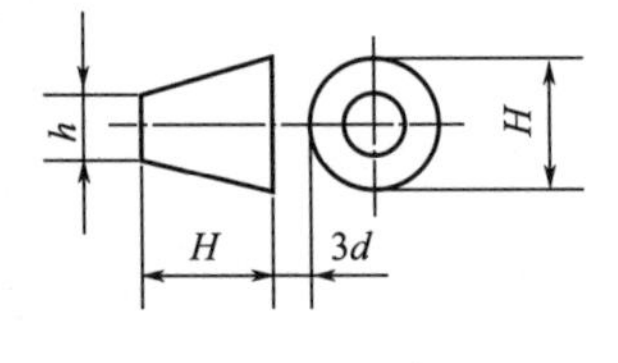

(b) 第一角画法投影识别符号的画法

图 5-55　第一角画法和第三角画法的投影识别符号

三、第三角画法的三视图

1. 第三角的三面投影体系

图 5-56(a) 所示为由 V 面、H 面和 W 面所构成的第三角画法的投影面体系。

2. 三视图的形成和名称

按图 5-56(b) 所示，将物体置于第三角三投影面体系中，并分别向三个投影面投射，即得第三角画法的三个视图。

前视图—自前方投射在 V 面所得的视图。

顶视图—自上方投射在 H 面所得的视图。

右视图—自右方投射在 W 面所得的视图。

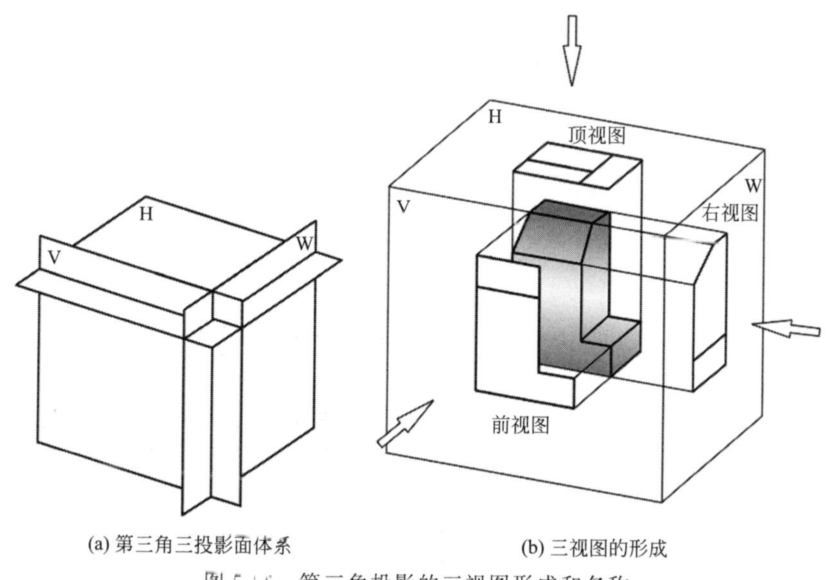

(a) 第三角三投影面体系　　(b) 三视图的形成

图5-56　第三角投影的三视图形成和名称

3. 三视图的配置位置

如图5-57(a)所示，规定V面（前视图）不动，把H面（顶视图）绕OX向上翻转90°，W面（右视图）绕OZ轴向前旋转90°，使三个投影面处在同一平面上。这时三视图配置位置如图5-57(b)所示。

顶视图配置在前视图的正上方。

右视图配置在前视图的正右方。

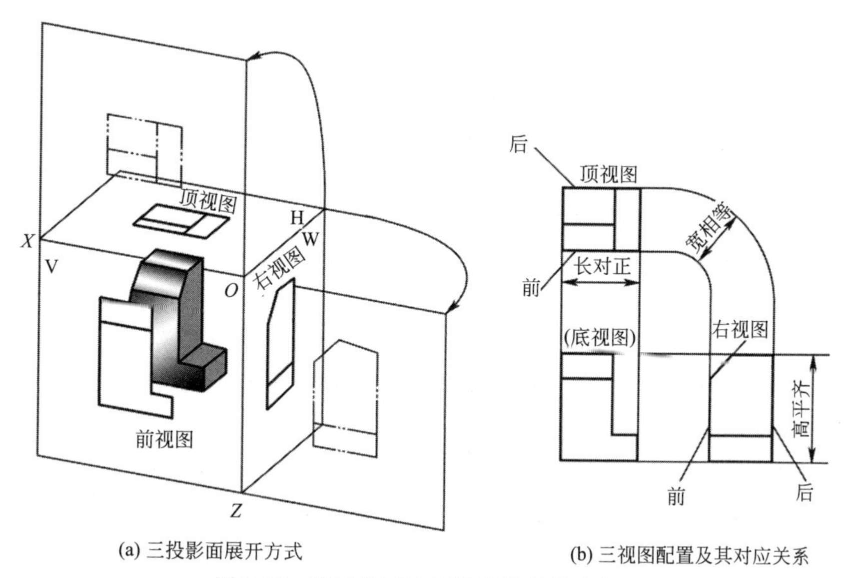

(a) 三投影面展开方式　　(b) 三视图配置及其对应关系

图5-57　第三角画法三视配置及投影关系

4. 三视图之间的投影关系和方位关系

由于第三角画法的展开方向和视图配置与第一角画法不同，因此，第三角画法中，靠近前视图的一侧表示物体的前面，远离前视图的一侧表示物体的后面，这与第一角画法正好相反，见图 5-57(b)。

四、第三角画法的六面基本视图

按第三角投影方式，将物体置于正六面投影体系中，并向六个基本投影面投射，得六个基本视图。除上述三个基本视图外，还有左视图、底视图与后视图。图 5-58 所示为六个基本视图的形成、展开及配置位置。

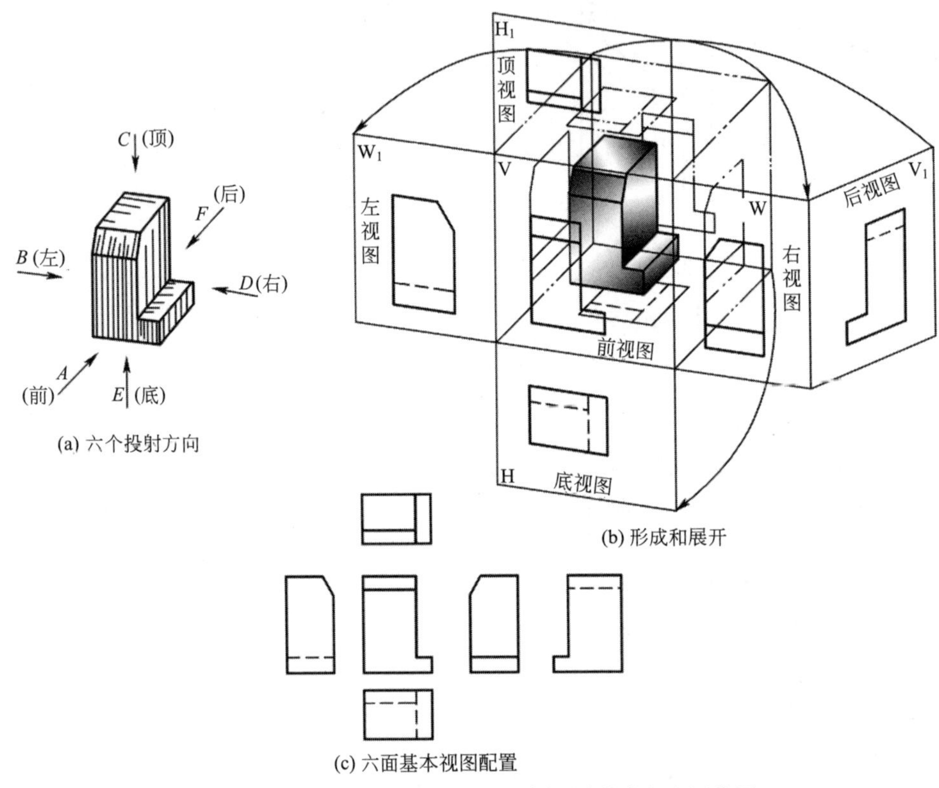

(a) 六个投射方向

(b) 形成和展开

(c) 六面基本视图配置

图 5-58　第三角画法的六面基本视图形成和配置位置

五、读第三角视图的基本方法

1. 识别视图名称及投射方向

初读第三角画法视图时，由于其视图的展开方向和配置位置与第一角画法不同，往往分不清视图之间的对应关系及投射方向，所以读图时，应先确定前视图，再找出其他视图名称及投射方向，如图 5-59(b) 所示，确定前视图后，按箭头所指投射方向找到相应视图名称。

2. 明确各视图所表示方位

读图时，判断视图间表示物体的左右、上下方位较为容易，但判断表示物体前后方位较为困难，这是因为第三角的三视图与第一角的三视图展开方向不同，因此，判断顶、底、左、右视图表示物体的前、后方位成为初学读图的关键。这里介绍两种简捷又形象的思维方法。

(1) 视图归位法

如图 5-59(b)、(c) 所示，前视图不动，把顶视图绕水平线朝后下方位转 90°，左视图绕垂直线朝后左方位也转 90°，恢复到第三角投影面展开前的位置来想象顶、左视图表示物体的前、后方位。

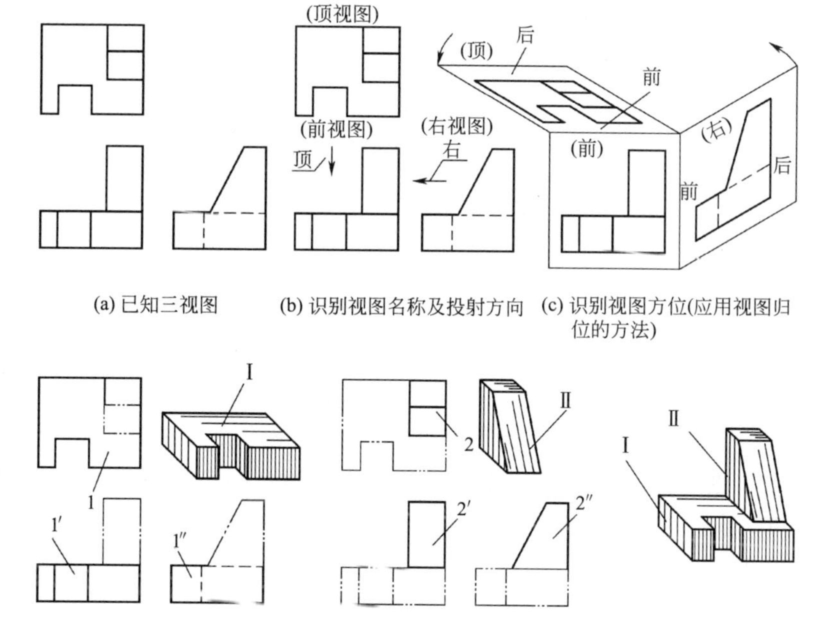

(a) 已知三视图　(b) 识别视图名称及投射方向　(c) 识别视图方位(应用视图归位的方法)

(d) 线框1，1′，1″对应，想象形体Ⅰ　(e) 线框2，2′，2″对应，想象形体Ⅱ　(f) 综合想象整体形体

图 5-59　读第三角画法三视图

(2) 手掌翻转法

如图 5-60 所示，右手背模拟右、顶视图，左手背模拟左、底视图，然后把手掌翻转 90°，使手心朝向前视图，这时，大拇指表示前方位，小指表示后方位，以此来识别和想象

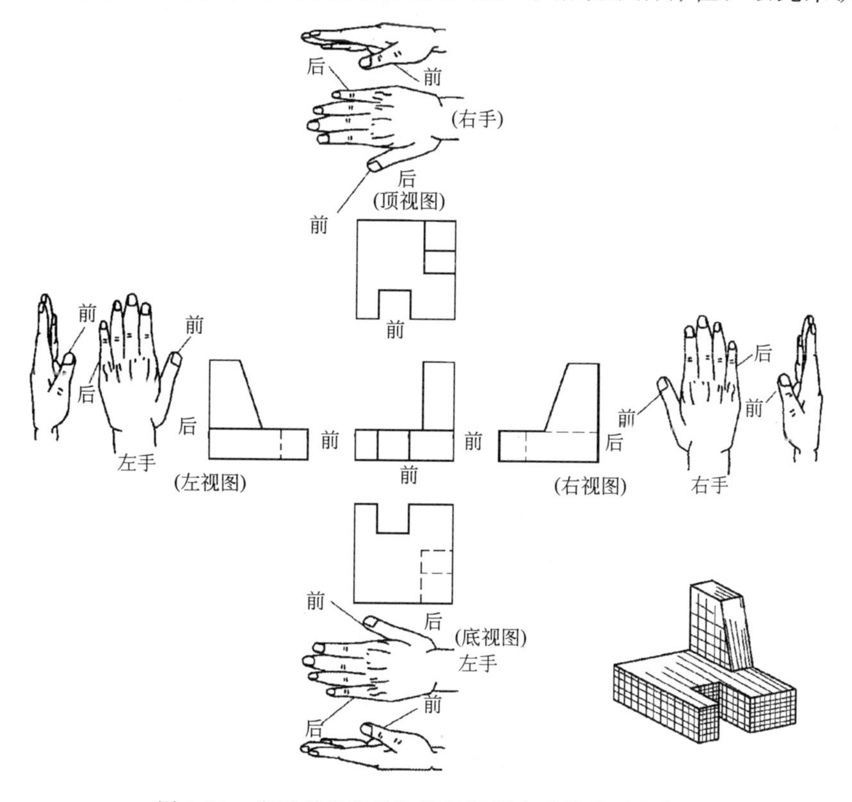

图 5-60　应用手掌翻转法辨认视图表示的前后方位

右、顶和左、底视图所表示物体的前、后方位。

3. 分部分想形状及综合整体形状

读图时，仍然按分线框、找对应关系、想象物体每部分形状和方位，如图 5-59(d)(e) 所示，从线框 1、1′、1″想象形体Ⅰ，从线框 2、2′、2″想象形体Ⅱ。然后按各视图所示的方位，综合想象出立体形状，如图 5-59(f) 所示。

［**例 5-1**］ 读图 5-61(a) 所示第三角画法的三视图

① 识别各视图名称及投射方向。从三视图配置位置，确定前、顶、左视图，并在前视图上确定顶、左视图的投射方向。

② 划分线框，对投影，想象各部分形状。以前视图为主，按“三等”关系，确定线框 1′、1、1″和线框 4′、4、4″对应，以线框 1 和 4′为主，想象底板Ⅰ上切方槽Ⅳ；线框 2′、2、2″和线框 3′、3、3″对应，以线框 2″、3″为主，想象竖板Ⅱ和凸缘Ⅲ的形状。

③ 按“方位”想象整体形状。想象四部分形状，用视图归位或手掌翻转思维方法，确定这四部分上下、左右和前后相对位置，综合想象出图 5-61(b) 所示的立体形状。

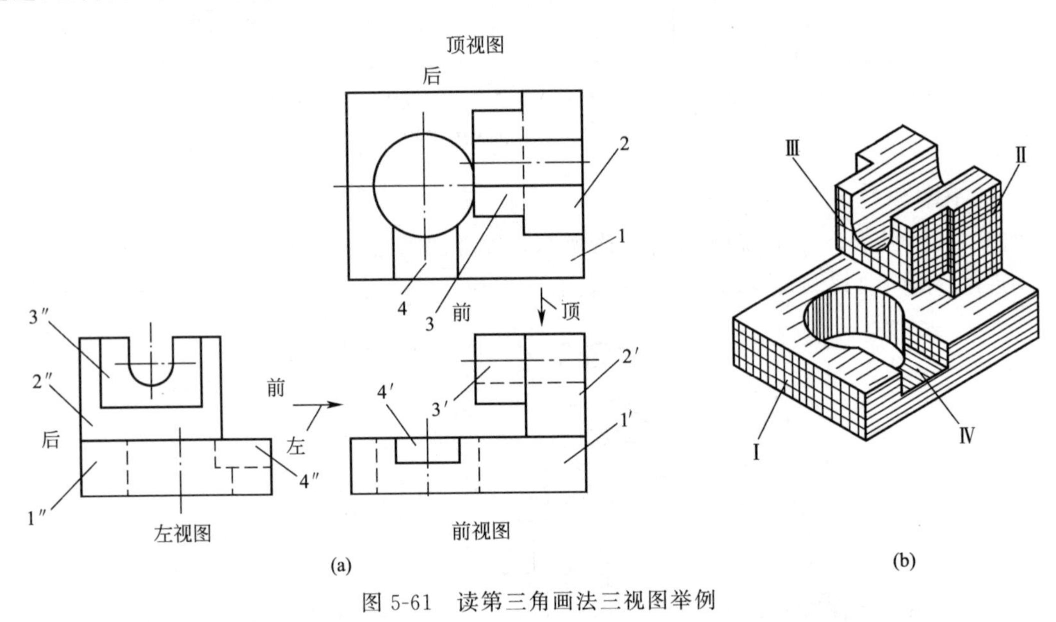

图 5-61 读第三角画法三视图举例

第六章 标准件和常用件制图

第一节　螺　　纹

一、螺纹的形成

螺纹分为外螺纹和内螺纹两种，在圆柱或圆锥外表面上形成的螺纹称为外螺纹，在圆柱或圆锥内表面上形成的螺纹称为内螺纹。内、外螺纹成对使用。

1. 圆柱螺旋线的形成

如图 6-1(a) 所示，动点 A 沿着圆柱面的母线方向做等速运动，同时又绕着轴线做等角

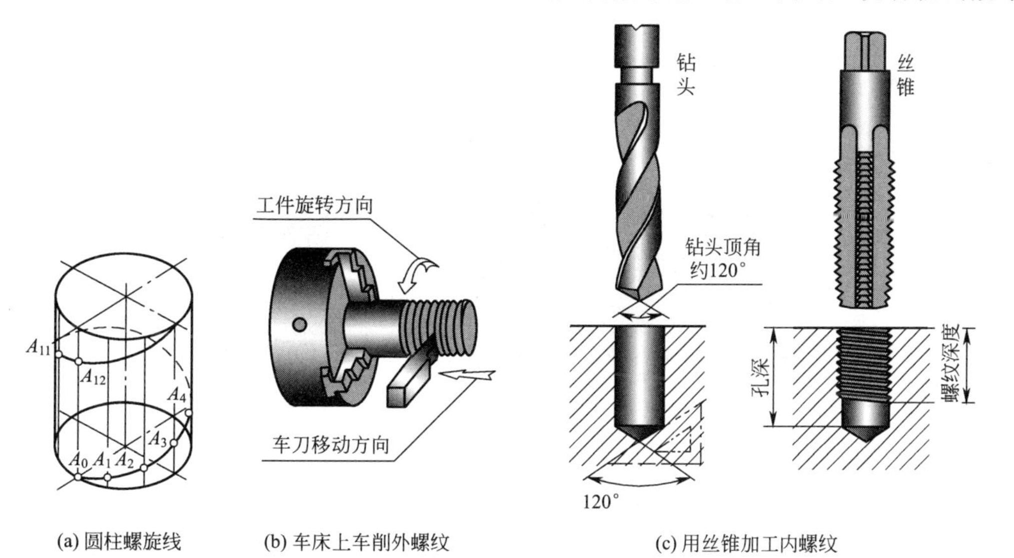

(a) 圆柱螺旋线　(b) 车床上车削外螺纹　(c) 用丝锥加工内螺纹

图 6-1　螺纹加工方法示例

速度运动，动点 A 在圆柱面上的运动轨迹线，称为圆柱螺旋线。

2. 螺纹的加工

螺纹的加工方法见图 6-1。在车床上车削外螺纹时，车刀切入圆柱形工件内，并沿着螺纹线运动，便在工件上加工出螺纹。车刀的刀刃形状不同，加工出的螺纹不同。

用丝锥加工小直径内螺纹时，先用钻头钻内孔，后用丝锥在内孔内攻螺纹。

二、螺纹要素

螺纹有牙型、公称直径、螺距、线数和旋向五要素。当内、外螺纹旋合时，五要素必须完全一致。

1. 螺纹牙型

在螺纹轴线平面内的螺纹轮廓形状称为牙型，如图 6-2 所示。

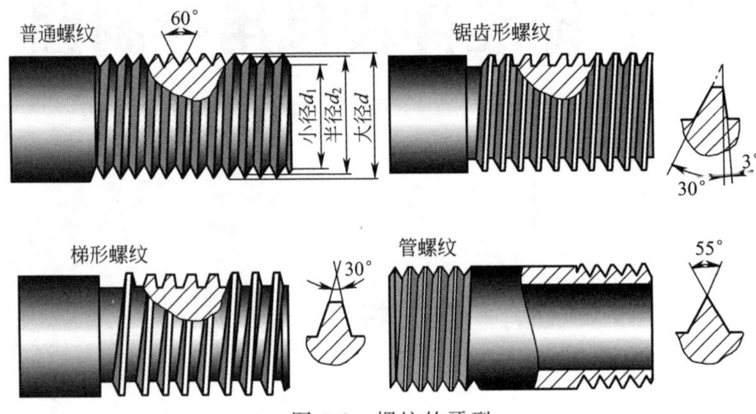

图 6-2　螺纹的牙型

2. 螺纹直径

螺纹的直径如图 6-3 所示。

① 大径：与外螺纹牙顶或内螺纹牙底相重合的假想圆柱或圆锥的直径，是代表螺纹尺寸的直径，称为公称直径。

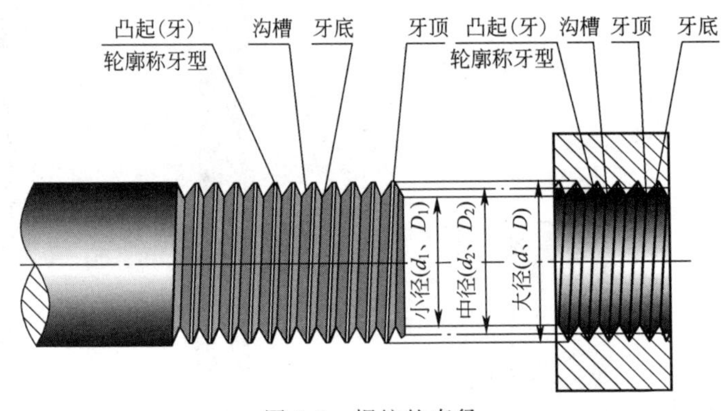

图 6-3　螺纹的直径

② 小径：与外螺纹牙底或内螺纹牙顶相重合的假想圆柱或圆锥的直径，是螺纹的最小直径。

③ 中径（d_2、D_2）：一条母线（称为中径线）通过牙型上沟槽和凸起宽度相等处的假

想圆柱或圆锥的直径。

螺纹公称直径是代表螺纹尺寸的直径，普通螺纹的公称直径是指螺纹的大径。对于管螺纹，其管子公称尺寸是螺纹的代表尺寸。

3. 线数

沿一条螺旋线形成的螺纹称单线螺纹；沿两条或两条以上在轴向等距分布的螺旋线形成的螺纹称多线螺纹，如图 6-4 所示。

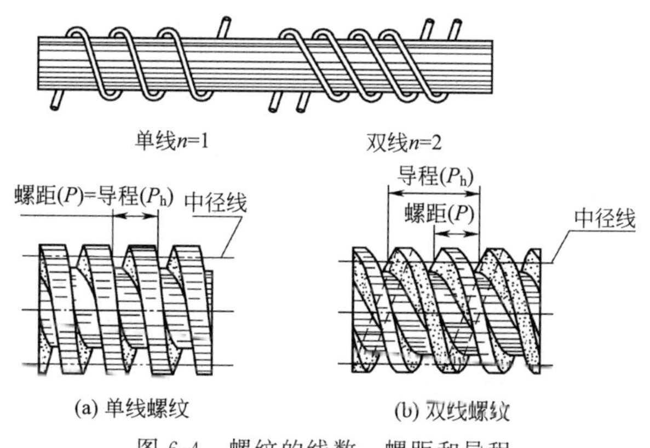

(a) 单线螺纹　(b) 双线螺纹

图 6-4　螺纹的线数、螺距和导程

4. 螺距和导程

① 螺距是指相邻两牙在中径线上对应两点间的轴向距离，用 P 表示。

② 导程是指同一条螺旋线上相邻两牙在中线上对应两点间的轴向距离，用 P_h 表示。单线螺纹螺距与导程相等，多线螺纹导程＝螺距×线数，即 $P_h=Pn$。

5. 旋向

螺纹有右旋和左旋两种，工程上常用的是右旋螺纹。

判断螺纹左、右旋方法，如图 6-5 所示，或按内、外螺纹旋合时，顺时针旋转旋入的螺纹称为右旋螺纹；逆时针旋转旋入的螺纹称为左旋螺纹。

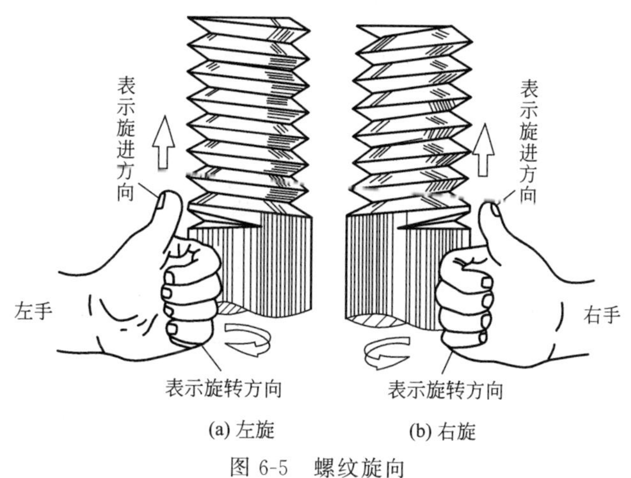

(a) 左旋　(b) 右旋

图 6-5　螺纹旋向

螺纹的牙型、大径和螺距是决定螺纹的最基本要素，称为螺纹三要素。当这三项都符合国家标准时，称为标准螺纹。牙型不符合国家标准的螺纹（如方牙螺纹）称为非标准螺纹。

工程中使用的螺纹绝大多数是标准螺纹。

三、螺纹的画法

螺纹不按其真实形状投射作图，而是采用规定画法绘制，以简化作图。

1. 外螺纹画法

① 外螺纹的牙顶和螺纹终止线用粗实线表示；牙底用细实线表示。与轴线平行的投影面上视图中表示牙底的细实线应画入倒角内或倒圆内，如图 6-6(a)、(b) 所示。

② 垂直于螺纹轴线的视图，表示牙底的细实线圆只画约 3/4 圈，螺杆的倒角圆省略不画，如图 6-6(a)、(b) 所表示。

③ 螺纹收尾一般省略不画，若需要表示，尾部的牙底线用与轴线成 30°角的细实线绘制。

④ 当螺纹被剖切时，其剖视图和断面图的画法如图 6-6(c) 所示。其剖面线应画到大径的实线，螺纹终止线仍画实线。

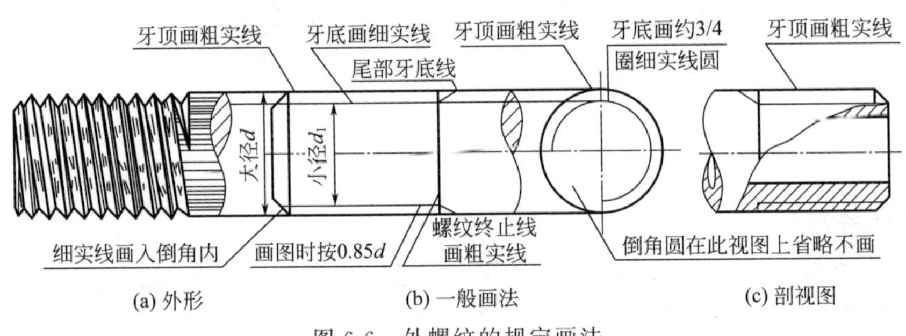

图 6-6 外螺纹的规定画法

2. 内螺纹画法

① 内螺纹通常采用剖视画法，牙顶和螺纹终止线用粗实线表示，牙底用细实线表示，剖面线应画到小径粗实线，见图 6-7(a)。

② 垂直于螺纹轴线的视图，表示牙底的细实线圆只画约 3/4 圈，孔口倒角圆省略不画。

③ 不可见螺纹的所有图线用虚线绘制，如图 6-7(c) 所示。

④ 绘画不通孔的内螺纹，一般把钻孔深度与螺纹部分深度分别画出，底部由钻头形成的锥顶角，按 120°画出，如图 6-7(b) 所示。

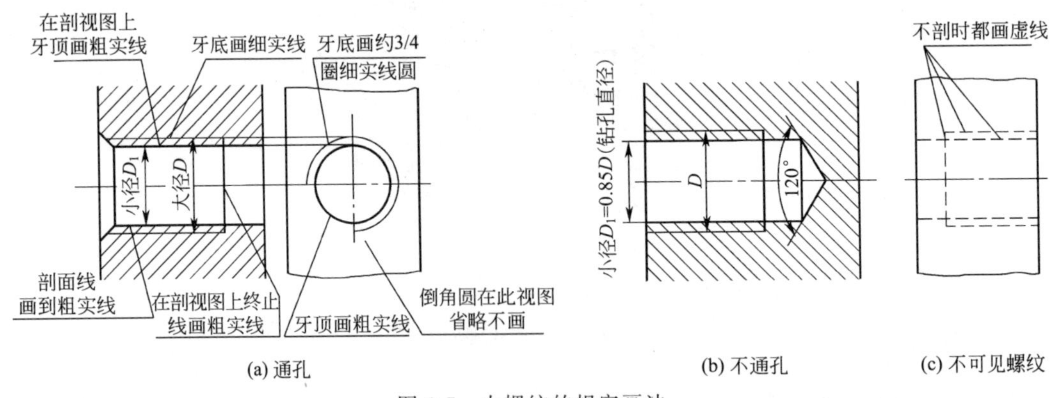

图 6-7 内螺纹的规定画法

3. 螺纹连接画法

螺纹连接画法如图 6-8 所示。画内外螺纹连接时，一般采用剖视图。旋合部分按外螺纹绘制，未旋合部分按各自规定绘制，同时应注意表示内、外螺纹牙顶和牙底的粗、细实线应对齐。

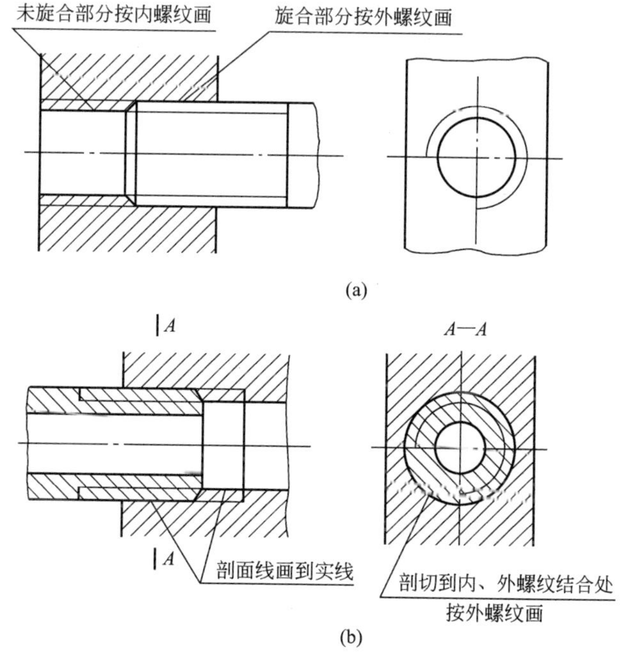

图 6-8　螺纹连接的画法

4. 螺纹牙型的表示法

标准螺纹一般不画牙型，当需要表示时，按图 6-9(a)、(b) 所示画法绘制。非标准螺纹需要画出牙型，可用局部剖视图或局部放大图，如图 6-9(c) 所示。

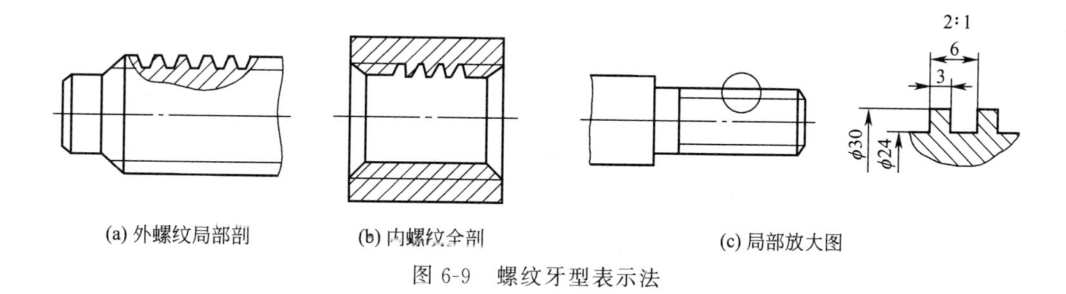

图 6-9　螺纹牙型表示法

5. 圆锥螺纹的画法

圆锥螺纹与轴线垂直投影面的视图中，只画可见端（大端或小端）的牙底圆，用约 3/4 圈细实线画出，如图 6-10 所示。

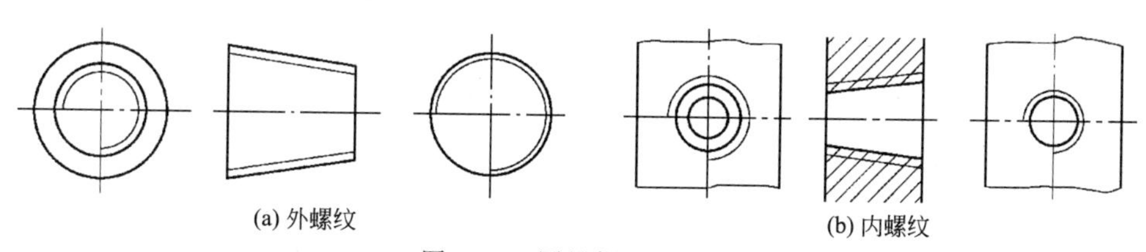

图 6-10　圆锥螺纹的画法

四、常用螺纹的标记及标注

由于螺纹规定画法不能表示螺纹的种类和要素，因此在已绘制螺纹图样上必须按国家标准所规定的格式进行标注。

1. 普通螺纹标记

普通螺纹有粗牙和细牙之分，在相同螺纹公称直径（大径）下，细牙普通螺纹的螺距比粗牙普通螺纹螺距小。

普通螺纹标记格式规定如下：

螺纹特征代号：公称直径×螺距—公差带代号—旋和长度代号

例如：

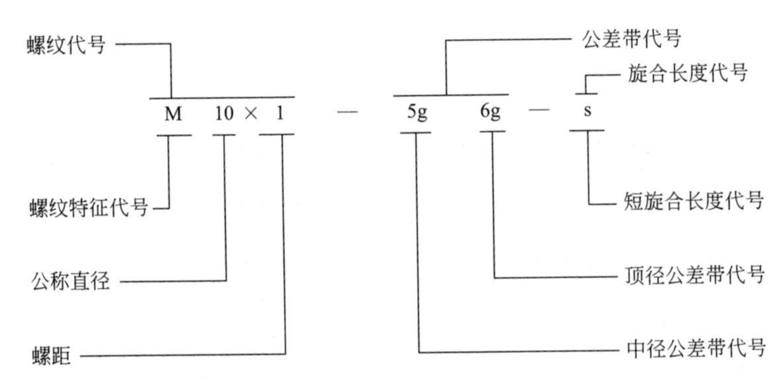

① 普通螺纹粗牙或细牙的特征代号用“M”表示；公称直径指螺纹大径的基本尺寸；螺距有粗牙和细牙两种，对粗牙不必标注，细牙必须标注螺距。

② 右旋螺纹不标注，左旋螺纹应注写“LH”。

③ 螺纹公差带代号由中径、顶径的公差带（数字表示公差带等级，字母为基本偏差代号），如果中径与顶径公差带代号相同，则只注写一个代号。

④ 普通螺纹的旋合长度规定为短（S）、中（N）、长（L）三组，中等旋合长度（N）不必标注。

2. 管螺纹标记内容和格式

① 55°非密封管螺纹的特征代号为“G”。55°密封管螺纹的圆锥内螺纹用“Rc”表示；圆柱内螺纹用“Rp”表示，圆锥外螺纹用“R”表示。

例如：

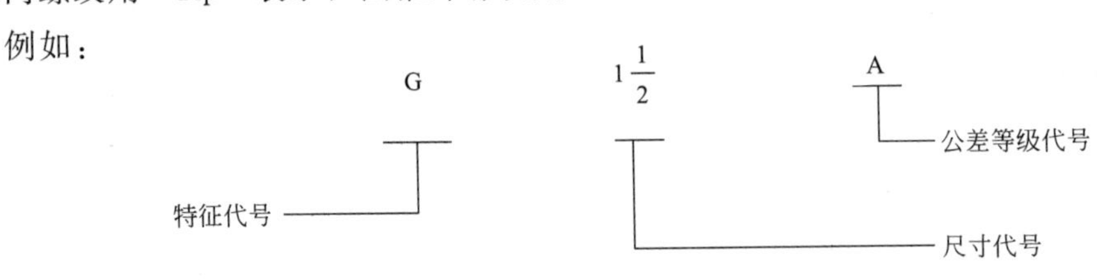

② 尺寸代号不是指螺纹的大径尺寸，其数值与管子的孔径相近，尺寸单位是英寸。

③ 公差等级代号：55°非密封管螺纹分 A、B 级，需要标注，其余管螺纹公差等级只有一种，省略标注。

④ 60°圆锥管螺纹的特征代号为“NPT”。

3. 梯形和锯齿形螺纹

梯形和锯齿形标注格式与普通螺纹标注格式相同，应注意如下几点：

① 梯形螺纹特征代号用“Tr”表示，锯齿形螺纹特征代号用“B”表示。单线螺纹只标注螺距，多线螺纹需标注导程和螺距。

② 两种螺纹只注中径公差带。

③ 旋合长度只分中（N）和长（L）两种，中等旋合长度“N”省略标注。

五、常用标准螺纹的标注和识读

常用标准螺纹的标注和识读见表 6-1。

表 6-1　常用标准螺纹的标注和识读

螺纹类别		特征代号	牙　型	标注示例	说　明
普通螺纹	粗牙	M	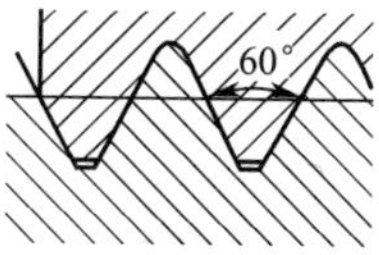 60°	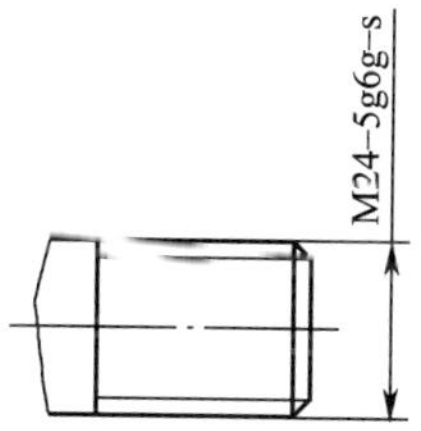 M24-5g6g-s	表示公称直径为 24mm 的右旋粗牙普通外螺纹，中径公差带代号为 5g，顶径公差带代号为 6g 可省略标注，短旋合长度
	细牙			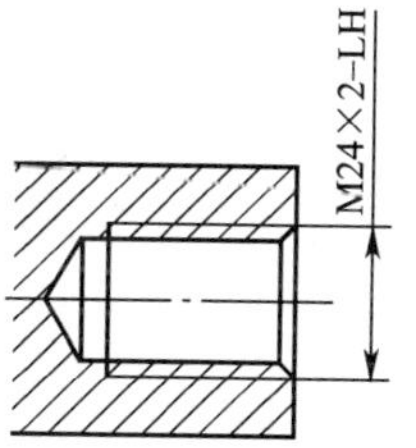 M24×2-LH	表示公称直径为 24mm，螺距为 2mm 的细牙普通内螺纹，中径、顶径公差带代号为 LH 省略标注，左旋，中等旋合长度
梯形螺纹		Tr	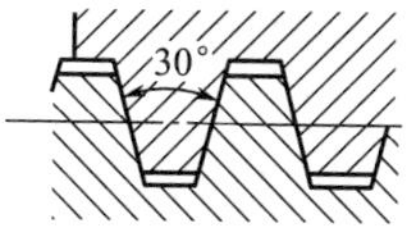 30°	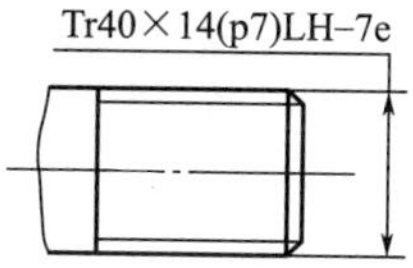 Tr40×14(p7)LH-7e	表示梯形螺纹，公称直径为 40mm，导程为 14mm，螺距为 7mm 的双线、左旋梯形，中径公差带代号为 7e，旋合长度属中等一组
锯齿形螺纹		B	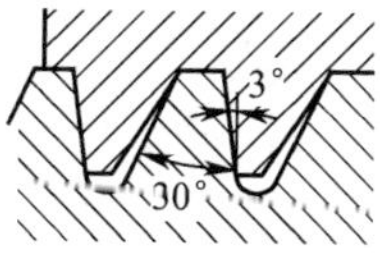 3° 30°	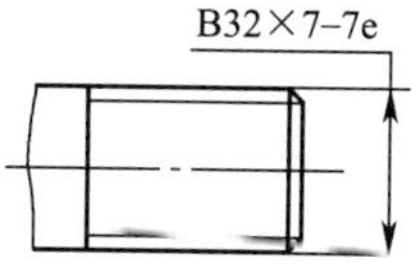 B32×7-7e	表示锯齿形螺纹，公称直径为 32mm，螺距为 7mm，单线螺纹，右旋，中径公差带代号为 7e，旋合长度属中等一组
55°密封管螺纹		R_1 或 R_2	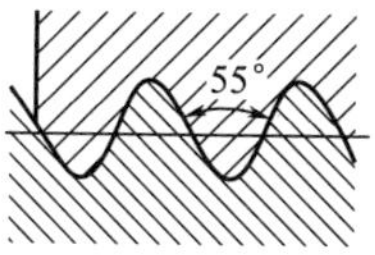 55°	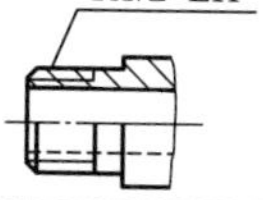 R1/2-LH	表示尺寸代号为 1/2，55°密封管螺纹，左旋的与圆柱内螺纹 R_p 配合的圆锥外螺纹 R_1
		R_p		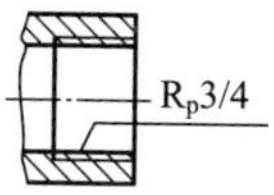 R_p3/4	表示尺寸代号为 3/4，55°密封管螺纹为圆柱内螺纹
		R_c		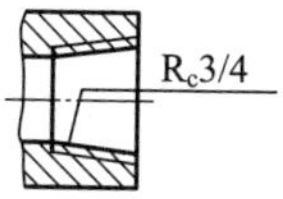 R_c3/4	表示尺寸代号为 3/4，55°密封管螺纹为圆锥内螺纹

续表

螺纹类别	特征代号	牙　　型	标注示例	说　　明
55°非密封管螺纹	G	55°	G3/4B G3/4	表示尺寸代号为3/4，55°非密封管螺纹的圆柱内螺纹及B级圆柱外螺纹
60°圆锥管螺纹	NPT	60°	NPT3/4 NPT3/4	表示尺寸代号为3/4，牙型为60°的圆锥管螺纹

普通螺纹、梯形螺纹、锯齿形螺纹尺寸单位用mm，其标记直接标注在大径尺寸线或引出线上；管螺纹尺寸单位用in（英寸），其标记直接标注在大径线引出线的水平折线上。

第二节　螺纹紧固件

常用螺纹紧固件如图6-11所示。

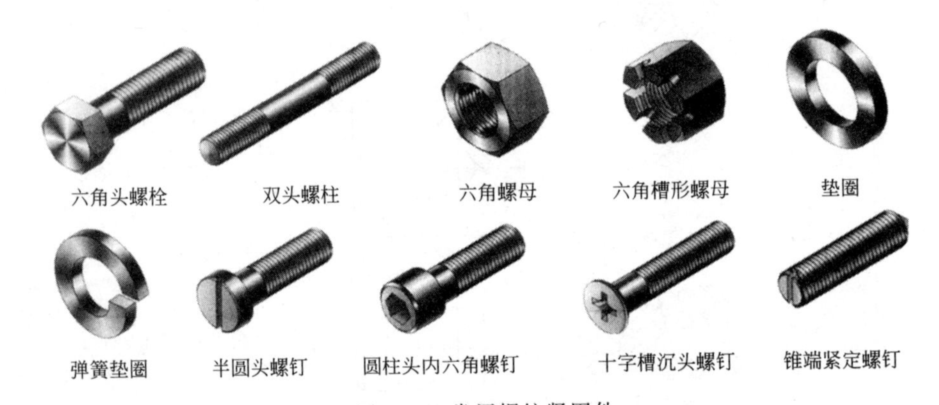

图6-11　常用螺纹紧固件

螺纹紧固件是标准件，其结构和尺寸已标准化，只要根据螺纹紧固件的规定标记，便能在相应标准查得其结构尺寸，一般不必画出它们的零件图。

一、常用螺纹紧固件及其标记

常用螺纹紧固件的标记示例见表6-2。

表6-2　常用的螺纹紧固件标记示例

名　　称	图　　例	标记及说明
六角头螺栓	L d	螺栓　GB/T 5782　M12×50 螺纹规格 d＝M12mm，公称长度 L＝50mm，性能等级为8.8级，表面氧化，A级的六角头螺栓

续表

名　称	图　例	标记及说明
双头螺柱		螺柱　GB/T 898　M12×50 两端均是粗牙普通螺纹，d＝M12，L＝50mm，b_{m}＝1.25d，性能等级为 4.8，不经表面处理，B 型双头螺柱
螺母		螺母　GB/T 6170　M16 螺纹规格 D＝M16mm，A 级的 1 型的六角螺母性能等级为 10 级，不经表面处理
平垫圈		垫圈　GB/T 97.1　12 公称规格 d＝12mm(与 M12 的螺栓配用)，不倒角，硬度等级为 140HV，不经表面处理的平垫圈
弹簧垫圈		垫圈　GB/T 93　12 规格 12mm，材料 65mm 表面气化的标准型弹簧垫圈
开槽沉头螺钉		螺钉　GB/T 68—2000 M10×45 规格 d＝M10mm，公称长度 L＝45mm，性能等级为 4.8 级，不经表面处理的开槽沉头螺钉

二、螺纹紧固件的画法

图 6-12 所示为螺栓、螺母和垫圈的比例近似画法。

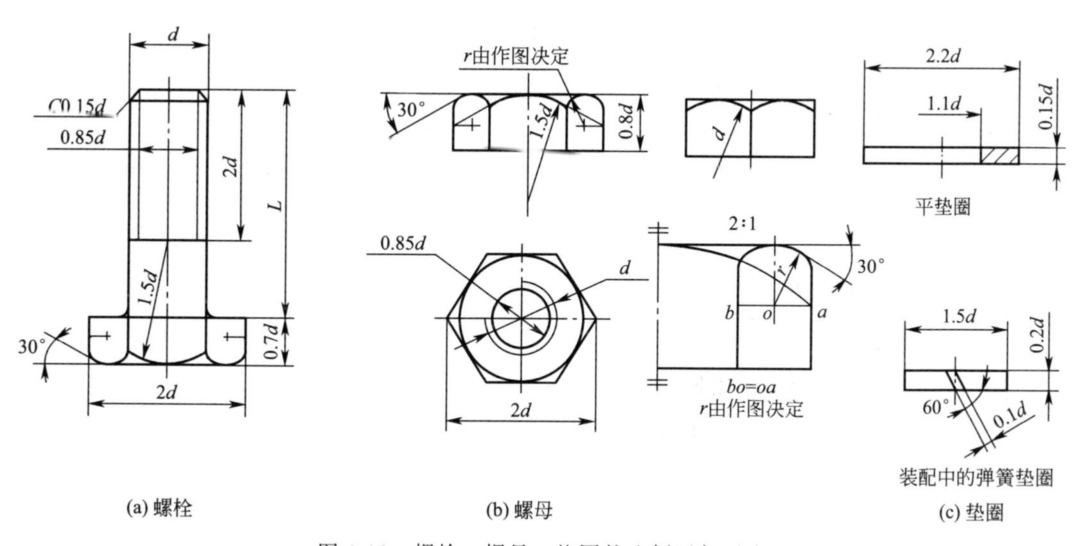

图 6-12　螺栓、螺母、垫圈的比例近似画法

螺栓头部及螺母因倒角 30°，在各侧面产生截交线，这些交线的投影用圆弧近似画出，如图 6-12(a)、(b) 所示。

图 6-13 所示为螺钉头部的比例画法。

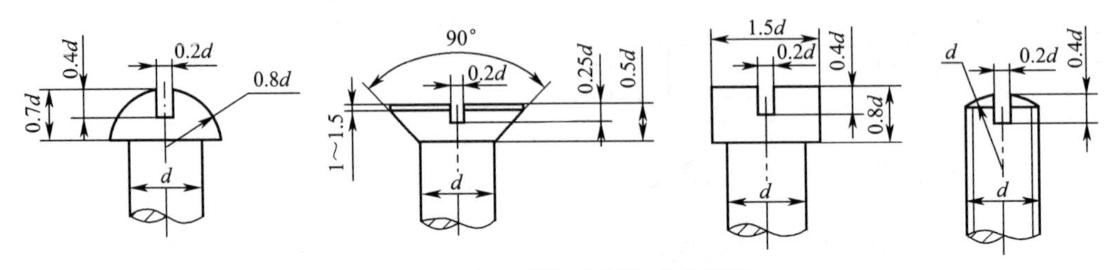

图 6-13　常用螺钉头部的比例画法

在装配图中的螺纹紧固件简化画法见表 6-3。

表 6-3　在装配图中螺纹紧固件的简化画法

名　　称	简 化 画 法	名　　称	简 化 画 法
六角头螺栓		半沉头十字槽螺钉	
圆柱头内六角螺钉		六角螺母	
半沉头开槽螺钉		无头内六角螺钉	
盘头开槽螺钉		方头螺栓	
沉头开槽螺钉		盘头十字槽螺钉	
圆柱头开槽螺钉		方头螺母	
沉头十字槽螺钉		无头开槽螺钉	

三、螺纹紧固件连接的画法

1. 螺栓连接画法

螺栓连接用于连接两个不太厚的零件。被连接两零件必须先加工出通孔，连接时把螺栓穿入两个被连接零件的内孔中套上垫圈，拧上螺母，如图 6-14(a)、(b) 所示。图 6-14(c) 所示为螺栓连接图按比例的简化画法。

画螺栓连接图时，应遵循下列基本规定。

① 被连接两个零件上的孔径比螺栓直径大，两表面不接触，图中应画出两条轮廓线，

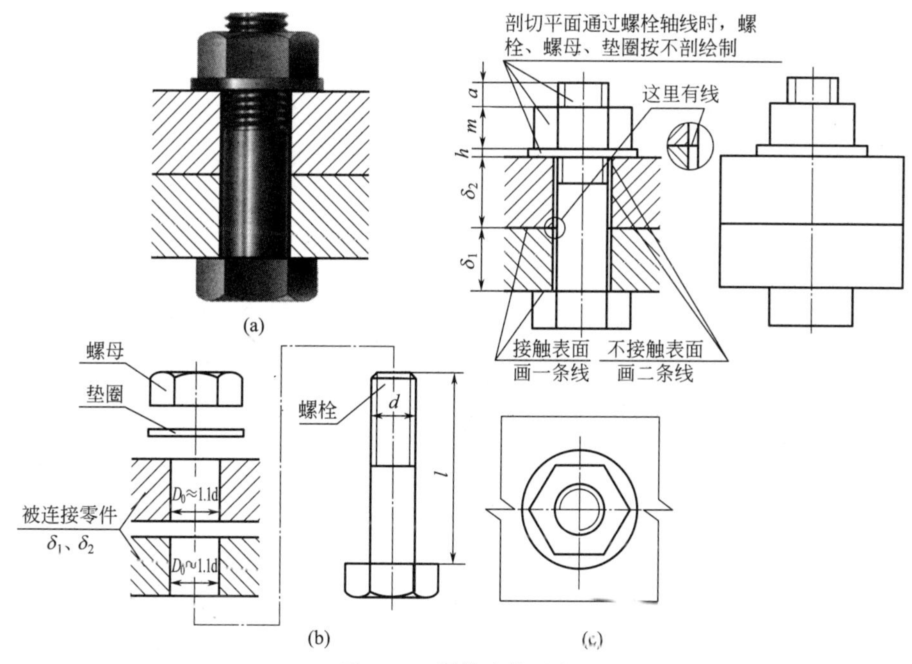

图 6-14　螺栓连接画法

以示存在间隙；两个被连接零件的接触面只画一条轮廓线，也不要特意加粗。

② 剖切平面通过螺栓、螺母、垫圈等标准件的轴线时，按不剖画出，只画其外形。螺母、螺栓头部及螺纹的倒角交线省略不画，按简化画法绘制。

③ 在同一剖视图中，被连接相邻两零件的剖面线方向应相反。但同一零件在不同剖视图中的剖面线方向和间距应相同。

④ 螺栓的螺纹终止线应低于垫圈的底面，以示拧紧螺母还有足够螺纹长度。

2. 螺柱连接画法

当被连接件之一较厚，不便加工出通孔时，或为使拆卸时不必拧出螺柱，保护被连接件上的螺孔，常采用螺柱连接，如图 6-15(a)、(b) 所示。图 6-15(c)、(d)、(e) 所示为螺柱

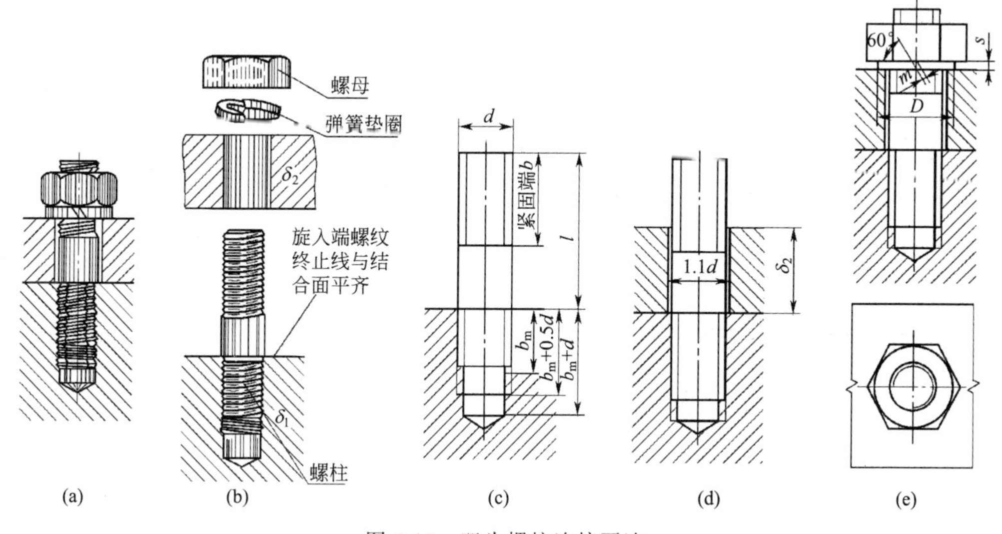

图 6-15　双头螺柱连接画法

连接图按比例的简化画法。

3. 螺钉连接画法

螺钉连接不需要螺母，通常用于受力不大、不经常拆卸的场合。螺钉连接图画法除头部（头部画法见图 6-13）不同外，其他部分与螺柱连接画法相似。图 6-16(a) 所示为开槽沉头螺钉连接图的比例近似画法。

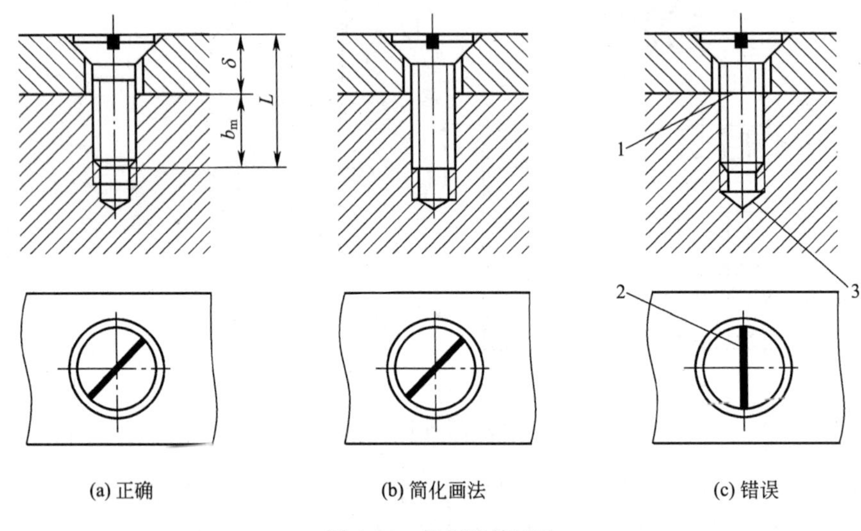

(a) 正确　(b) 简化画法　(c) 错误

图 6-16　螺钉连接画法

画螺钉连接图时应注意：

① 螺纹终止线必须超出两个被连接件的结合面。

② 具有槽沟的螺钉头部，在与轴线平行的视图上槽沟放正，而在与轴线垂直的视图上画成与水平倾斜 45°角，槽宽约 $0.2d$，可以涂黑表示。

紧定螺钉常用来限制两零件的相对运动。紧定螺钉分为柱端、锥端和平端三种，图 6-17 所示为锥端紧定螺钉连接图的画法。

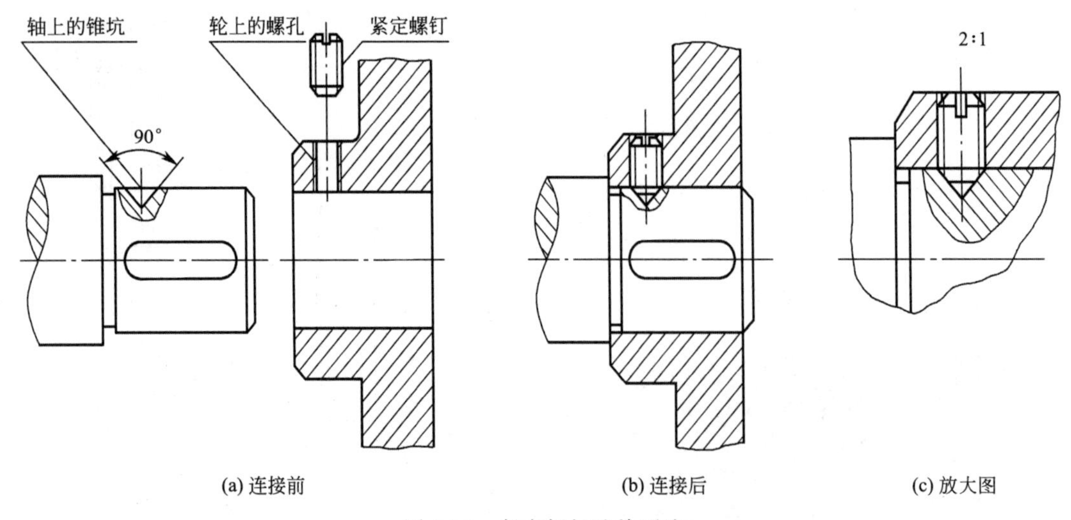

(a) 连接前　(b) 连接后　(c) 放大图

图 6-17　紧定螺钉连接画法

第三节　键、销

一、键

键通常用来连接轴和轮等，如图 6-18 所示。键的种类很多，常用的是普通平键、半圆键、钩头楔键三种，其中普通平键应用最广。画图时，根据连接处的轴径在有关标准中查得相应的结构、尺寸和标记，其标注如表 6-4 所示。

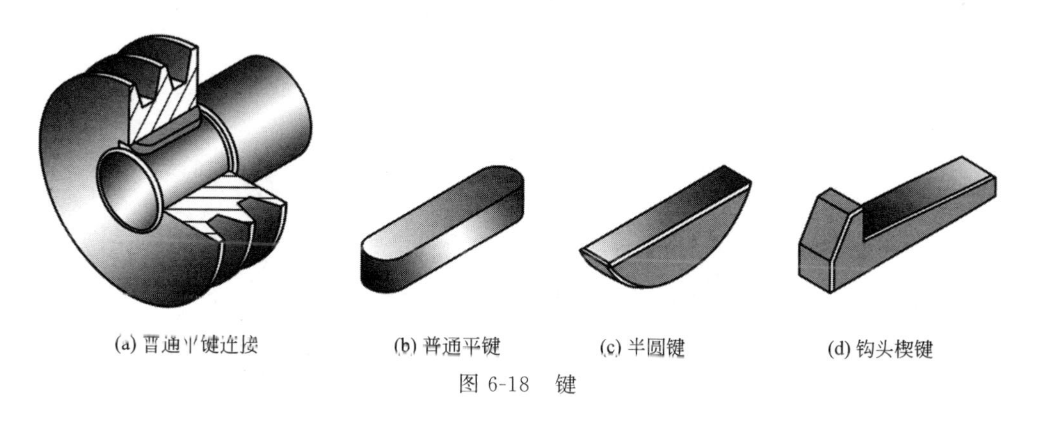

(a) 普通平键连接　　(b) 普通平键　　(c) 半圆键　　(d) 钩头楔键

图 6-18　键

表 6-4　常用键的形式、画法和标记

名称	标准号	图　例	标　记
普通平键	GB/T1096—2003	注：普通平键有A、B、C型之分，对A型省略标注	GB/T 1096　键 16×10×100 圆头 A 型平键，$b=16$mm，$h=10$mm，$L=100$mm GB/T 1096　键 B18×11×100 平头 B 型平键，$b=18$mm，$h=11$mm，$L=100$mm
半圆键	GB/T1099—2003		GB/T 1099.1　键 6×10×25 半圆键，$b=6$mm，$h=10$mm，$d_1=25$mm
钩头楔键	GB/T1565—2003		GB/T 1565　键 10×100 钩头楔键，$b=18$mm，$h=11$mm，$L=100$mm

键槽的加工见图 6-19，图 6-20 所示为键槽的画法和尺寸标注。

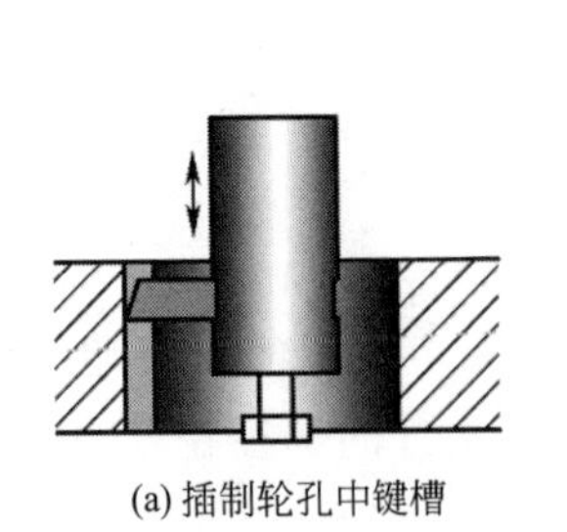

(a) 插制轮孔中键槽　(b) 铣削轴上平键槽　(c) 铣削轴上半圆键键槽

图 6-19　轮、轴上键槽的加工

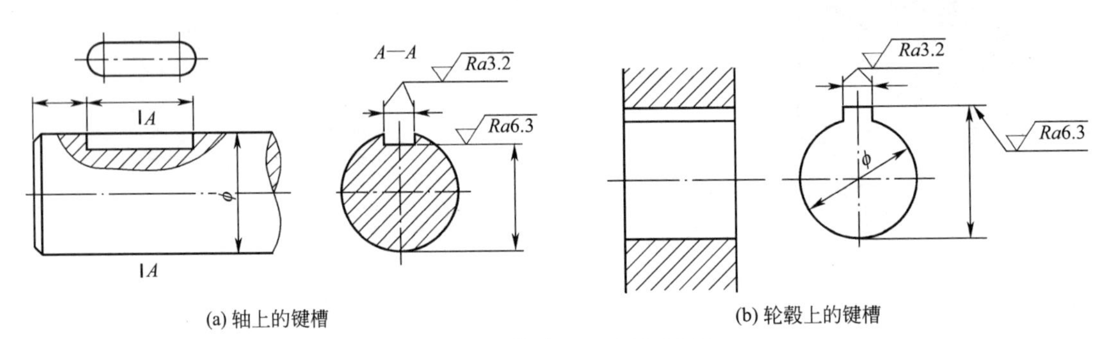

(a) 轴上的键槽　(b) 轮毂上的键槽

图 6-20　键槽的画法和尺寸标注

键连接画法见表 6-5。

表 6-5　键连接画法

名　　称	连接画法及尺寸代号	说　　明
普通平键	b, h, $d+t_1$, $d-t$, d	(1)平键两侧面与键槽两侧面紧密接触，传递扭矩，只画一条线 (2)键顶面和槽顶不接触，应画成间隙 (3)若剖切平面通过键的纵向对称面，键按不剖绘画；若为横向剖切键的断面，应画剖面线
半圆键	b, h, d_1, $d+t_1$, $d-t$, d	半圆键和平键连接图画法类同。键和键槽侧面接触只画一条线，键顶面和槽顶应画间隙
钩头楔键	h, b, $d-t$, $d+t_1$, d	(1)钩头楔键的顶面为 1∶100 的斜度，其顶面和底面与键槽的顶面和底面接触，传递力矩。所以只画一条线 (2)键与键槽的两侧不接触，画成间隙

图 6-21 所示为花键轴和花键孔的画法与标记。花键按齿形可分为矩形花键、梯形花键及渐开线花键等，其中矩形花键应用最普通，它的结构和尺寸都已标准化。

矩形外花键的画法：主视图（轴线水平放置）大径画粗实线，小径画细实线；工作长度的终止线和尾部长度末端画细实线，在垂直于轴的断面图画出一部分或全部齿形，如图 6-21（a）所示。

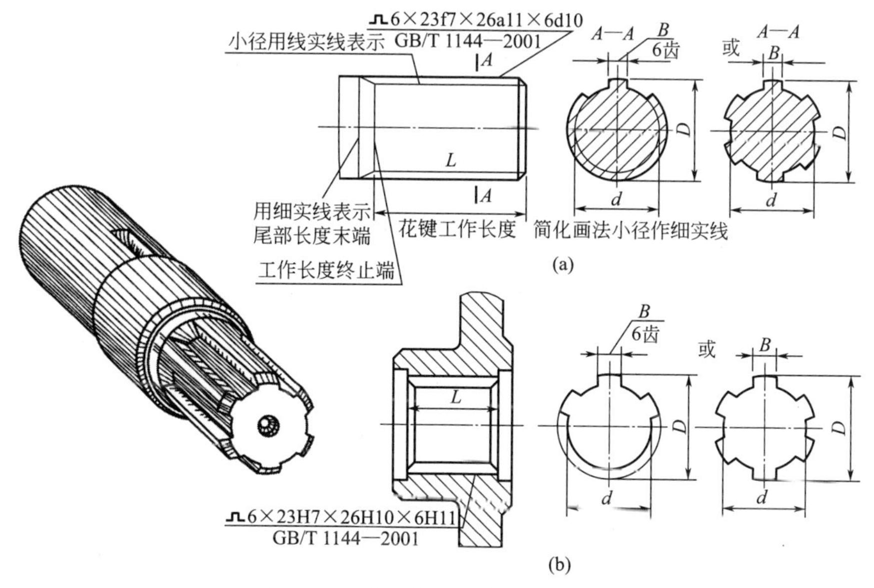

图 6-21　花键轴与花键孔的画法及标注

矩形内花键的画法：在与内花键轴线平行的投影面的剖视图上，大径和小径均画粗实线，齿按不剖绘制，如图 6-21(b) 所示。

在连接图中，花键用剖视图表示，其连接部分按花键轴绘画，如图 6-22 所示。

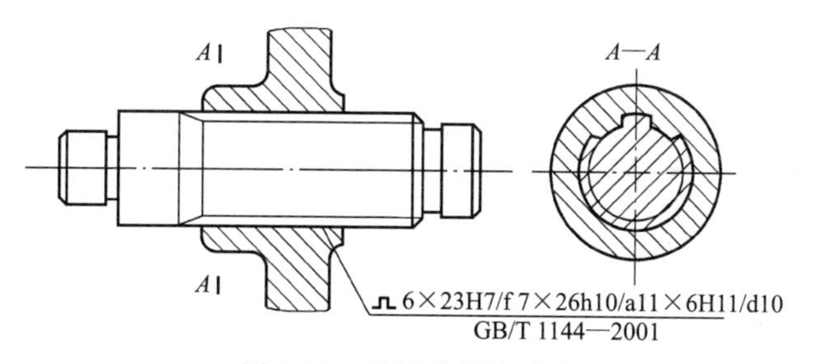

图 6-22　花键连接的画法

二、销

销常用于机器零件之间的定位，也可用于连接及锁紧。常用的销有圆柱销、圆锥销和开口销，如图 6-23 所示。

(a) 圆柱销　(b) 圆锥销　(c) 开口销

图 6-23　销

销是标准件，其类型和尺寸可从标准中查得。表 6-6 中列举了三种销的标记示例。

表 6-6　销的标记

名　　称	标　准　号	图　　例	标记示例
圆柱销	GB/T 119.1—2000	15°　C　C　d　l	销 GB/T 119.1—2000　8m7×30 公称直径 d = 8mm，公称长度 l = 30mm，公差为 m7，材料为钢，不经淬火，不经表面处理的圆柱销
圆锥销	GB/T 117—2000	A型（磨削）　1:50　d　r_1　r_2　a　a　l B型（车削或冷镦） $r_1 \approx d$、$r_2 \approx \frac{a}{2}+d+\frac{(0.02l)^2}{8a}$	GB117—2000　10×70（圆锥销的公称直径是指小端直径） 公称直径 d = 10mm，公称长度 l = 70mm，材料为 35 钢，热处理硬度 28～38HRC，表面氧化处理的 A 型圆锥销
开口销	GB/T T91—2000	b　l　a　c　d	销 GB/T 91—2000　5×50 公称直径 d = 5mm，长度 l = 50mm，材料为 Q215HU 或 Q235，不经表面处理的开口销

销与销孔装配要求较高，销孔一般是把零件装配后一起加工出的。图 6-24 所示为圆锥销孔的尺寸标注，销孔公称直径是指小端直径。图 6-25 所示为销连接画法。

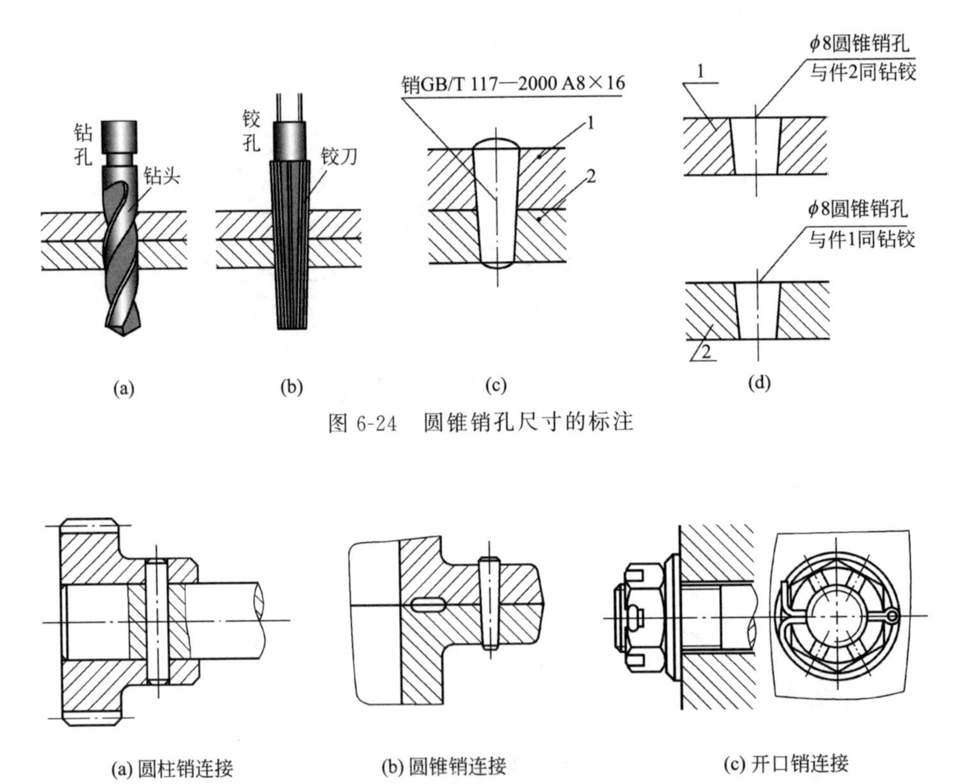

图 6-24　圆锥销孔尺寸的标注

图 6-25　销连接画法

第四节 齿轮

齿轮传动形式分为圆柱齿轮、圆锥齿轮、蜗杆蜗轮传动，见图 6-26。

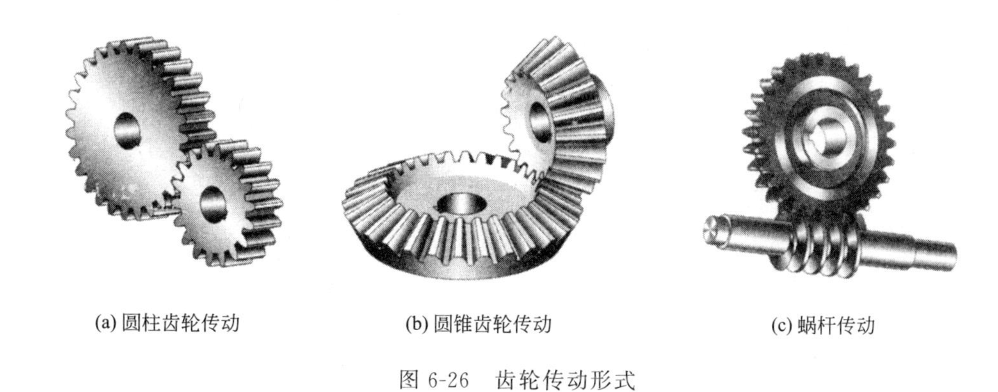

(a) 圆柱齿轮传动　(b) 圆锥齿轮传动　(c) 蜗杆传动

图 6-26 齿轮传动形式

一、直齿圆柱齿轮

圆柱齿轮有直齿、斜齿、人字齿等，如图 6-27 所示。其中常用的是直齿圆柱齿轮（简称直齿轮）。常见轮齿的齿廓曲线为渐开线。

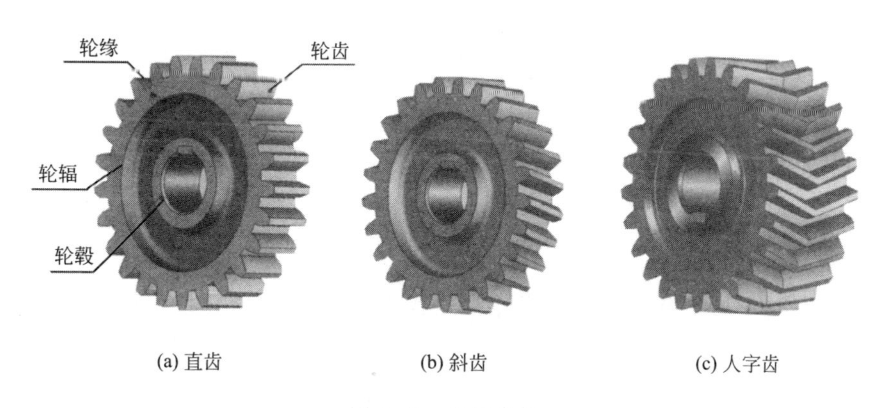

(a) 直齿　(b) 斜齿　(c) 人字齿

图 6-27 圆柱齿轮

1. 直齿圆柱齿轮

单个齿轮上有三种圆，见图 6-28。通过齿轮齿顶的圆称为齿顶圆；通过齿轮齿槽根部的圆称为齿根圆；假想介于齿顶和齿根之间，并用它作为齿轮轮齿分度的圆，称为分度圆，分度圆是设计、制造齿轮时进行尺寸计算的基准圆。

① 齿高：齿顶高—齿顶圆到分度圆的径向距离；齿根高—分度圆到齿根圆的径向距离；全齿高—齿顶圆到齿根圆的径向距离。

② 齿距：在分度圆上相邻的两个齿廓对应点之间的圆弧长称为齿距，若是标准齿轮，分度圆上的齿厚 s 与齿槽宽 e 近似相等，即 $s \approx e = p/2$。

③ 模数：当齿轮齿数为 z 时，分度圆圆周周长为 $\pi d = pz$，因此分度圆直径为 $d = \frac{p}{\pi} z$。

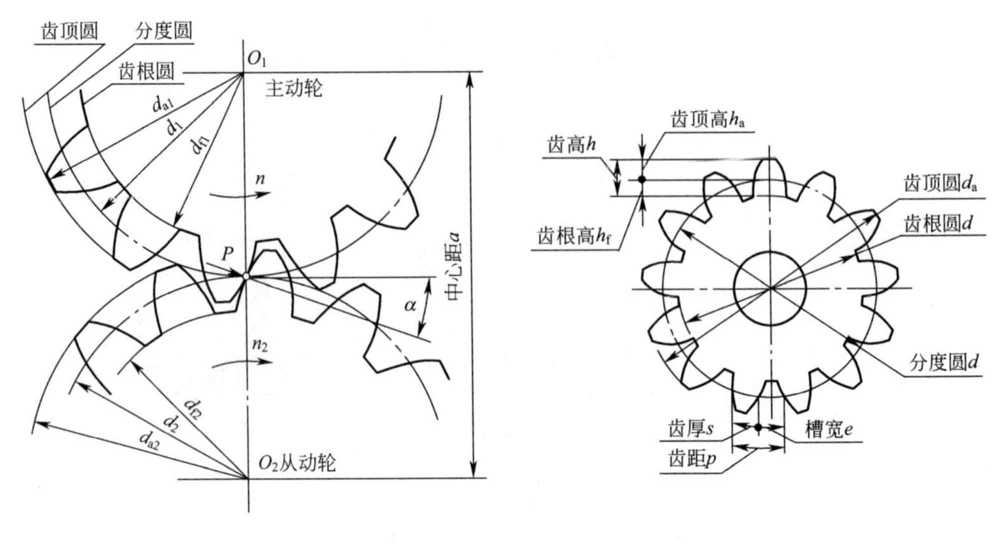

图 6-28　齿轮各部分名称与代号

把齿距 p 与圆周率 π 之比称为齿轮模数，"m"为模数代号，尺寸单位为 mm。模数是决定齿轮大小和齿轮承载能力的主要因素，是齿轮设计、加工（选刀具）的基本参数。

为了便于设计和制造，国家标准对模数规定了标准数值，见表 6-7。

表 6-7　模数的标准系列（GB/T 1357—2008）

第一系列	1　1.25　1.5　2　2.5　3　4　5　6　8 10　12　16　20　25　32　40　50
第二系列	1.125　1.375　1.75　2.25　2.75　3.5　4.5　5.5　(6.5)　7 9　11　14　18　22　28　36　45

注：选用圆柱齿轮模数时，应优先选用第一系列，其次第Ⅱ系列，避免采用括号内的模数。

④ 节圆：一对互相啮合的渐开线齿轮，两齿轮的齿廓在两中心线 O_1O_2 上的啮合接触点 P 称为节点，过节点的两个相切的圆称为节圆，其直径用"d"表示。

一对正确安装的标准齿轮，其节圆与分度圆正好重合。单个齿轮不存在节圆。

⑤ 压力角：一对啮合齿轮，在接触点 P 处的受力方向（齿廓曲线公法线）与瞬时运动方向（两节圆内公切线）之间的夹角称为压力角，用"α"表示。标准压力角为 20°。

⑥ 中心距：两啮合齿轮轴线之间的距离称中心距，用"a"表示。

直齿圆柱齿轮各部分尺寸计算公式见表 6-8。

表 6-8　直齿圆柱齿轮各部分尺寸计算公式

名　称	代　号	计算公式	说　明
齿数	z	根据设计要求或测绘而定	z、m 是齿轮的基本参数，设计计算时，先确定 m、z，然后得出其他各部分尺寸
模数	m	$m=d/z$。根据强度计算或测绘而得	
分度圆直径	d	$d=mz$	
齿顶圆直径	d_a	$d_a=d+2h_a=m(z+2)$	齿顶高 $h_a=m$

续表

名　　称	代　　号	计算公式	说　　明
齿根圆直径	d_f	$d_f=d-2h_f=m(z-2.5)$	齿根高 $h_f=1.25m$
齿宽	b	$b=2p\sim3p$	齿距 $p=\pi m$
中心距	a	$a=\dfrac{d_1+d_2}{2}=\dfrac{m}{2}(z_1+z_2)$	

2. 圆柱齿轮的画法

齿顶圆和齿顶线画粗实线；分度圆和分度线画点画线；齿根圆和齿根线画细实线，也可省略，如图 6-29(a) 所示。

当剖切面通过齿轮轴线时，剖视图上的轮齿部分不画剖面线，齿根线画粗实线，如图 6-29(b) 所示。

斜齿、人字齿轮在非圆外形视图上用三根与齿线方向相一致的细实线表示，如图 6-29(c)、(d) 所示。

圆柱齿轮啮合的规定画法见图 6-30。

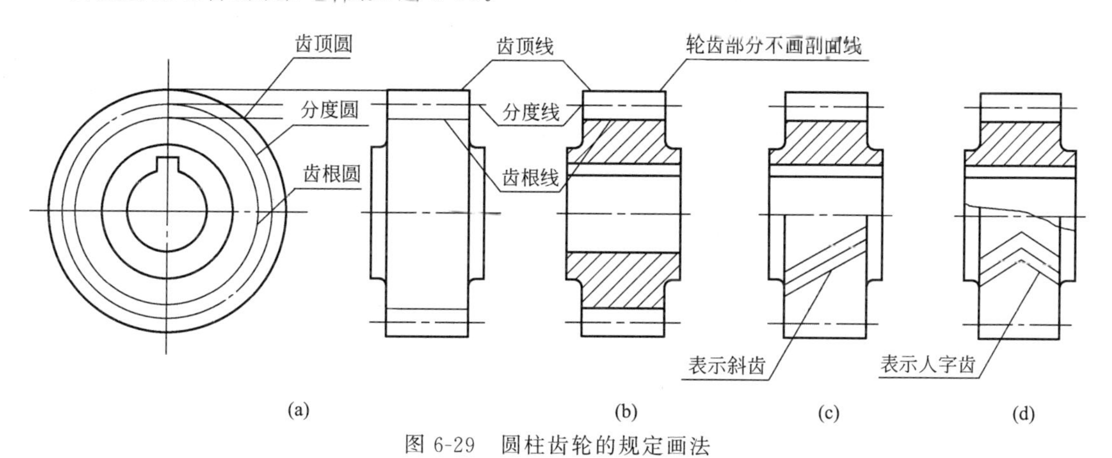

图 6-29　圆柱齿轮的规定画法

啮合区内齿
顶圆画粗实线

剖视图中啮合区内一个齿轮的齿顶线画细虚线

啮合区内齿顶圆省略不画

重合的节线画粗实线

(a) 规定画法　(b) 省略画法　(c) 外形视图(直齿)　(d) 外形视图(斜齿)

图 6-30　圆柱齿轮啮合的规定画法

单个齿轮一般用主、左两个视图，主视图中齿轮轴线水平放置，左视图也可采用局部视图，表示圆孔上的键槽，如图 6-31 所示。

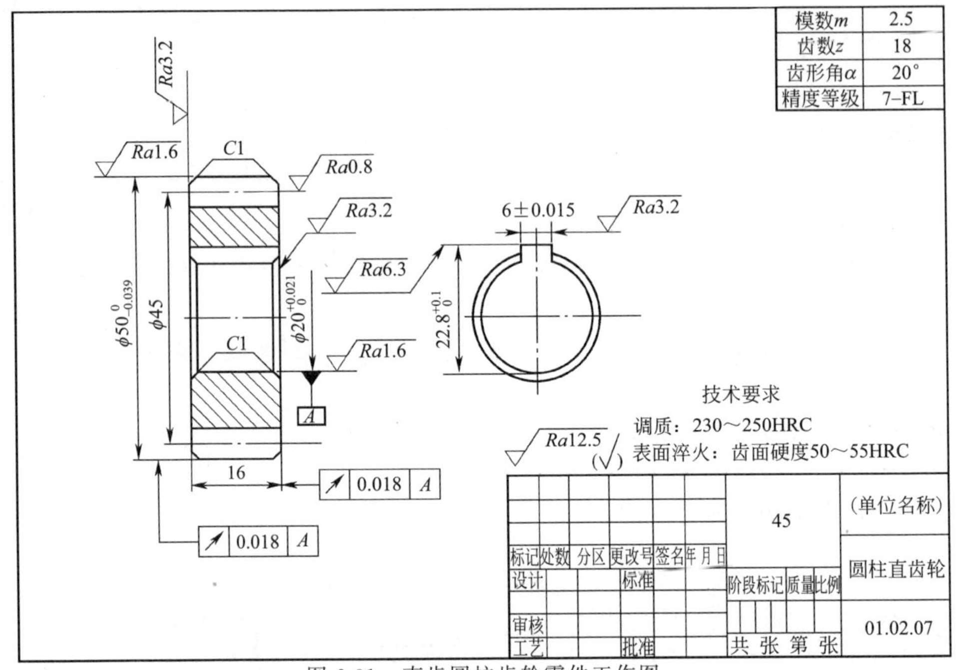

图 6-31　直齿圆柱齿轮零件工作图

二、锥齿轮

1. 直齿锥齿轮各部分名称

锥齿轮的轮齿是在圆锥面上加工出的，因此轮齿齿形沿着圆锥素线方向大小不同，所以其模数、齿高、齿厚也随之变化。为了设计、制造方便，规定以大端参数为准。

直齿锥齿轮的各部分名称、代号及尺寸关系如图 6-32 和表 6-9 所示。

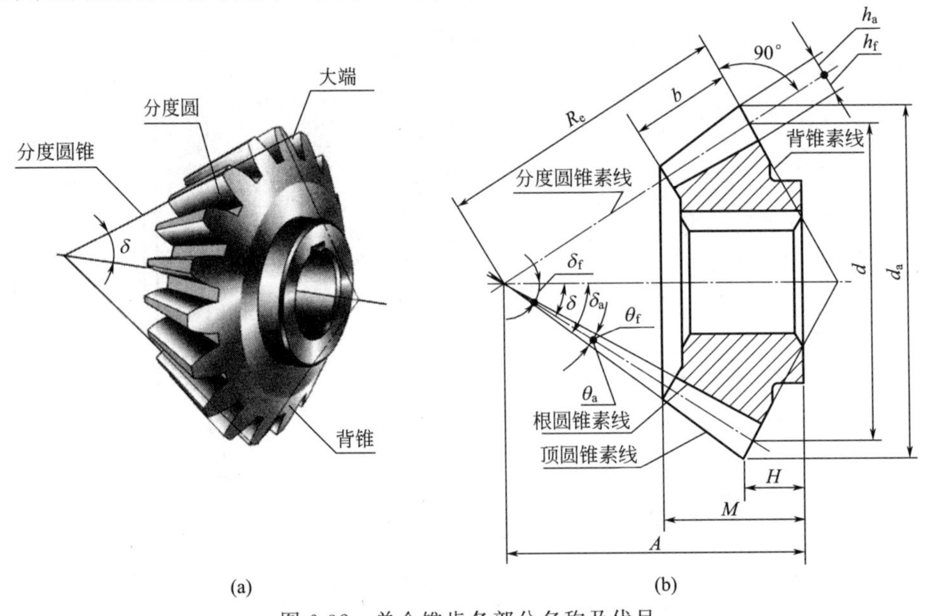

图 6-32　单个锥齿各部分名称及代号

表 6-9　锥齿轮各部分名称、代号及尺寸关系

名　　称	代　　号	计算公式	名　　称	代　　号	计算公式
齿顶高	h_a	$h_a=m$	锥距	R_e	$R_e=mz/(2\sin\delta)$
齿根高	h_f	$h_f=1.2m$	齿顶角	θ_a	$\theta_a=\arctan[(2\sin\delta)/z]$
分度圆角度	δ	$\delta_1=\arctan(z_1/z_2)$	齿根角	θ_f	$\theta_f=\arctan(2.4\sin\delta/z)$
		$\delta_2=\arctan(z_2/z_1)$	安装距	A	由结构确定
大端分度圆直径	d	$d=mz$	齿宽	b	$b\leqslant R_e/3$
齿顶圆直径	d_a	$d_a=m(z+2\cos\delta)$	轮冠距	H	设计而定
齿根圆直径	d_f	$d_f=m(z-2.4\cos\delta)$			

2. 锥齿轮的规定画法

(1) 单个锥齿轮的画法

锥齿轮的主视图一般取剖视，轴线水平放置，轮齿按不剖处理。左视图用粗实线画出大端和小端的顶圆；用点画线画出大端分度图；大、小端根圆及小端分度圆均不画出。轮齿其余部分的结构按投影绘制。单个锥齿轮作图步骤如图 6-33 所示。

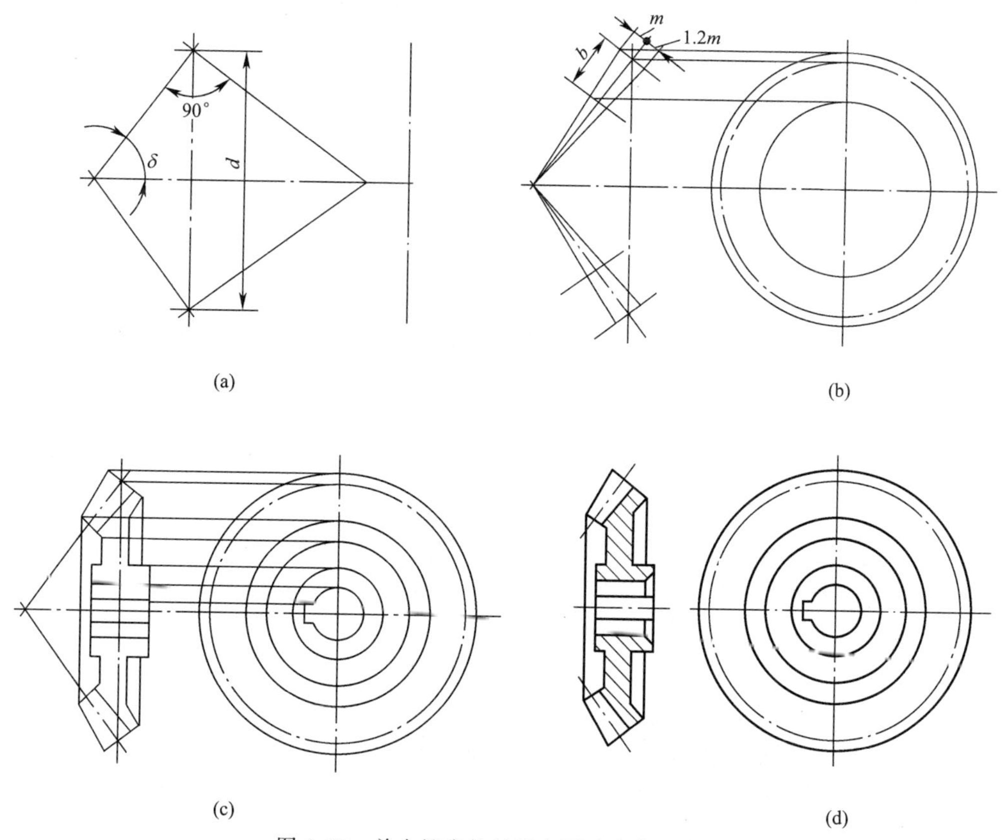

图 6-33　单个锥齿轮的规定画法和作图步骤

(2) 两锥齿轮啮合的画法

一对啮合的锥齿轮，其模数相等，节锥相切。在一般情况下节锥顶点相交于一点，轴线垂直相交。锥齿轮啮合的画法和作图步骤如图 6-34 所示。

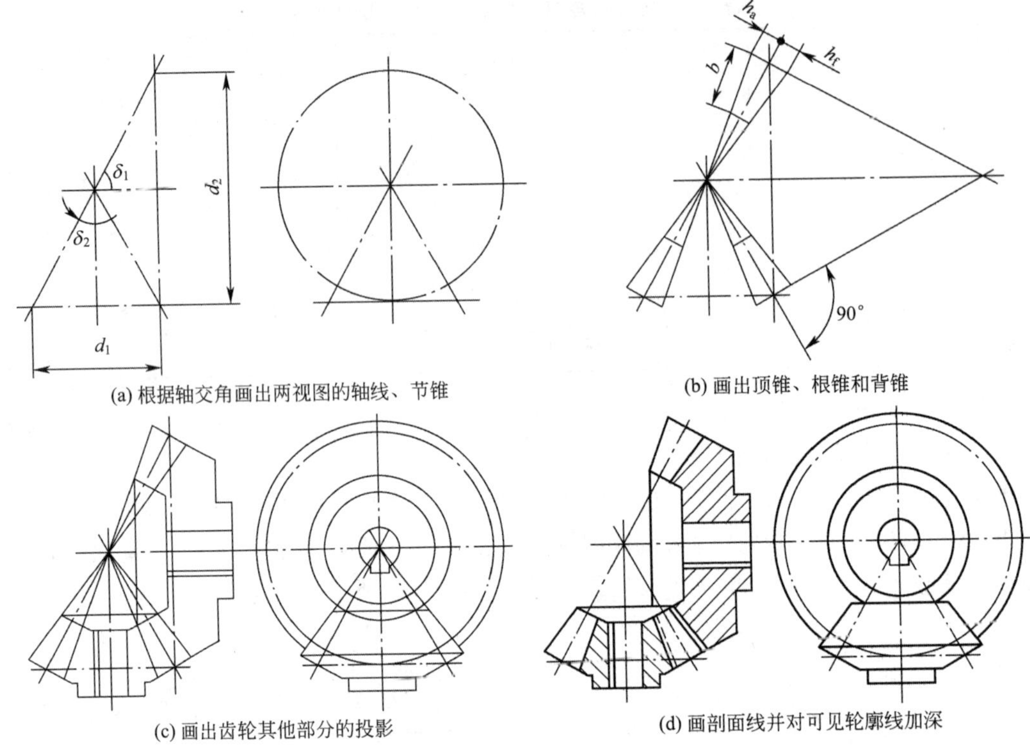

(a) 根据轴交角画出两视图的轴线、节锥

(b) 画出顶锥、根锥和背锥

(c) 画出齿轮其他部分的投影

(d) 画剖面线并对可见轮廓线加深

图 6-34　两锥齿轮啮合的作图步骤

三、蜗杆、蜗轮

蜗杆和蜗轮一般用于垂直交错两轴之间的传动，一般情况下蜗杆是主动件，蜗轮是从动件。

蜗杆轴向断面的齿形类似梯形螺纹轴向断面的齿形。蜗杆有单头、多头及左、右旋之分；蜗轮的齿和斜圆柱齿轮的齿类同，蜗轮齿常加工成凹形环面，以增加蜗杆和蜗轮齿部的接触面，蜗杆和蜗轮的齿向呈螺旋形。

1. 蜗杆蜗轮的主要参数及其尺寸关系

为设计和加工方便，规定以蜗杆的轴向模数 m_x 和蜗轮的端面模数 m_t 为标准模数。一对啮合的蜗杆、蜗轮，其模数相等。

蜗杆的螺旋线导程角 γ 和蜗轮螺旋角 β 大小相等，方向相同。

蜗杆、蜗轮的齿顶高、齿根高及齿高的计算方法同圆锥齿轮。

蜗杆、蜗轮的规定画法如图 6-35 和图 6-36 所示。

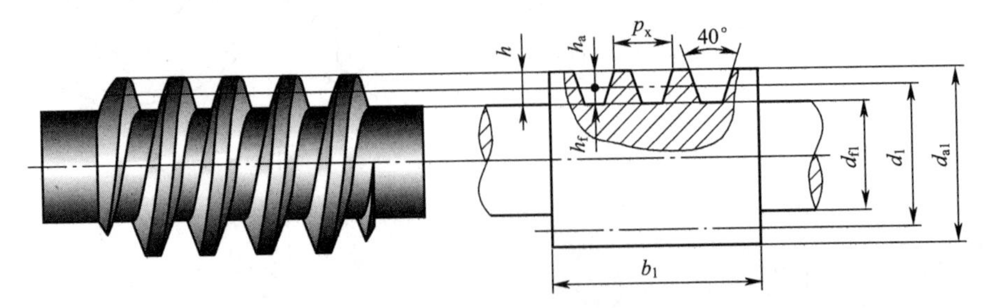

图 6-35　蜗杆的规定画法

d_1—分度圆直径；d_{a1}—齿顶圆直径；d_{f1}—齿根圆直径；h_a—齿顶高；h—全齿高；p_x—轴向齿距；b_1—蜗杆齿宽

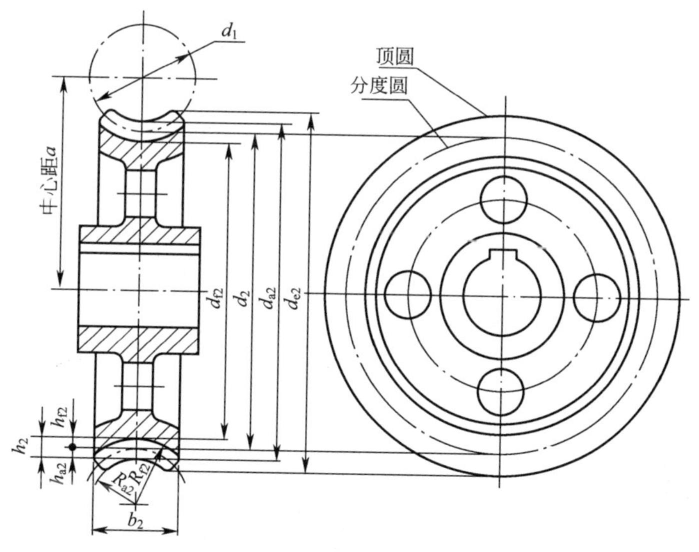

图 6-36　蜗轮的规定画法

d_2—分度圆直径；d_{a2}—喉圆齿顶圆直径；d_{f2}—齿根圆直径；d_{e2}—外圆直径；h_{a2}—齿顶高；h_{f2}—齿根高；h_2—齿高；R_{a2}—齿顶圆弧半径；R_{f2}—齿根圆弧半径；a—中心距；d_1—齿面圆直径；b_2—齿宽

2. 蜗杆规定画法

如图 6-35 所示，蜗杆的齿顶圆和齿顶线画粗实线，分度圆和分度线画点画线；齿根圆和齿根线画细实线，也可省略不画。蜗杆一般只画一个视图，齿形常用局部剖视表示。

3. 蜗轮规定画法

蜗轮的画法与圆柱齿轮画法基本相等，如图 6-36 所示，蜗轮端视图投影为圆，只画齿顶圆和分度圆，其他结构按投影绘画。

与轴线平行的投影面上的视图（主视图），环形圆弧中心应是啮合的蜗杆轴线位置，一般采用剖视，轮齿规定不剖。

4. 蜗杆、蜗轮啮合的画法

如图 6-37 所示，蜗杆投影为圆的视图上，在啮合区内蜗轮省略不画，以表示被蜗杆遮住；在蜗轮投影为圆的视图上，蜗轮分度圆和蜗杆的分度线相切。左视图的啮合区中蜗杆齿顶线、蜗轮外顶圆均画粗实线。

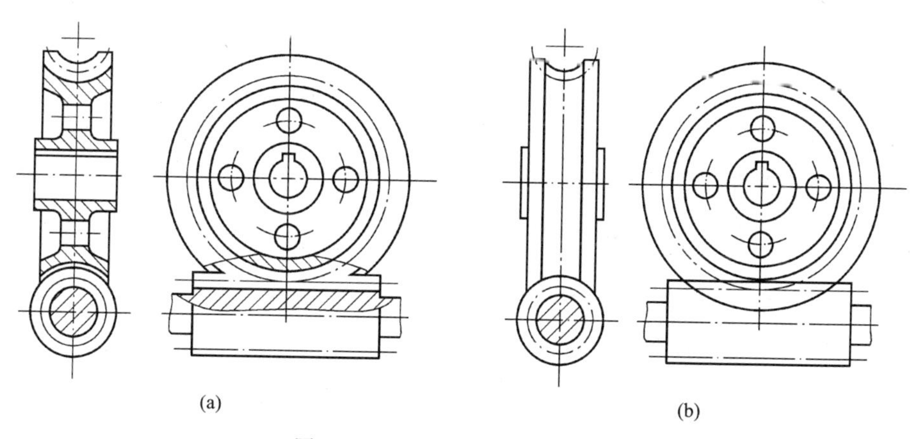

图 6-37　蜗杆、蜗轮啮合的画法

第五节　滚动轴承

滚动轴承是支承传动轴旋转的组合件，由于结构紧凑，摩擦力小，被广泛应用。

一、滚动轴承的种类和结构

滚动轴承按承受载荷情况一般分为向心轴承、推力轴承、向心推力轴承三类。虽然种类不同，但它们的结构大体相似，一般都是由外圈、内圈、滚动体及保持架四部分组成，见表 6-10。

表 6-10　常用滚动轴承的结构

轴承类型	深沟球轴承 6	推力球轴承 5	圆锥滚子轴承 3
结构形式			
国标代号	GB/T 276—1994	GB/T 301—1995	GB/T 297—1994
应用	主要承受径向载荷	只承受单向轴向载荷	能承受径向载荷与一个方向的轴向载荷

二、滚动轴承代号

滚动轴承的代号是表示滚动轴承的结构、尺寸、公差等级和技术性能的产品特征符号。国家标准规定轴承代号由基本代号、前置代号和后置代号三部分组成，其排列顺序如下。

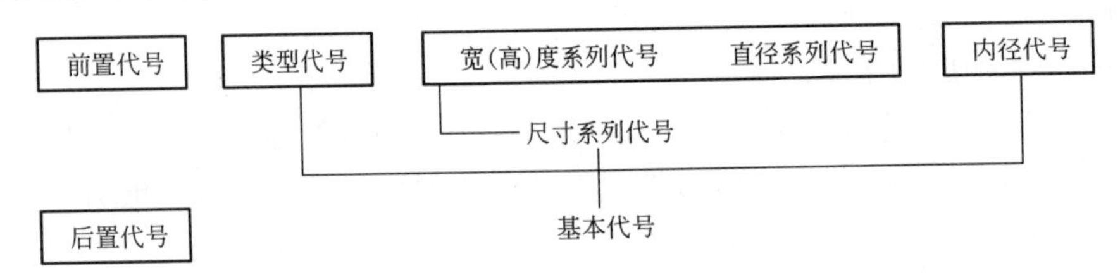

1. 基本代号

基本代号表示滚动轴承的基本类型、结构和尺寸，是轴承代号的基础。基本代号由轴承类型代号、尺寸系列代号和内径代号构成。

① 类型代号。用阿拉伯数字及大写拉丁字母表示，见表 6-11。

表 6-11　滚动轴承的类型代号（摘自 GB/T 272—2017）

代号	0	1	2	3	4	5	6	7	8	N	U	QJ
轴承类型	双列角接触球轴承	调心球轴承	调心滚子轴承和推力调心滚子轴承	圆锥滚子轴承	双列深沟球轴承	推力球轴承	深沟球轴承	角接触球轴承	推力圆柱滚子轴承	圆柱滚子轴承	外球面球轴承	四点接触球轴承

② 尺寸系列代号。由轴承宽（高）度系列代号和直径系列代号组合而成，均用两个数字表示，它用于区分内径相同，而宽（高）和外径不同的轴承。

③ 内径代号。表示滚动轴承的公称内径，用两位数字表示。在通常情况下，代号数字＜04，即 00、01、02、03，分别表示轴承公称内径 10mm，12mm，15mm，17mm；代号数字≥04 时，代号数字乘以 5 即得轴承内径，如 08，即 8×5＝40mm。详见表 6-12。

表 6-12　滚动轴承的内径代号（摘自 GB/T 272—2017）

轴承公称内径/mm		内径代号	示例
0.6～10(非整数)		用公称内径毫米数直接表示，在其与尺寸系列代号之间用“/”分开	深沟球轴承 618/2.5 d＝2.5mm
1～9(整数)		用公称内径毫米数直接表示，对深沟及角接触球轴承 7、8、9 直径系列，内径与尺寸系列代号之间用“/”分开	深沟球轴承 625 深沟球轴承 618/5 d＝5mm
10～17	10	00	深沟球轴承 6200　d＝10mm
	12	01	深沟球轴承 6201　d＝12mm
	15	02	深沟球轴承 6202　d＝15mm
	17	03	深沟球轴承 6203　d＝17mm
20～480 (22、28、32 除外)		公称内径除以 5 的商数，商数为个位数，需在商数左边加“0”，如 08	调心滚子轴承 23208 d＝40mm 深沟球轴承 6215　d＝75mm
≥500 以及 22、28、32		用公称内径毫米数直接表示，但在与尺寸系列之间用“/”分开	调心滚子轴承 230/500 d＝500mm 深沟球轴承 62/22 d＝22mm

2. 滚动轴承代号标注举例

［例 6-1］　滚动轴承 61804

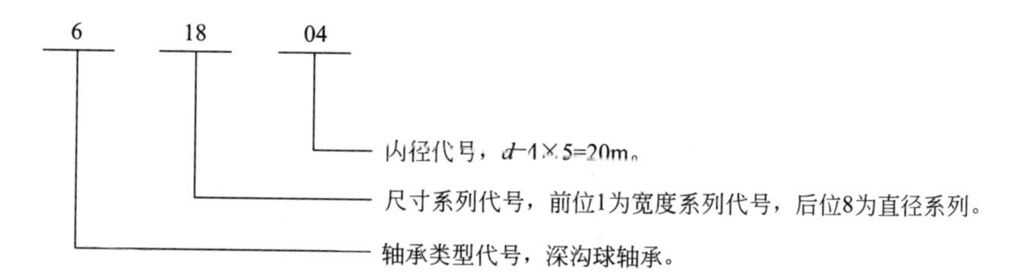

［例 6-2］　滚动轴承 N208

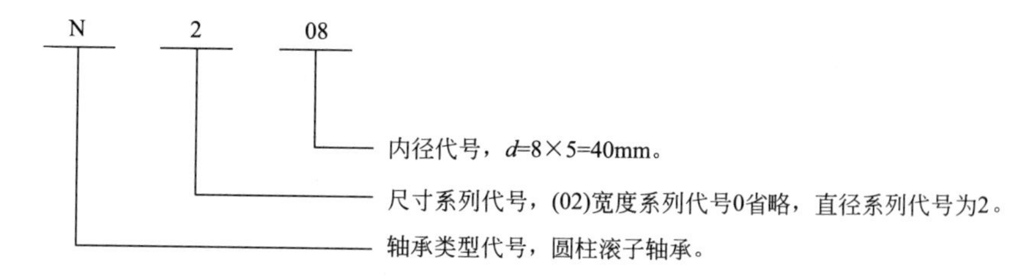

［**例 6-3**］ 滚动轴承 K81107

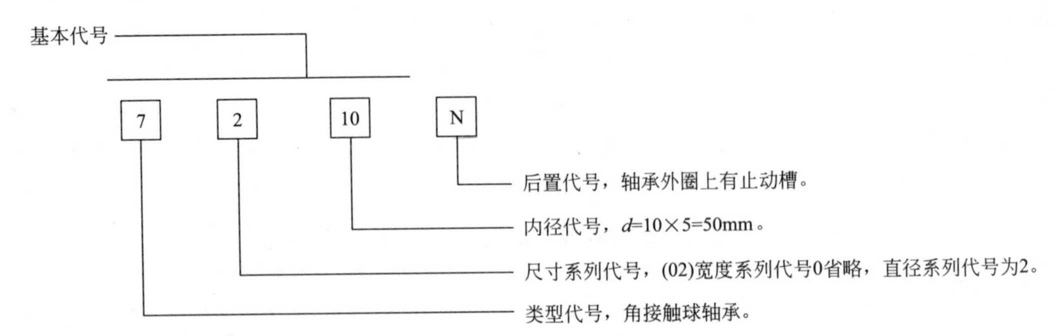

三、滚动轴承的画法

当不需要确切地表示滚动轴承的外形轮廓、载荷特征和结构特征时，采用通用画法。如需要较形象地表示滚动轴承的特征时，可采用特征画法。必要时用规定画法绘制。表 6-13 所示为三种滚动轴承的简化画法和规定画法。

表 6-13　滚动轴承的简化画法和规定画法（摘自 GB/T 4458.1—2002）

类型名称和标准号	查表主要数据	简化画法		规定画法
		通用画法	特征画法	
深沟球轴承 60000 型	D d B			
圆锥滚子轴承 30000 型	D d B T C			

续表

类型名称和标准号	查表主要数据	简化画法		规定画法
		通用画法	特征画法	
推力球轴承 51000 型	D d T	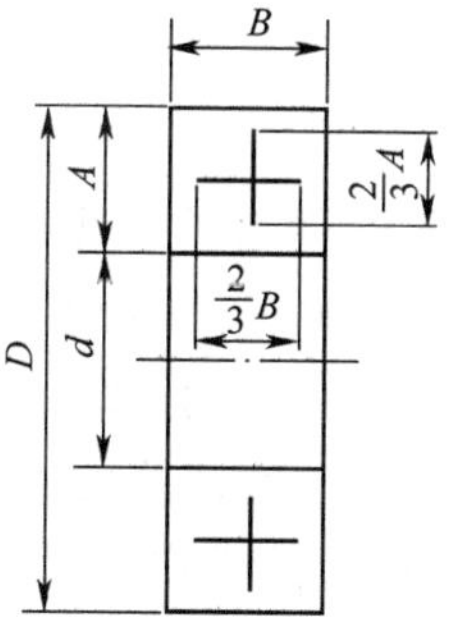	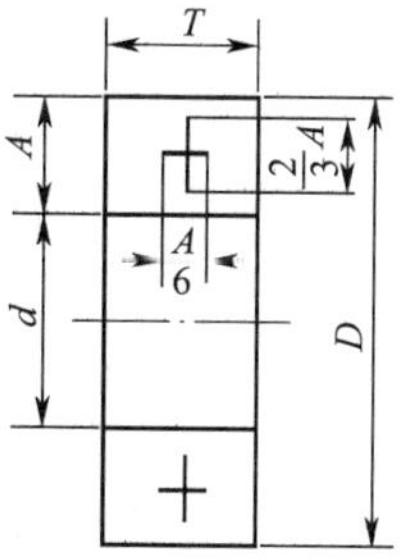	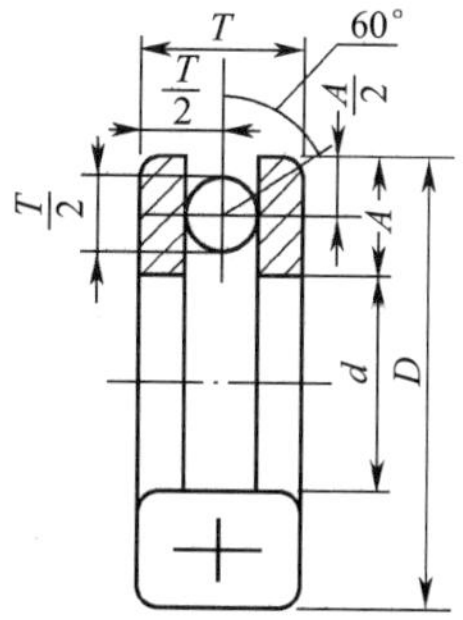

第六节 弹 簧

弹簧可分为螺旋弹簧、涡卷弹簧、板弹簧及片弹簧等。常见的螺旋弹簧有压缩弹簧、拉伸弹簧和扭力弹簧，见图 6-38。

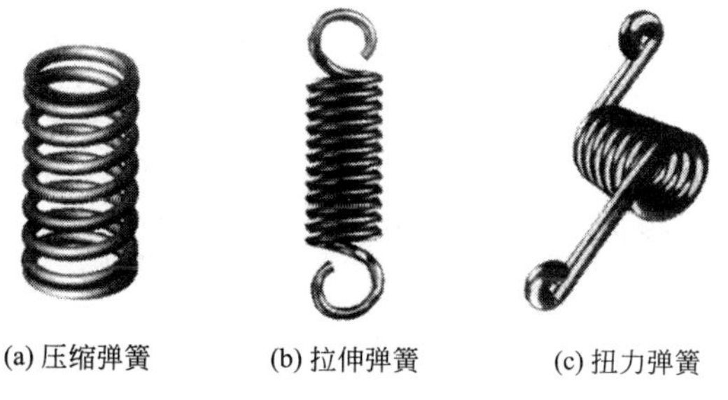

(a) 压缩弹簧　(b) 拉伸弹簧　(c) 扭力弹簧

图 6-38 常见的螺旋弹簧

一、圆柱螺旋压缩弹簧

① 簧丝线径 d：制造弹簧的钢丝直径，按标准选取。

② 弹簧直径：中径 D：弹簧平均直径，按标准选取；

外径 D_2：弹簧外圈直径，$D=D_2-d$；内径 D_1：弹簧内圈直径.

③ 节距 t：除磨平压紧的支承圈外，两相邻有效圈截面中心线的轴向距离。

④ 支承圈数 n_2：为使弹簧压缩时受力均匀，工作平稳，保证弹簧轴线垂直于支承面。制造时把弹簧两端并紧磨平，并紧磨平的几圈不参与弹簧受力变形，只起支承作用，称为支承圈。如图 6-39 所示，两端各并紧 $1\frac{1}{4}$ 圈为支撑圈，$n_2=2.5$ 圈。

⑤ 有效圈数 n：除去支承圈以外，保持节距相等的圈数。

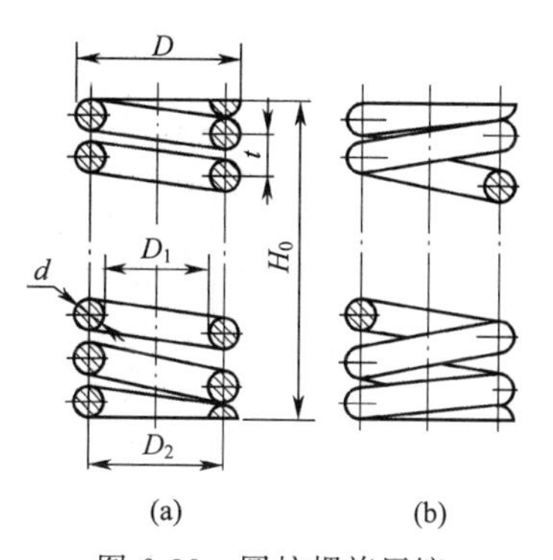

(a)　(b)

图 6-39 圆柱螺旋压缩弹簧的名称尺寸关系

⑥ 总圈数 n_1：沿螺纹轴线两端的弹簧圈数 $n_1=n+n_2$。

⑦ 自由高度 H_0：弹簧未受任何载荷时的高度，$H_0=nt+(n_2-0.5)d$。

⑧ 弹簧展开长度 L：制造弹簧前，簧丝的落料长度 $L=n_1\sqrt{(\pi D_2)^2+t^2}$ 或 $L\approx\pi D_2 n_1$。

⑨ 旋向：弹簧也有右旋和左旋两种，但大多数是右旋。

二、圆柱螺旋压缩弹簧的画法

与弹簧轴线平行投影面上的视图，弹簧的螺旋线画成直线。螺旋弹簧不分左旋或右旋，一律画成右旋，但若是左旋弹簧，应注上代号“LH”。有效圈数在四圈以上的弹簧，可以只画 1～2 圈（不含支承圈），中间省略不画，长度也可适当缩短，但应画出簧丝中心线。

由于弹簧画法实际上只起一个符号作用，所以螺旋弹簧要求两端并紧并磨平时，不论支承圈多少，均可按图 6-39 绘制。支承圈数在技术条件中说明。圆柱螺旋压缩弹簧的作图步骤如图 6-40 所示。

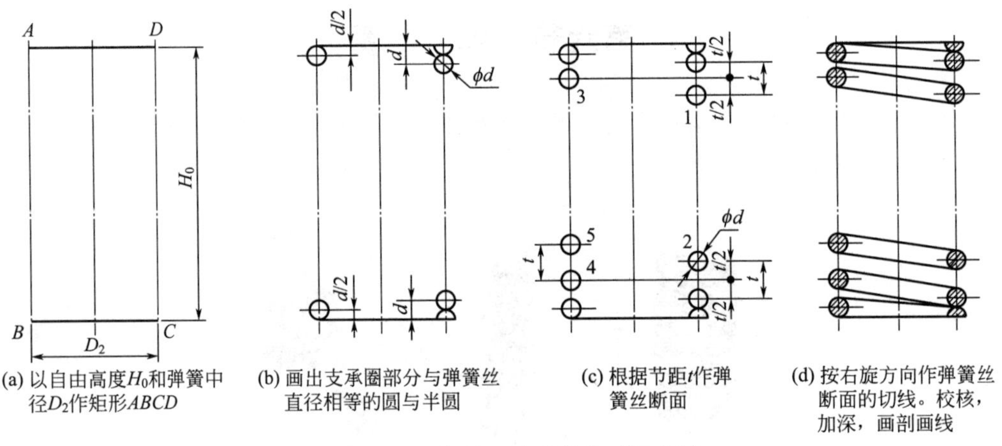

图 6-40 圆柱螺旋压缩弹簧的画图步骤

图 6-41 所示为弹簧零件图。图形上方的曲线表示弹簧负荷与长度之间的变化关系。

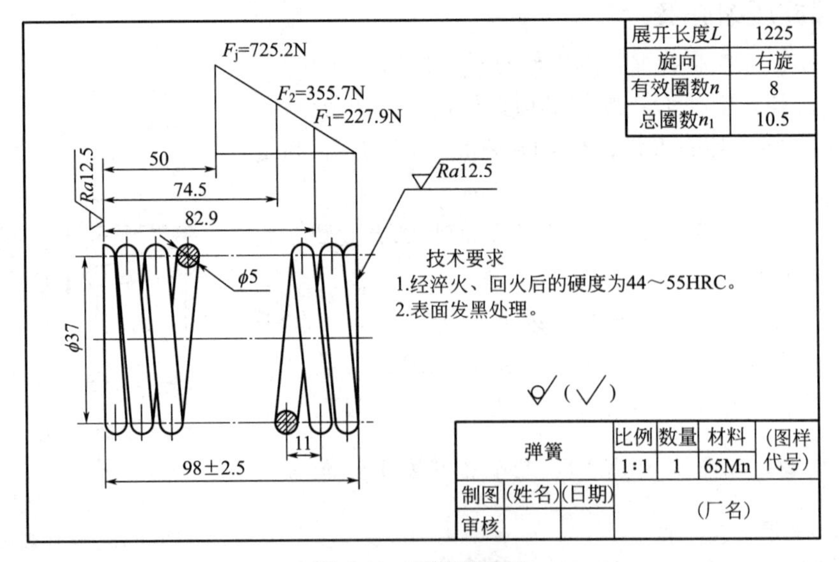

图 6-41 弹簧零件图

第七章

零件图制图

第一节　零件图的作用

用于表示零件的结构形状、大小及技术要求的图样，称为零件图。图 7-1 所示为传动轴

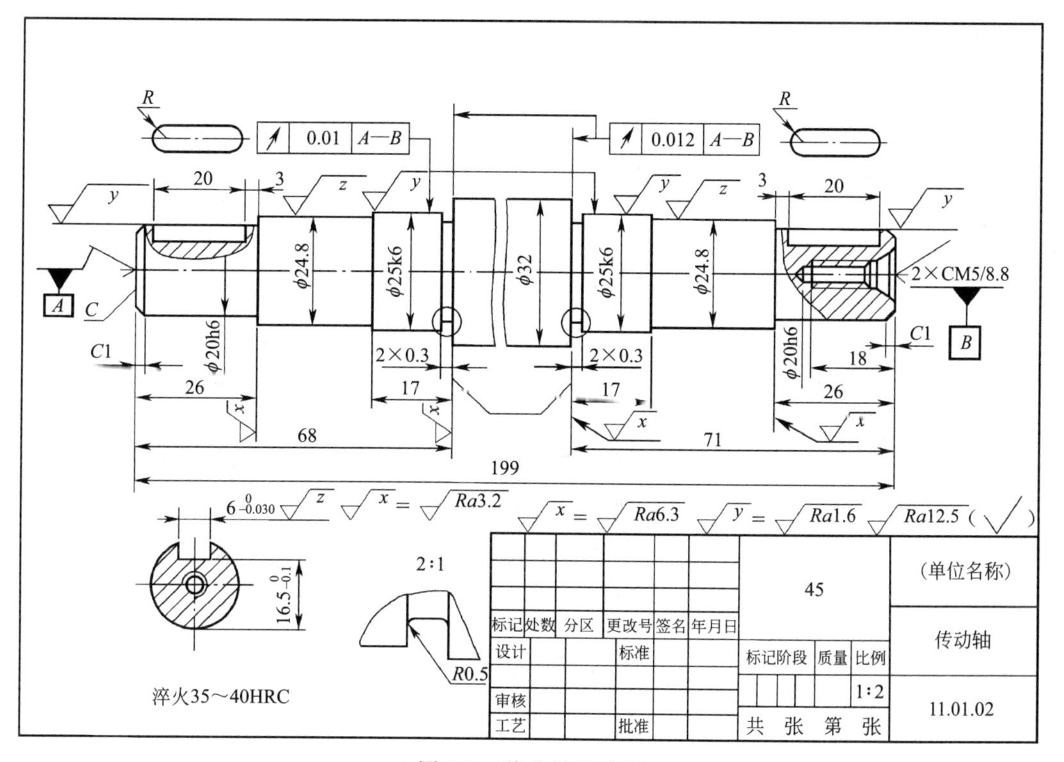

图 7-1　传动轴零件图

零件图。零件图是指导零件生产过程的重要技术文件。

一张完整的零件图一般包含以下基本内容。

1. 视图

用一组剖视图、断面图等图形，将零件的内、外结构形状正确、完整、清晰地表示出来。

2. 完整的尺寸

正确、完整、清晰、合理地标注出制造、检验零件时所需要的全部尺寸。

3. 技术要求

用规定的符号、代号、标记或文字，说明零件在制造、检验时应达到的各项技术指标和要求。如尺寸公差、几何公差、表面粗糙度、热处理要求等。

4. 标题栏

填写零件的名称、件数、材料、比例、图号及制图和审核人员的签名等。

第二节　零件的表达方法

1. 轴套类零件

(1) 结构特点

轴套类零件的主体是回转体。轴类零件常带有轴肩、键槽、螺纹、退刀槽、砂轮越程槽、圆角、倒角、中心孔等结构；套类零件大多数壁厚小于内孔直径，常带有油槽、油孔、倒角、螺纹孔和销孔等结构。

(2) 常用的表达方法

① 由于轴套类零件主要是在车床或磨床上进行加工，因此主视图轴线要水平放直，一般只用一个主视图。

② 表示孔、槽结构常采用断面图。

③ 对退刀槽、砂轮越程槽、圆角等较小结构，常用放大图，如图 7-1 和图 7-2 所示。

套类零件与轴类零件不同之处在于套类零件是空心的，因此主视图多采用轴线水平放置的全剖视图表示。

2. 轮盘类零件

轮盘类零件主体结构是回转体或扁平板组成的盘状体，其厚度方向尺寸比其他方向尺寸小得多，这类零件通常是先铸造或锻造成毛坯，再经过必要切削加工而成，其内部结构有轮辐、键槽、孔及附属凸台、凹坑、销孔等。

轮盘类零件主要在机床上加工，所以按其加工位置和形状特征来选择主视图，轴线水平放置。主视图常取单一剖切面、相交剖切面或平行剖切面作出全剖或半剖视图。

轮盘类零件一般采用主、左（或右）两个基本视图表示。左（或右）视图表示外形轮廓、孔、槽结构形状及分布位置。个别细节结构常采用局部剖视图、断面图、局部放大图等。

图 7-3 所示左端盖零件图中，主视图的轴线水平放置，用单一剖切面全剖主视图，表示轴向内形。左视图采用对称形简化画法，表示径向外形及盘上圆孔分布位置。局部放大图表示密封槽形状。

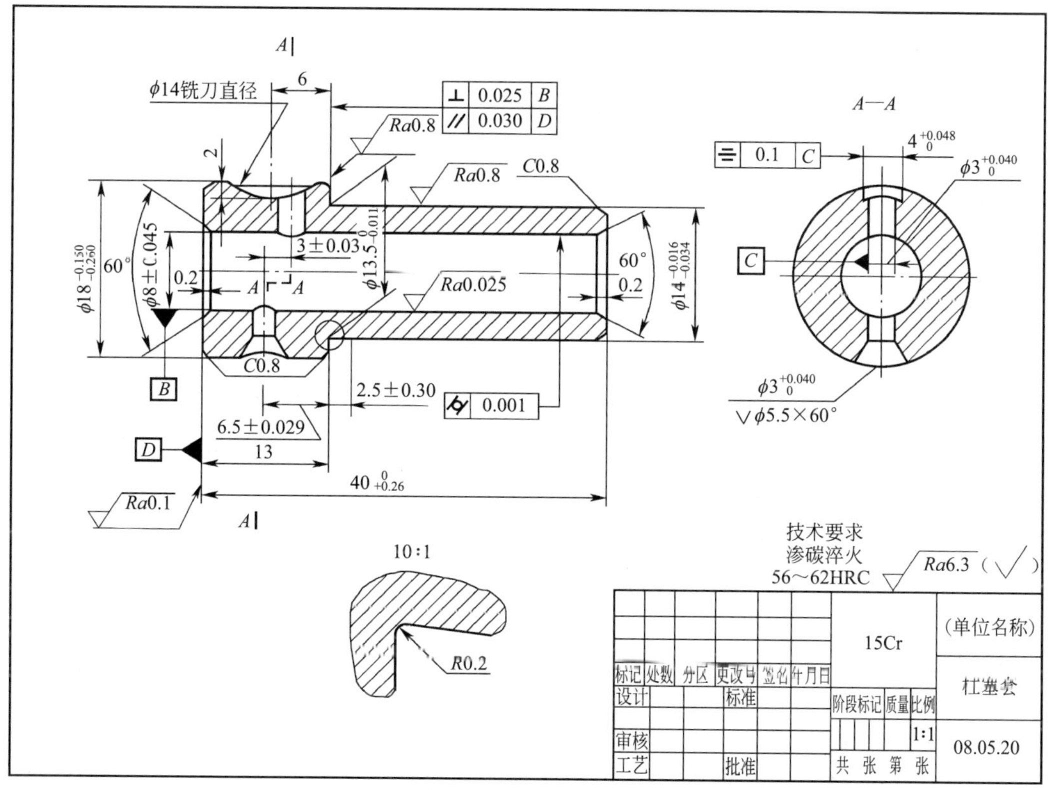

图 7-2　柱塞套零件图

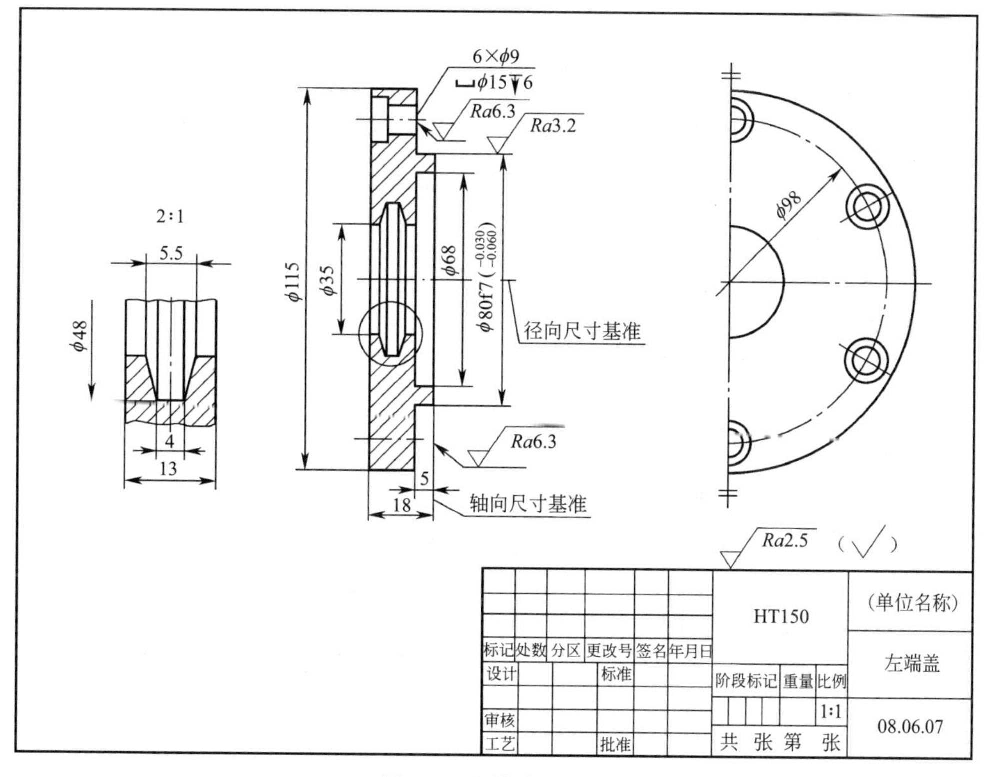

图 7-3　左端盖零件图

3. 叉架类零件

叉架类零件包括支架拨叉、连杆、摇臂、杠杆等。叉架类零件在机器或部件中常用于支承、连接、操纵和传动等。

（1）结构特点

叉架类零件的结构形状多样化，差别较大，但主体的结构都是由支承部分、安装部分和连接部分（不同断面形状的连接板、肋板和实心杆）组成。

（2）常用的表达方法

叉架类零件需多种机械进行加工，加工位置难于分清主要和次要之处，工作位置也多变，所以，应以反映零件结构特征的方向为主视图投射方向，并把零件放正。常采用两个或两个以上基本视图表示，根据结构特点辅以断面图、斜视图、局部视图。

图 7-4 所示摇臂零件图采用主、左视图表示。主视图表示圆筒和连接板的形状和连接关系及拱形斜台螺孔位置，反映摇臂主体特征，对称中心线垂直放置；*A* 向视图表示斜台的特征形，断面图表示连接板的断面形状。

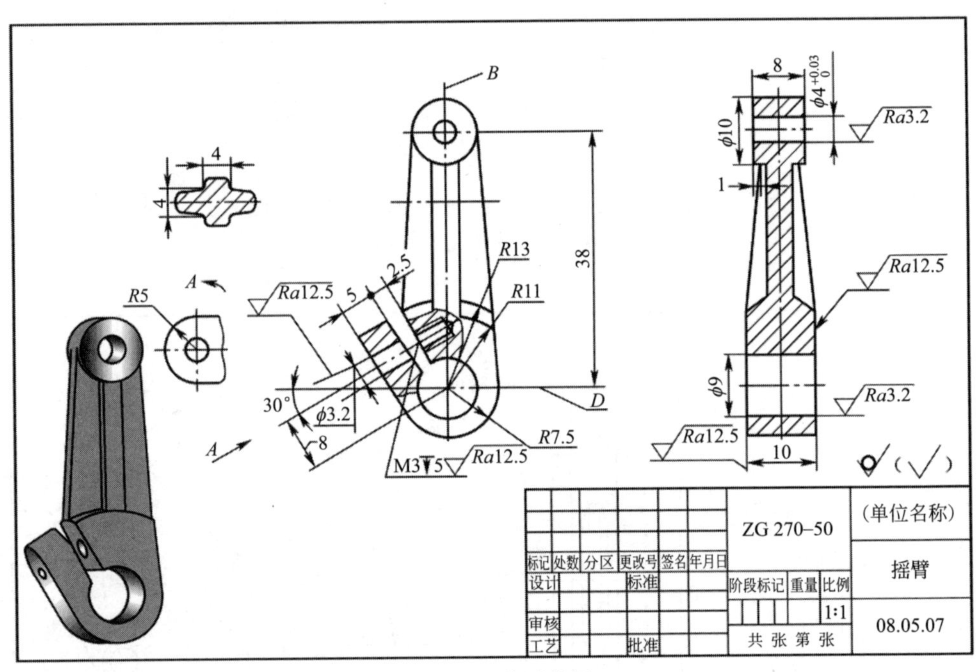

图 7-4 摇臂零件图

4. 箱体类零件

箱体类零件有减速箱、泵体、阀体和机座等。该类零件是机器或部件的主体件，起着支承、包容运动零件的作用。这类零件的毛坯常为铸件，也有焊接件。

（1）结构特点

箱体类零件形状较复杂，图 7-5 所示的传动器箱体由圆筒、底板和连接板三部分组成；箱体是由薄壁围成空腔的壳体，在箱壁上有支承孔及凸缘和底板。这类零件有加强肋、安装孔和螺纹孔、销孔等。

（2）常用的表达方法

① 由于箱体类零件结构形状复杂、加工位置多变，所以主视图的选择一般以工作位置

及最能反映零件特征形的方向作为主视图的投射方向。

② 箱体类零件通常采用三个或三个以上基本视图表示，并根据箱体结构特点，选择合适剖视图。当外形较简单时，常采用全剖；若内外形都较复杂，常采用局部剖；对称形采用半剖。

③ 次要或较小结构常采用局部剖和断面图。

如图 7-5 所示，箱体零件图采用三个基本视图，主视图符合机座工作位置及主体特征，用单一全剖视图表示其内形及三个组成部分外形和相对位置，重合断面表示肋板形状；俯视图采用 $A—A$ 剖，表示连接部分截面形状及底板的特征形；左视图采用半剖，衬托内、外形连接关系及机座端面螺孔分布。

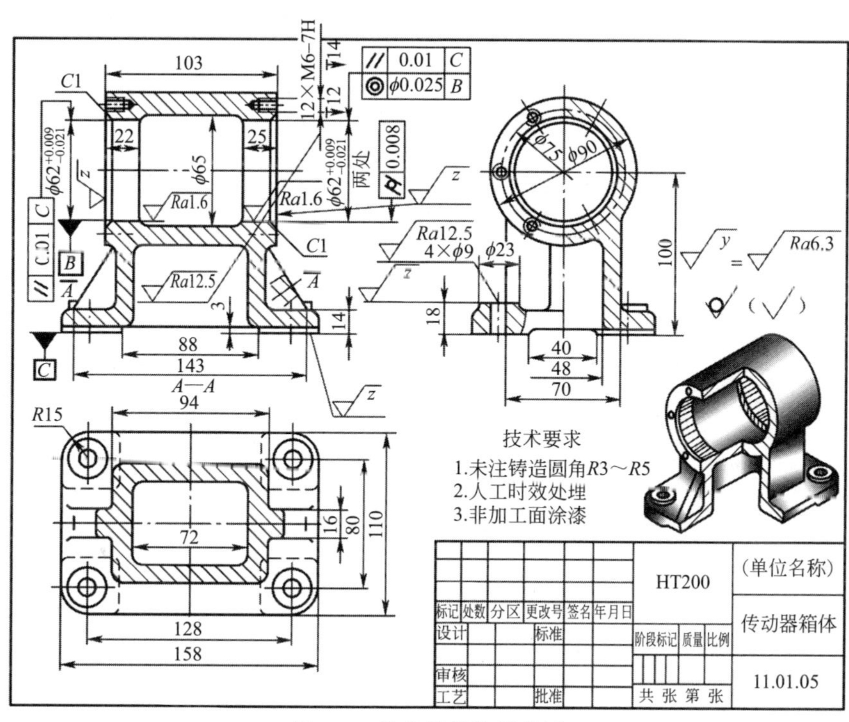

图 7-5　传动器箱体零件图

第三节　零件图的尺寸标注

一、选择尺寸基准

标注零件图的尺寸首先要正确地选择尺寸基准。常见的基准有零件的对称面、零件回转体的轴线、零件的重要支承面、零件之间的结合面和主要加工面等。

尺寸基准根据其作用分为两类：设计基准和工艺基准。根据机器的结构和设计要求，用以确定零件在机器中其他的面、线、点的基准称为设计基准。根据零件加工制造、测量和检验等工艺要求所选定的一些面、线、点作为基准，称为工艺基准。

如图 7-6 所示，泵体的底面用于确定上端齿轮孔和管螺纹的高度尺寸，因此它是高度方向的设计基准，也是主要基准。而上端齿轮孔的轴线用于确定下端齿轮孔的位置尺寸，它是高度方向的辅助基准；泵体的左右对称面用于确定上、下两齿轮同一对称面上及左、右两管

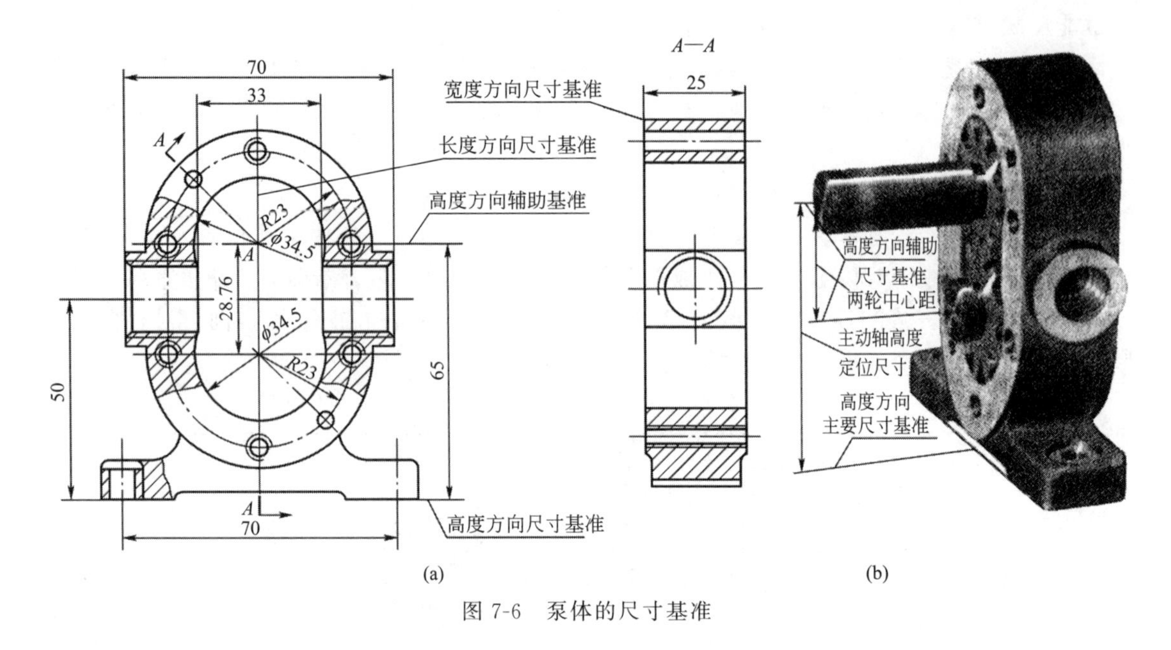

(a) (b)

图 7-6 泵体的尺寸基准

螺纹孔凸缘对称关系，并确定两个安装孔的孔距，所以左右对称面是长度方向的设计基准；泵体前后对称面是宽度方向的设计基准。

如图 7-7(a) 所示，法兰盘在车床加工时以左端面 A 为轴向基准，以轴线为径向尺寸的加工定位基准。法兰盘键槽深度的测量以圆柱孔的素线 B 为测量基准，见图 7-7(c)。

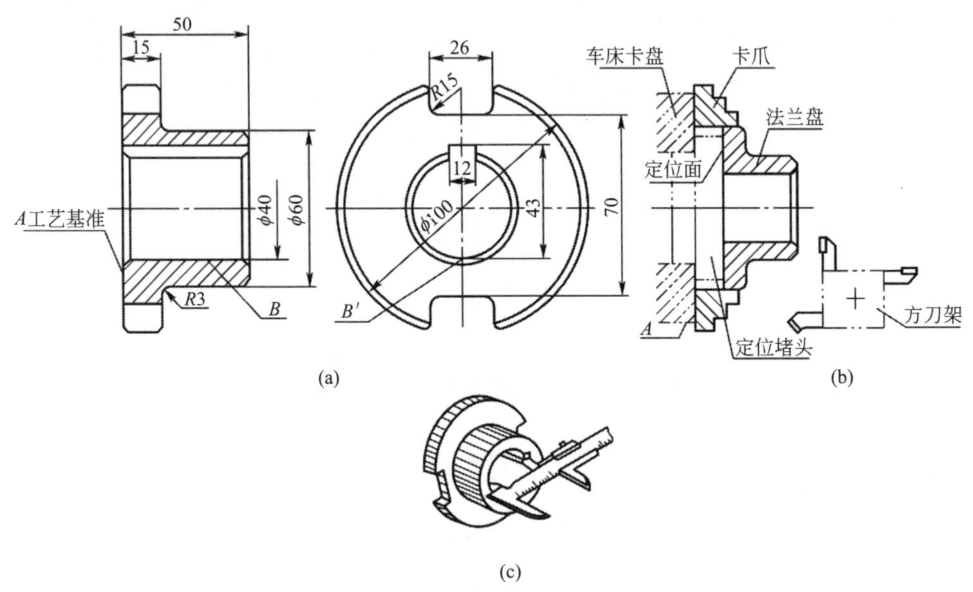

(a) (b)

(c)

图 7-7 法兰盘的尺寸基准

有的零件的工艺基准与设计基准是重合的，如图 7-7(a) 所示，径向尺寸以轴线为设计基准和加工、测量基准。又如图 7-6(a) 所示，泵体底面是设计基准，同时也是加工和测量 ϕ34.5 孔及管螺纹孔的工艺基准。

标注尺寸时，最好应把设计基准和工艺基准统一起来，这样既能满足设计要求，又能满足工艺要求。若两者不能统一时，应以设计基准为主。

二、标注尺寸注意事项

1. 功能尺寸应直接标注

为保证使用要求，零件的重要尺寸应直接注出，避免换算尺寸。如图 7-6 中的尺寸 65、28.76（两齿轮的中心距）和螺纹孔位置 $R23$ 及图 7-8(c) 中的尺寸 a 都应直接注出。

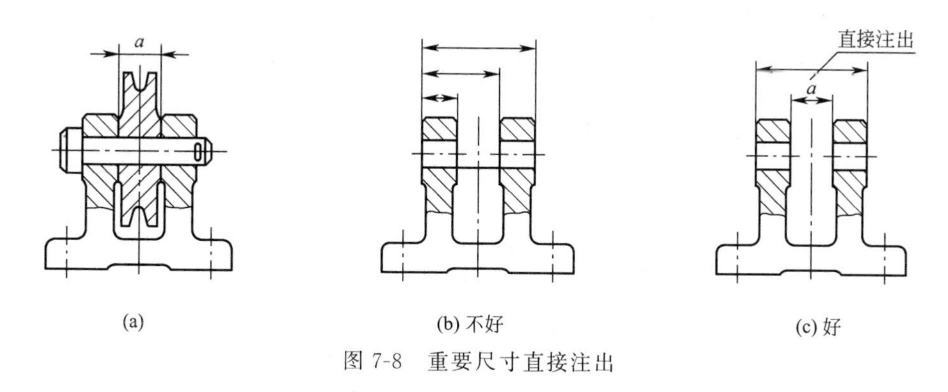

图 7-8　重要尺寸直接注出

2. 避免注成封闭尺寸链

封闭尺寸链是指零件同一个方向上的尺寸，一环扣一环并相连，像链条一样，成为封闭状。每个尺寸又称为尺寸链的一环。

如图 7-9(b) 所示长和高两个方向的尺寸 e、l、d 和 a、b、c 组成封闭尺寸链。加工每段尺寸产生的误差都会影响相邻尺寸误差，若要保证尺寸 l、a 在一定误差范围内，就要提高尺寸 e 和 b 或 c 的尺寸精度，增加了加工难度。为解决这个累积误差，应去掉一个不重要的尺寸，如图 7-9(a) 所示。

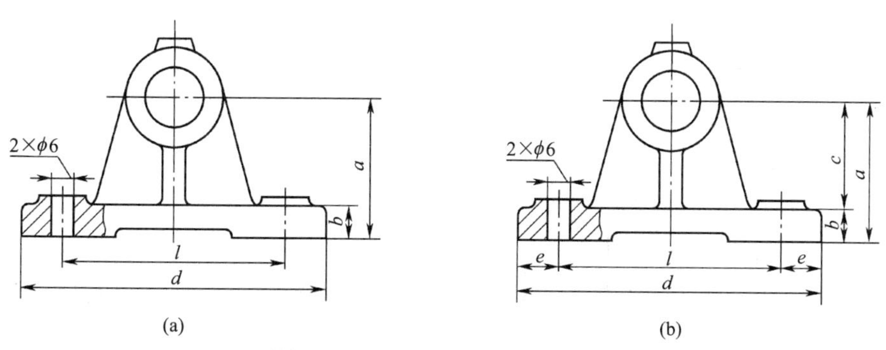

图 7-9　尺寸不应注成封闭尺寸链

3. 按加工顺序标注尺寸

为便于加工时识读图中所标注的尺寸，标注尺寸时应按加工顺序标注。如图 7-10(a) 所示的阶梯小轴的轴向尺寸是符合图 7-10(b)、(c)、(d)、(e) 所示的加工工序的要求的。

4. 按不同的加工方法和要求标注尺寸

① 按不同加工方法标注尺寸，如图 7-11(a) 所示，把车和铣、钻尺寸分两边标注。

② 外部和内部尺寸分类标注，如图 7-12(a) 所示，把外部尺寸和内部尺寸分开标注。

③ 按加工要求标注尺寸，如图 7-13 所示的轴瓦，加工时，上、下部分合起来镗（车）

孔。工作时，支承轴转动，所以径向尺寸应标注 ϕ，不能标注 R。

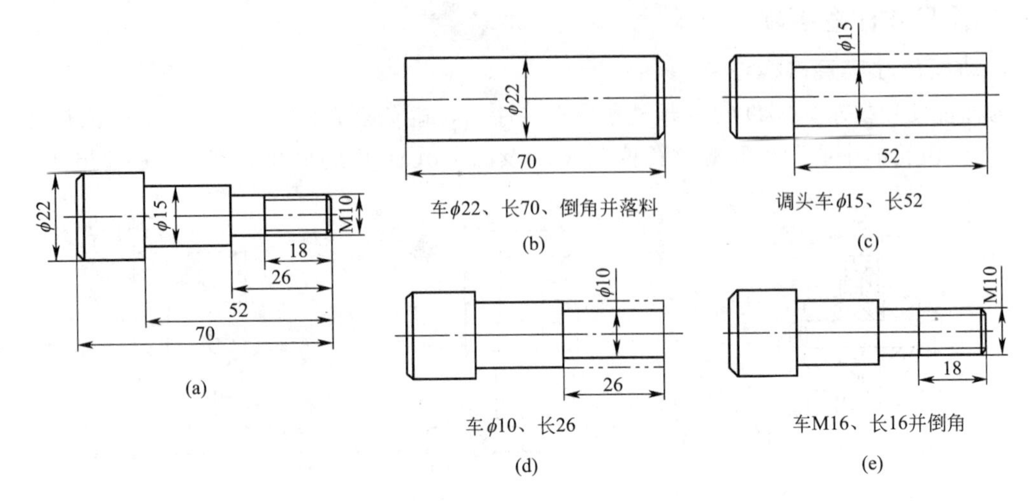

图 7-10　阶梯小轴按加工工序标注尺寸

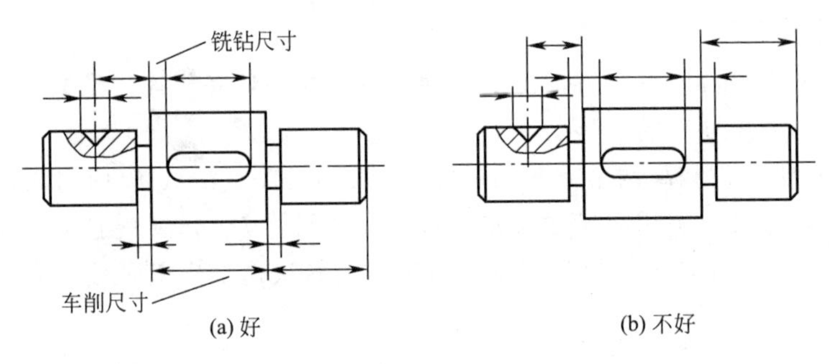

图 7-11　按不同加工方法标注尺寸

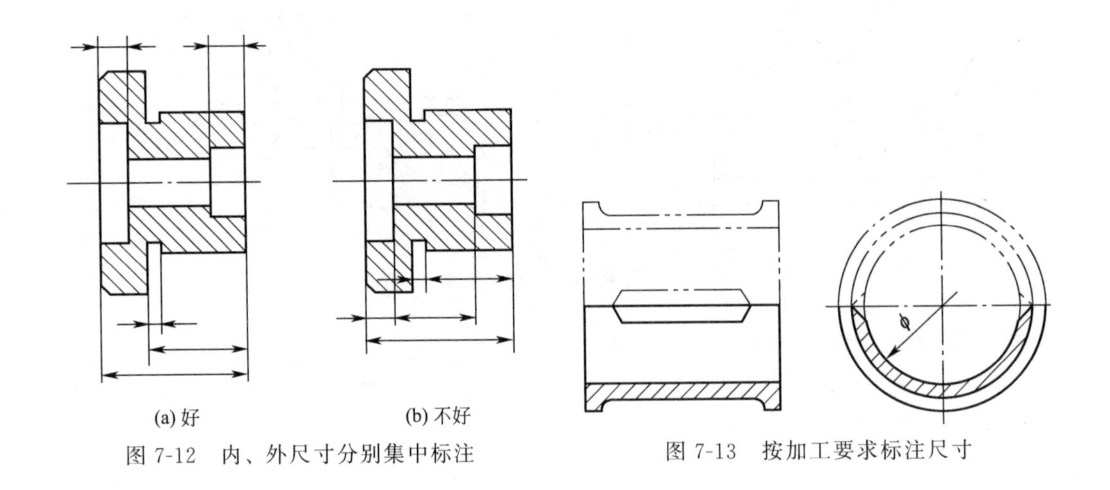

图 7-12　内、外尺寸分别集中标注

图 7-13　按加工要求标注尺寸

5. 按测量方便性和可测性标注尺寸

图 7-14(b)、(d) 中，尺寸 B 不便测量，尺寸 A、9、10 不能测量，图 7-15(b) 中的尺寸不能测量，是不合理的。

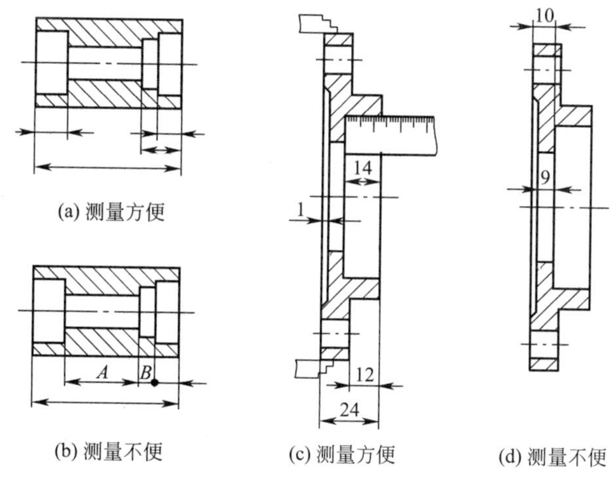

(a) 测量方便

(b) 测量不便

(c) 测量方便

(d) 测量不便

图 7-14　标注尺寸应考虑测量方便性和可测性（一）

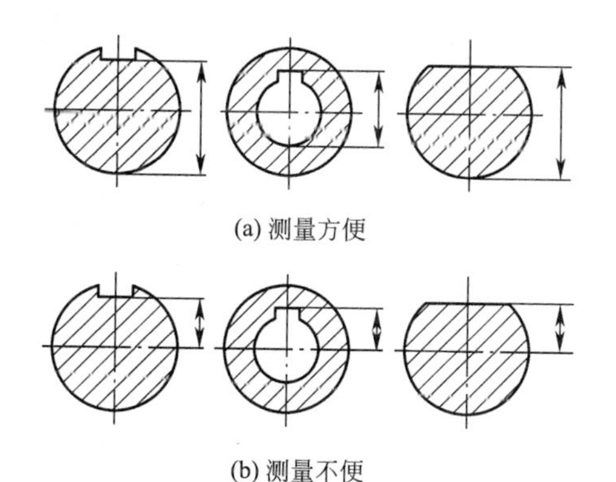

(a) 测量方便

(b) 测量不便

图 7-15　标注尺寸应考虑测量方便性和可测性（二）

三、零件上常见孔的尺寸标注

光孔、锪孔、沉孔和螺孔是零件上常见的结构，它们的尺寸标注分为普通注法、旁注法及简化注法见表 7-1。

表 7-1　常见孔的尺寸注法

类　型		旁注法及简化注法	普 通 注 法	说　　明
光孔	一般孔	4×ϕ4↧10　　4×ϕ4↧10	4×ϕ4 10	“↧”为孔深符号 4×ϕ4 表示直径为 4mm 均匀分布的 4 个圆孔，孔深 10mm 孔深可与孔径连注，也可以分开注出
	精加工孔	4×ϕ4H7↧10 孔↧12　　4×ϕ4H7↧10 孔↧12	4×ϕ4H7 10　12	光孔深为 12mm；钻孔后需精加工至 $\varphi4_{0}^{0.012}$mm，深度为 10，光孔深 12mm

续表

类型		旁注法及简化注法	普通注法	说明
光孔	锥销孔	锥销孔ϕ4 装配时配作 锥销孔ϕ4 装配时配作	无普通注法	ϕ4mm为与锥销孔相配合的圆锥销公称直径。锥销孔通常是相邻两零件装在一起配作(同钻铰)
沉孔	锥形沉孔	6×ϕ6.6 ⌵ϕ12.8×90° 6×ϕ6.6 ⌵ϕ12.8×90°	90° ϕ12.8 6×ϕ6.6	“⌵”为埋头孔符号 6×ϕ6.6表示直径为6.6mm均匀分布的六个孔，沉孔尺寸为锥形部分尺寸 锥形部分尺寸可以旁注，也可以直接注出
	柱形沉孔	4×ϕ6.6 ⌴ϕ11↧4.7 4×ϕ6.6 ⌴ϕ11↧4.7	ϕ11 4.7 4×ϕ6.6	“⌴”为锪平、沉孔符号 柱形沉孔的小直径为ϕ6.6mm，大直径为ϕ11mm，深度为4.7mm，均需标注
	平锪沉孔	4×ϕ6.6 ⌴ϕ13 4×ϕ6.6 ⌵⌴ϕ13	ϕ13⌴ 4×ϕ6.6	锪平ϕ13mm的深度不需标注，一般锪平到不出现毛面为止
螺孔	通孔	3×M6 3×M6	3×M6—6H	3×M6表示公称直径为6mm均匀分布的三个螺孔(中径、顶径公称代号6H省略不注) 普通旁注法，也可以直接注出6H
	不通孔	3×M6↧10 3×M6↧10	3×M6—6H 10	螺孔深度可与螺孔直径连注，也可分开注出
		3×M6↧10 孔↧12 3×M6↧10 孔↧12	3×M6—6H 10 12	需要注出孔深时，应明确标注孔深尺寸

第四节 零件图技术要求

技术要求用来说明零件制造完工后应达到的有关的技术质量指标。技术要求主要是指零件几何精度方向的要求，如尺寸公差、几何公差、表面结构等。从广义上还应包括理化性能方面的要求，如材料、热处理和表面处理等。技术要求通常用符号、代号或标记标注在图形上，或者用简明文字注写在标题栏附近。

一、配合

在一批相同规格的零件中，不需修配便可装到机器上，并能满足使用要求的性质称为互换性。它为提高生产效率，实施大批量专业化生产创造条件。

为使零件具有互换性，要求零件间相配合的尺寸具有一定精确度。但零件加工时，不可能把零件的尺寸加工到绝对准确值，而是允许零件的实际尺寸在一个合理范围内变动，即为尺寸公差，以满足不同使用要求，形成极限与配合制度。

1. 尺寸公差

在机械加工过程中，不可能将零件的尺寸加工的绝对准确，而是允许零件的实际尺寸在合理的范围内变动，这个允许的尺寸变动量就是尺寸公差，简称公差。公差越小，精度越高，实际尺寸的允许变动量越小；反之，公差越大，尺寸的精度越低。

① 公称尺寸：设计时给定的尺寸，如图 7-16 孔、轴直径尺寸 $\phi40$。

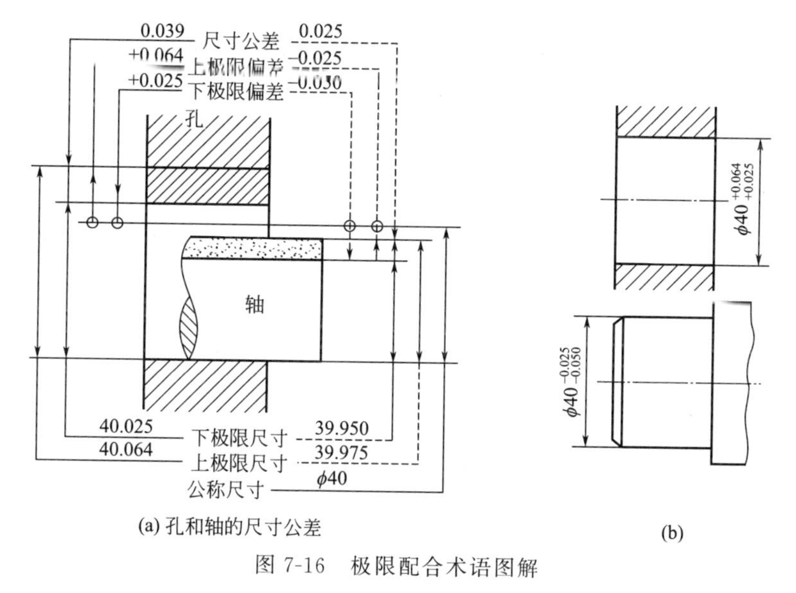

(a) 孔和轴的尺寸公差　　(b)

图 7-16　极限配合术语图解

② 实际尺寸：零件完工后，通过测量而获得的尺寸。

③ 极限尺寸：允许合格零件的尺寸变化的两个极限值，上极限尺寸和下极限尺寸。如图 7-16 中：

孔上极限尺寸为 $\phi40.064$，轴上极限尺寸为 $\phi39.975$；

孔下极限尺寸为 $\phi40.025$，轴下极限尺寸为 $\phi39.950$。

零件完工实测的尺寸在两个极限尺寸之间为合格尺寸：孔为 $\phi40.025$～$\phi40.064$；轴的 $\phi39.950$～$\phi39.975$。

④ 极限偏差：上、下极限尺寸减去公称尺寸所得的代数差，分上、下极限偏差。

上极限偏差：上极限尺寸减去公称尺寸所得的代数差。孔代号用 ES，轴代号用 es 表示。

孔(ES)＝40.064－40＝＋0.064；轴(es)＝39.975－40＝－0.025

下极限偏差：下极限尺寸减去公称尺寸所得的代数差。孔代号 EI，轴代号 ei。

孔(EI)＝40.025－40＝＋0.025；轴(ei)＝39.950－40＝－0.050

实际偏差要在上极限偏差和下极限偏差范围内。

⑤ 尺寸公差（简称公差）：允许偏离公称尺寸的变动量。公差值等于上极限尺寸减下极限尺寸之差，或上极限偏差减下极限偏差。例如在图 7-22 中：

孔公差＝40.064－40.025＝(＋0.064)－(0.025)＝0.039；

轴公差＝39.975－39.950＝(－0.025)－(－0.050)＝0.025。

上、下极限偏差有正值、负值或零。而公差绝对值，没有正、负之分，也不可能为零。

⑥ 公差带：为了便于分析尺寸公差和进行有关计算，以公称尺寸为基准（零线），用增大了间距的两条直线表示上、下极限偏差，这两条直线所限定区域，称为公差带。用这种方法画出的图，称为公差带图，如图 7-17 所示。

⑦ 零线：公差带图中零线是确定正、负偏差的基准线，正偏差位于零线上方，负偏差位于零线下方。

公差带图表示公差大小和公差相对于零线位置。

2. 标准公差

公差带是由公差带大小和公差带位置的两个要素来确定。分别用标准公差和基本偏差来表示，如图 7-18 所示。

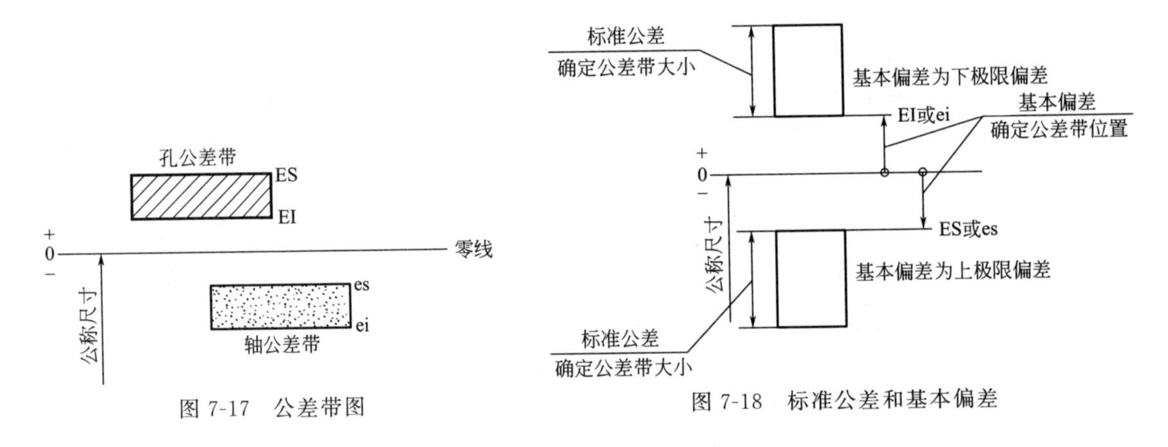

图 7-17　公差带图

图 7-18　标准公差和基本偏差

（1）标准公差及等级

公差带大小用标准公差确定。标准公差代号用“IT”表示，后面的阿拉伯数字表示公差等级。

标准公差分为 20 个等级，依次为 IT01、IT0、IT1、…、IT18。IT01 级公差值最小，精度最高，IT18 级公差值最大，精度最低。标准公差各等级的数值可查阅附表。

（2）基本偏差

基本偏差是用于确定公差带相对零线位置的上极限偏差或下极限偏差，一般指靠近零线的那个偏差。位于零线以上的公差带，下偏差为基本偏差；位于零线以下的公差带，上极限偏差为基本偏差。如图 7-19 所示及图 7-16(b) 的 $\phi 40^{+0.064}_{+0.025}$ 的基本偏差为下极限偏差＋0.025；$\phi 40^{-0.025}_{-0.050}$ 的基本偏差为上极限偏差－0.025。

国家标准规定，孔和轴各有 28 个基本偏差，它们的代号用拉丁字母表示，孔用大写字母 A，B，…，ZC 表示，轴用小写字母 a，b，…，zc 表示。如图 7-19 所示。孔与轴基本偏

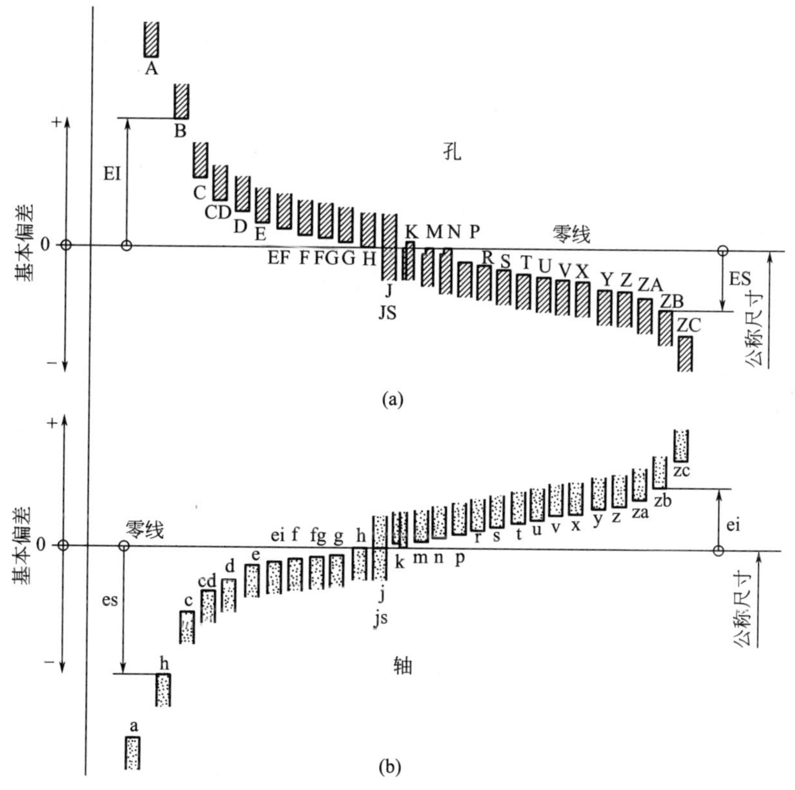

图 7-19　基本偏差系列示意图

差数值可查附表。

3. 配合制

(1) 配合

公称尺寸相同的互相结合的孔与轴的公差带之间的关系，称为配合。根据使用不同要求，孔与轴结合有松有紧，有间隙有过盈，因此，国家标准把配合分为三大类。

① 间隙配合。是指孔的实际尺寸总比与其相配合的轴的实际尺寸大，孔与轴存在间隙，如图 7-20(a) 所示，间隙有最大间隙和最小间隙（包括最小间隙等于零），如图 7-20(b) 所示，轴在孔中能作相对运动。孔的公差带在轴的公差带之上，如图 7-20(c) 所示。

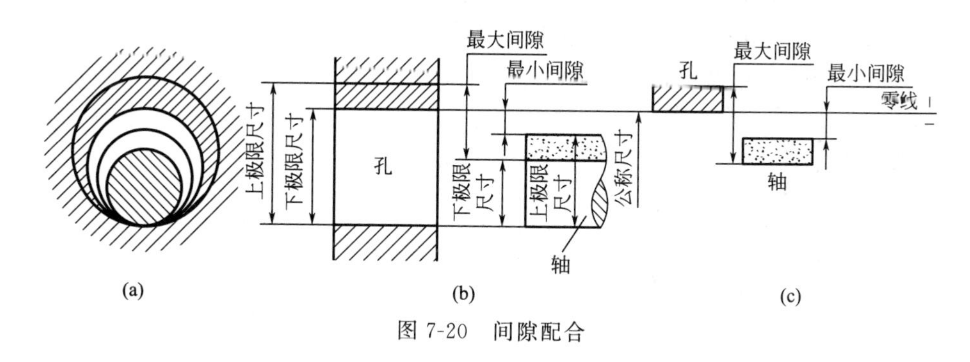

图 7-20　间隙配合

间隙配合主要用于孔与轴的活动连接。

② 过盈配合。是指孔实际尺寸总比与其相配合的轴的实际尺寸小，孔与轴存在过盈，

如图 7-21(a) 所示。过盈有最大过盈和最小过盈（包括最小过盈等于零），如图 7-21(b) 所示。配合时，需借助外力或把带孔零件加热膨胀后，才能把轴压入孔中，轴与孔不能做相对运动。孔的公差带在轴的公差带之下，如图 7-21(c) 所示。

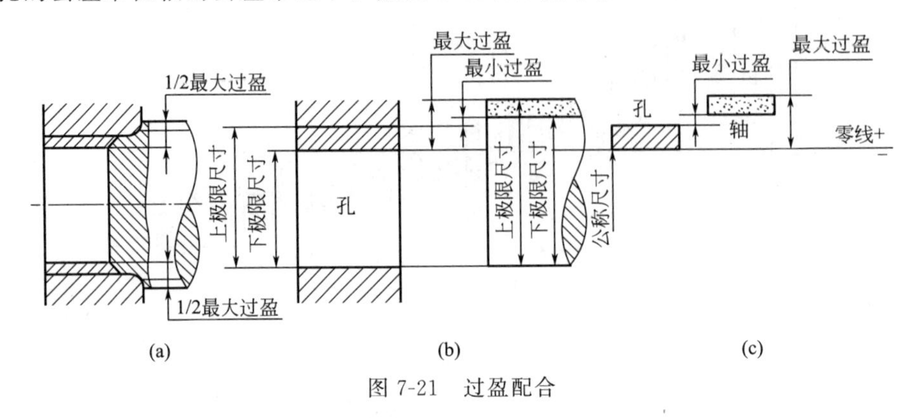

图 7-21　过盈配合

过盈配合主要用于孔与轴的紧固连接。

③ 过渡配合。是指轴的实际尺寸比孔的实际尺寸有的小、有的大，孔轴配合时，可能出现间隙，或出现过盈，但间隙和过盈都相对较小；最大间隙和最大过盈，如图 7-22(b) 所示。孔与轴公差带相互交叠，如图 7-22(a) 所示。这种介于间隙和过盈配合，即为过渡配合。

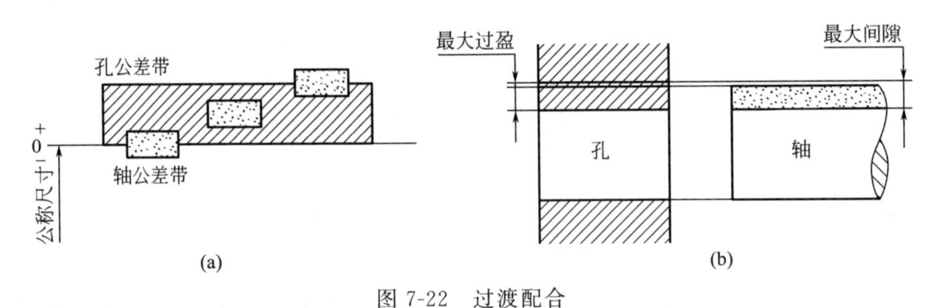

图 7-22　过渡配合

过渡配合主要用于孔、轴之间的定位连接。

（2）配合制

孔与轴公差带形成配合的一种制度，称为配合制。国家标准规定两种配合制度。

① 基孔制配合。基本偏差为一定的孔的公差带，与不同基本偏差的轴的公差带形成各种配合的一种制度，称为基孔制配合。即同一公称尺寸配合中，孔的公差带位置固定，通过变动轴的公差带，达到各种配合。如图 7-23 所示。

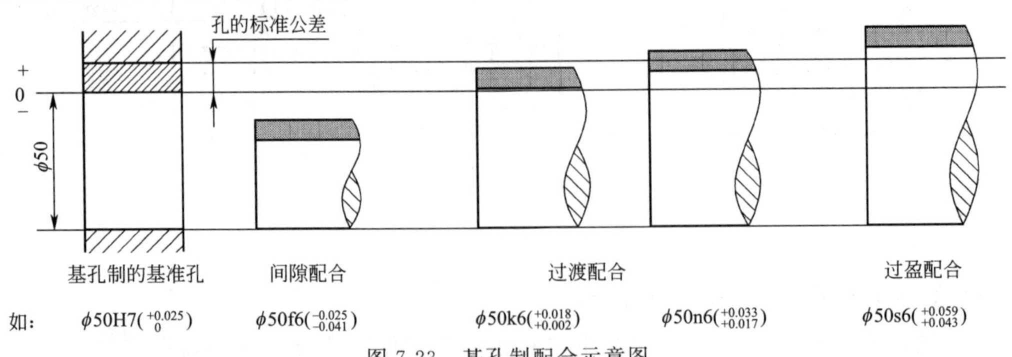

图 7-23　基孔制配合示意图

例如 ϕ50H7/f6 为基孔制间隙配合；ϕ50H7/k6，ϕ50H7/n6 为基孔制过渡配合；ϕ50H7/s6 为基孔制过盈配合。

② 基轴制配合。基本偏差为一定的轴的公差带与不同基本偏差的孔的公差带形成各种配合的一种制度，称为基轴制配合。即同一公称尺寸中，轴的公差带位置固定，通过变动孔的公差带，达到各种的配合，如图 7-24 所示。

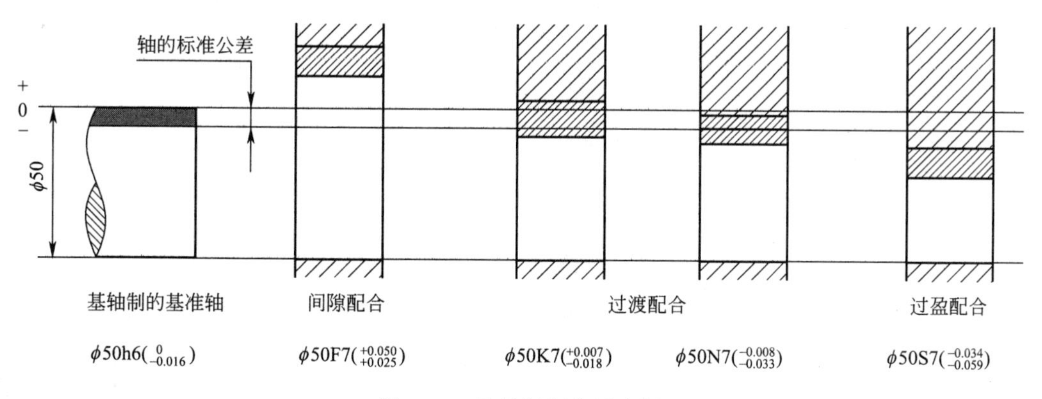

图 7-24　基轴制配合示意图

③ 优先常用配合。在一般情况下，优先选用基孔制配合，因为加工同样公差等级的孔比轴困难，同时还可减少刀具、量具的数目。但对于同一轴径在不同位置装上不同配合性质的孔的情况，如滚动轴承外圈和座孔的配合以及键与轴、轴套上的键槽的配合，则选用基轴制。

由于 20 个标准公差等级和 28 种基本偏差可组成大量的配合，国家标准对孔、轴公差带的选用分为优先、其次和最后三类。

4. 配合的标注与识读

(1) 零件图上的标注

在零件图上极限与配合的标注法有以下三种。

① 在孔或轴的基本尺寸后面标注公差代号，这种标注法适用于大批量生产的零件图。

② 在孔或轴的基本尺寸后面标注上、下极限偏差值，如图 7-25(a) 所示。这种标注法适用于单件小批量生产的零件图。

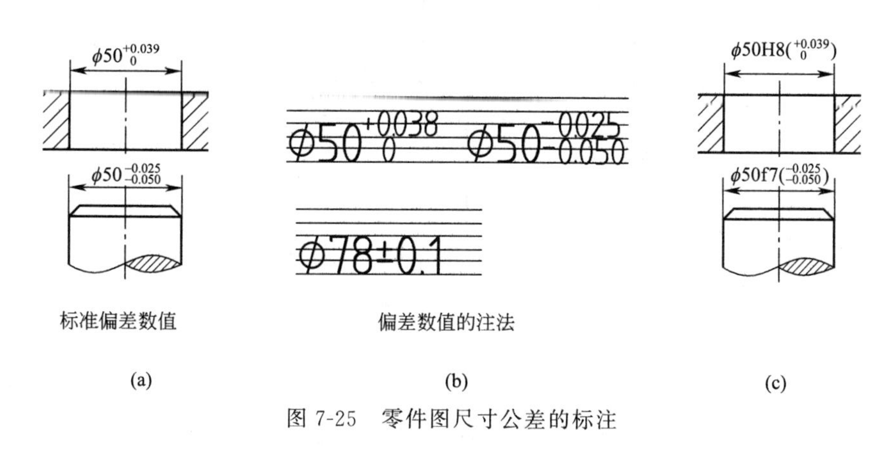

图 7-25　零件图尺寸公差的标注

标注上、下极限偏差数值时应注意：偏差数字比公称尺寸数字的字高小一号；上极限偏差注在基本尺寸的右上方，下极限偏差应与公称尺寸注在同一底线上；上、下极限偏差小数点须对齐，小数点后的位数相同；若一个偏差为“零”时，用“0”标出，并与另一个偏差小数点的个位数对齐；若上、下极限偏差数值相同，只需在数值前标注“±”符号，且字高与公称尺寸相同，如图 7-25(b) 所示。

③ 在孔或轴的公称尺寸后面同时标注公差带代号和上、下极限偏差数值，偏差数值须加上括号，如图 7-25(c) 所示。

(2) 装配图上的标注

装配图上标注线性尺寸的配合代号时，其代号必须注在基本尺寸的右边，用分数形式注出，分子为孔的公差带代号，分母为轴的公差带代号，其注写形式有三种，如图 7-26 所示。

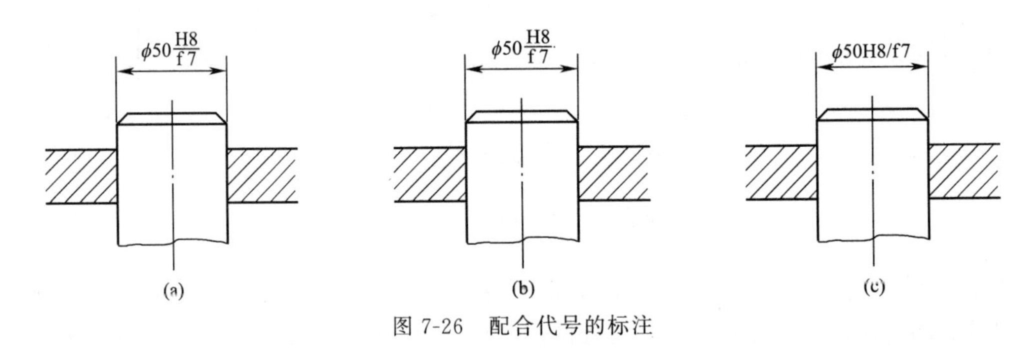

图 7-26 配合代号的标注

标注标准件、外购件与零件（孔或轴）的配合代号时，可以只标注相配零件（孔或轴）的公差带代号，如图 7-27 所示。

图 7-28 所示的尺寸公差带图中，孔公差带在轴公差带上方，所以是基孔制的间隙配合，最大间隙为+0.033−(−0.041)=0.074；最小间隙为 0−(−0.02)=0.02。

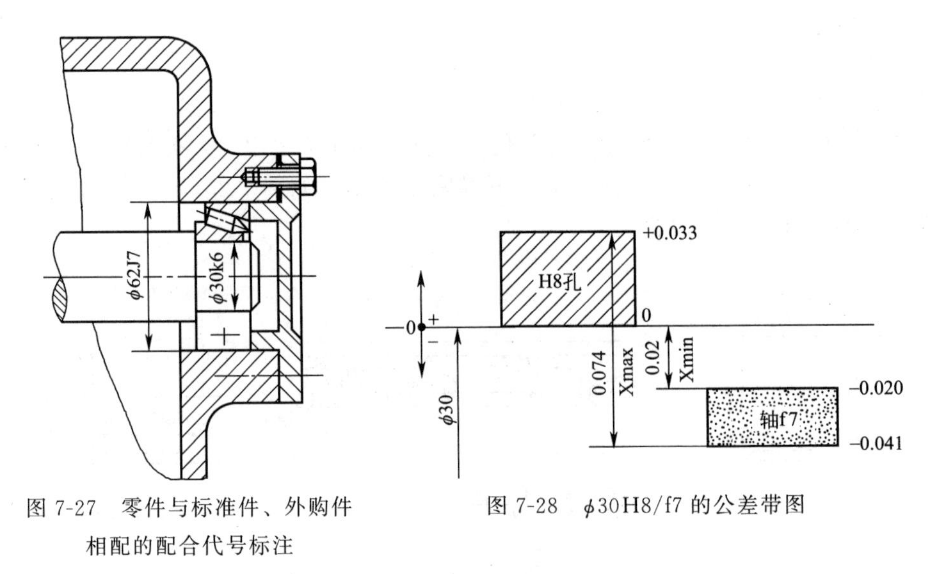

图 7-27 零件与标准件、外购件相配的配合代号标注

图 7-28 φ30H8/f7 的公差带图

二、几何公差

为了实现零件在机器或部件中的装配和使用功能要求，在图样上除了给出尺寸及其公差

要求外，还必须给出几何公差（形状、公差、位置和跳动公差）要求。

1. 几何公差的几何特征和符号

几何公差的几何特征和符号见表 7-2。

表 7-2　几何公差的几何特征和符号

公差类型	几何特征	符　号	有无基准	公差类型	几何特征	符　号	有无基准
形状公差	直线度	—	无	位置公差	位置度	⌖	有或无
	平面度	▱	无		同心度（用于中心点）	◎	有
	圆度	○	无		同轴度（用于轴线）	◎	有
	圆柱度	⌭	无		对称度	⌯	有
	线轮廓度	⌒	无		线轮廓度	⌒	有
	面轮廓度	⌓	无		面轮廓度	⌓	有
方向公差	平行度	//	有	跳动公差	圆跳动	↗	有
	垂直度	⊥	有		全跳动	⌰	有
	倾斜度	∠	有				
	线轮廓度	⌒	有				
	面轮廓度	⌓	有				

注：符号的笔画宽度占字体高度的十分之一。

2. 几何公差的标注

（1）公差框格及内容

公差框格（矩形）和带箭头指引线用细实线画出，框格应水平或垂直放置。矩形框格由两格或多格组成，框格自左到右，或由下向上填写。第一格注写几何公差特征符号；第二格注写几何公差值和有关附加符号，若公差带是圆形、圆柱形，在公差值前加注“ϕ”；若是球形，则应加注“$s\phi$”。第三格及其以后各格，注写基准要素字母或基准体系的字母。

（2）指示符号

指示符号用箭头表示，并用指引线将被测要素与公差框格的一端相连，如图 7-29(a) 所示。指引线的箭头应指向被测要素公差带宽度方向。

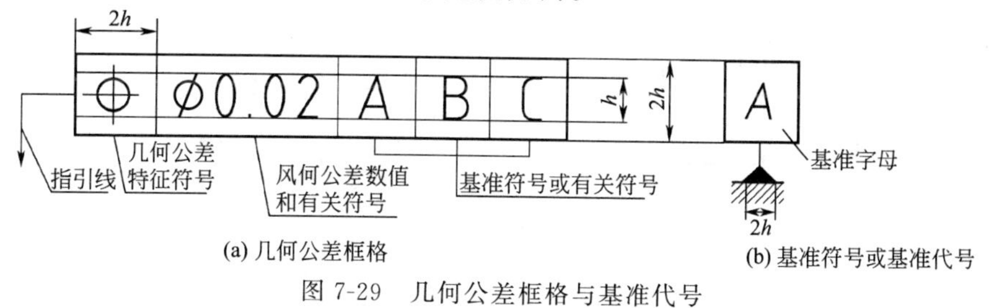

图 7-29　几何公差框格与基准代号

（3）基准符号

基准要素是零件上用于确定被测要素方向和位置的点、线或面。基准符号（字母注写在基准方格内）与一个涂黑三角形相连表示。如图 7-29(b) 所示。

（4）几何公差标注举例

几何公差标注举例见表 7-3。

表 7-3 几何公差标注示例

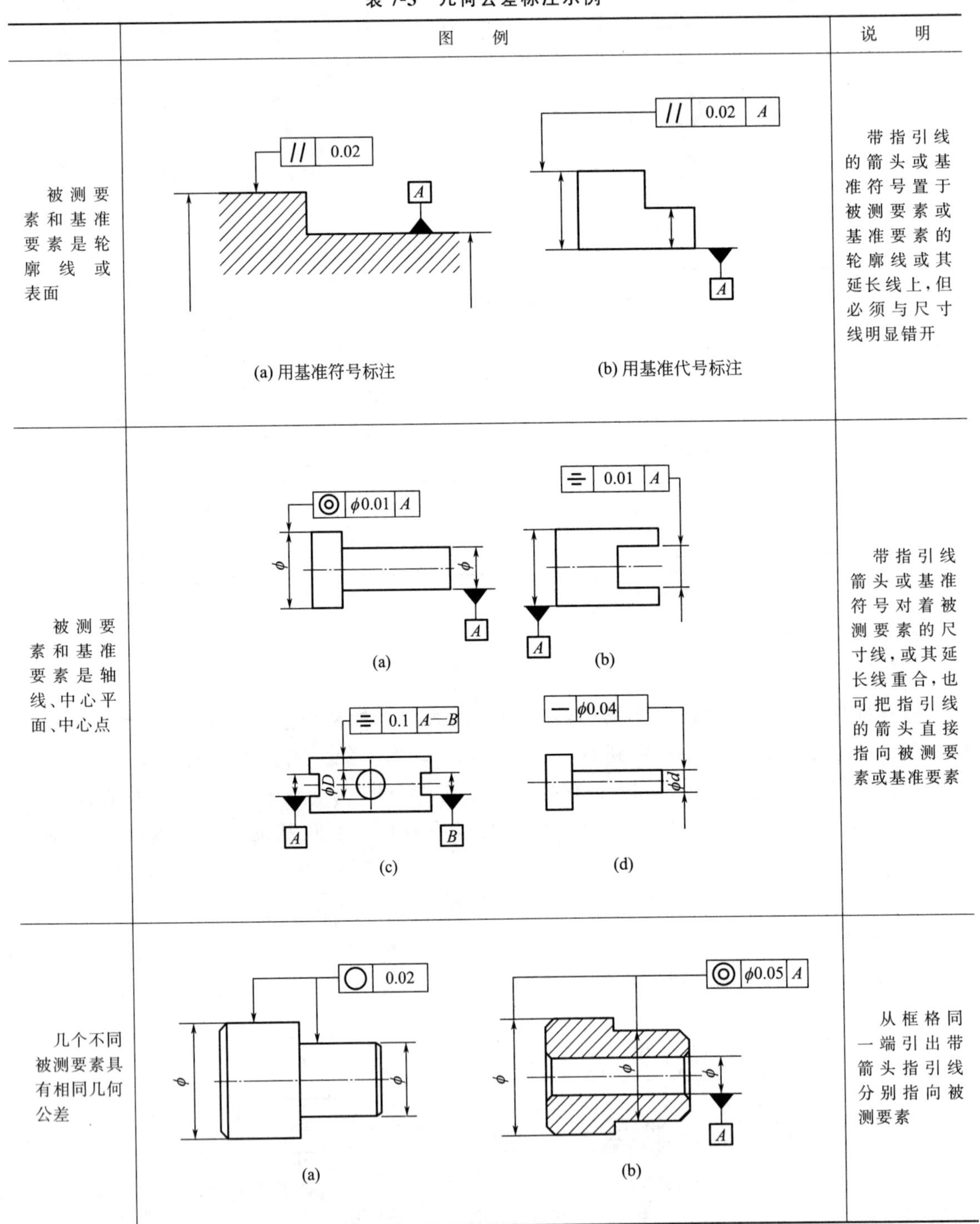

	图例	说明
被测要素和基准要素是轮廓线或表面	(a) 用基准符号标注　(b) 用基准代号标注	带指引线的箭头或基准符号置于被测要素或基准要素的轮廓线或其延长线上，但必须与尺寸线明显错开
被测要素和基准要素是轴线、中心平面、中心点	(a)　(b)　(c)　(d)	带指引线箭头或基准符号对着被测要素的尺寸线，或其延长线重合，也可把指引线的箭头直接指向被测要素或基准要素
几个不同被测要素具有相同几何公差	(a)　(b)	从框格同一端引出带箭头指引线分别指向被测要素

续表

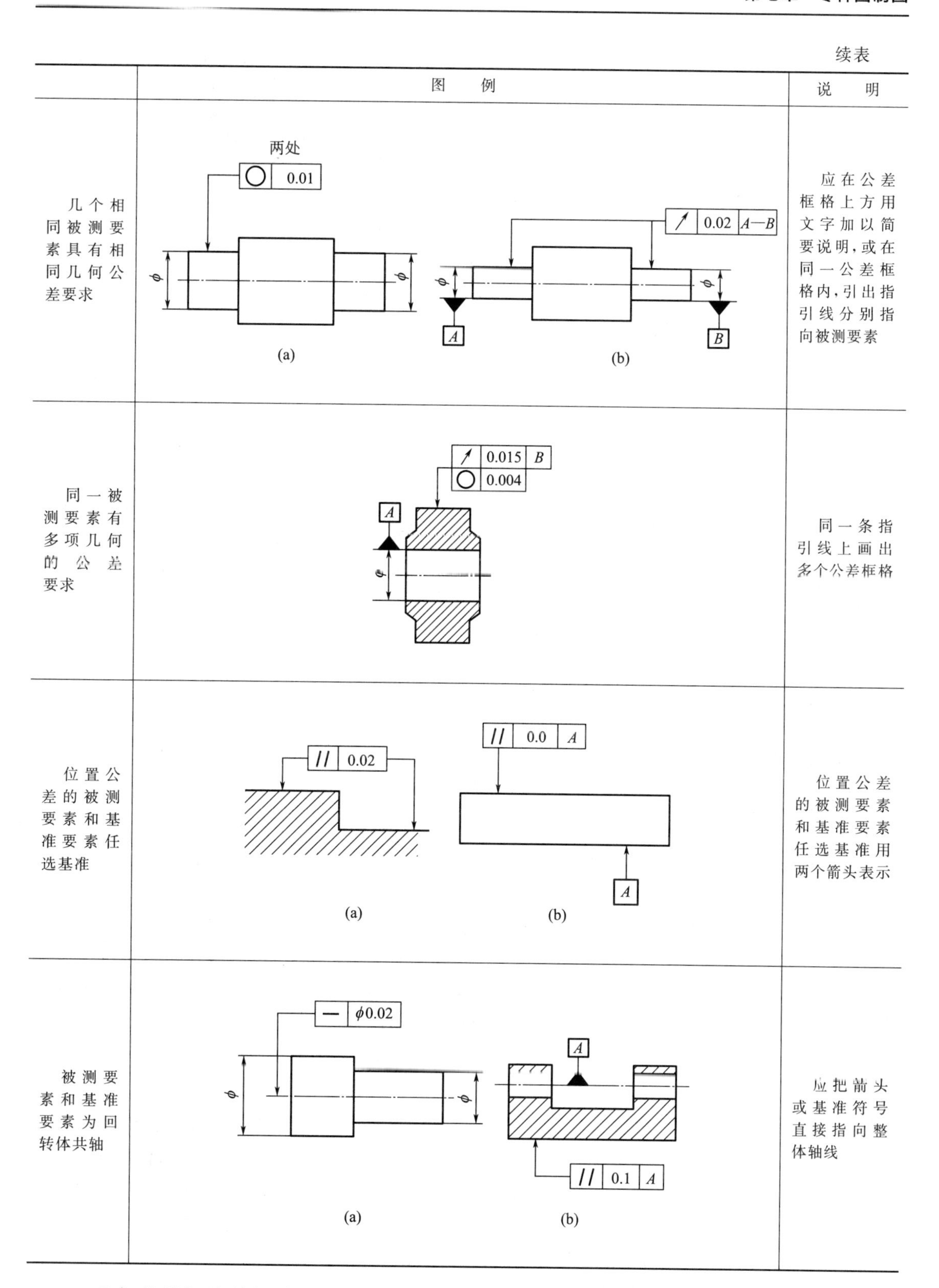

	图　例	说　明
几个相同被测要素具有相同几何公差要求	两处 ○ 0.01 (a) ↗ 0.02 A—B (b)	应在公差框格上方用文字加以简要说明，或在同一公差框格内，引出指引线分别指向被测要素
同一被测要素有多项几何公差要求	↗ 0.015 B ○ 0.004	同一条指引线上画出多个公差框格
位置公差的被测要素和基准要素任选基准	// 0.02 (a) // 0.0 A (b)	位置公差的被测要素和基准要素任选基准用两个箭头表示
被测要素和基准要素为回转体共轴	— ϕ0.02 (a) // 0.1 A (b)	应把箭头或基准符号直接指向整体轴线

3. 几何公差标注的识读

读图 7-30 所示曲轴零件图的几何公差，解释下列公差框格的含义。

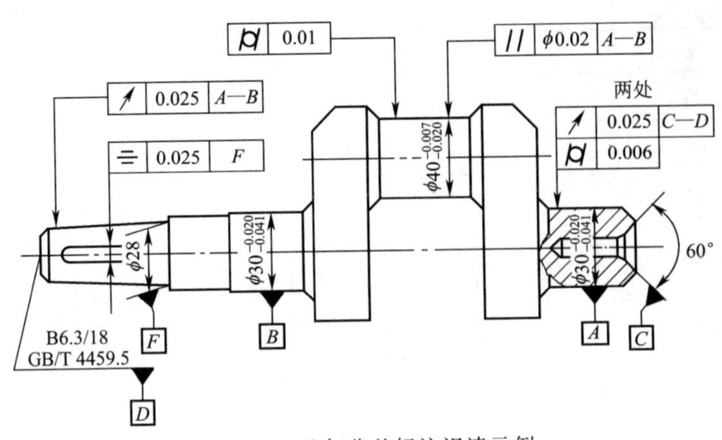

图 7-30　几何公差标注识读示例

[↗ | 0.025 | A—B]：左端 $\phi28$ 圆锥段对 $\phi30$ 公共基准轴线 $A—B$ 的圆跳动公差为 0.025。

[⌯ | 0.025 | F]：键槽中心平面对左端圆台段的轴线 F 的对称度公差为 0.025。

[// | $\phi0.02$ | A—B]：$\phi40$ 的轴线对 $\phi30$ 公共基准轴线 $A—B$ 的平行度公差为 0.02。

[⌭ | 0.01]：$\phi40$ 的圆柱度公差为 0.01。

两处
[↗ | 0.025 | C—D]
[⌭ | 0.06]：请读者自己解释左边几何公差的含义。

三、表面粗糙度

在机械图样上，除了对零件的部分结构给出尺寸公差和几何公差外，还应根据功能要求，对零件的表面质量——表面结构给出要求。表面结构包括表面粗糙度、表面波纹度、表面纹理、表面缺陷和表面几何形状。

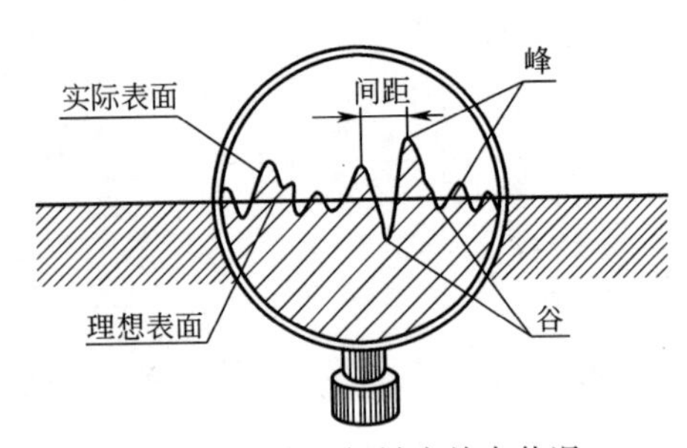

图 7-31　表面粗糙度放大状况

零件在机加工过程中，由于机床、刀具的振动，以及材料在切削时产生塑性变形、刀痕等原因，变得粗糙不平，如图 7-31 所示，零件加工表面上具有较小间距与峰、谷所组成的微观几何形状特征称为表面粗糙度。

表面粗糙度直接影响零件的耐磨性、抗腐蚀性、抗疲劳性、密封性以及零件间配合。

国家标准规定，表面粗糙度以参数值的大小评定。在生产实际中，轮廓参数是我国机械图样中目前最常用的评定参数。本节主要介绍评定粗糙度轮廓中的两个高度参数 Ra 和 Rz，如图 7-32 所示。

① 轮廓算术平均偏差 Ra：它指在一个取样长度内沿测量方向（z 方向）的轮廓线上的点与基准线之间距离绝对值的算术平均值，用 Ra 表示。

② 轮廓的最大高度 Rz：它指在同一取样长度内，轮廓峰顶线和轮廓谷底线之间距离，用 Rz 表示。

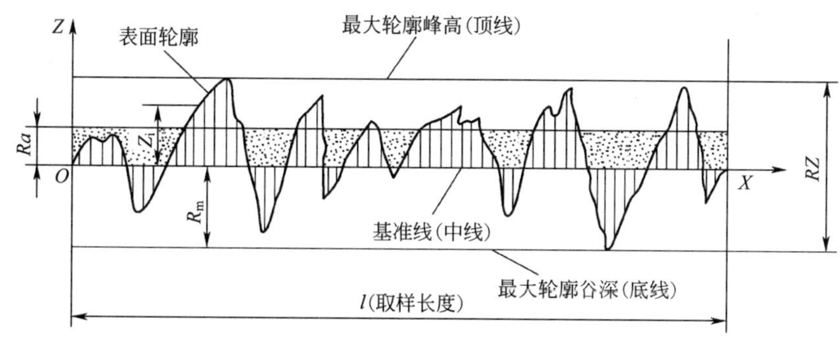

图 7-32　轮廓算术平均偏差 Ra 和轮廓最大高度 Rz

选用表面粗糙度，既要满足功用要求，又要考虑经济合理。一般情况下凡零件上有配合要求或有相对运动表面，粗糙度值要小，表面质量越高，加工成本也越高。

表面粗糙度的图形符号见表 7-4。

表 7-4　表面结构的符号

符号名称	符号	意义及说明
基本图形符号		基本图形符号，未指定表面加工方法的表面，当通过一个注释解释时可单独使用
扩展图形符号		扩展图形符号，用去除材料，例如车、铣、钻、磨、剪切、抛光、腐蚀、电火花加工、气割等
		扩展图形符号，表示不去除材料的表面，例如铸、锻、冲压变形、热轧、冷轧、粉末冶金等
完整图形符号		在上述三个符号上均可加一横线，用于注写对表面结构的各种要求
		在上述三个符号上均可加一小圈，表示投影图中封闭的轮廓所表示的所有表面具有相同的表面结构要求 4 3 2 1 6 5 (a)　(b) 注：图(a)中的表面结构符号是指对图(b)中封闭轮廓的6个面的共同要求(不包括前、后表面)

表面粗糙度的符号和代号及其含义见表 7-5。

表 7-5　表面结构要求的标注　　μm

代号	意义及说明	代号	意义及说明
Ra 3.2	用任何方法获得的表面粗糙度，Ra 的单向上限值为 3.2μm	Ra 3.2	用不去除材料方法获得的表面粗糙度，Ra 的单向上限值为 3.2μm
Ra 3.2	用去除材料方法获得的表面粗糙度，Ra 的单向上限值为 3.2μm	U Ra 3.2 L Ra 1.6	用去除材料方法获得的表面粗糙度，Ra 的上限值为 3.2μm，下限值为 1.6μm，其中 U 为上限值，L 为下限值(本例为双向极限要求)

续表

代　　号	意义及说明	代　　号	意义及说明
Rz 3.2	用去除材料方法获得的表面粗糙度，Rz 的单向上限值为 3.2μm	Ra Max3.2	用不去除材料方法获得的表面粗糙度，Ra 的最大值为 3.2μm
Ra Max3.2	用任何方法获得的表面粗糙度，Ra 的最大值为 3.2μm	U Ra Max3.2 L Ra Min1.6	用去除材料方法获得的表面粗糙度，Ra 的最大值为 3.2μm、最小值为 1.6μm（双向极限要求）
Ra Max3.2	用去除材料方法获得的表面粗糙度，Ra 的最大值为 3.2μm	Ra Max3.2 Rz Max12.5	用去除材料方法获得的表面粗糙度，Ra 的最大值为 3.2μm，Rz 的最大值为 12.5μm

注：单向极限要求均指单向上限值，可免注“U”；若为单向下限值，则应加上“L”。

表面粗糙度符号、代号的画法及其在零件图的标注方法见表 7-6。

表 7-6　表面粗糙度符号、代号的画法及其在图样标注

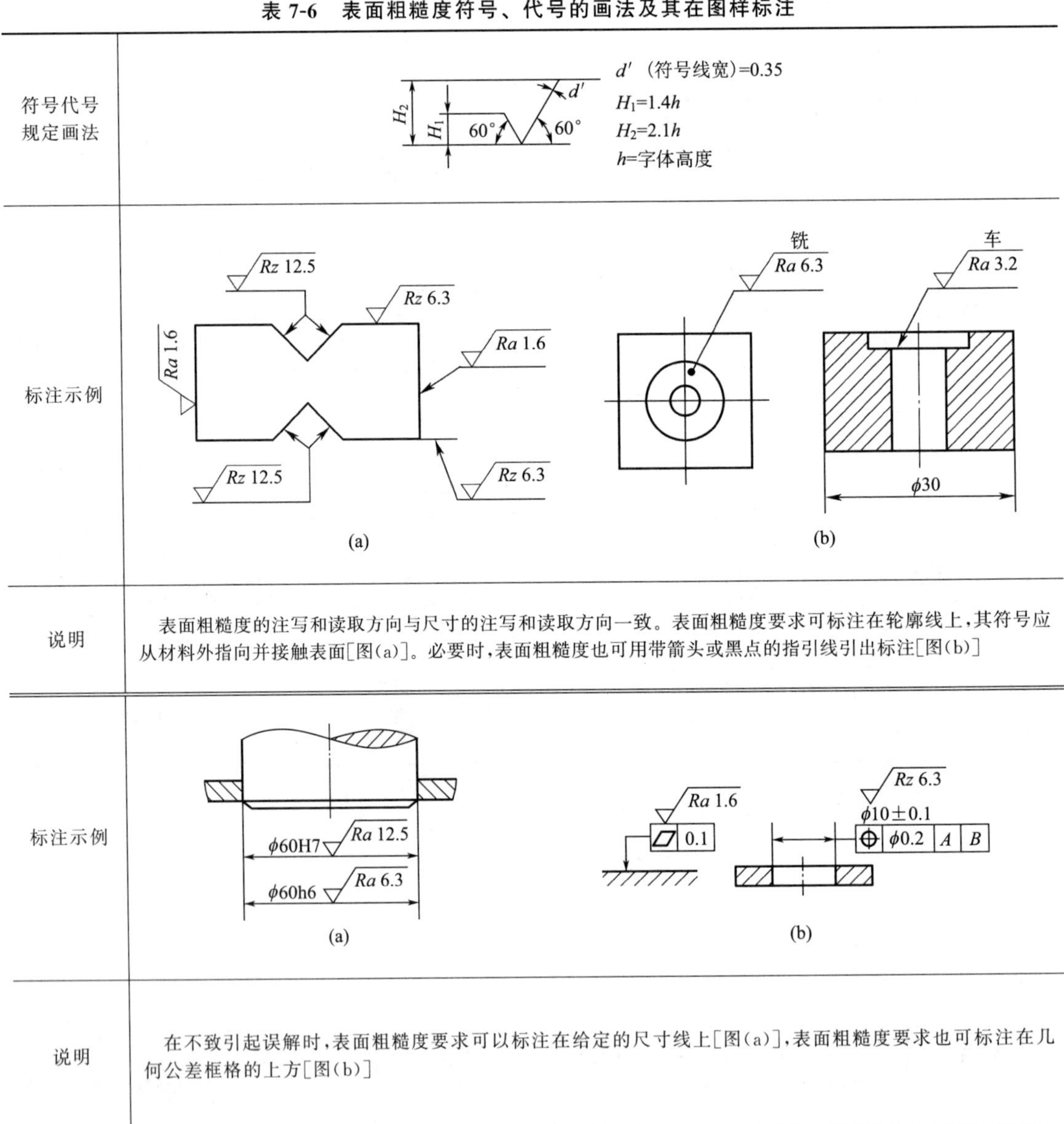

符号代号规定画法	d'（符号线宽）=0.35 H_1=1.4h H_2=2.1h h=字体高度
标注示例	(a)　(b)
说明	表面粗糙度的注写和读取方向与尺寸的注写和读取方向一致。表面粗糙度要求可标注在轮廓线上，其符号应从材料外指向并接触表面[图(a)]。必要时，表面粗糙度也可用带箭头或黑点的指引线引出标注[图(b)]
标注示例	(a)　(b)
说明	在不致引起误解时，表面粗糙度要求可以标注在给定的尺寸线上[图(a)]，表面粗糙度要求也可标注在几何公差框格的上方[图(b)]

续表

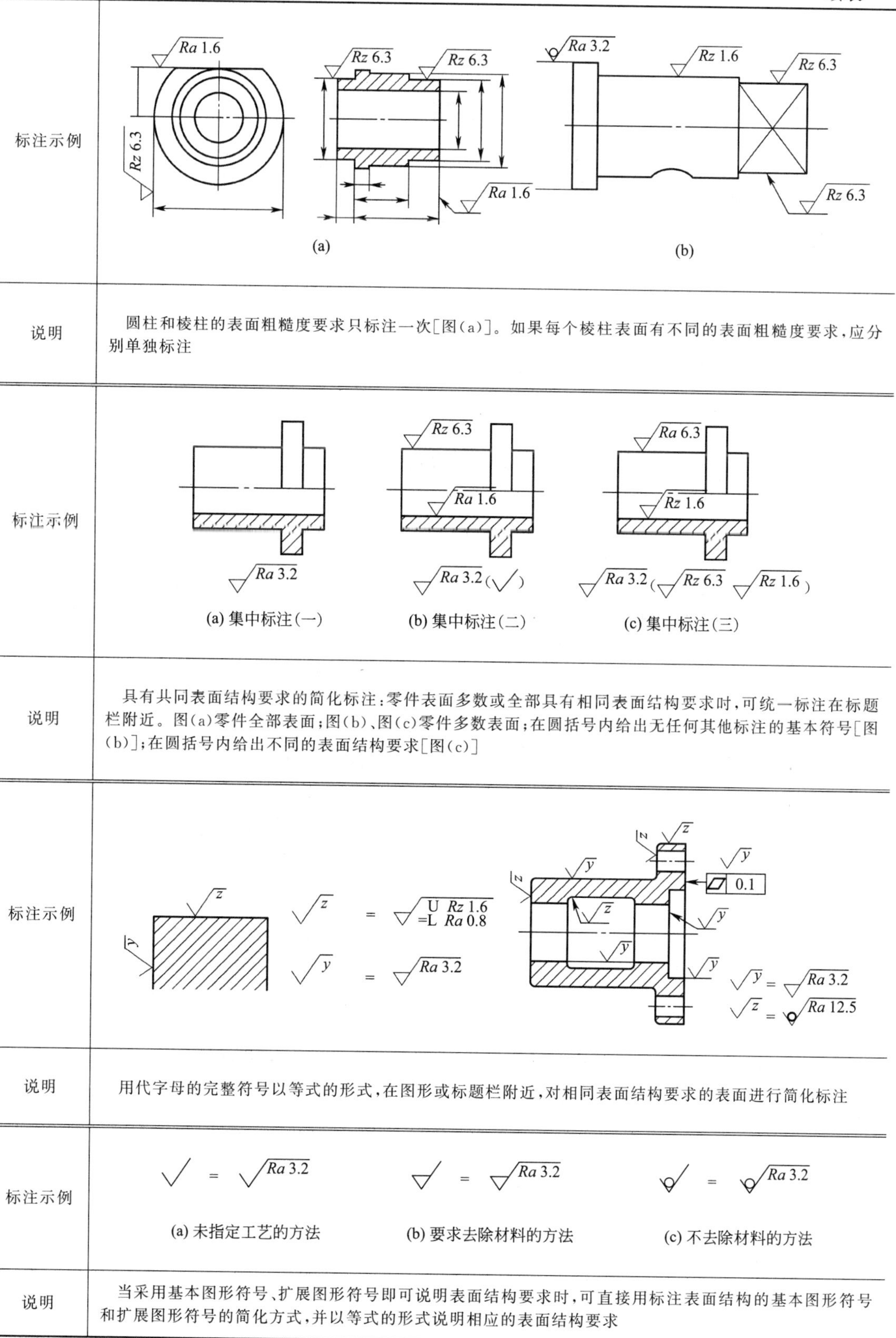

标注示例	(a) (b)
说明	圆柱和棱柱的表面粗糙度要求只标注一次[图(a)]。如果每个棱柱表面有不同的表面粗糙度要求，应分别单独标注
标注示例	(a) 集中标注(一)　(b) 集中标注(二)　(c) 集中标注(三)
说明	具有共同表面结构要求的简化标注：零件表面多数或全部具有相同表面结构要求时，可统一标注在标题栏附近。图(a)零件全部表面；图(b)、图(c)零件多数表面；在圆括号内给出无任何其他标注的基本符号[图(b)]；在圆括号内给出不同的表面结构要求[图(c)]
标注示例	
说明	用代字母的完整符号以等式的形式，在图形或标题栏附近，对相同表面结构要求的表面进行简化标注
标注示例	(a) 未指定工艺的方法　(b) 要求去除材料的方法　(c) 不去除材料的方法
说明	当采用基本图形符号、扩展图形符号即可说明表面结构要求时，可直接用标注表面结构的基本图形符号和扩展图形符号的简化方式，并以等式的形式说明相应的表面结构要求

续表

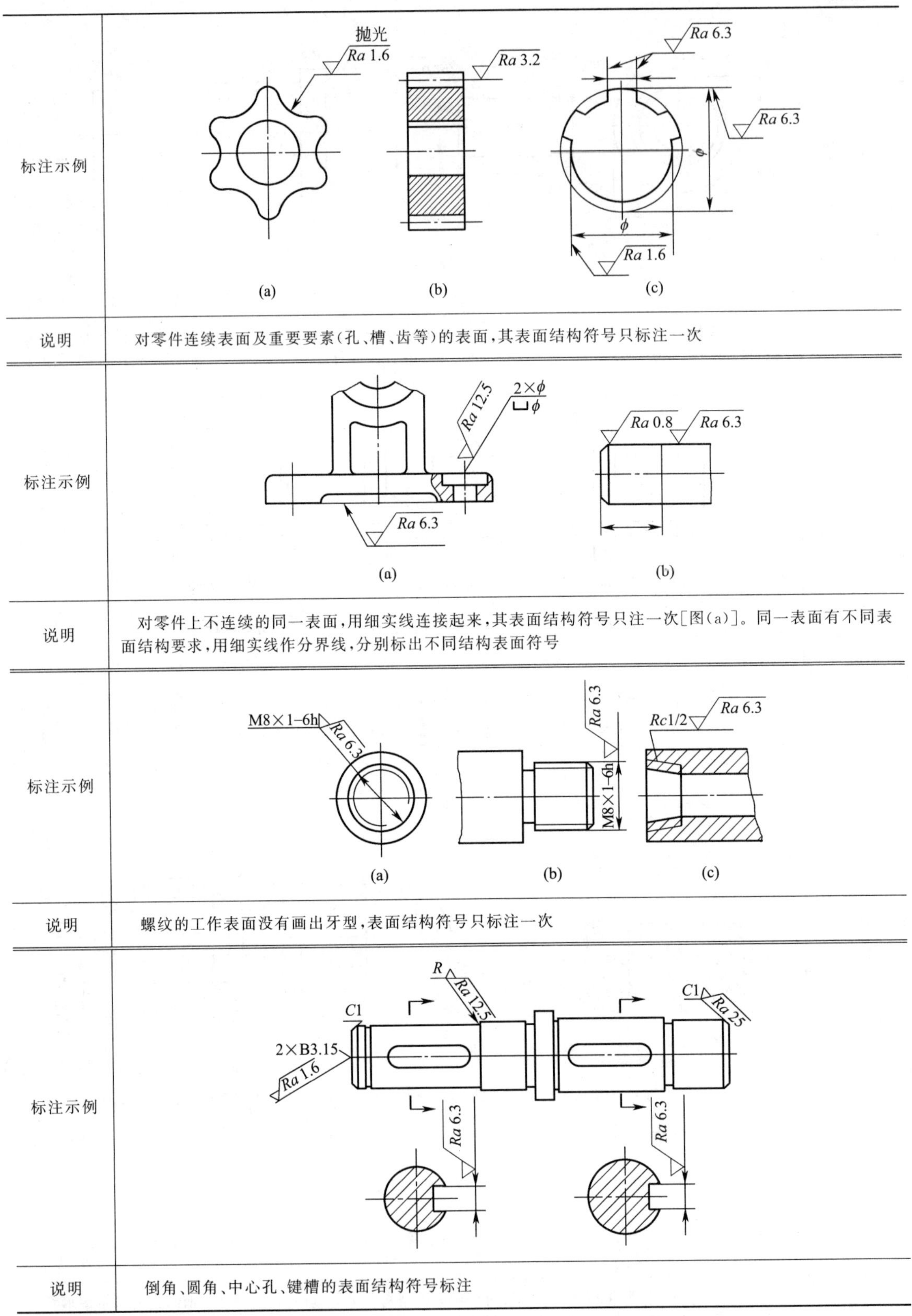

标注示例	
说明	对零件连续表面及重要要素(孔、槽、齿等)的表面,其表面结构符号只标注一次
标注示例	
说明	对零件上不连续的同一表面,用细实线连接起来,其表面结构符号只注一次[图(a)]。同一表面有不同表面结构要求,用细实线作分界线,分别标出不同结构表面符号
标注示例	
说明	螺纹的工作表面没有画出牙型,表面结构符号只标注一次
标注示例	
说明	倒角、圆角、中心孔、键槽的表面结构符号标注

第五节　零件的工艺结构

零件的结构形状除了应满足它在机器中的作用外，还应考虑到零件在铸造、机械加工、测量、装配环节的合理性。

一、铸造工艺结构

1. 铸造圆角

为了防止砂型在尖角处落砂及避免铸件冷却不均而产生图 7-33(a)、(b) 所示的裂纹和缩孔，应在铸件表面转角处制成圆角，称为铸造圆角，如图 7-33(c)、(e) 所示。一般铸造圆角为 $R3 \sim R5$。

铸造圆角在零件图中一般应画出，尺寸在技术要求中统一标注出。当铸件表面被加工后铸造圆角被切去，应画成倒角或尖角，如图 7-33(f) 所示。

2. 起模斜度

铸件造型时，为了能将木模从砂型中取出，在铸件的内外壁上常沿着起模方向作出一定的斜度，称为起模斜度，如图 7-33(d) 所示。起模斜度一般取 1∶20，在图样上不必画出。

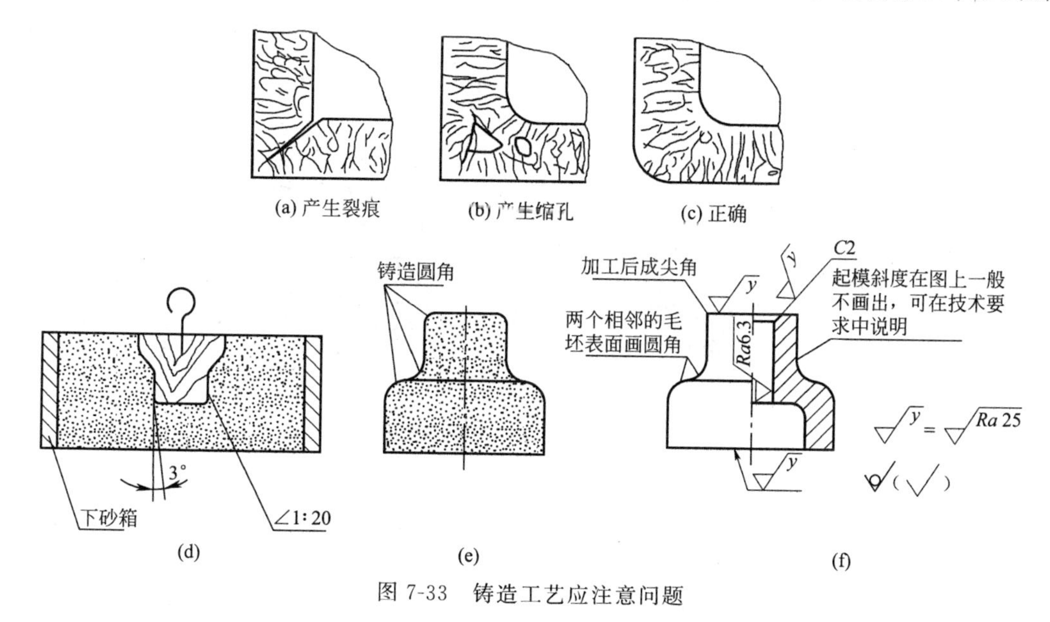

图 7-33　铸造工艺应注意问题

3. 铸件壁厚

若铸件壁厚不均匀，当铸件冷却时，会因壁的厚薄不同而收缩不均，产生如图 7-34(c)

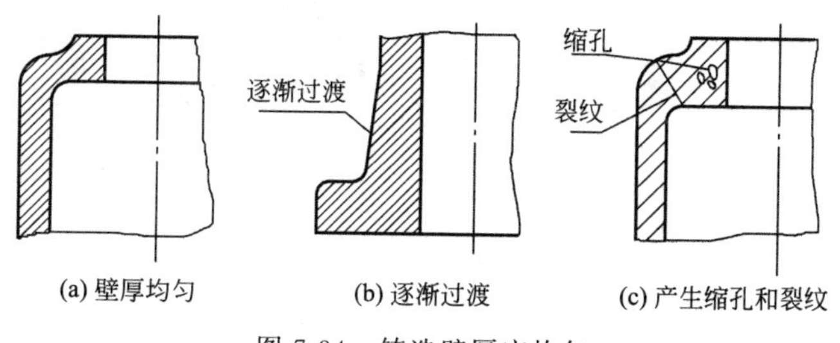

图 7-34　铸造壁厚应均匀

所示的缩孔或裂缝。因此设计时，应使壁厚保持均匀，厚薄转折处应逐步过渡，如图 7-34（a）、（b）所示。

4. 过渡线

由于铸造圆角的存在，铸件表面上的相交线就变得不明显了，这条交线称为过渡线。为了读图时能分清不同表面的界线，交线用细实线表示，但过渡线两端部不与圆角轮廓线相交，应留有间隙，如图 7-35 所示。

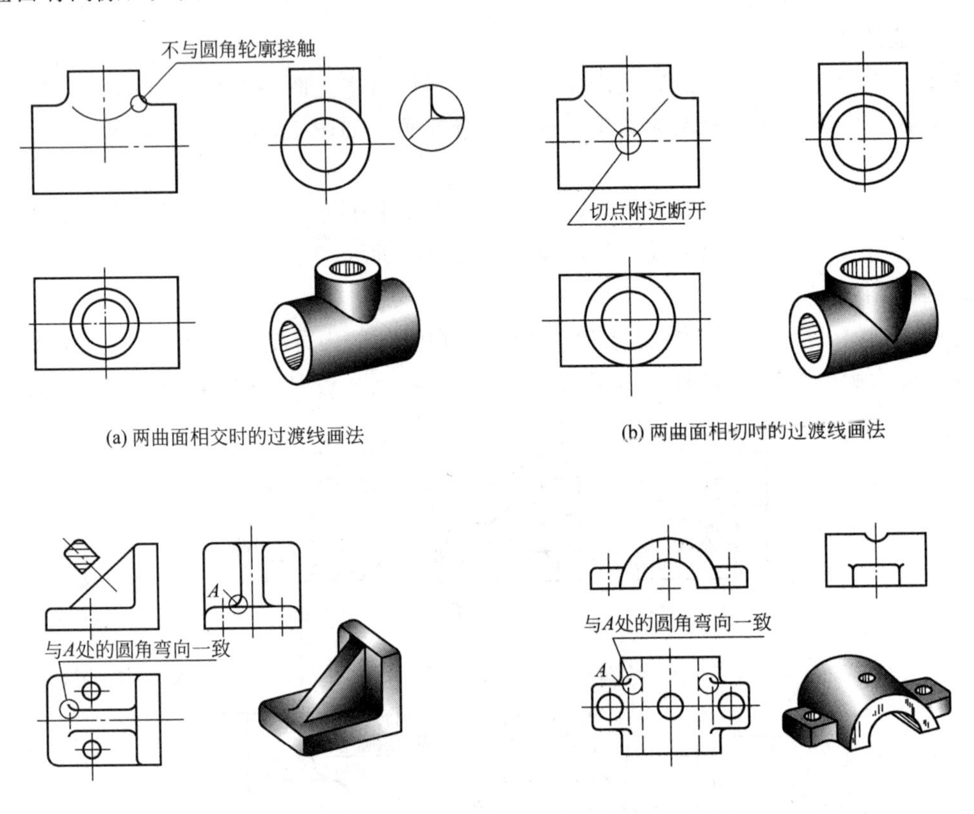

(a) 两曲面相交时的过渡线画法

(b) 两曲面相切时的过渡线画法

(c) 平面与平面或曲面相交时过渡线的画法

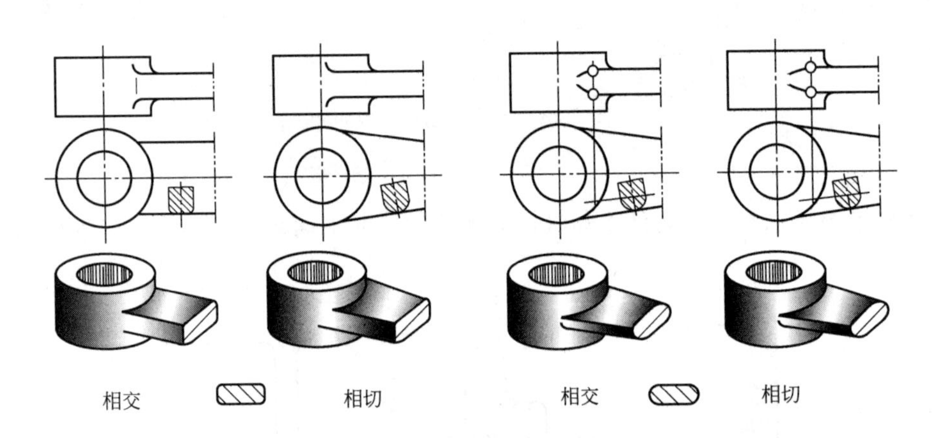

(d) 肋板与圆柱组合时的过渡线画法

图 7-35　过渡线的画法

二、机械加工工艺结构

1. 倒角和倒圆

为了除去零件加工后留下的毛刺和锐边，以便对中装配，常在轴、孔的端部加工出倒角。为了避免轴肩处因应力集中而产生裂纹，常在轴肩处加工成过渡圆角。45°倒角和圆角的尺寸标注形式如图 7-36(a) 所示。对于非 45°倒角，按图 7-36(b) 所示标注；当倒角的尺寸很小时，在图样中不必画出，但必须注明尺寸或在技术要求中加以说明。

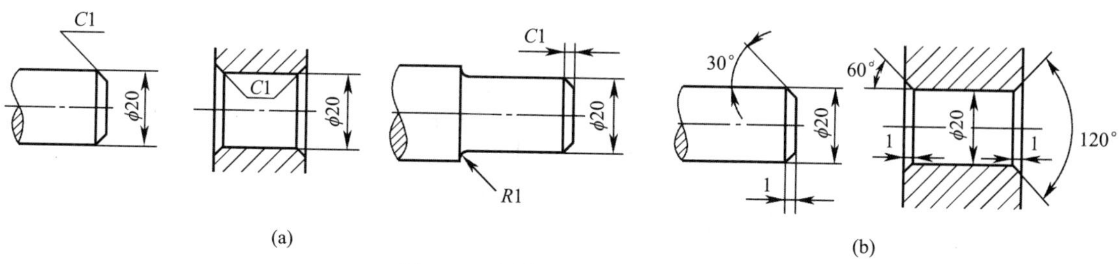

图 7-36　倒角和圆角的尺寸注法

2. 退刀槽和砂轮越程槽

零件切削或磨削时，为保证加工质量，便于退出刀具或砂轮，以及装配时保证接触面紧贴，常在轴肩处和孔的台肩处预先车削出退刀槽或砂轮越程槽，如图 7-37 所示。其尺寸注法可按图 7-37(a)、(b) 所示的“槽深×直径”或“槽宽×槽深”的形式标注，也可分别注出槽宽和直径。当槽的结构比较复杂时，可画出局部放大图并标注尺寸，如图 7-37(c)、(d) 所示。

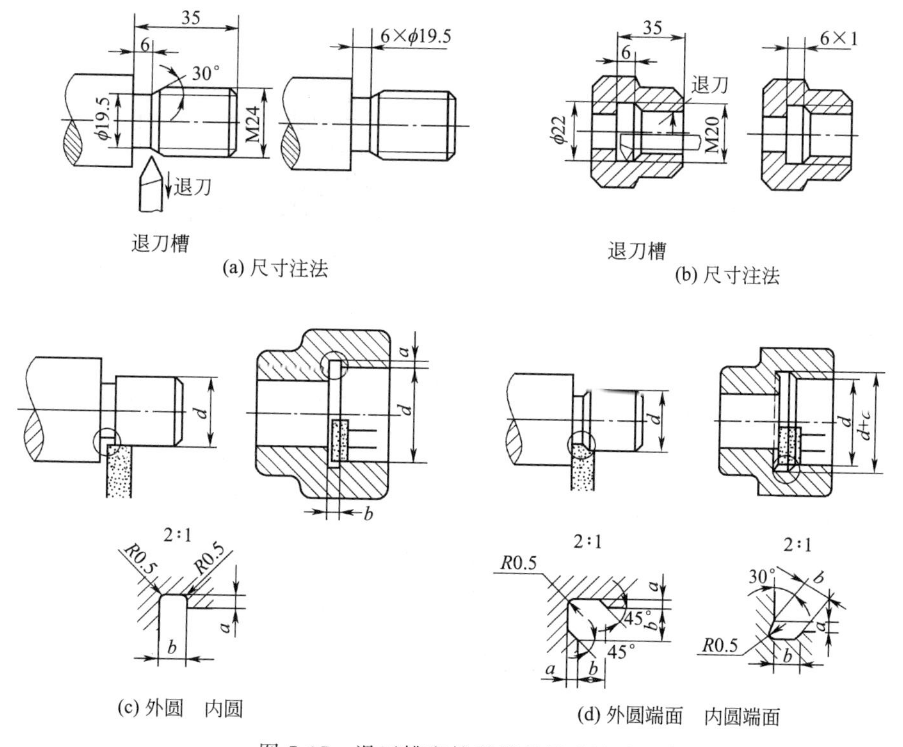

图 7-37　退刀槽和越程槽的尺寸注法

3. 凸台和凹坑

为了使零件表面接触良好，减少加工面积，常在零件的接触部位作出凸台和凹坑，如图 7-38 所示。

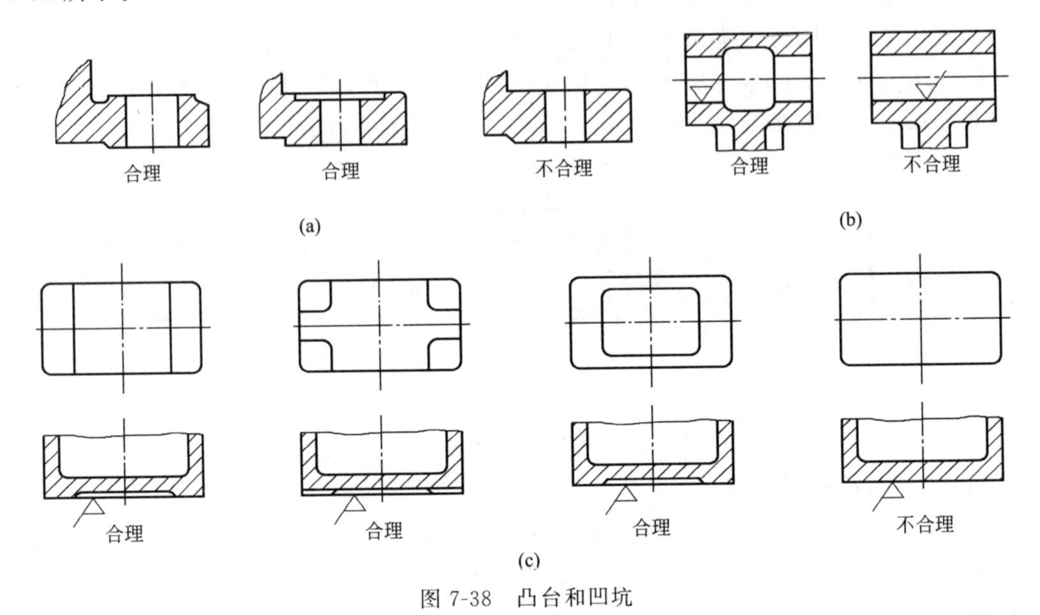

图 7-38　凸台和凹坑

4. 钻孔结构

在零件上钻不通孔时，其底部的圆锥孔应画成 120°的圆锥角，标注孔深尺寸不包括圆锥角，如图 7-39(a) 所示；钻阶梯孔时，锥台顶角 120°，但不标注圆台孔的高度，如图 7-39（b）所示。

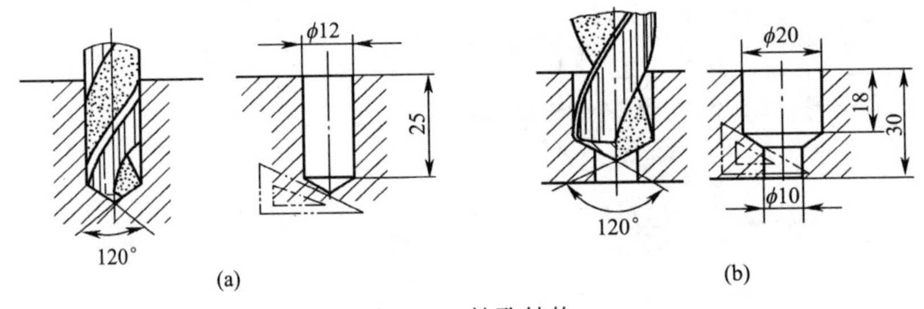

图 7-39　钻孔结构

为了避免钻孔时钻头因单边受力使孔偏斜或钻头折断，在孔口处应设计与孔的轴线垂直的凸台或凹孔，如图 7-40 所示。

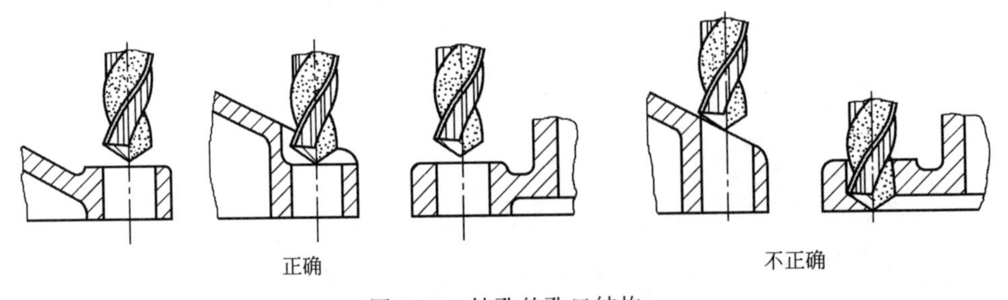

图 7-40　钻孔的孔口结构

第六节　读零件图

正确、熟练地识读零件图，是技术工人和工程人员必须掌握的基本功之一。

一、读零件图的目的

① 了解零件的名称、材料和用途。

② 了解零件各部分的结构、形状，以及它们之间的相对位置。

③ 分析零件图标注的尺寸，识别尺寸基准和类别，确定零件各组成部分的定形尺寸和定位尺寸及工艺结构的尺寸。

④ 分析零件图标注技术要求，明确制造该零件应达到的技术指标。了解制造该零件时应采用的加工方法。

二、读零件图的方法和步骤

1. 读标题栏

阅读标题栏，了解零件名称、材料、绘图比例等。初步了解其用途以及属于哪类零件。

2. 分析表示方案

① 浏览全图，找出主视图。

② 以主视图为主搞清楚各个视图名称、投射方向、相互之间的投影关系。

③ 若是剖视图或断面图，应在对应的视图中找出剖切面位置和投射方向。

④ 若有局部视图、斜视图，必须找出表示部位的字母和表示投射方向的箭头。

⑤ 检查有无局部放大图及简化画法。通过上述分析，初步了解每一视图的表示目的，为视图的投影分析做准备。

3. 读视图

读视图想象形状时，以主视图的线框、线段为主，配合其他视图的线框、线段的对应关系，应用形体分析法和线面分析法及读剖视图的思维基础来想象零件各个部分的内外形。想象时，先读主体，后读非主体；先读外形，后读内形；先易后难，先粗后细。在分部分想象内、外形的基础上，综合想象零件整体结构形状。

读图想象形状时，不仅注意主体形状，更好注意仔细、认真分析每一个细小结构。

4. 读尺寸

① 想象零件的结构特点，阅读各视图的尺寸布局，找出三个方向的尺寸基准。了解基准类别以及同一方向是否有主要基准和辅助基准之分。

② 应用形体分析法和结构分析法，从基准出发找出各部分的定形尺寸和定位尺寸以及工艺结构的尺寸，确定总体尺寸，检查尺寸标注是否齐全、合理。读尺寸应认真、仔细，避免读错、漏尺寸而造成废品。

5. 读技术要求

阅读零件图上所标注的尺寸公差、几何公差和表面结构（如表面粗糙度）。确定零件哪些部位精度要求较高、较重要，以便加工时，采用相应的加工、测量方法。

6. 综合归纳

通过上述的读图后，对零件的结构形状、尺寸和技术要求等内容进行综合归纳，形成了比较完整认识，若发现存在问题，还能提出改进意见。读图步骤往往不是严格分开和孤立进行的，而常常是彼此联系、互补或穿插地进行。

现以箱体类零件图为例，说明读零件图的一般方法和步骤（见图 7-41）。

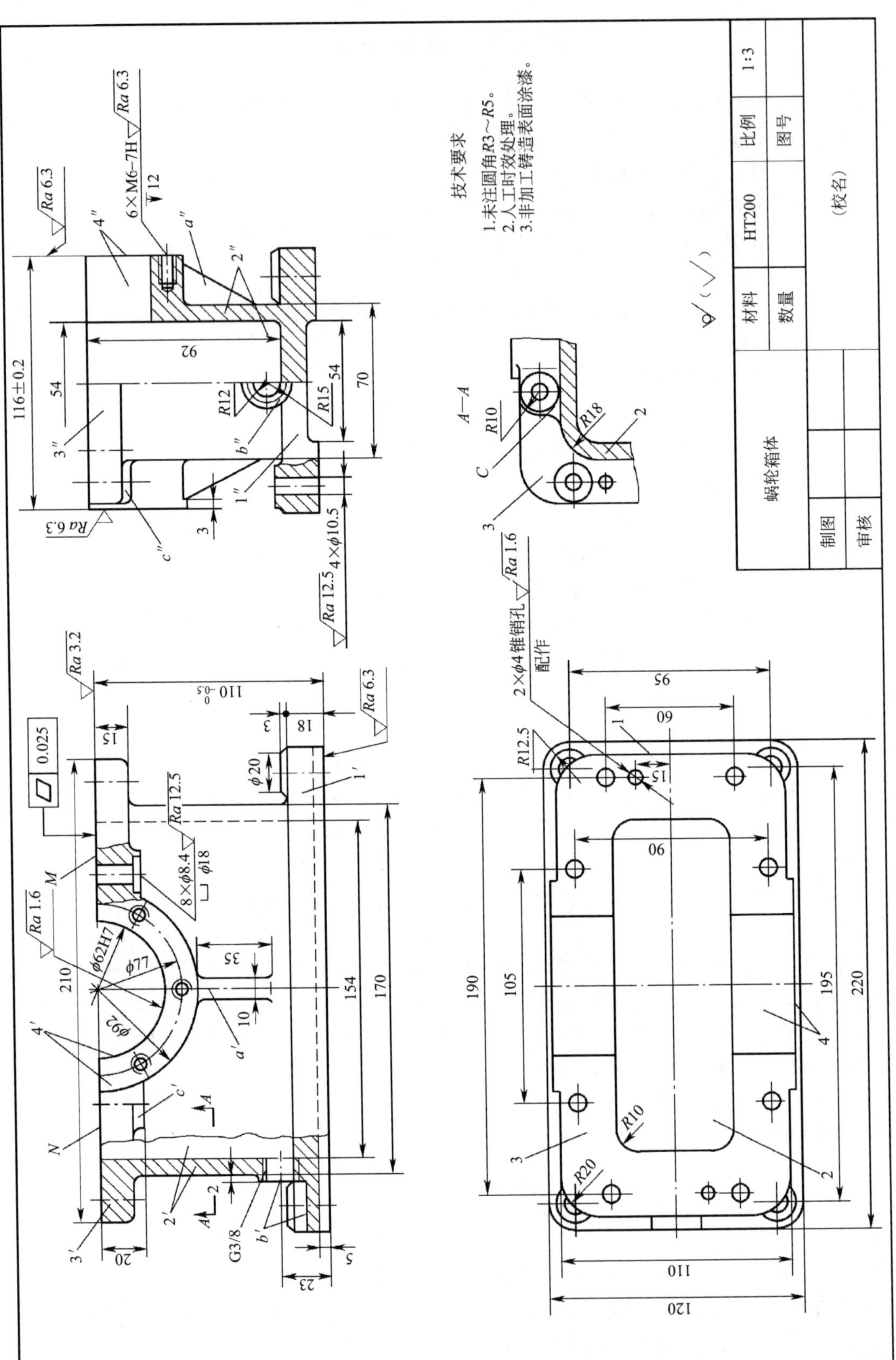

图 7-41　蜗轮箱体零件图

（1）读标题栏

从标题栏名称可知，是蜗轮箱体，材料 HT200，是铸件，绘图比例 1∶3。从零件名称了解它是蜗杆蜗轮传动的壳体件。

（2）分析表示方案

浏览全图，蜗轮箱体有主、俯、左三个基本视图及 $A—A$ 剖视图。局部剖主视图符合形状特征和工作位置要求，表示箱体外形及箱壁等内形；俯视图表示上盖板、底板和内腔的特征形等；半剖左视图，剖切面通过箱体左右对称面，表示箱体内外形及半圆筒等；$A—A$ 局部剖视图，从主视图 $A—A$ 处剖切，向上投射，主要表达箱壁横断面及上盖板连接关系。通过以上视图分析，为深入读图做好了准备。

（3）读视图

① 想象主体形状。蜗轮箱体形状比较复杂，采用分部分识读，并以主视图画分线框为主，逐个找出与各个视图的对应关系。如线框 1′对应线框 1，1″，以 1，1″为主想象底板Ⅰ的形状；线框 2′对应线框 2，2″，以线框 2 为主，想象箱壁和空腔Ⅱ的形状；线框 3′对应线框 3，3″，以线框 3，3′为主，想象上盖板Ⅲ的形状；线框 4′对应 4，4″，以线框 4′为主，想象半圆筒Ⅳ的形状。通过上述读图过程，蜗轮箱体主要四部形状就想象出来。并通过主、俯、左视图的线框相对位置，想象为上、中、下三层叠加而成，是左右、前后对称的壳体件。

② 想象次要结构形状。线框 a'与 a''，想象为肋板 A；线框 b''与 b'，想象管螺孔及凸台和凹槽 B 的形状；线框 c'与 c、c''，想象凸台 C 的形状。

③ 想象各个小圆孔和螺纹孔的数量和位置，从俯视图可知上盖板上 8 个小圆孔，2 个圆锥销孔，底板有 4 个圆柱孔；从主视图可知半圆筒前后端面有 6 个螺纹孔。

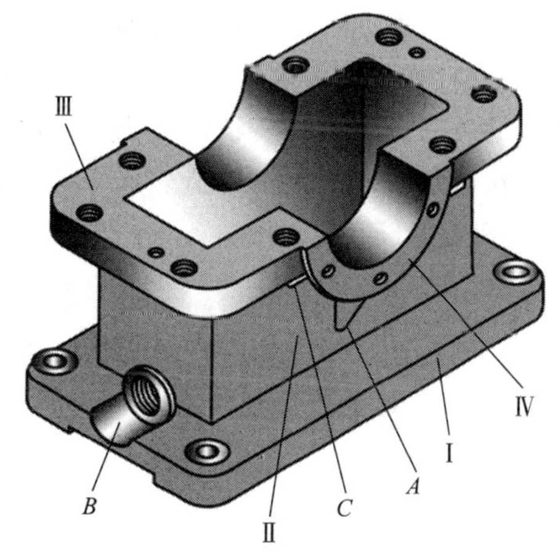

图 7-42 蜗轮箱体轴测图

通过上述分析和想象，得出蜗轮箱体的整体结构形状如图 7-42 所示。

（4）读尺寸

① 尺寸基准。箱体的底面为高度方向尺寸的主要基准，它是安装面和加工测量面的基准，尺寸 $110_{-0.5}^{\ 0}$ 是确定半圆孔和面 M 的定位尺寸。面 M（加工、安装面）为辅助基准，尺寸 15，20，92 都是以它为基准确定的；从主、俯视图的左右、前后对称形及尺寸对称布局，确定以左右和前后的对称面为长、宽方向尺寸的主要基准。

② 按形体分析法识读底板Ⅰ、箱壁Ⅱ、上盖板Ⅲ、半圆筒Ⅳ的定形和定位尺寸。如读底板Ⅰ尺寸以俯、左视图所注尺寸为主，上盖板Ⅱ尺寸以俯视图所注尺寸为主，箱壁和半圆筒的尺寸以主视图所注尺寸为主，配合其他视图识读。读者自行确定数值。

③ 确定各种圆孔的尺寸。箱体上各种安装和连接的圆孔较多，应逐一搞清楚。如底板上尺寸 $4\times\phi10.5$，表示 4 个直径为 $\phi10.5$ 的安装圆孔，孔心距分别为 195，95；$\dfrac{8\times\phi8.4}{\phi18}$表示 8 个圆柱形沉孔，小圆孔 $\phi8.4$，大圆孔 $\phi18$，底面刮平，深度不要求，定位尺寸分别为

60、90 和 105、190；$\frac{6\times M6-7H}{12}$表示前后两个半圆筒端面有 6 个（前、后各 3 个）普通粗牙螺纹，公称直径 $\phi6$，中径和顶径公称差代号 7H，纹孔深为 12，表面粗糙度 Ra 上极限值为 6.3μm；定位尺寸为 $\phi77$；$\frac{2\times 圆锥销孔\ \phi4}{配作}$表示 2 个圆锥销孔公称直径为 $\phi4$，不能单独加工，必须与箱盖装配后一起同钻、铰，表面粗糙度 Ra 上极限值为 1.6μm，定位尺寸 190 与 15。

④ 其他结构尺寸。如 G3/8 表示非螺纹密封管螺纹，尺寸代号为 3/8；肋板尺寸为 10，35 和 3。其他小尺寸读者自己分析。

（5）读技术要求

① $\phi62H7$ 是箱体的重要尺寸，与滚动轴承相配合，公称尺寸为 $\phi62$，基本偏差为 H，标准公差为 7 级（IT7），从附表查得上下偏差值$^{+30}_{0}$，单位为 μm，换算为 $\phi62^{+0.03}_{0}$，上极限尺寸 $\phi62.03$，下极限尺寸 $\phi62$，该圆孔加后实测尺寸在 $\phi62$～$\phi62.03$ 为合格。表面粗糙度 Ra 上限值 1.6μm，加工时把上箱盖合起来精镗孔。尺寸“$110^{0}_{-0.5}$”上下极限偏差为 0 及－0.5，即上盖板端面 M 的定位尺寸上、下极限尺寸为 110 和 109.5，表面粗糙度 Ra 的上极限值为 3.2μm，⏥|0.025 平面度公差为 0.025，该平面在平面磨床磨削。

② 其他技术要求。图中还注有三条技术要求。未注铸造圆角 $R3$～$R5$ 表示箱体未注出圆角的尺寸。箱体是铸铁件，为了消除内应力，避免加工后变形和尺寸变动，需采取时效处理。在箱体非加工面的铸造表面上漆上防锈漆。由于箱体是传动机构的主要件，所以使用强度较高铸铁 HT200。

第八章 装配图制图

第一节　装配图的作用

任何机器或部件都是由一些零件按一定技术要求装配而成的。图 8-1 所示传动器是由十几种零件（包括标准件）装配而成的。

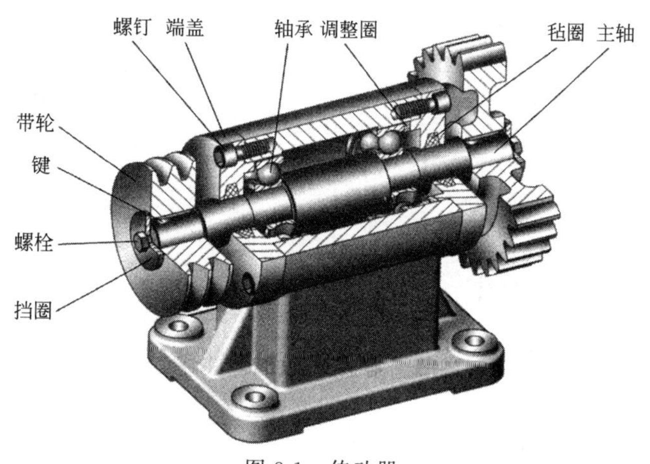

图 8-1　传动器

1. 什么是装配图

装配图是表示产品及其组成部分的装配关系及技术要求的图样，主要反映机器或部件的工作原理、各零件之间的装配关系、传动路线和主要零件的结构形状，是设计和绘制零件图的主要依据，也是装配生产过程中调试、安装、维修的主要技术文件。图 8-2 所示为传动器的装配图。

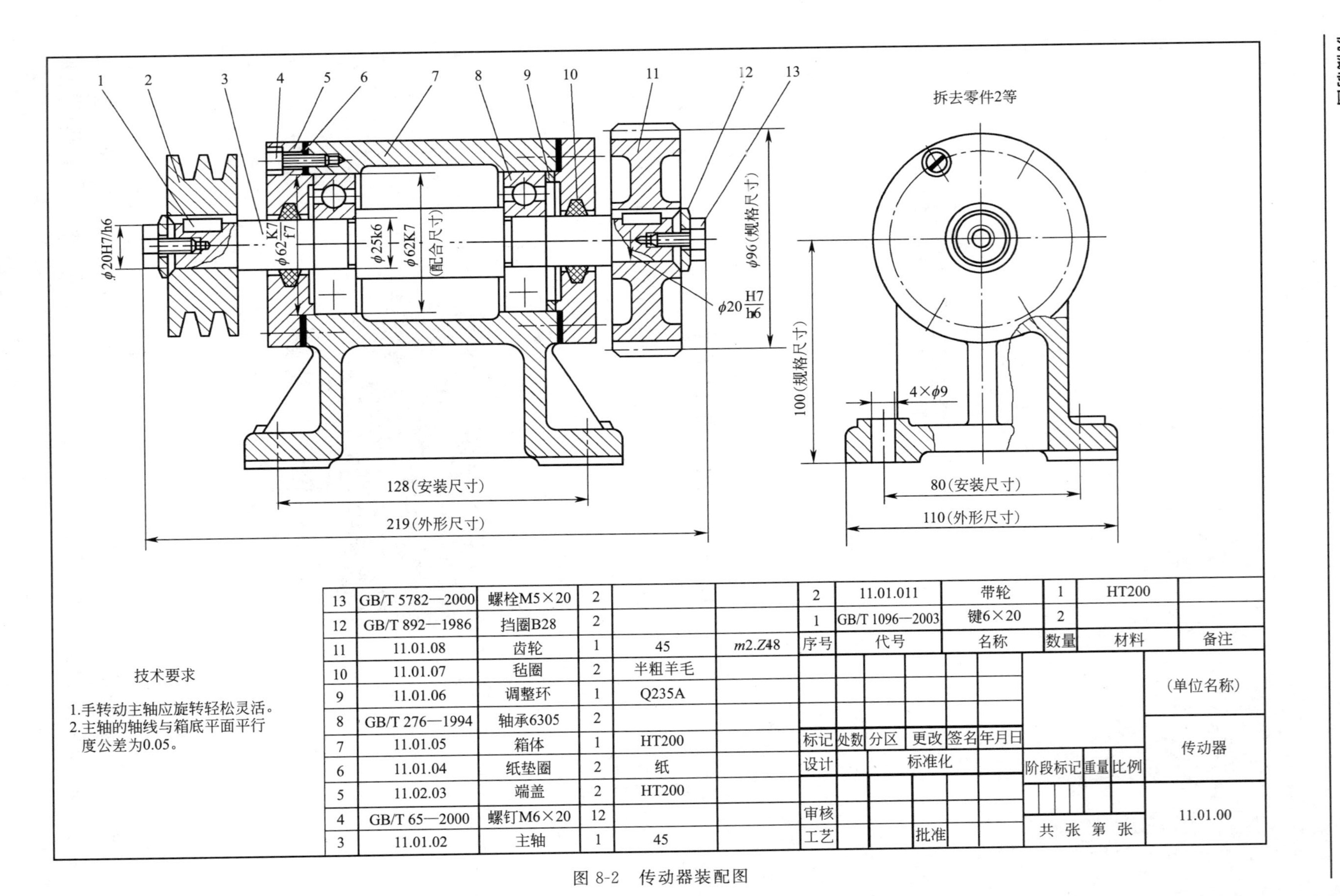
1
2
3
4
5
6
7
8
9
10
11
12
13
拆去零件2等
ϕ20H7/h6
ϕ62 K7/f7
ϕ25k6
ϕ62K7
(配合尺寸)
ϕ96(规格尺寸)
ϕ20 H7/h6
100(规格尺寸)
4×ϕ9
128(安装尺寸)
219(外形尺寸)
80(安装尺寸)
110(外形尺寸)
技术要求
1.手转动主轴应旋转轻松灵活。
2.主轴的轴线与箱底平面平行度公差为0.05。
13 GB/T 5782—2000 螺栓M5×20 2
12 GB/T 892—1986 挡圈B28 2
11 11.01.08 齿轮 1 45 m2.Z48
10 11.01.07 毡圈 2 半粗羊毛
9 11.01.06 调整环 1 Q235A
8 GB/T 276—1994 轴承6305 2
7 11.01.05 箱体 1 HT200
6 11.01.04 纸垫圈 2 纸
5 11.02.03 端盖 2 HT200
4 GB/T 65—2000 螺钉M6×20 12
3 11.01.02 主轴 1 45
2 11.01.011 带轮 1 HT200
1 GB/T 1096—2003 键6×20 2
序号 代号 名称 数量 材料 备注
标记 处数 分区 更改 签名 年月日
设计 标准化
审核
工艺 批准
阶段标记 重量 比例
共 张 第 张
(单位名称)
传动器
11.01.00

图 8-2　传动器装配图

2. 装配图的内容

（1）一组视图

用来表示装配体的结构形状、工作原理、各零件的装配关系以及零件的主体结构形状。

（2）必要的尺寸

标注出装配体的外形以及装配、检验、安装必需的尺寸。

（3）技术要求

用符号或文字说明装配体在装配、检验、调试、使用等方面应达到的技术要求和使用规范。

（4）零件序号、明细栏

为了便于生产管理和看图，装配图中必须对每一种零件按顺序编号，并在标题栏上方绘制明细栏，来说明各零件的序号、代号、名称、数量、材料以及标准件的规格尺寸等。

（5）标题栏

标题栏里包括机器（或部件）的名称、图号、比例及责任者的签名等内容。

第二节　装配图的表达方法

机件的表达方法（视图、剖视图、断面图等）在装配图中可照样采用，但装配图和零件图表示的侧重点不同，装配图有一些规定画法。

一、装配图的规定画法

两零件的接触面和非接触面的画法见图 8-3。

两相邻零件的接触面或配合面只画一条线。

两相邻零件非接触面或非配合面，不论它们的间隙多少，都应画两条线，以表示存在间隙。

为了区分不同零件的范围，相邻两个零件的剖面线方向应相反，如图 8-3(b) 所示的套与箱体的剖面线方向相反。

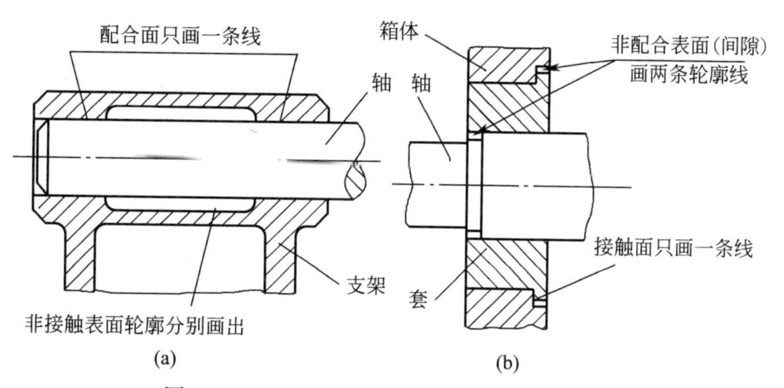

图 8-3　两零件的接触面和非接触面的画法

相邻零件的剖面线可以同向，但要改变剖面线的间隔（密度）或把两件的剖面线错开，如图 8-4 所示套和箱体的剖面线方向相同，但剖面线间隔不同。

同零件不同剖视图的剖面线方向和间隔相同。如图 8-2 所示的装配图中，箱体 7 的主视图和左视图都往左斜 45°，间隔相同。当图中断面厚度≤2mm 时，允许用涂黑代替剖面线，如图 8-5 所示调整圈、垫片。

对紧固件、销、键以及轴、手柄、杆、球等实心件，剖切面通过对称面或轴线，按不剖绘图，如图 8-5 所示。

若需表示实心杆（轴、手柄、连杆）零件上的孔、槽、螺纹、键、销或其他零件的连接情况，可用局部剖视图，如图 8-4 中的轴上的圆锥销，图 8-2 和图 8-5 中的轴系端部的局部剖视图。

若横向剖切标准件和实心件，照常画出剖面线，如图 8-6 中螺栓 6 的横断面画剖面线。

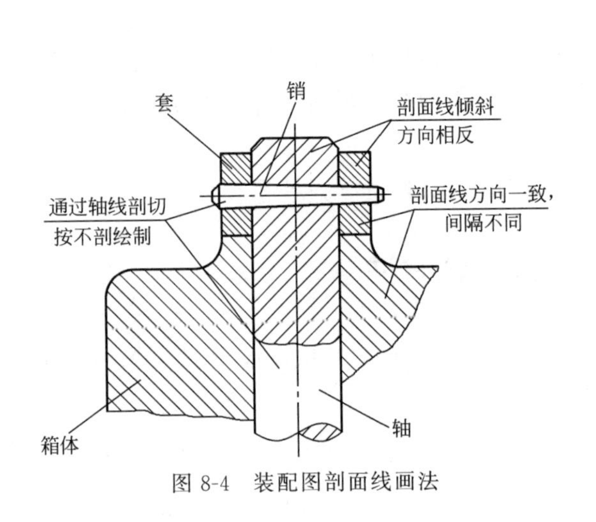

图 8-4　装配图剖面线画法

图 8-5　装配图的规定画法和简化画法

二、装配图的特殊画法

1. 拆卸画法

在装配图中，有的零件把需要表示的其他零件遮盖，有的零件重复表示，可以假想将这种零件拆卸不画，并在拆卸后的视图上方注明“拆去 x 件”等，如图 8-2 所示的左视图拆去零件 2，图 8-6 所示的俯视图拆去轴承盖、上轴衬。

在装配图中，也可沿着零件的结合面剖切，也属于拆卸画法。零件间的结合面不画剖面线，但被剖切到的零件仍应画剖面线。如图 8-6 所示的半剖的俯视图，是沿着滑动轴承结合面剖切而得的。

2. 假想画法

对于运动零件的运动范围和极限位置，可用双点画线来表示或用尺寸表示，如图 8-7 所示。

不属于本部件但与本部件有密切关系的相邻零件，可用双点画线表示其轮廓形状，如图 8-5 的盘铣刀部分。

3. 夸大画法

装配图中的薄片、细小的零件、小间隙，允许将它们适当夸大画出。如图 8-5 中垫片就是用夸大方式画出的。

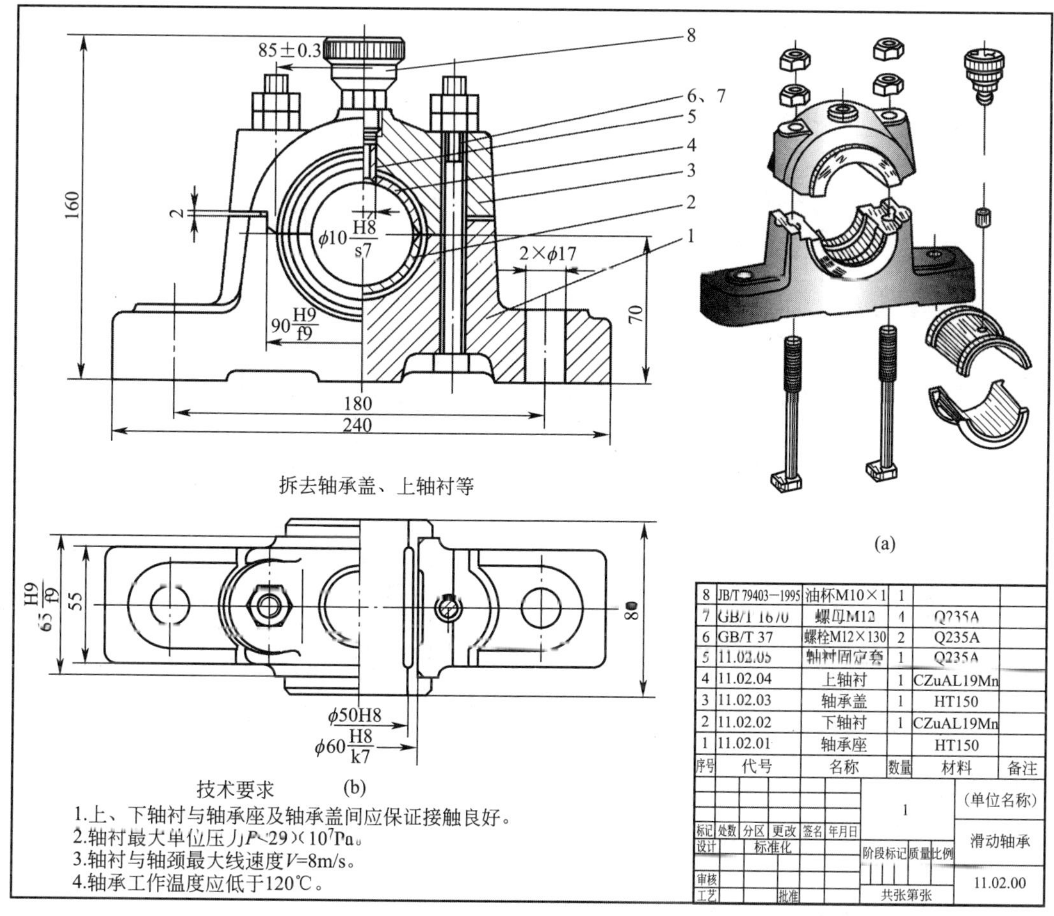

图 8-6　滑动轴承装配图

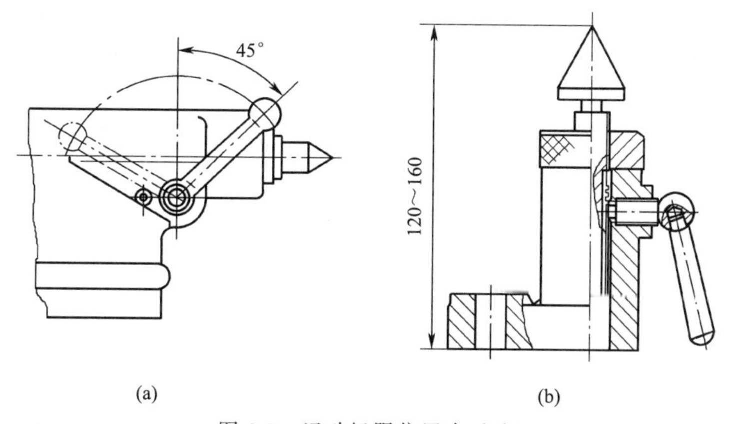

图 8-7　运动极限位置表示法

4. 展开画法

传动机构的传动路线和装配关系，若按正常的规定画法，在图中会产生互相重叠，此时，可假想按传动顺序把各轴剖开，并将其展示在一个平面（平行某一投影面）的剖视图上，并在剖视图上注“×—×展开”，如图 8-8 中的三星轮 *A*—*A* 展开。

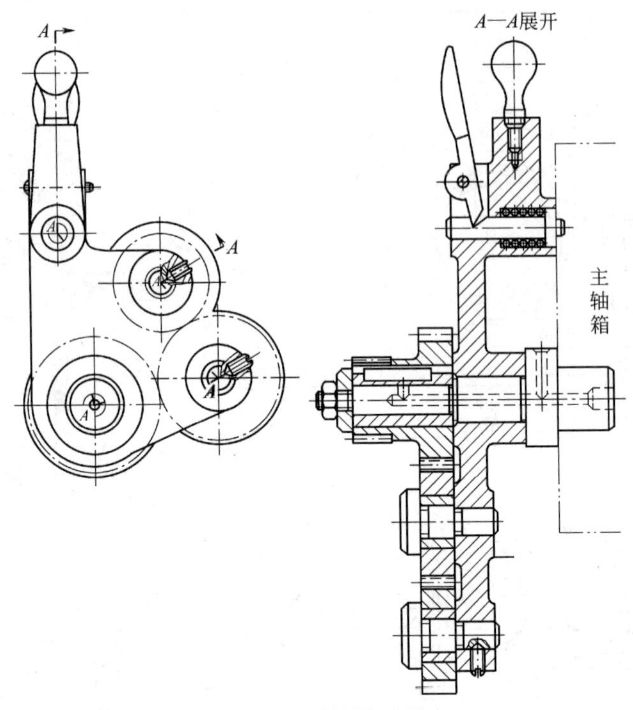

图 8-8　三星轮展开画法

5. 简化画法

装配图上零件的部分工艺结构，如倒角、圆角、退刀槽等，允许不画，如图 8-5 中的轴的工艺结构和螺栓头部部分。

装配图中的若干相同零件组，如螺栓、螺钉、销等，允许仅画出一处，其余用点画线表示中心位置，如图 8-2 的件 4 的画法。

装配图中，当剖切平面通过某些标准产品的组合件时，只画其轮廓外形，如图 8-6 中的油杯 8 可以不剖。

第三节　装配图的尺寸标注和技术要求

一、装配图的尺寸标注

装配图与零件图不同，不必标注全尺寸，只需标注出与装配体的性能、装配、安装、检验或调试等有关的尺寸。

1. 性能（规格）尺寸

这类尺寸是设计时确定的，如图 8-6 中的滑动轴承孔径，图 8-2 中的箱体高等。

2. 装配尺寸

（1）配合尺寸

零件之间的相互配合的尺寸，如图 8-6 中的 90H9/f9、ϕ60H8/k7 等都属此类尺寸。

（2）相对位置尺寸

表示装配体的零件间较重要的相对位置的尺寸，如图 8-6 的两螺栓的中心距 85±0.3。

（3）安装尺寸

装配体在安装时所需要的尺寸，如图 8-2 的孔中心距离 128、80 等。

（4）外形尺寸

装配体外形轮廓所占空间的最大尺寸，即装配体的总长、总宽、总高的尺寸。这是装配体在包装、运输、厂房设计时所需的尺寸，如图 8-2 中的总长 219、总宽 110 和总高 100 等。

（5）其他重要尺寸

指在设计中经过计算或根据需要而确定的重要尺寸。如图 8-2 中的齿轮分度圆直径 $\phi 96$，图 8-6 中轴承宽度尺寸 80。

以上五类尺寸并不是所有装配体都具有的，有时同一个尺寸可能有不同的含义。因此，装配图上到底要标注哪些尺寸，需要根据装配体的功用和结构特点而定。

二、装配图的技术要求

1. 装配要求

指装配过程中应注意事项及装配后应达到的技术要求等。如精度、装配间隙、润滑要求以及密封要求等。

2. 检验要求

指对装配体基本性能的检验、试验、验收方法的说明等，如图 8-2 中的技术要求 1。

3. 使用要求

对装配体的性能、维护、保养、使用注意事项的说明，如图 8-6 中技术要求 2、3、4。

上述各项技术要求不是每张装配图都要求全部注写，应根据具体情况而定。

第四节　装配图的序号和明细栏

为了便于阅读和图样管理，装配图上的零、部件必须编序号，并填写标题栏。

1. 序号

装配图的序号是由指引线、小圆点（或箭头）和序号数字所组成的，如图 8-9 所示。

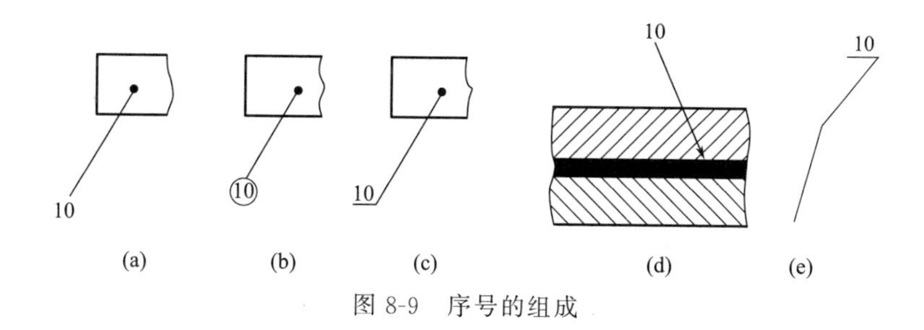

图 8-9　序号的组成

① 指引线从可见轮廓内（画一小黑点）引出，互不相交。若不便在零件轮廓内画出小黑点，可用箭头代替，箭头指在该零件轮廓线上。

② 指引线不与轮廓线或剖面线平行，必要时可转折一次。

③ 标准件可视为一整体，只编写一个序号。对一组紧固件可共用一条指引线。

④ 序号的数字注写在指引线末端的水平线上或圆圈内，比图中所注尺寸数字大 1 号或 2 号。

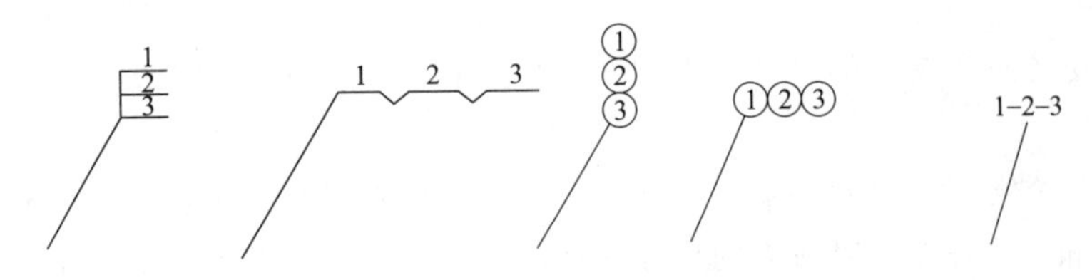

图 8-10　公共指引线

⑤ 序号应按顺时针或逆时针方向在整组图形外围整齐排列，并尽量使序号间隔相等。

2. 明细栏

明细栏是装配体全部零件的详细目录，格式如图 8-11 所示。

① 序号：自下而上，若位置受限制，可移到标题栏左边。明细栏的序号与零件序号一致。

② 代号：注写每一个零件的图样代号或标准件的标准代号，如 GB/T 5783—2000。

③ 名称：注写每一个零件名称。

④ 材料：填写该零件所用材料。

⑤ 备注：填写必要说明，如齿轮齿数、模数等。

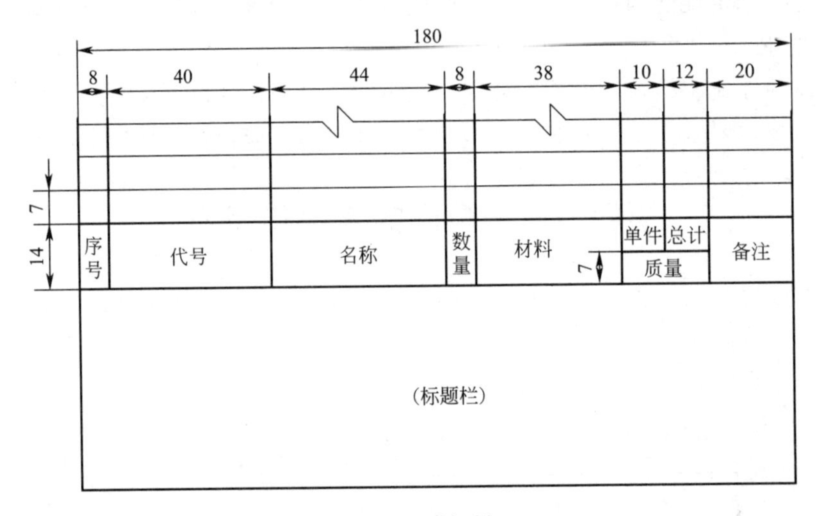

图 8-11　明细栏

第五节　装配结构的要求

为了保证装配体能顺利装配和拆卸，应考虑装配体上各零件之间的工艺结构的合理性。

1. 接触面的数量

为了避免装配时不同的表面互相干涉，两零件在同一个方向上的接触面数量一般不多于一个，否则会给加工和装配带来困难，见图 8-12。

2. 轴与孔的配合

为了保证孔端面和轴肩端面接触良好，应将孔口端面加工倒角，轴肩端面处加工出退刀槽，如图 8-13 所示。

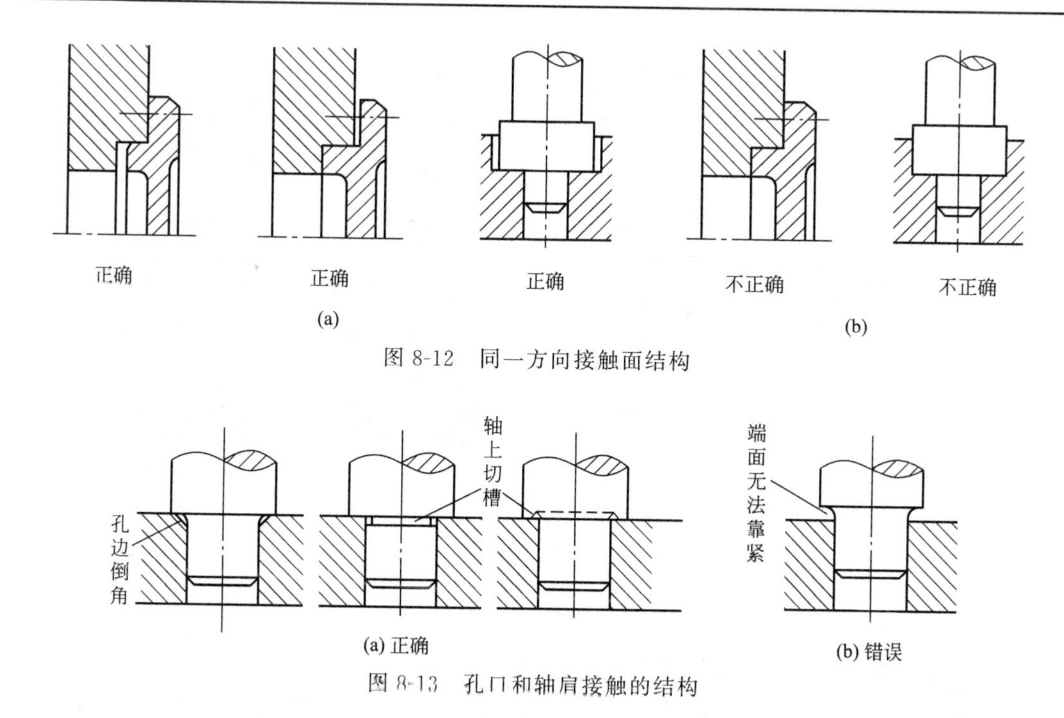

图 8-12　同一方向接触面结构

图 8-13　孔口和轴肩接触的结构

3. 滚动轴承的轴向固定结构

为了防止滚动轴承产生轴向窜动，必须采用一定的结构来固定其内、外圈。常用的轴向固定结构形式有轴肩、端盖、圆螺母、垫圈和挡圈等，见图 8-14。

机器运转时，为了避免齿轮、带轮轴向串动甚至脱落，应采用紧固结构加以固定，如图 8-15 中的齿轮通过轴肩、螺母固定，同时齿轮宽度 $L1$ 大于装配的轴段长度 $L2$。

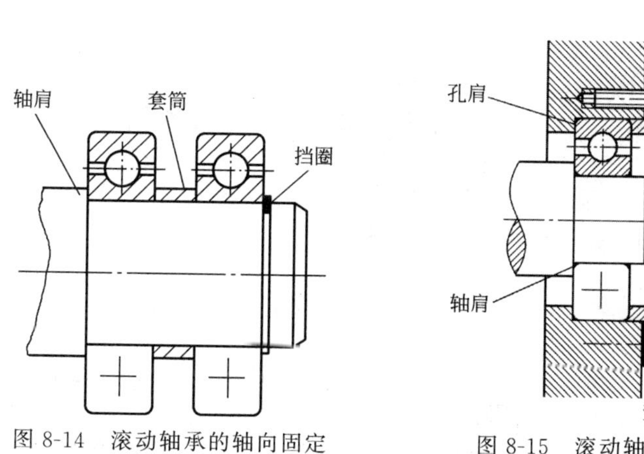

图 8-14　滚动轴承的轴向固定

图 8-15　滚动轴承和轮子的固定和油封

4. 紧固件连接结构

为了防止机器运转时振动或冲击而使螺纹紧固件松脱，常采用图 8-16 所示的双螺母、弹簧垫圈、止动垫圈及开口销等防松装置。

5. 考虑维修、安装和装拆的方便与可能

滚动轴承若以轴肩或孔肩定位，应使轴肩或孔肩的高度小于轴承内圈或外圈的厚度，便于从孔中拆卸出滚动轴承，如图 8-17 所示。

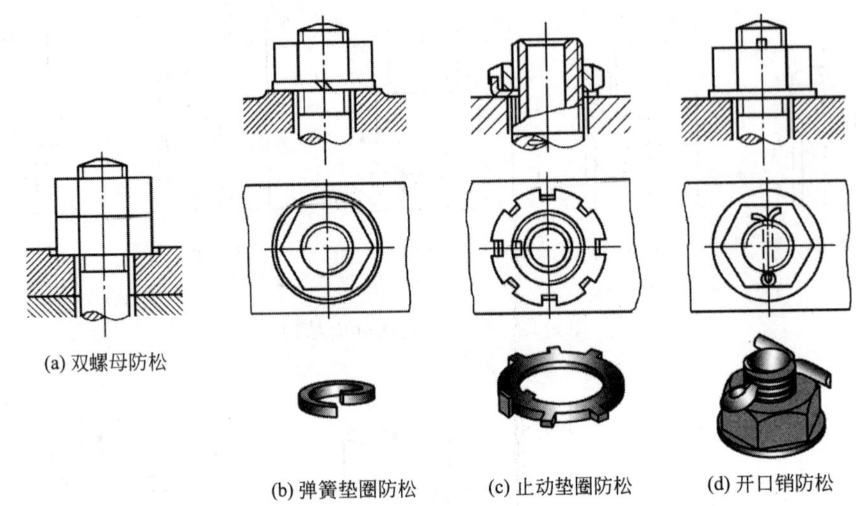

图 8-16　螺纹连接防松装置

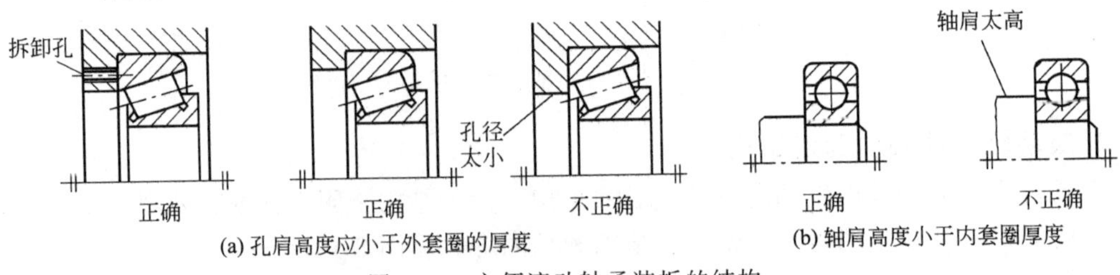

图 8-17　方便滚动轴承装拆的结构

用螺纹紧固件连接零件时，应考虑到拆装的可能性，留足操作空间，如图 8-18 所示。

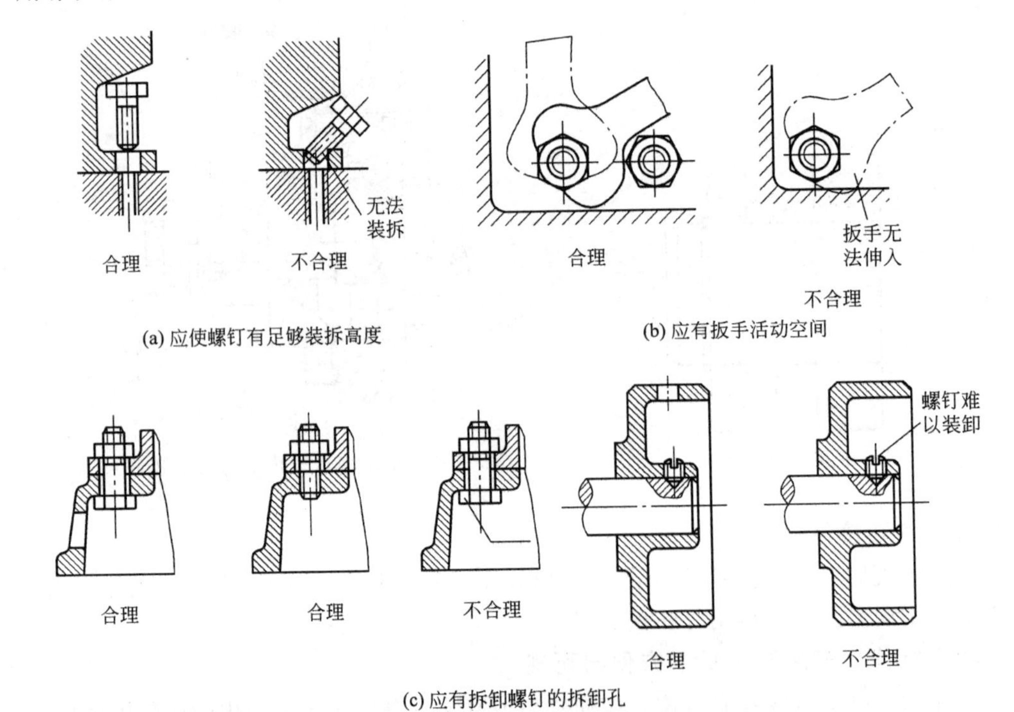

图 8-18　螺纹连接件装配结构的合理性

第六节　部件测绘和画法

一、了解、分析部件

拆卸部件前要对部件进行详细观察、分析研究，了解其用途、性能、工作原理、结构特点，以及零件之间的装配关系、相对位置和拆卸方法等。若有产品说明书，可由说明书对照实物分析，也可参照同类产品图纸和资料等分析。总之，必须充分了解测绘对象，才能确保测绘顺利进行。

图 8-19 所示的旋塞是管路中一种控制液体流动的快速开关，由壳体、塞子、填料、填料压盖、双头螺柱、螺母等组成。壳体的左右圆柱孔是液体进出口，壳体中腔圆锥孔与塞子锥体相配，当扳手手柄 5 的方孔套在塞子方体上转动时，塞子锥体上的圆柱孔与壳体进、出口圆体孔接通或关闭。塞子上方的密封装置可防止液体泄漏。定位块控制扳手转动角度。

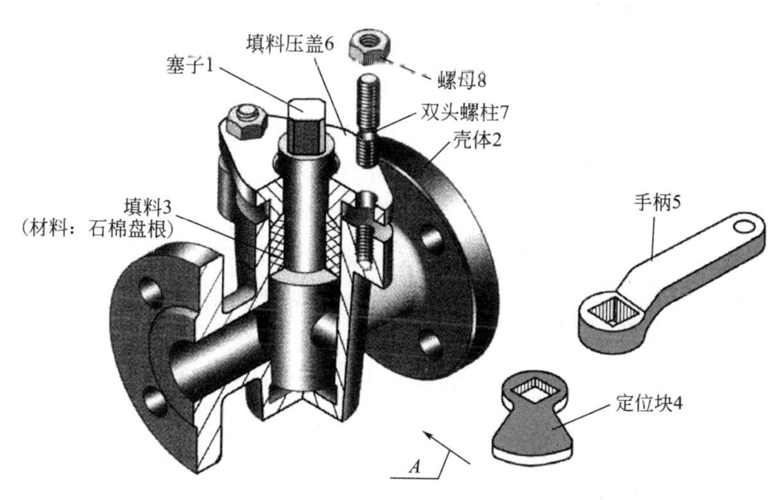

图 8-19　旋塞轴测图

二、拆卸零件，画装配示意图

拆卸零件时，应先研究拆卸方法，选择拆卸工具，拟定拆卸顺序，对精度较高的零件尽量不拆。

在拆下后的每个零件上贴上标签，标签上注明与示意图相同的序号及名称。拆下的零件应妥善保管，避免碰坏、生锈或丢失。对螺钉、键、销等细小零件，拆卸后仍装回原位，对标准件应列出细目。

为了便于把拆散后的零件装配复原，拆卸之前和拆卸过程中应做好原始记录。最简单常用的方法是绘制装配示意图，也可应用照相或录像等手段。

装配示意图的画法没有严格规定，一般把装配体当作透明体，用简单的线条和国家标准规定的图形符号将装配体的零件之间的相对位置、连接关系及传动路线表示出来。图 8-20 所示为旋塞装配示意图。

装配示意图不受前后层次的限制，宜尽可能将所有零件都集中在一个视图表示出来。只

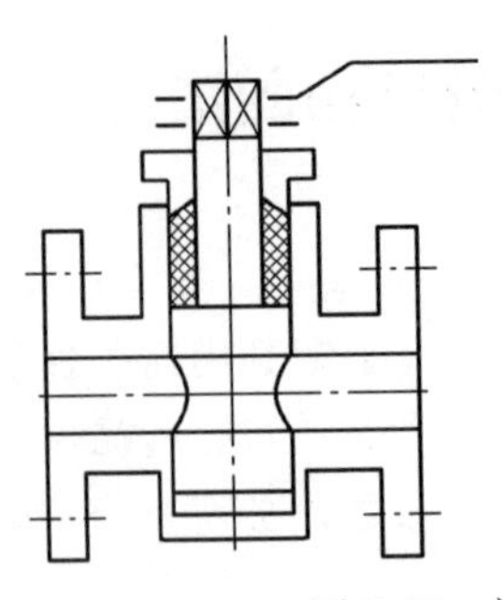
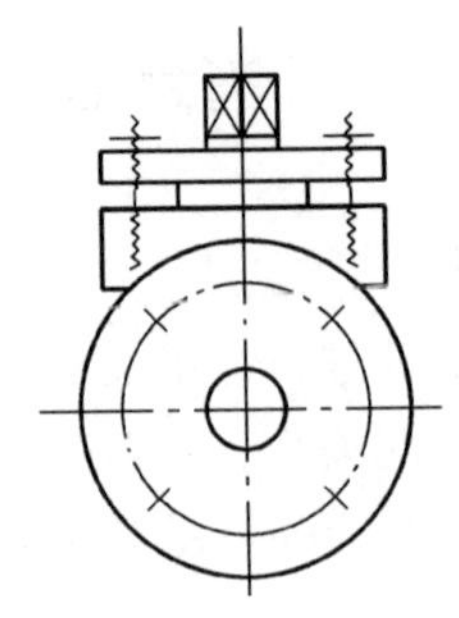

图 8-20　旋塞装配示意图

有当无法表示时，才画第二个视图，但应与第一个视图保持投影关系。

三、零件测绘

拆卸后，对零件逐一测绘，画出每个零件草图。一张完整的草图应具备零件图的全部内容，并要做到图示正确，尺寸装配图线清晰、字体工整。测绘步骤如下。

1. 了解和分析所测绘的零件

在测绘时，首先要了解零件的名称、材料及其在装配体中的位置、作用，以及与其他零件的配合连接关系，然后对零件的内外结构形状、技术要求和热处理等进行分析，并大致了解加工方法。

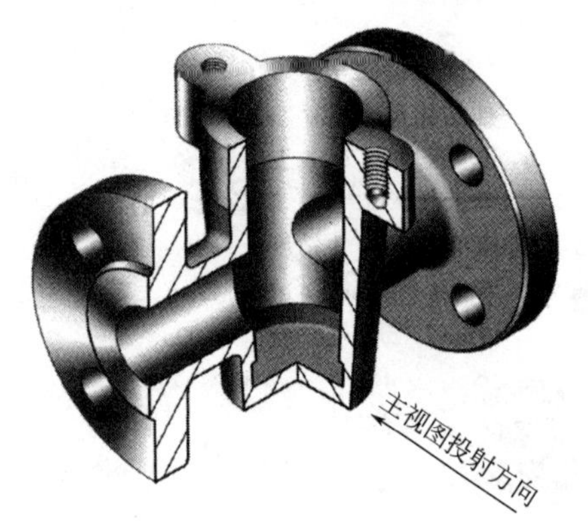

图 8-21　壳体轴测图

如图 8-21 所示的壳体是旋塞的主体件，其材料为铸铁，属于阀体类零件。竖向圆锥体的圆锥孔用来安装锥形塞，精度要求较高，圆孔用来安装填料和填料压盖；上端是带螺纹孔的拱形凸缘；横向圆筒体的两端是圆形法兰，整体结构呈左右前后对称。

2. 确定零件表示方案

按图 8-21 所示箭头方向选择主视图投射方向，符合显示形状特征的要求。为了表示其外形和内腔形状，主视图采用半剖；为了表达左、右法兰连接孔的分布以及上端凸缘与圆锥体的组合关系，左视图选用半剖；为表示上部凸缘形状，采用 A 向局部视图，见图 8-22。

3. 绘零件草图

① 根据选定的表达方案，确定绘图比例，画出各主要视图的作图基准线，确定各视图的位置，见图 8-22(a)。

② 画出基本视图的内外轮廓，见图 8-22(b)。

③ 画出其他视图、剖视图；选择长、宽、高方向的尺寸基准，确定定位尺寸，画出尺寸线和尺寸界线，见图 8-22(c)。

④ 集中测量尺寸数值并填入图中，标注技术要求，填写标题栏，核对全图，见图 8-22(d)。

其他零件的表示见图 8-23～图 8-26。对于标准件，只要测量出其规格尺寸，然后可查阅标准手册，列表登记。

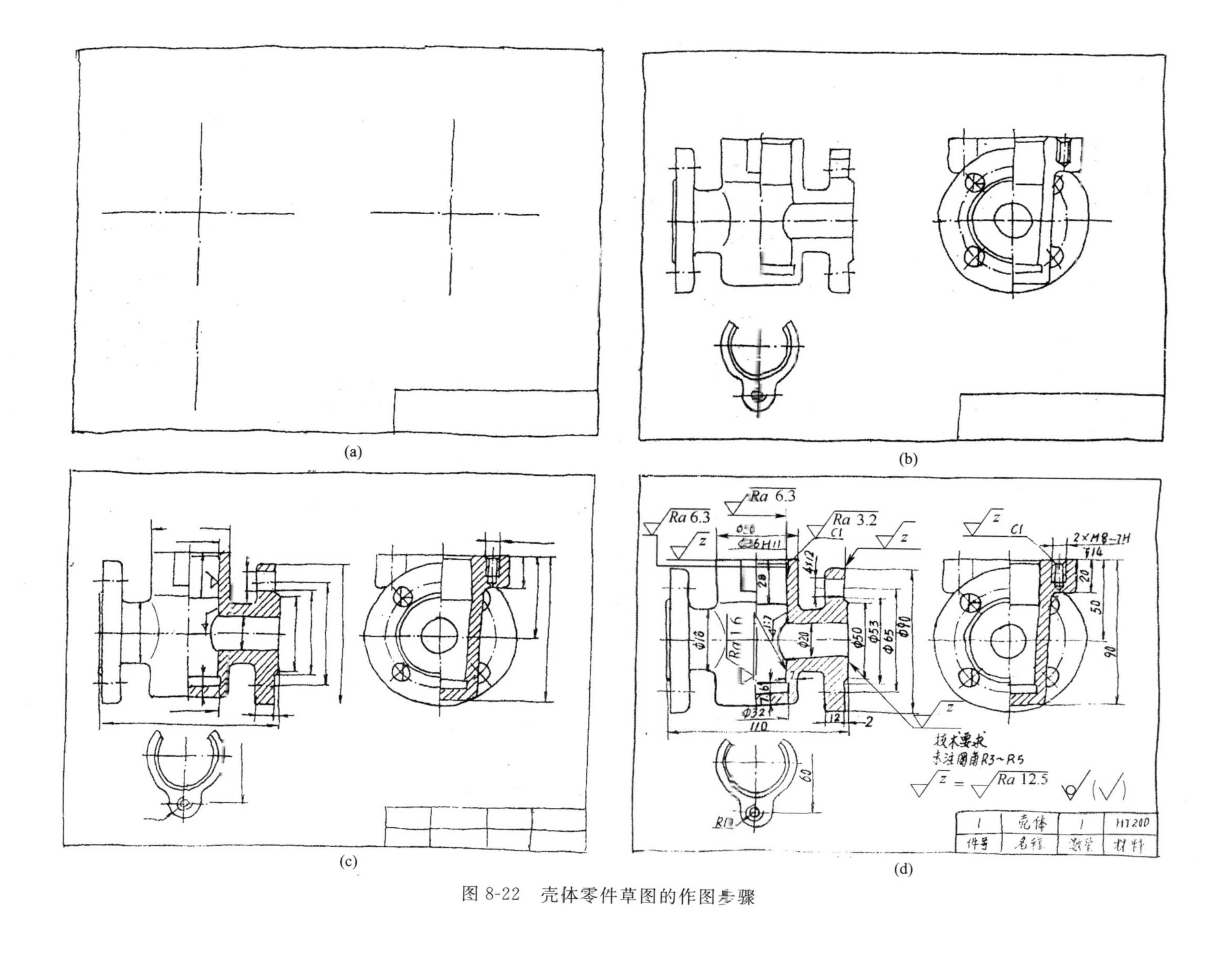

图 8-22　壳体零件草图的作图步骤

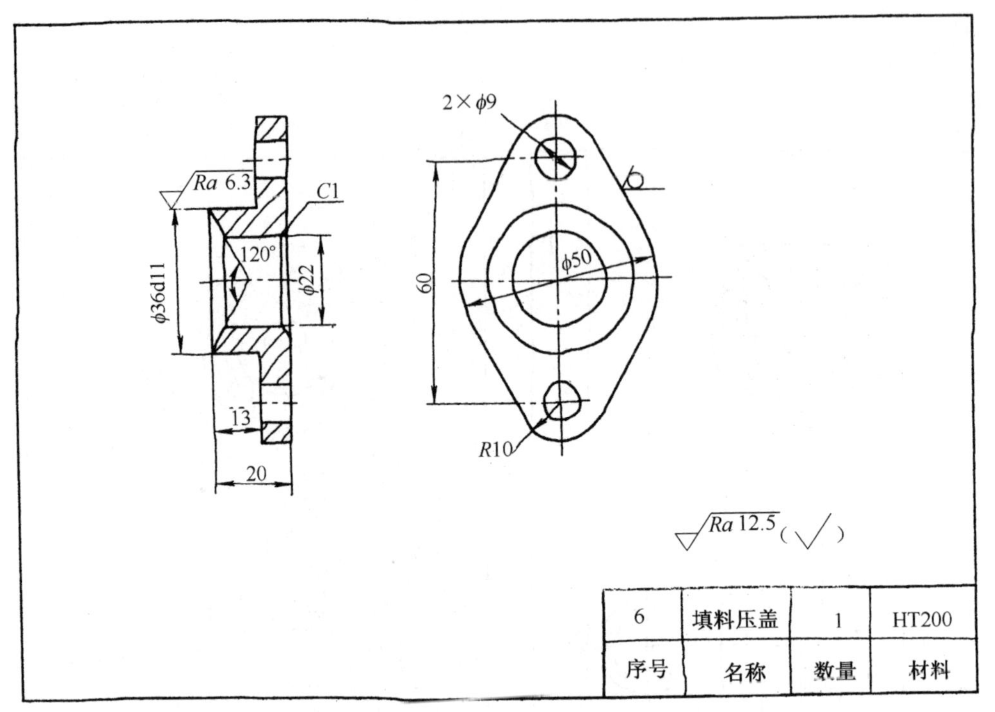

图 8-23　填料压盖零件草图

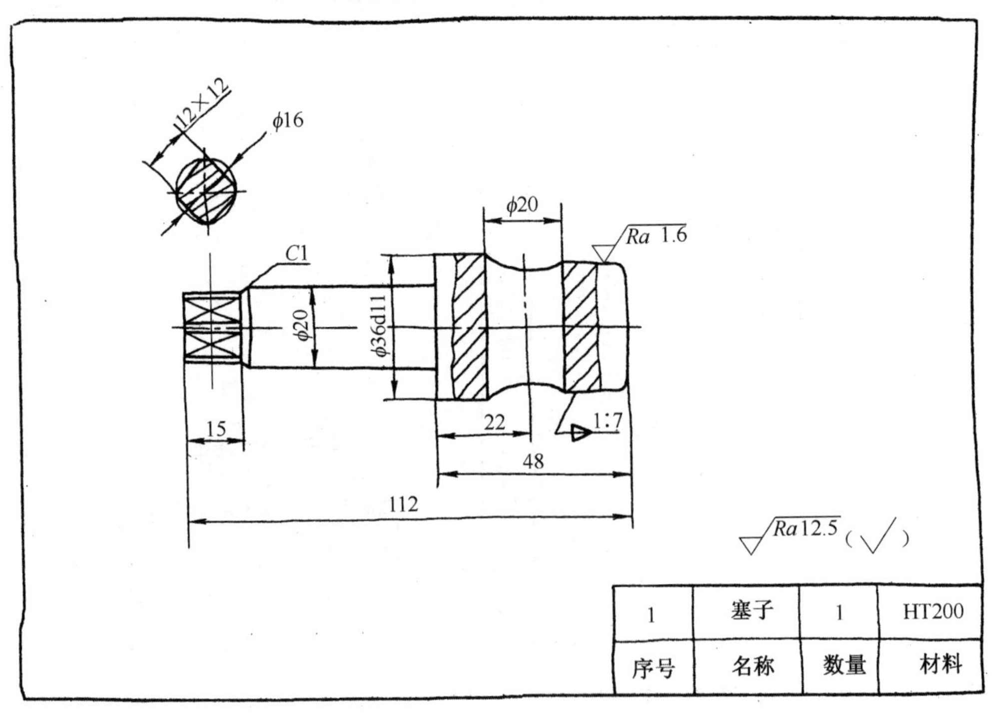

图 8-24　塞子零件草图

四、零件尺寸的测量

零件尺寸的测量是在完成草图后集中进行的，这样不仅可提高效率，还可避免尺寸错误

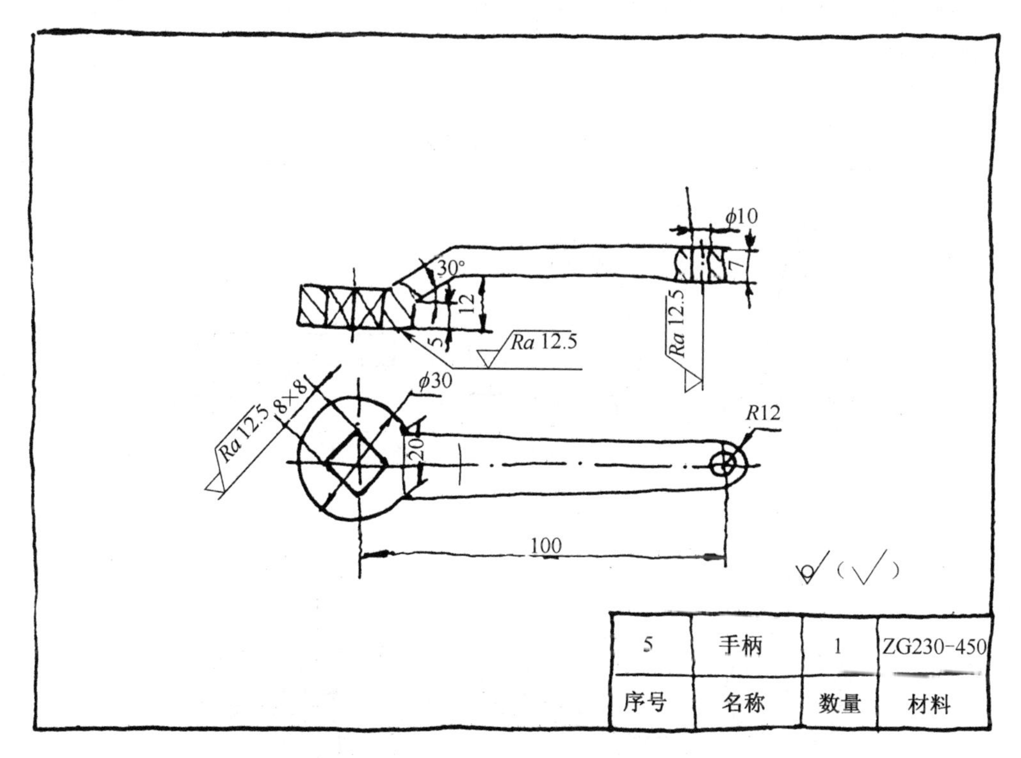

5	手柄	1	ZG230-450
序号	名称	数量	材料

图 8-25　手柄零件草图

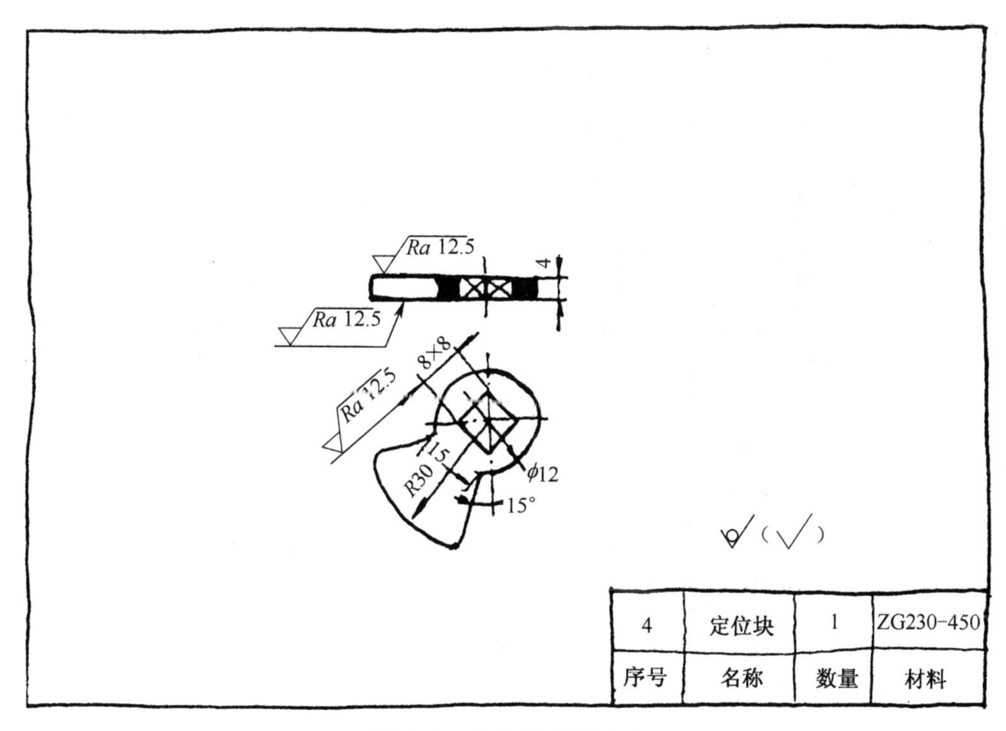

4	定位块	1	ZG230-450
序号	名称	数量	材料

图 8-26　定位块零件草图

和遗漏。测量时，选择测量基准要合理，使用测量工具要合适，测量方法要正确。

1. 测量零件尺寸的方法

零件尺寸常见的测量方法如表 8-1 所示。

表 8-1　零件尺寸常见的测量方法

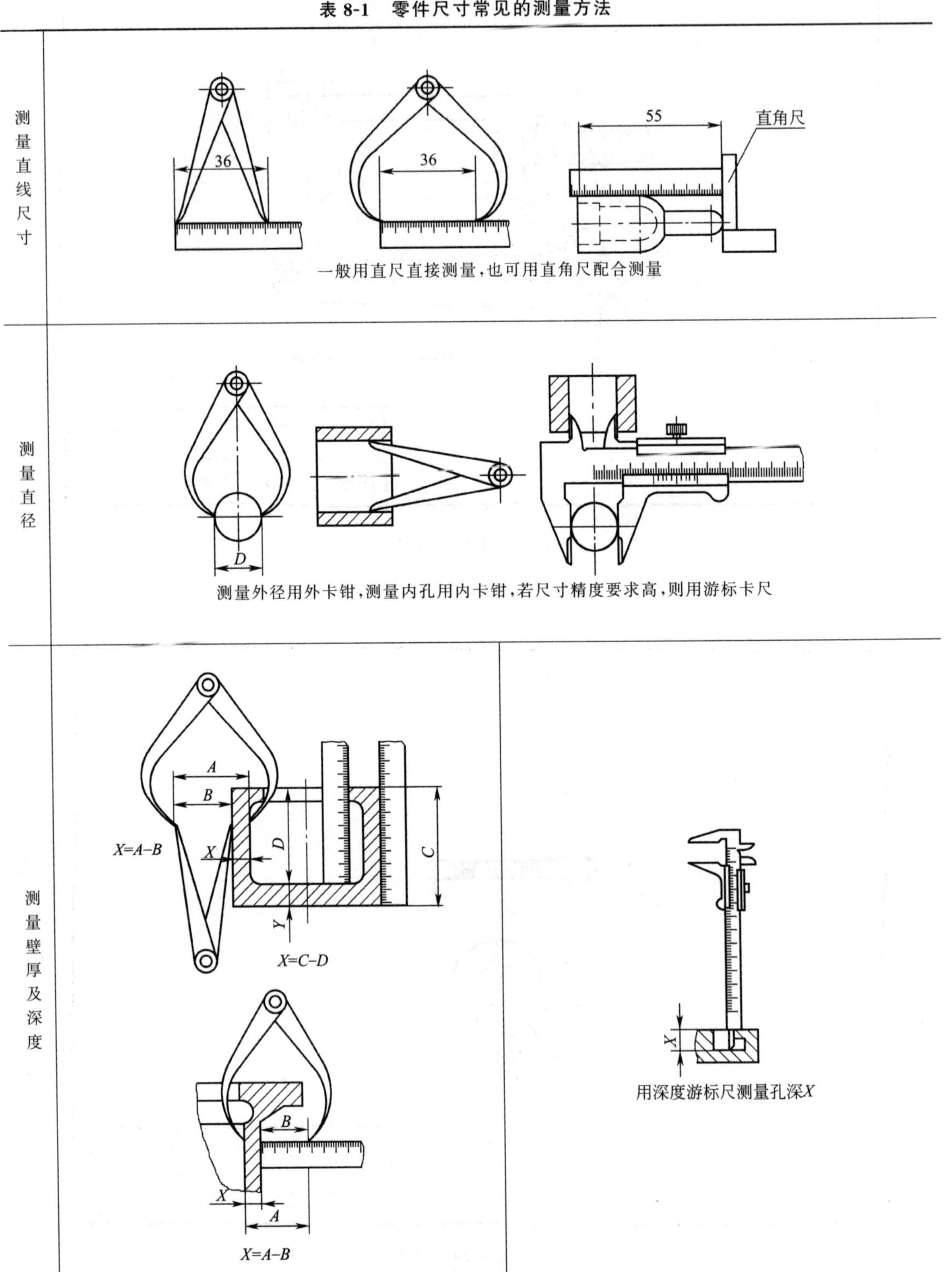

续表

<table>
<tr>
<td>测量孔间距</td>
<td colspan="3">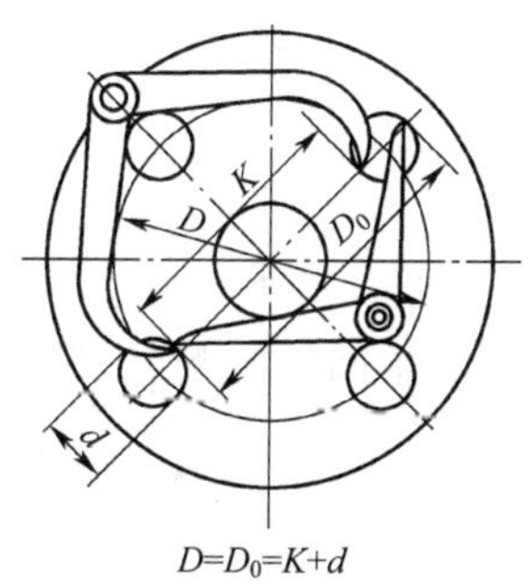$D=D_0=K+d$
用外卡尺或内卡尺测得 $D=K+d$</td>
<td colspan="3">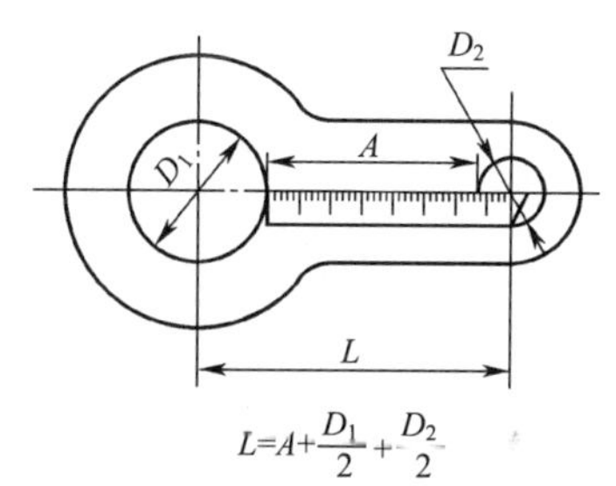$L=A+\frac{D_1}{2}+\frac{D_2}{2}$
用直尺测得相邻孔边尺寸 A 及直径 D_1、D_2，$L=A+D_1/2+D_2/2$</td>
</tr>
<tr>
<td>测量孔中心高</td>
<td colspan="3">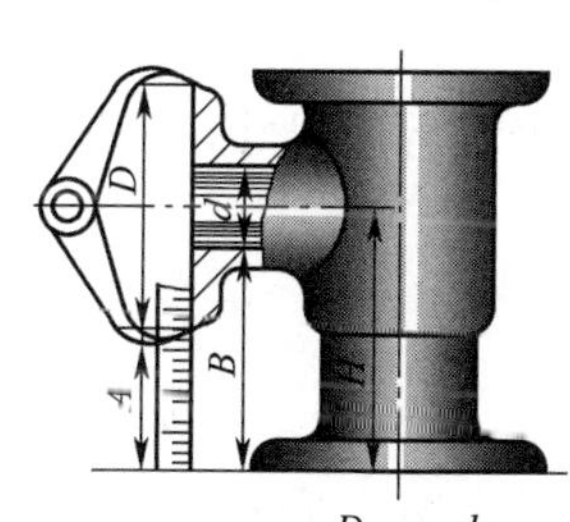$H=A+\frac{D}{2}=B+\frac{d}{2}$
用直尺测得孔边到底部距离 A 或 B，用外卡尺测得凸缘直径 D 或内卡尺测得 d。$H=A+\frac{D}{2}=B+\frac{d}{2}$</td>
<td colspan="3">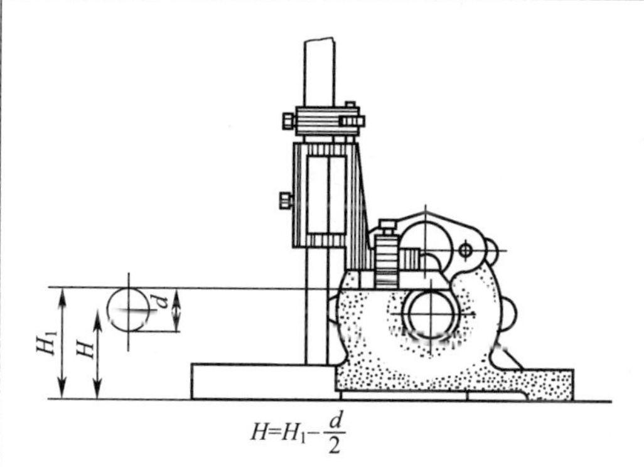$H=H_1-\frac{d}{2}$
用游标尺测得 H，测量轴径 d，$H=H_1-\frac{d}{2}$</td>
</tr>
<tr>
<td>测量圆弧半径和螺距</td>
<td colspan="3">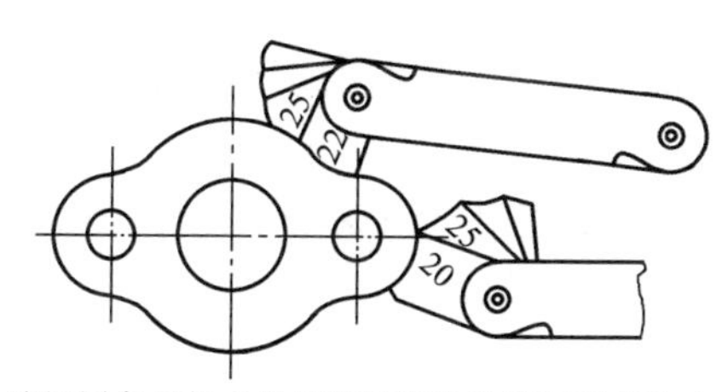选用圆角量规卡片圆弧与零件轮廓圆弧相吻合，卡片标值即圆弧半径，如 $R20$、$R22$</td>
<td colspan="3">选用螺纹的卡片，使卡片牙型大小与被测零件上的螺纹牙型大小吻合，卡片标值即螺纹距</td>
</tr>
<tr>
<td>测量曲面尺寸</td>
<td colspan="2">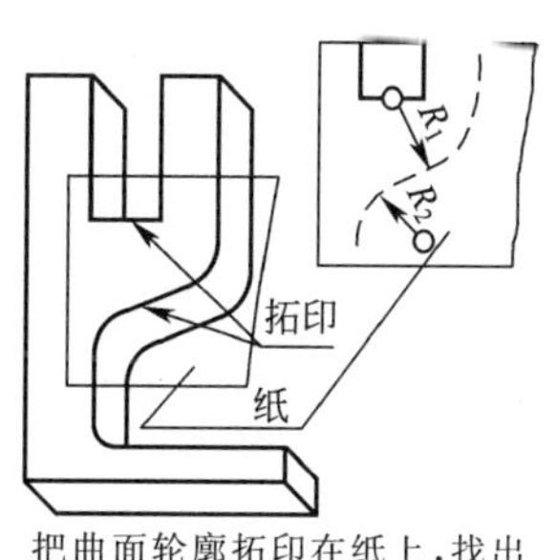把曲面轮廓拓印在纸上，找出其半径，如 R_1，R_2</td>
<td colspan="2">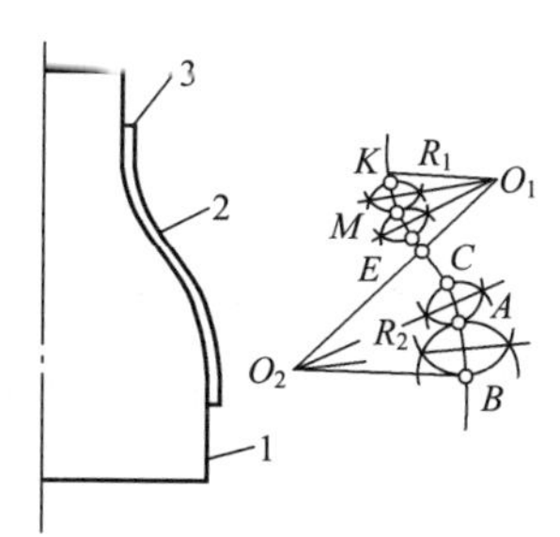用铅丝沿曲面轮廓弯曲成形，然后把铅丝画出曲线，找圆弧半径 R_1、R_2</td>
<td colspan="2">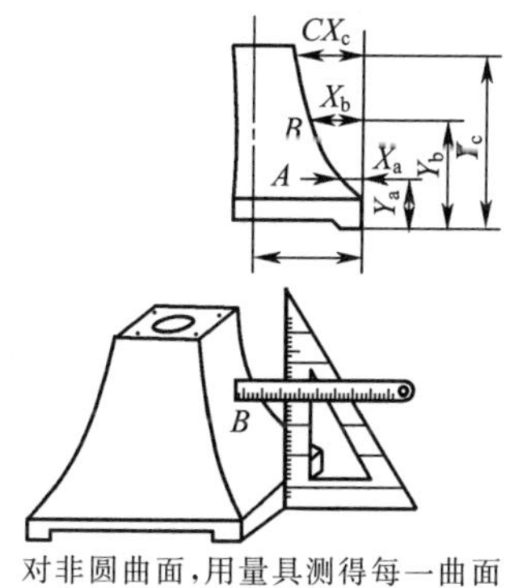对非圆曲面，用量具测得每一曲面上的 X、Y 坐标值，连面曲线</td>
</tr>
</table>

2. 测量尺寸应注意事项

对一些具有规格要求的尺寸，应把测得尺寸作为参考值，再通过计算和查标准获得标准尺寸。例如两齿轮孔的中心距取决于两齿轮分度圆直径的尺寸，进出口内螺纹的规格尺寸应由管螺纹标准查得。

对配合尺寸，一般只测出它的基本尺寸，通过分析使用要求，确定配合性质和公差等级。如壳体上端孔，只需测得尺寸 $\phi36$，它与填料压盖是间隙相配，精度要求不高，选择 H11。对相关联的尺寸，测得尺寸应协调一致，如下端圆锥孔的锥度应与旋塞锥度相同；上端圆孔 $\phi36$H11 与压盖 $\phi36$d11 相配，凸缘螺孔的孔心距 60 与压盖圆孔的孔心距相同。

对于零件上损坏或磨损的部分，不能直接测量出真实尺寸，应进行分析，参照相关零件的有关资料进行确定。

对倒角、圆角、退刀槽、键槽、螺纹孔、锥度和中心孔等的尺寸，先把测量结果作为参考值，然后在相关的标准表中查得标准值。

五、画装配图

根据零件草图和装配示意图画装配图。画装配图的过程也是一次检验零件草图中的工艺结构、尺寸标注等是否正确的过程，若发现零件草图上有错误和不妥之处，应及时改正。

1. 确定图示方案

① 主视图。以最能反映出装配体的结构特征、工作原理、主要装配关系的方向作为主视图的投射方向，并以装配体的工作位置作为画主视图的位置。

图 8-19 所示的旋塞应以 *A* 向作为画主视图的投射方向，并取全剖视，它表示旋塞的结构特征、传动情况和工作原理。

② 其他视图。装配图的表达重点是零件装配连接关系及主体零件形状，无需把每个零件的细小结构形状都完整表达清楚。

2. 确定比例和图幅

根据视图数目和大小及各视图间留出的空白（注写装配体尺寸和序号）来确定绘图比例和图幅大小。图幅右下角应有足够的位置画标题、明细栏和注写技术要求。

3. 画图步骤

① 图面布局。画出图框，定出标题栏和明细栏位置。画出各视图的主要作图基准线（装配体的主要轴线、对称中心线、主体零件上较大的平面或端面等），如图 8-27 所示。

② 逐层画出各视图。围绕着装配干线，由里向外（也可由外向内），逐个画出相关零件的轮廓。一般从主视图开始，先画主要部分，后画细节部分：取剖视部分应直接画成剖开的形状；还应正确地表示装配工艺结构、轴向定位。如图 8-28 所示。

③ 校核、描深、画剖面线。

④ 标注尺寸、配合代号及技术要求。

⑤ 编注序号，填写明细栏、标题栏，如图 8-29 所示。

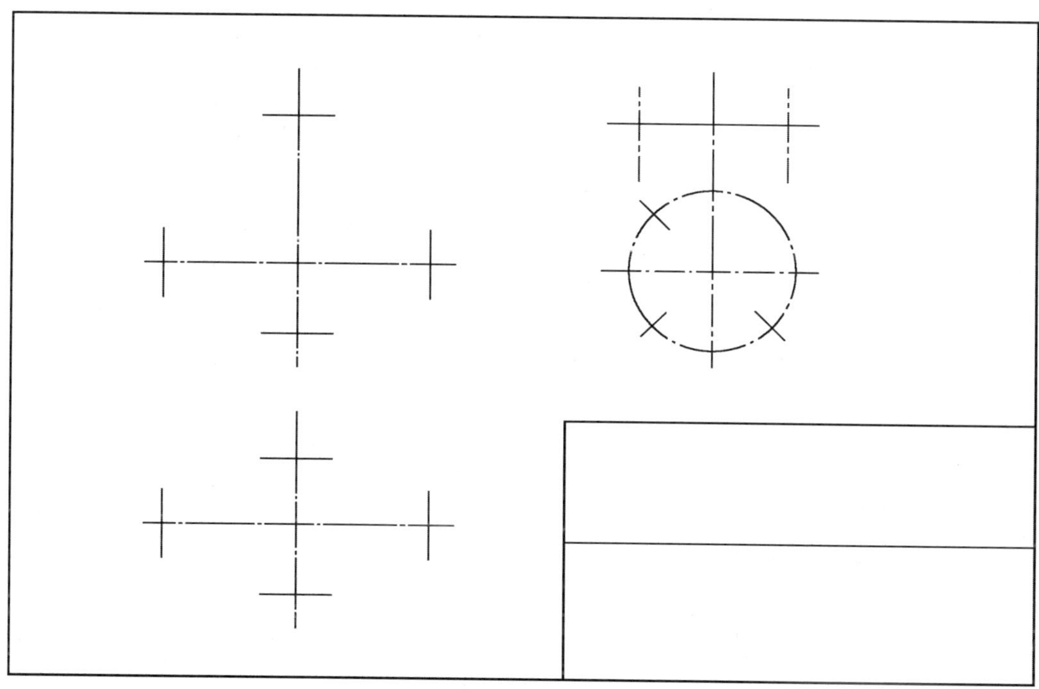

图 8-27　旋塞装配图画图步骤（一）

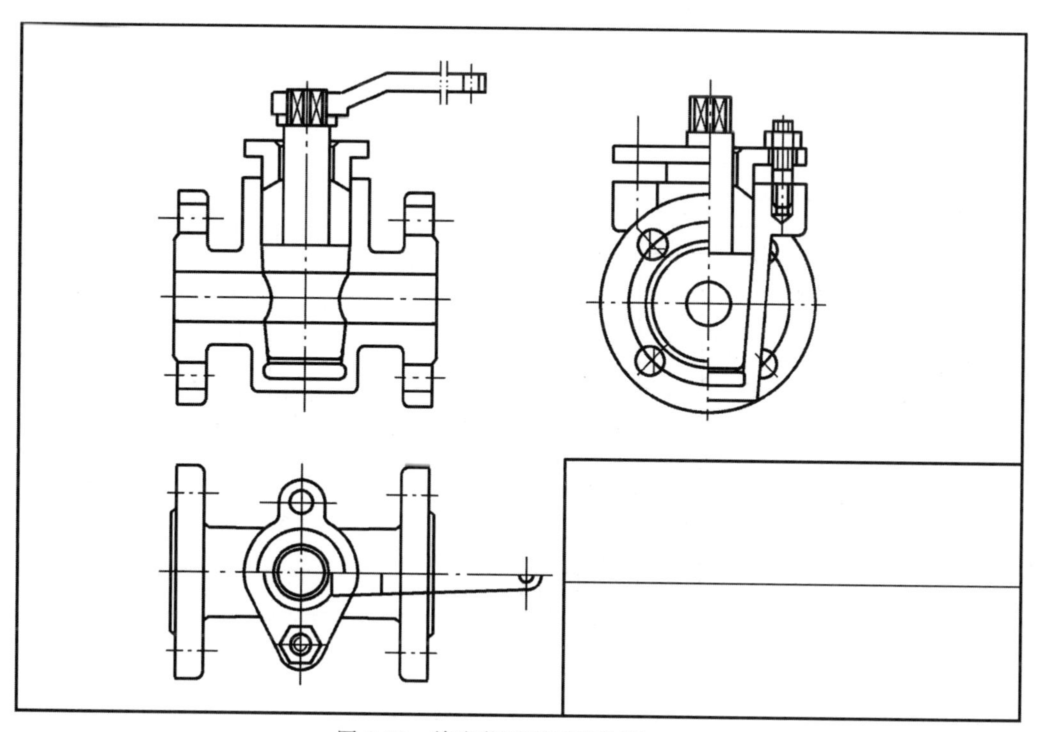

图 8-28　旋塞装配图画图步骤（二）

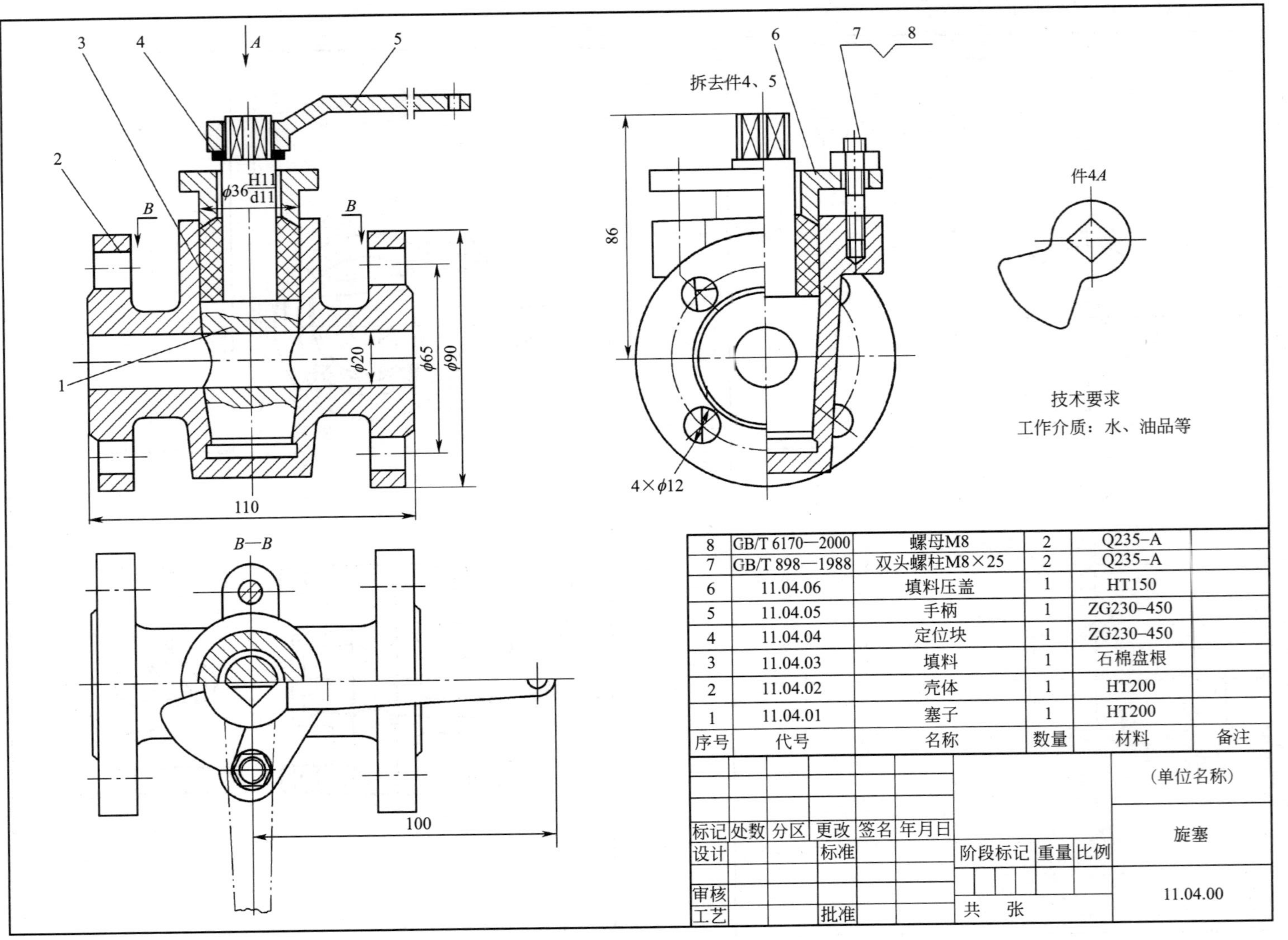

图 8-29 旋塞装配图画图步骤(三)

第七节　装配图读法

一、读装配图的要求

① 了解装配体的名称、用途及工作原理。

② 明确装配体的组成、各零件的位置和装配关系，以及定位和连接方式。

③ 明确传动过程中相关零件的作用（动、静关系），以及装配体的使用和调整方法。

④ 明确装拆方法及顺序。

⑤ 想象每个零件结构形状，能从装配图中拆画零件图。

二、读图的方法和步骤

1. 概括了解

了解装配体的名称和大致用途，了解零件名称、数量和所用材料及标准件规格，初步判断装配体的复杂度，根据绘图比例及标注的外形尺寸了解装配体的大小。

如图 8-30 所示的活动虎钳是夹紧加工工件的装配体，属中等复杂程度，其外形尺寸为 210×(116+2 个圆弧半径)×60。

2. 分析视图

浏览全图，确定各视图的名称和位置以及各视图的投影对应关系。了解装配件的装配线和装配点，图 8-30 中采用了三个基本视图。主视图采用全剖，沿着活动虎钳的前后对称面剖切，主要表示螺杆装配干线及 $B—B$ 装配线上各零件的结构。

左视图用半剖，主要表示 $B—B$ 处断面形状和活动钳身与固定钳身配合关系；俯视图衬托虎钳的外形，还有三个其他的画法，进一步表示工作原理。

3. 分析零件的结构

分析时常以主视图装配干线为主，从动力传入开始，逐个零件展开，弄清各零件的配合种类、连接方式和相互作用，确定零件功用和动静关系。

（1）分析螺杆装配干线

从主视图螺杆及移出断面图可知，当扳手套在螺杆 1 四边形头部旋转时，螺杆两端的轴颈与钳身 1 两孔的间隙配合（ϕ16H8/f7 与 ϕ12H8/f7），实现旋转运动。

通过螺杆右端的轴肩、垫圈 11 和左端上的垫圈 5、环 6 及销 7 的定位结构，避免工作时螺杆松脱和左右窜动。从局部放大图看出螺杆是方形传动螺纹。

（2）分析 $B—B$ 装配线

以主视图 $B—B$ 剖切位置为主，配合 $B—B$ 半剖左视图的对投影关系，可知方牙螺母 8 与带方牙的螺杆 9 相配，螺母 8 通过螺钉 3 固定在活动钳身 4 的孔中。

4. 分析工作原理

① 当螺杆 9 进行正、反转时，螺母 8 不能旋转，推动螺母沿着螺杆左右移动，这时，螺母带动活动钳身 4 左右移动。

② 从判断左视图的线框 a''与俯视图的 a，想象活动钳身的方形导槽结构与固定钳身导边为 ϕ80H9/f9 间隙配合，使活动钳身沿固定钳身 1 的导边左右滑移。

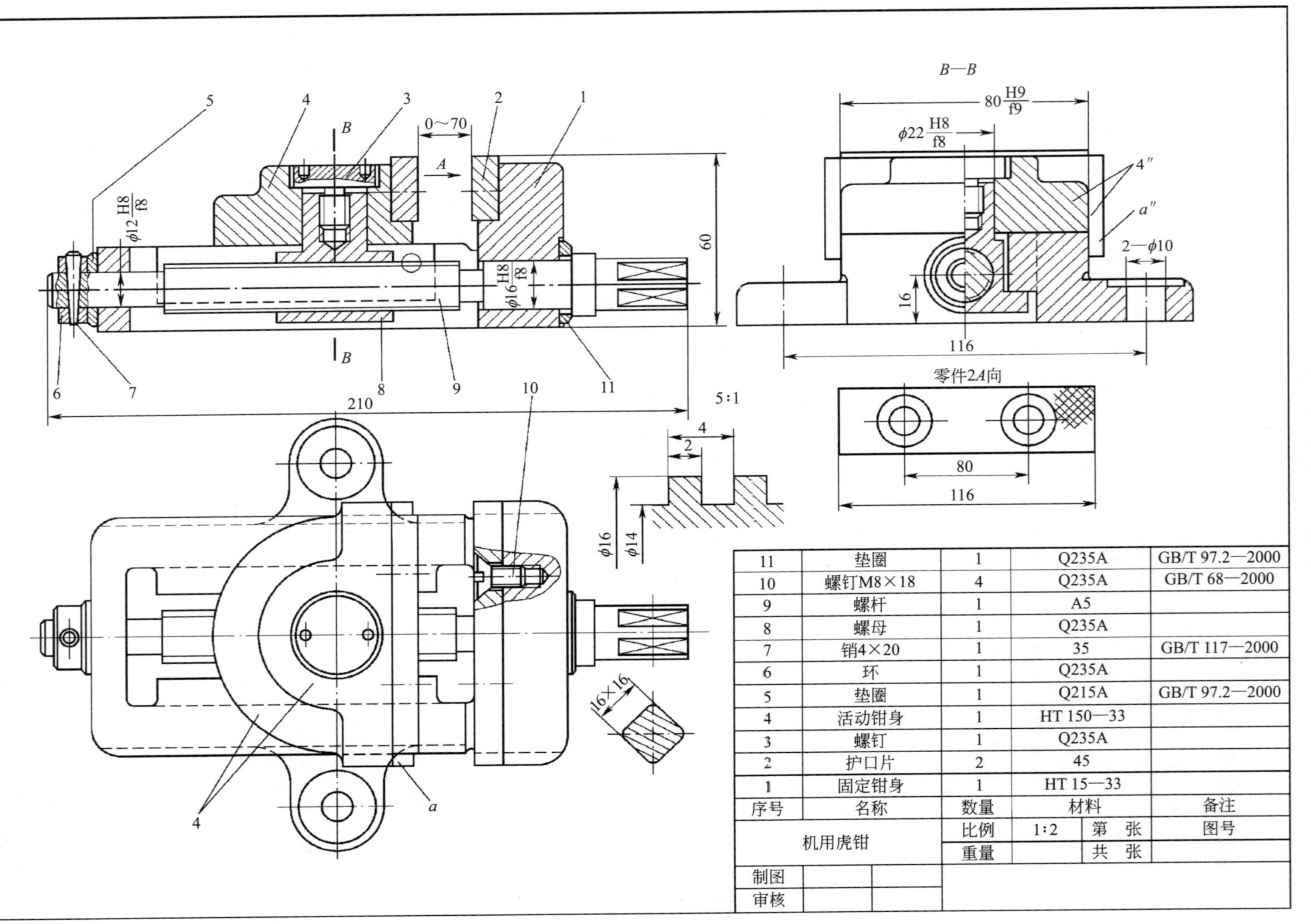

序号	名称	数量	材料	备注
11	垫圈	1	Q235A	GB/T 97.2—2000
10	螺钉M8×18	4	Q235A	GB/T 68—2000
9	螺杆	1	A5	
8	螺母	1	Q235A	
7	销4×20	1	35	GB/T 117—2000
6	环	1	Q235A	
5	垫圈	1	Q215A	GB/T 97.2—2000
4	活动钳身	1	HT 150—33	
3	螺钉	1	Q235A	
2	护口片	2	45	
1	固定钳身	1	HT 15—33	

机用虎钳	比例	1:2	第 张	图号
	重量		共 张	
制图				
审核				

图 8-30　活动虎钳装配图

③ 从主视图的箭头 A 及 A 向局部视图和俯视图的局部剖，判断两块护口片 2，通过螺钉 10 分别装在活动钳身和固定钳身的钳口上，移动空间为 0～70mm，实现把加工工件的夹紧与松开。护口片上有刻纹，使工件夹得更可靠。

5. 分析想象零件

随着读图深入，需要进一步分析零件结构，想象零件形状，加深对零件之间装配和结构的对应关系和零件的功用的理解。为想象装配体形状和拆画零件图打下基础。

分析、想象零件形状的关键点，把表示同一零件轮廓形状从装配图分离出来，分离办法如下：

① 按装配图三条规定画法及“三等”投影关系从装配图分离出表示同一零件的视图形状的范围。

② 根据分离出的视图的线框进行投影分析，想象内、外结构形状。

③ 想象拆卸相关零件后留下结构形状。

如分析想象活动钳身 4 的形状时，从序号 4 全剖主视图入手，找俯视图对应范围，确定线框 4 是特征形线框，及 $B—B$ 剖左视图形状的线框 4″；拆卸护口片 2 留下缺口导槽及 2 个螺钉孔；拆卸螺钉 3 及螺母 8 留下阶梯圆孔。

对于难于想象的结构及被遮零件的轮廓进行分析及补充，如图 8-32 所示线框 a 及双点画线。

通过上述分析和想象，活动钳身形状如图 8-32 所示。

6. 装拆顺序

① 如图 8-30 所示，拆卸时，卸件 7→件 6→件 5→从螺母 8 旋出螺杆件 9→件 11。从螺母 8 旋出螺钉 3（件上有两个小圆孔为拆卸孔）→从活动钳身 4 取出件 8。活动钳身件 4 的导槽沿着固定钳身 1 的导边从右往左推出。旋出螺钉件 10→卸下件 2。

② 装配时，先把护口片 2 通过螺钉 10 固定在活动钳身 4 和固定钳身 1 的护口槽上，然后把活动钳身 4 装入固定钳身 1，把螺母 8 装入活动钳身孔中，并旋入螺钉 3。把垫圈 11 套入螺杆 9 的轴肩处，把螺杆 9 装入固定钳身 1 的孔中，同时使螺杆 9 与螺母 8 旋合→垫圈

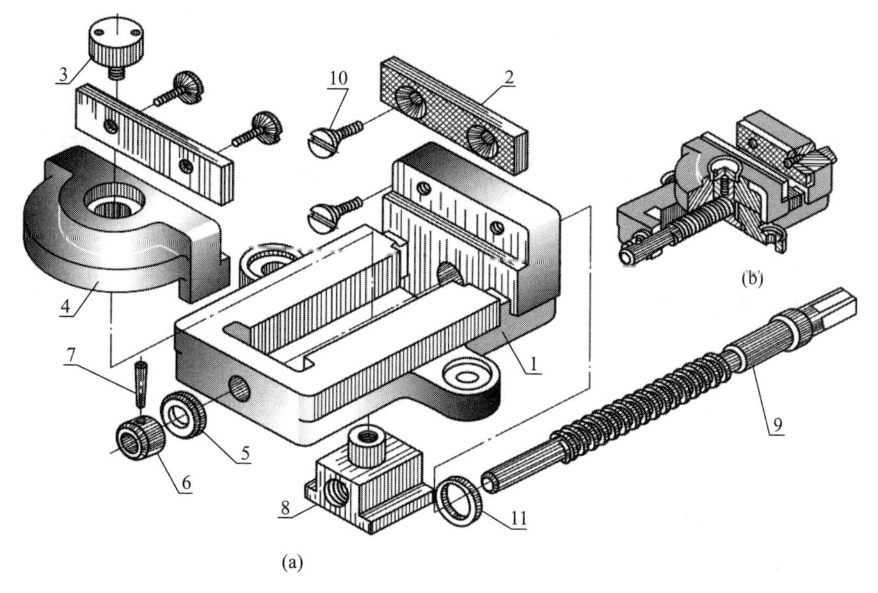

图 8-31　活动虎钳

5→环 6→打入销钉 9。

以上装、拆零件顺序与步骤如图 8-31(a) 所示。

7. 归纳总结

通过上述的分析，对活动虎钳的工作原理、主体结构和零件主体形状、作用及零件装配关系有了完整、清晰的认识，综合想象出图 8-31(b) 所示的立体形状。

三、由装配图拆画零件图

设计机器或修配，需要从装配图画出零件图，简称“拆画”。拆画是在读懂装配图，弄清楚零件结构形状的基础上进行的。下面以拆画活动虎钳的活动钳身为例，说明拆图的方法和步骤。

1. 想象拆画零件的结构形状

从活动虎钳的装配图，分离想象活动钳身的形状（见图 8-32）。

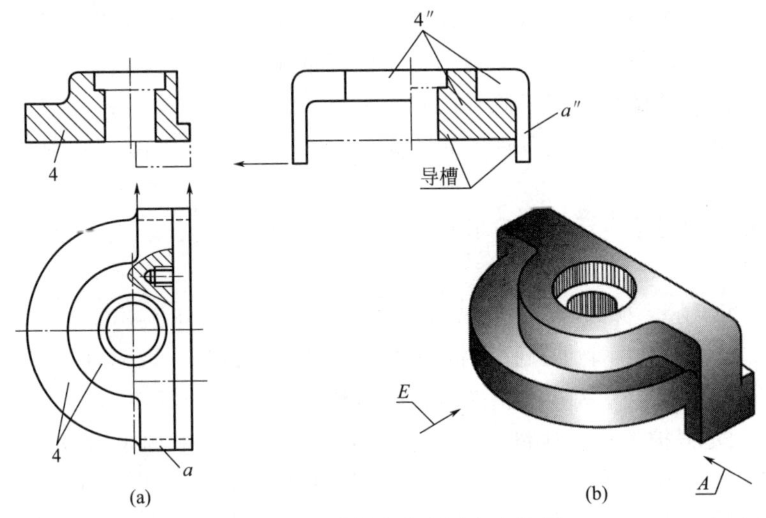

图 8-32 活动钳身分离图和立体图

2. 重新选择表示方案

装配图的表示方案是从整个装配体来考虑的，往往无法都符合每一个零件的表示需要。因此，拆画零件图时，选定视图方案应根据零件自身结构特点重新考虑，不能机械地照抄装配图上的视图方案。如护口片零件图的主视图就不能用装配图上该零件的主视图，也不必要画三个视图。又如活动钳身从 A、B 方向选择主视图，各有优点，若从反映导槽的特征考虑，选择 B 向视图更合理。

3. 补全零件次要结构和工艺结构

装配图主要表示的是总体结构，对零件的次要结构，并不一定都表示完全，所以拆画零件图时，应根据零件的作用和加工要求予以补充。如活动虎钳钳身的方口导槽的直角转折处应有铣刀的退刀槽 2×2。

4. 补标所缺的尺寸

由于装配图一般只标注五类尺寸，所以在拆画的零件图中应予补充。

① 抄注。装配图上已注出的重要尺寸，应直接抄注在零件图上。

② 查找。零件标准结构的尺寸数值应从明细栏或有关标准查得。如螺孔 2×M8×18，

退刀槽 2×2。

③ 计算。需要计算确定的尺寸，应由计算而定，如装配图上的齿轮分度圆和齿顶圆的直径等尺寸。

④ 量取。在装配图上没有标出的其他尺寸，按图中量得尺寸乘以比例，所得数值取整数。

⑤ 协调。有装配关系和相对位置关系的尺寸，在相关的零件图上要协调一致。如两个螺钉孔的中心距 40 与护口片两个螺孔的中心孔距离 40 应一致。

5. 零件图上技术要求的确定

根据零件表面作用及与其他零件的关系，采用类比法参考同类产品图样、资料来确定技术要求。孔 $\phi22$ 及导槽底面的表面粗糙要求较高，为 $\sqrt{Ra\ 1.6}$；该零件是铸件，应注写有关技术要求。拆画活动钳身的零件图如图 8-33 所示。

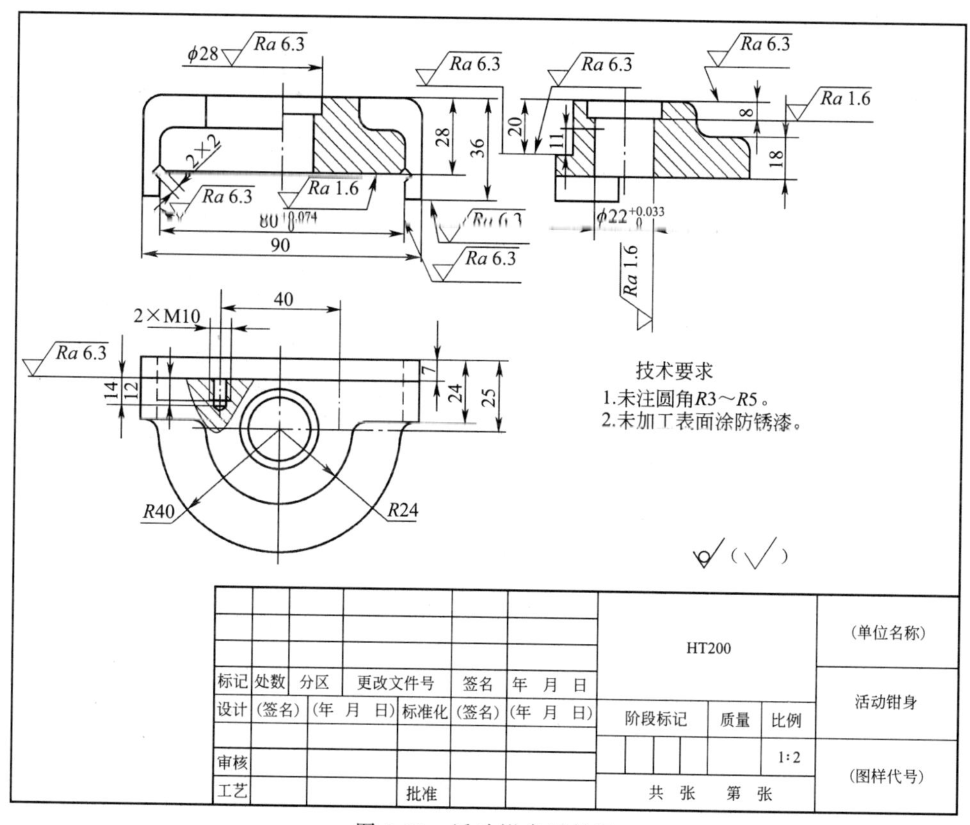

图 8-33　活动钳身零件图

图 8-34 所示为柱塞泵装配图，图 8-35 所示为柱塞泵内部结构组成，两图零部件序号一致。通过柱塞轴线剖切，主要表示偏心轮与柱塞装配线各零件结构及柱塞泵外形；局部剖俯视图主要表示主轴装配线上各个零件结构，衬托柱塞泵外形；左视图进一步衬托柱塞泵外形；*A*—*A* 剖视表达吸（排）油阀各零件。

动力传入主轴 16，并通过 ϕ15JS6 配合固定在两个球轴承 15 内孔中，实现旋转运动。球轴承外圈通过 ϕ35H7 配合装在前、后端的衬盖 17、轴承套 14 的孔中，衬盖 17 通过 ϕ50H7/h6 配合装在泵体、前端孔中，由螺钉 8 拧紧在箱体端面上；轴套 14 通过 ϕ42H7/js6 配合装在泵体后端孔中。凸轮 12 通过 ϕ16H/k6 配合装在主轴 16 的轴径上，由轴肩及调

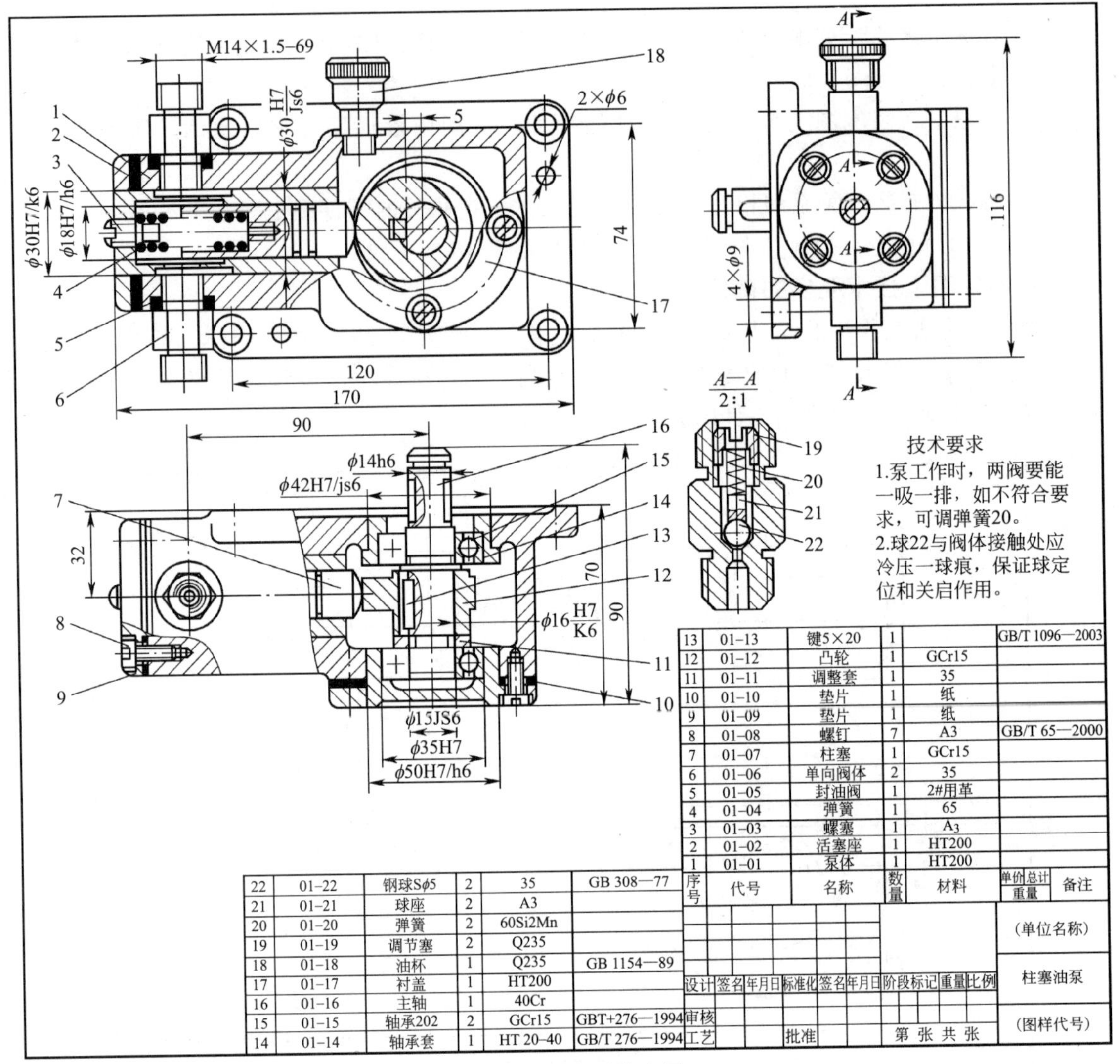

序号	代号	名称	数量	材料	单价 总计 重量	备注
13	01-13	键5×20	1			GB/T 1096—2003
12	01-12	凸轮	1	GCr15		
11	01-11	调整套	1	35		
10	01-10	垫片	1	纸		
9	01-09	垫片	1	纸		
8	01-08	螺钉	7	A3		GB/T 65—2000
7	01-07	柱塞	1	GCr15		
6	01-06	单向阀体	2	35		
5	01-05	封油阀	1	2#用革		
4	01-04	弹簧	1	65		
3	01-03	螺塞	1	A_3		
2	01-02	活塞座	1	HT200		
1	01-01	泵体	1	HT200		
22	01-22	钢球Sϕ5	2	35		GB 308—77
21	01-21	球座	2	A3		
20	01-20	弹簧	2	60Si2Mn		
19	01-19	调节塞	2	Q235		
18	01-18	油杯	1	Q235		GB 1154—89
17	01-17	衬盖	1	HT200		
16	01-16	主轴	1	40Cr		
15	01-15	轴承202	2	GCr15		GBT+276—1994
14	01-14	轴承套	1	HT 20-40		GB/T 276—1994

图 8-34　柱塞泵装配图

整圈 11 固在主轴上。当主轴旋转时，通过键 13 带动凸轮 12 旋转。调整圈 11 和垫片 10 可调整轴向间隙，保证偏心轮灵活旋转及避免轴向窜动。

柱塞 7 通过弹簧 4 作用力贴紧在凸轮上，凸轮（偏心距 5mm）旋转推动柱塞在柱塞座 2 内孔中运动，通过 ϕ18H7/h6 的间隙配合，实现作左右往复滑移。柱塞座 2 通过螺钉 8 固定在泵体 1 的圆孔中，属过渡配合 ϕ30H7/k6 与 ϕ30H7/js6。柱塞套有两个油孔对准油阀。

单向阀体 6 的锥形孔为阀座结构，它与球体 22 紧密接触，通过弹簧 20 及球座 21 把球体压在阀座锥形孔中紧密相配。螺旋塞 19 调整弹簧 20 对球体的压力，阀体 6 通过螺纹连接在泵体上。

如图 8-35(d) 所示，当凸轮往前旋转时，在偏心距为 5mm 下，逐步推动柱塞在柱塞套内往左作直线滑动，柱塞套空腔逐步减小，压力增大，当空腔内的压力大于阀体内的弹簧压力及外界压力时，推开上方排油阀上的球体，排出柱塞套内的润滑油，送到输油管中。同时，在弹簧力和油压作用下，下方吸油阀上的球体紧贴在阀座锥形孔中，使柱塞套润滑油不倒流到吸油

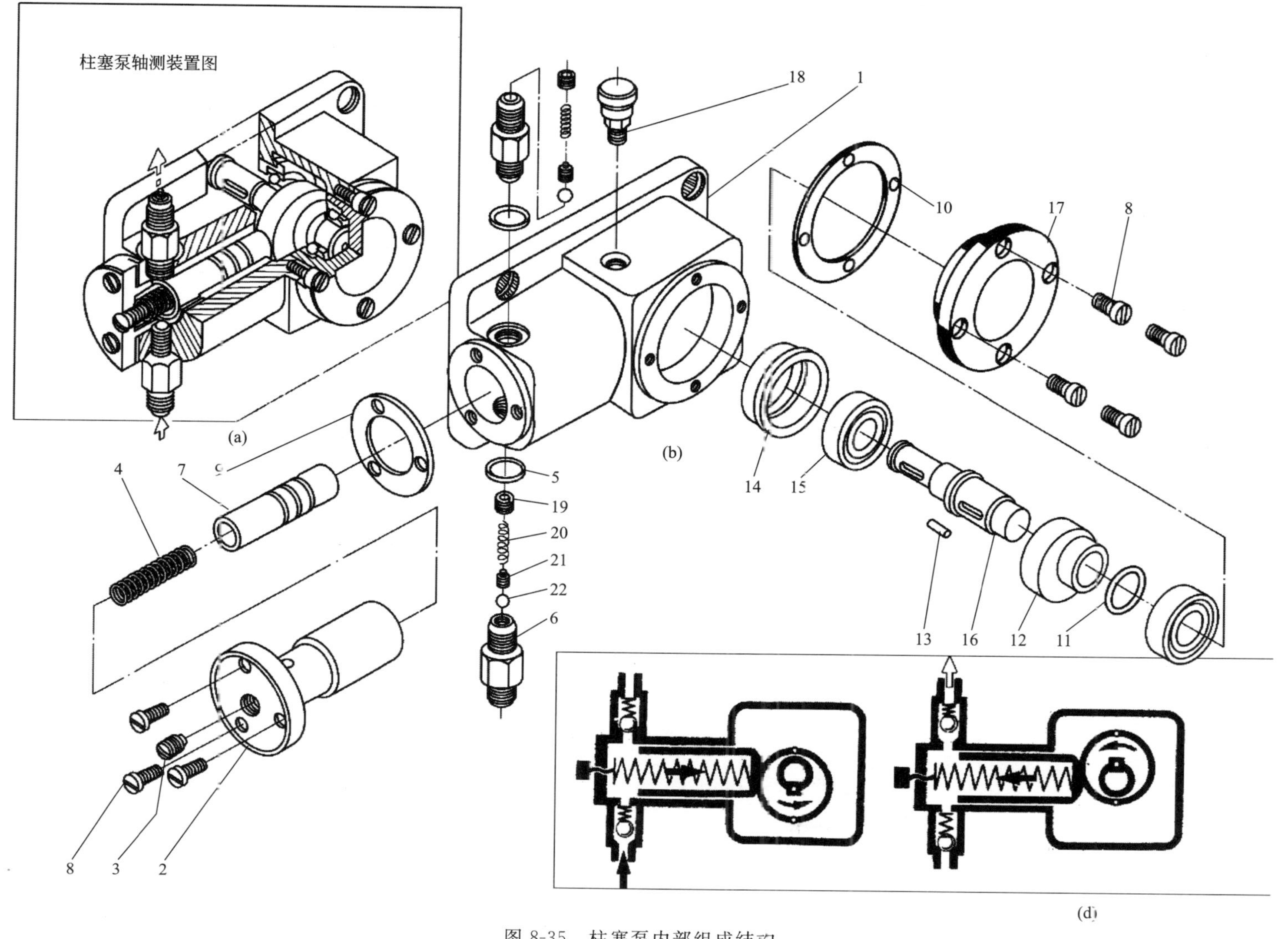

图 8-35 柱塞泵内部组成结构

管中。如图 8-35(c) 所示，偏心轮往后旋转时，柱塞在弹簧作用下往右移动，柱塞套内腔增大，形成真空，上排油阀关闭，下吸油阀开启，柱塞套内腔吸入润滑油。因此，当偏心轮旋转一圈，柱塞泵进行吸油和供油一次。

拆卸柱塞泵各零件的顺序是：旋出螺钉 8→拆出活塞座 2 及垫片 9，拆卸柱塞时应旋出螺钉 3，拆出柱塞 7 及弹簧 4。装配时正好相反。拆卸主轴装配线各零件的顺序为：旋出螺钉 8→从后往前拆出该轴系（一般轴承套 14 不拆卸）→拆出两端滚动轴承 15→拆调整套 11→拆凸轮 12→拆键 13。其装配时的顺序读者自己分析。上述装拆顺序见图 8-35(b)。

附　录

附表 1　普通螺纹直径与螺距（摘自 GB/T 193—2003）　　mm

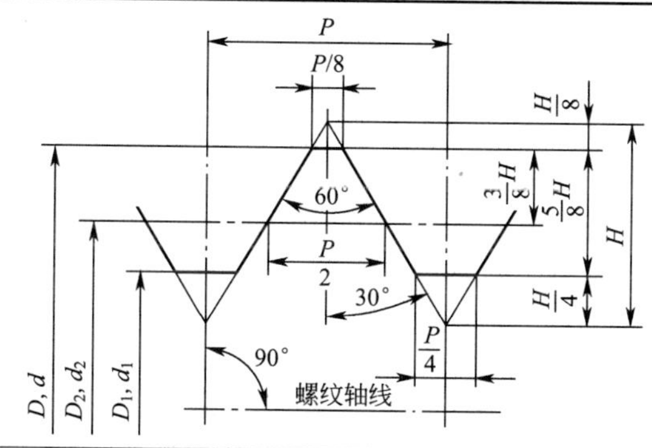

D—内螺纹大径
d—外螺纹大径
D_2—内螺纹中径
d_2—外螺纹中径
D_1—内螺纹小径
d_1—外螺纹小径
P—螺距

标记示例：

M24—7S(公称直径 $d=24$，螺距为 3，普通粗牙右旋外螺纹，中径和大径公差带均为 7S，中等旋合长度)。

M24×1.5LH—7H(公称直径 $D=24$，螺距为 1.5，普通细牙左旋内螺纹，中径和小径带均为 7H，中等旋合长度)。

公称直径 D、d		螺距 P		粗牙小径 D_1、d_1	公称直径 D、d		螺距 P		粗牙小径 D_1、d_1
第一系列	第二系列	粗牙	细牙		第一系列	第二系列	粗牙	细牙	
3		0.5	0.35	2.459		18	2.5	2、1.5、1	15.294
	3.5	0.6		2.850	20		2.5	2、1.5、1	17.294
4		0.7	0.5	3.242		22	2.5		19.294
	4.5	0.75		3.688	24		3		20.752
5		0.8		4.134		27	3		23.752
6		1	0.75	4.917		33	3.5	(3)、2、1.5	29.211
	7	1			36		4	3、2、1.5	31.670
8		1.25	1、0.75	6.647		39	4		34.670
10		1.5	1.25、1、0.75	8.376	42		4.5	4、3、2、1.5	37.129
12		1.75	1.25、1	10.106		45	4.5		40.129
	14	2	15、1.25、1	11.835	48		5		42.587
						52	5		46.587
16		2	1.5、1	13.835	56		5.5		50.046

附表 2　梯形螺纹直径和螺距（摘自 GB/T 5796.2～5796.4—2005）　mm

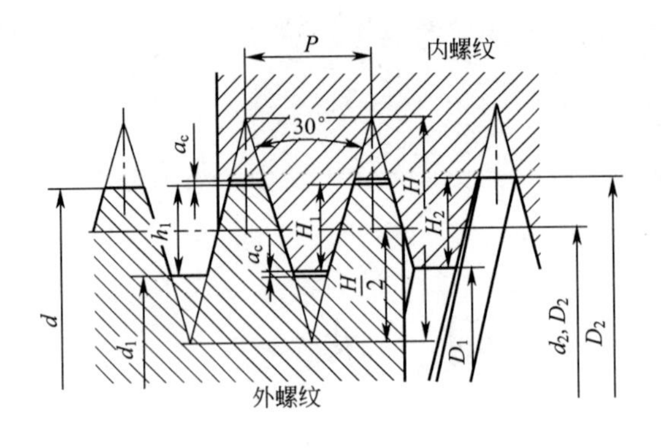

标记示例：

Tr40×7—7H（单线梯形内螺纹、公称直径 $D=40$、螺距 $P=7$，右旋、中径公差带 7H）。

Tr60×14（P7）LH—8e（双线梯形外螺纹、公差直径 $d=60$、导程 $P_h=14$、螺距 $P=7$、中径公差带为 8e）。

梯形螺纹的基本尺寸

d 公称系列		螺距 P	中径 $d_2=D_2$	大径 D_4	小径		d 公称系列		螺距 P	中径 $d_2=D_2$	大径 D_4	小径	
第一系列	第二系列				d_3	D_1	第一系列	第二系列				d_3	D_1
8	—	1.5	7.25	8.3	6.2	6.5	—	22	5	19.5	22.5	16.5	17
—	9	2	8.0	9.5	6.5	7	24	—		21.5	24.5	18.5	19
10	—		9.0	10.5	7.5	8	—	26		23.5	26.5	20.5	21
—	11		10.0	11.5	8.5	9	28	—		25.5	28.5	22.5	23
12	—	3	10.5	12.5	8.5	9	—	30	6	27.0	31.0	23.0	24
—	14		12.5	14.5	10.5	11	32	—		29.0	33	25	26
16	—	4	14.0	16.5	11.5	12	—	34		31.0	35	27	28
—	18		16.0	18.5	13.5	14	36	—		33.0	37	29	30
20	—		18.0	20.5	15.5	16	—	38	7	34.5	39	30	31

附表 3　管螺纹

mm

密封管螺纹(摘自 GB/T 7306—1987)

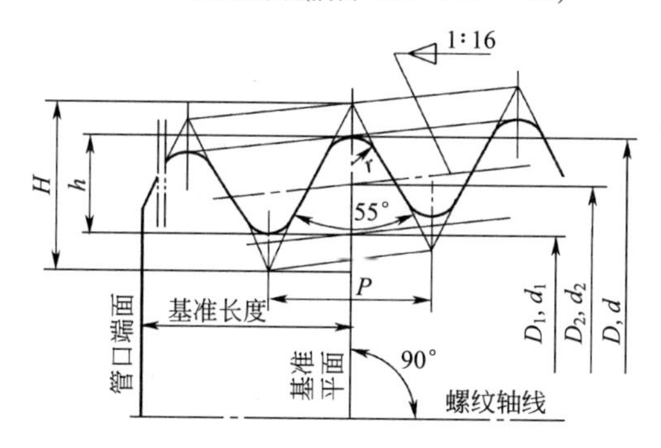

标记示例：

R1 1/2(尺寸代号 1 1/2，右旋圆锥外螺纹)。

Rc1 1/4 –LH(尺寸代号 1 1/4，左旋圆锥内螺纹)。

Rp2(尺寸代号 2，右旋圆柱内螺纹)。

非密封管螺纹(摘自 GB/T 7307—2001)

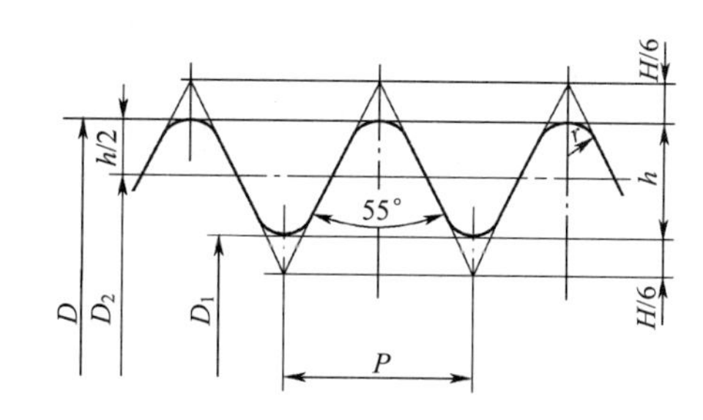

标记示例：

G1 1/2 –LH(尺寸代号 1 1/2，左旋内螺纹)。

G1 1/4A(尺寸代号 1 1/4，A 级右旋外螺纹)。

G2B–LH(尺寸代号 2，B 级左旋外螺纹)。

<table>
<tr><th rowspan="2">尺寸代号</th><th colspan="3">基本直径</th><th rowspan="2">螺距 P</th><th rowspan="2">牙高 h</th><th rowspan="2">圆弧半径 r</th><th rowspan="2">每 25.4mm 内的牙数 n</th><th rowspan="2">有效螺纹长度</th><th rowspan="2">基准的基本长度</th></tr>
<tr><th>大径 $d=D$</th><th>中径 $d_2=D_2$</th><th>小径 $d_1=D_1$</th></tr>
<tr><td>1/16</td><td>7.723</td><td>7.142</td><td>6.561</td><td rowspan="2">0.907</td><td rowspan="2">0.581</td><td rowspan="2">0.125</td><td rowspan="2">28</td><td rowspan="2">6.5</td><td rowspan="2">4.0</td></tr>
<tr><td>1/8</td><td>9.728</td><td>9.147</td><td>8.566</td></tr>
<tr><td>1/4</td><td>13.157</td><td>12.301</td><td>11.445</td><td rowspan="2">1.337</td><td rowspan="2">0.856</td><td rowspan="2">0.184</td><td rowspan="2">19</td><td>9.7</td><td>6.0</td></tr>
<tr><td>3/8</td><td>16.662</td><td>15.806</td><td>14.950</td><td>10.1</td><td>6.4</td></tr>
<tr><td>1/2</td><td>20.955</td><td>19.793</td><td>18.631</td><td rowspan="2">1.814</td><td rowspan="2">1.162</td><td rowspan="2">0.249</td><td rowspan="2">14</td><td>13.2</td><td>8.2</td></tr>
<tr><td>3/4</td><td>26.441</td><td>25.279</td><td>24.117</td><td>14.5</td><td>9.5</td></tr>
<tr><td>1</td><td>33.249</td><td>31.770</td><td>30.291</td><td rowspan="10">2.309</td><td rowspan="10">1.479</td><td rowspan="10">0.317</td><td rowspan="10">11</td><td>16.8</td><td>10.4</td></tr>
<tr><td>1 1/4</td><td>41.910</td><td>40.431</td><td>28.952</td><td rowspan="2">19.1</td><td rowspan="2">12.7</td></tr>
<tr><td>1 1/2</td><td>47.803</td><td>46.324</td><td>44.845</td></tr>
<tr><td>2</td><td>59.614</td><td>58.135</td><td>56.656</td><td>23.4</td><td>15.9</td></tr>
<tr><td>2 1/2</td><td>75.184</td><td>73.705</td><td>72.226</td><td>26.7</td><td>17.5</td></tr>
<tr><td>3</td><td>87.884</td><td>86.405</td><td>84.926</td><td>29.8</td><td>20.6</td></tr>
<tr><td>4</td><td>113.030</td><td>111.551</td><td>110.072</td><td>35.8</td><td>25.4</td></tr>
<tr><td>5</td><td>138.430</td><td>136.951</td><td>135.472</td><td rowspan="2">40.1</td><td rowspan="2">28.6</td></tr>
<tr><td>6</td><td>163.830</td><td>162.351</td><td>160.872</td></tr>
</table>

附表 4　六角头螺栓

mm

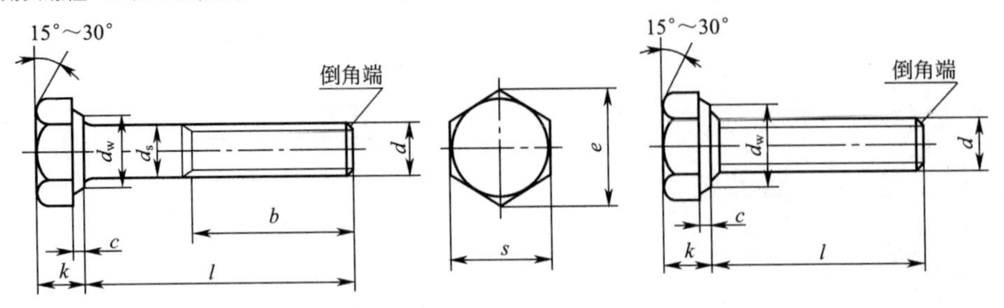

标记示例：

螺柱 GB/T 5782 M12×80

螺纹规格 d=M12、公称长度 l=80mm、性能等级 8.8 级、表面氧化、A 级的六角头螺栓。

螺柱 GB/T 5782 M12×80

螺纹规格 d=M12、公称长度 l=80mm、性能等级 8.8 级、表面氧化、全螺纹、A 级的六角头螺栓。

螺纹规格	d	M4	M5	M6	M8	M10	M12	M16	M20	M24	M30	M36	M42	M48
b 参考	$l \leqslant 125$	14	16	18	22	26	30	38	46	54	66	—	—	—
	$125 < l \leqslant 200$	20	22	24	28	32	36	44	52	60	72	84	96	108
	$l > 200$	33	35	37	41	45	49	57	65	73	85	97	109	121
c_{max}		0.4	0.5		0.6			0.8					1	
k		2.8	3.5	4	5.3	6.4	7.5	10	12.5	15	18.7	22.5	26	30
d_{max}		4	5	6	8	10	12	16	20	24	30	36	42	48
s_{max}		7	8	10	13	16	18	24	30	36	46	55	65	75
e_{min}	A	7.66	8.79	11.05	14.38	17.77	20.03	26.75	33.53	39.98	—	—	—	—
	B	7.50	8.63	10.89	14.2	17.59	19.85	26.17	32.95	39.55	50.85	60.79	71.3	82.6
d_{wmin}	A	5.88	6.88	8.9	11.63	14.63	16.63	22.49	28.19	33.61	—	—	—	—
	B	5.74	6.7	8.74	11.47	14.47	16.47	22	27.7	33.25	42.7	51.1	59.95	69.45
l 范围	GB/T 5782	52～40	25～50	30～60	35～80	40～100	50～120	65～160	80～200	90～240	110～300	140～360	160～440	180～480
	GB/T 5783	8～40	10～50	12～60	16～80	20～100	25～120	30～150	40～150	50～150	60～200	70～200	80～200	90～200
l 系列	GB/T 5782	20～65(5 进位)、70～160(10 进位)、180～400(20 进位)												
	GB/T 5783	8、10、12、16、18、20～65(5 进位)、70～160(10 进位)、180～500(20 进位)												

附表 5　双头螺柱

mm

$b_m=1d$(摘自GB/T 897—1988)；$b_m=1.25d$(摘自GB/T 898—1988)；$b_m=1.5d$(摘自GB/T 899—1988)；$b_m=2d$(摘自GB/T 900—1988)

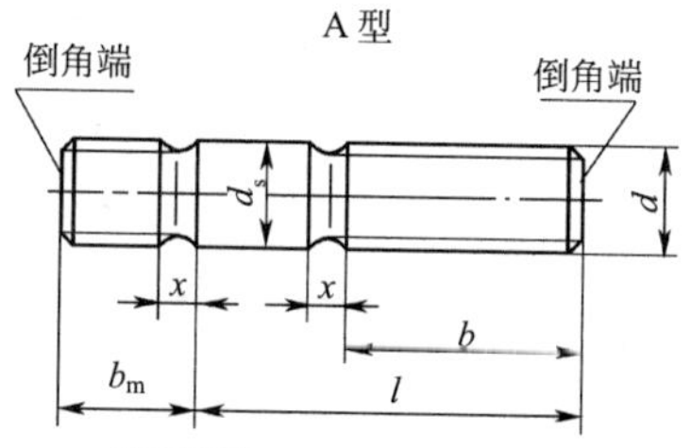

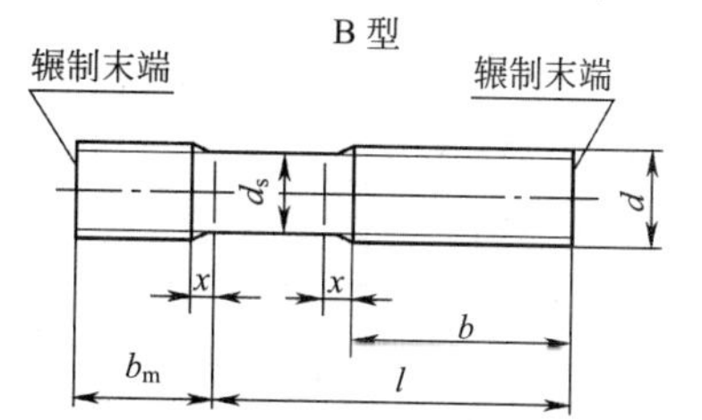

标记示例：

螺柱 GB/T 897 M10×50

两端均为粗牙螺纹，d=M10、l=50mm、性能等级 4.8 级、不经表面处理 B 型、$b_m=1d$ 的双头螺柱。

螺柱 GB/T 897 AM10–M10×1×50

旋入一端为粗牙螺纹、旋螺母一端为螺距 P=1mm 的细牙螺纹、d=10mm、l=50mm、性能等级为 4.8 级、不经表面处理、A 型、$b_m=1d$ 的双头螺栓。

螺纹规格 d		M4	M5	M6	M8	M10	M12	M16	M20	M24	M30	M36	M42	M48
b_m	GB/T 897	—	5	6	8	10	12	16	20	24	30	36	42	48
	GB/T 898	—	6	8	10	12	15	20	25	30	38	45	52	60
	GB/T 899	6	8	10	12	15	18	24	30	36	45	54	65	72
	GB/T 900	8	10	12	16	20	24	32	40	48	60	72	84	96
d_s		A 型 d_s＝螺纹大径；B 型 d_s≈螺纹中径												
x		1.5P												
$\frac{l}{b}$		$\frac{16\sim22}{8}$	$\frac{16\sim22}{10}$	$\frac{20\sim22}{10}$	$\frac{20\sim22}{12}$	$\frac{25\sim28}{14}$	$\frac{25\sim30}{16}$	$\frac{30\sim38}{20}$	$\frac{35\sim40}{25}$	$\frac{45\sim50}{30}$	$\frac{60\sim65}{40}$	$\frac{65\sim75}{45}$	$\frac{70\sim80}{50}$	$\frac{80\sim90}{60}$
		$\frac{25\sim40}{14}$	$\frac{25\sim50}{16}$	$\frac{25\sim30}{14}$	$\frac{25\sim30}{16}$	$\frac{30\sim38}{16}$	$\frac{32\sim40}{20}$	$\frac{40\sim55}{30}$	$\frac{45\sim65}{35}$	$\frac{55\sim75}{45}$	$\frac{70\sim90}{50}$	$\frac{80\sim110}{64}$	$\frac{85\sim110}{70}$	$\frac{95\sim110}{80}$
$\frac{l}{b}$				$\frac{32\sim75}{18}$	$\frac{32\sim90}{22}$	$\frac{40\sim120}{26}$	$\frac{45\sim120}{30}$	$\frac{60\sim120}{38}$	$\frac{70\sim120}{46}$	$\frac{80\sim120}{54}$	$\frac{95\sim120}{60}$	$\frac{120}{78}$	$\frac{120}{90}$	$\frac{120}{102}$
						$\frac{130}{32}$	$\frac{130\sim180}{36}$	$\frac{130\sim200}{44}$	$\frac{130\sim200}{52}$	$\frac{130\sim200}{60}$	$\frac{130\sim200}{72}$	$\frac{130\sim200}{84}$	$\frac{130\sim200}{96}$	$\frac{130\sim200}{108}$
											$\frac{210\sim250}{85}$	$\frac{210\sim300}{97}$	$\frac{210\sim300}{109}$	$\frac{210\sim300}{121}$
l 系列		16、(18)、20、(22)、25、(28)、30、(32)、35、(38)、40、45、50、(55)、60、(65)、70、(75)、80、(85)、90、(95)、100、110、120、130、140、150、160、170、180、190、200、210、220、230、240、250、260、280、300												

附表 6　螺钉

mm

开槽圆柱头螺钉(摘自GB/T 65—2016)

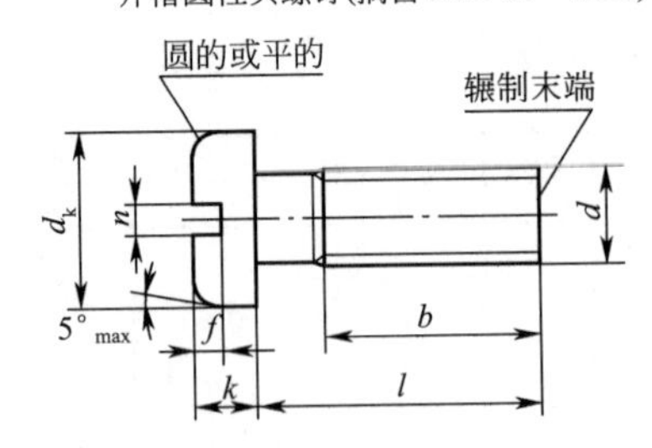

开槽盘头螺钉(摘自GB/T 67—2016)

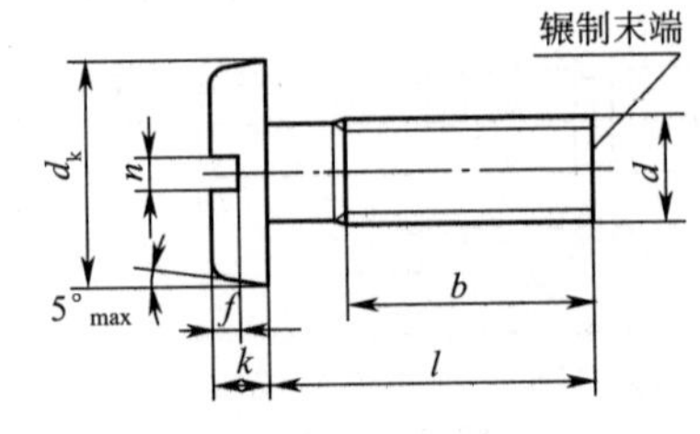

开槽沉头螺钉(摘自GB/T 68—2016)

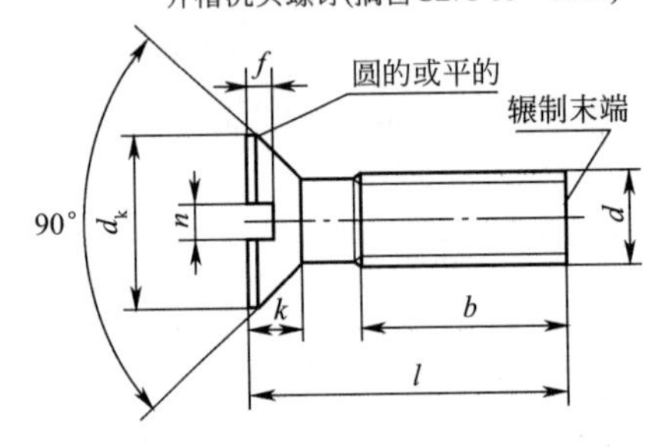

开槽半沉头螺钉(摘自GB/T 69—2016)

圆的或平的

辗制末端

无螺纹部分杆径≈中径或=螺纹大径

标记示例：

螺钉 GB/T 65 M5×20

螺纹规格 d=M5、公称长度 l=20mm、性能等级为4.8级、不经表面处理的开槽圆柱头螺钉

螺纹规格 d	P	b_{min}	n 公称	f	r_f	k_{max}			d_{kmax}			t_{mm}				l 范围
				GB/T 69	GB/T 69	GB/T 65	GB/T 67	GB/T 68 GB/T 69	GB/T 65	GB/T 67	GB/T 68 GB/T 69	GB/T 65	GB/T 67	GB/T 68	GB/T 69	
M3	0.5	25	0.8	0.7	6	1.8	1.8	1.65	5.6	5.6	5.5	0.7	0.7	0.6	1.2	4～30
M4	0.7	38	1.2	1	9.5	2.6	2.4	2.7	7	8	8.4	1.1	1	1	1.6	5～40
M5	0.8	38	1.2	1.2	9.5	3.3	3.0	2.7	8.5	9.5	9.3	1.3	1.2	1.1	2	6～50
M6	1	38	1.6	1.4	12	3.9	3.6	3.3	10	12	11.3	1.6	1.4	1.2	2.4	8～60
M8	1.25	38	2	2	16.5	5	4.8	4.65	13	16	15.8	2	1.9	1.8	3.2	10～80
M10	1.5	38	2.5	2.3	19.5	6	6	5	16	20	18.3	2.4	2.4	2	3.8	12～80
l 系列	4、5、6、8、10、12、(14)、16、20、25、30、35、40、50、(55)、60、(65)、70、(75)、80															

附表 7　内六角圆柱头螺钉（摘自 GB/T 70.1—2000）　　mm

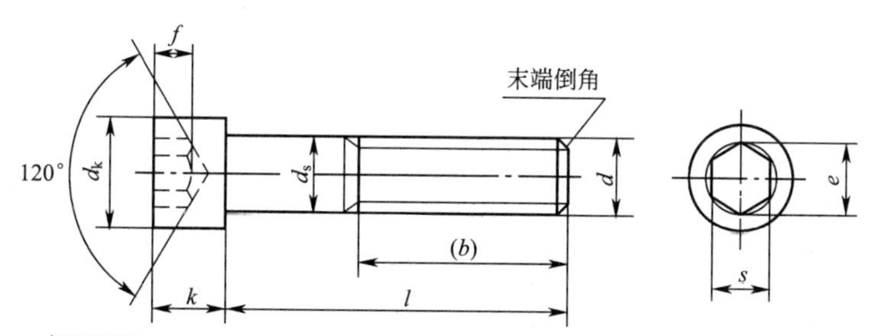

标记示例：
螺钉　GB/T 70.1 M5×20
螺纹规格 d=M5、公称长度 l=20mm、性能等级为 8.8 级，表面氧化的内六角圆柱头螺钉。

螺纹规格 d	M3	M4	M5	M6	M8	M10	M12	M14	M16	M20	M24
P（螺距）	0.5	0.7	0.8	1	1.25	1.5	1.75	2	2	2.5	3
b 参考	18	20	22	24	28	32	36	40	44	52	60
b_{kmax}	5.5	7	8.5	10	13	16	18	21	24	30	36
k_{max}	3	4	5	6	8	10	12	14	16	20	24
t_{min}	1.3	2	2.5	3	4	5	6	7	8	10	12
s 公称	2.5	3	4	5	6	8	10	12	14	17	19
e_{min}	2.87	3.44	4.58	5.72	6.86	9.15	11.43	13.72	16.00	19.44	21.73
d_{smax}	$=d$										
l 范围	5～30	6～40	8～50	10～60	12～80	16～100	20～120	25～140	25～160	30～200	40　200
l≤表中数值时，制出全螺纹	20	25	25	30	35	40	45	55	55	65	80
l 系列	5、6、8、10、12、(14)、(16)、20、25、30、35、40、45、50、(55)、60、(65)、70、80、90、100、110、120、130、140、150、160、180、200										

附表 8 紧定螺钉

mm

开槽锥端紧定螺钉
(摘自GB/T 71—1985)

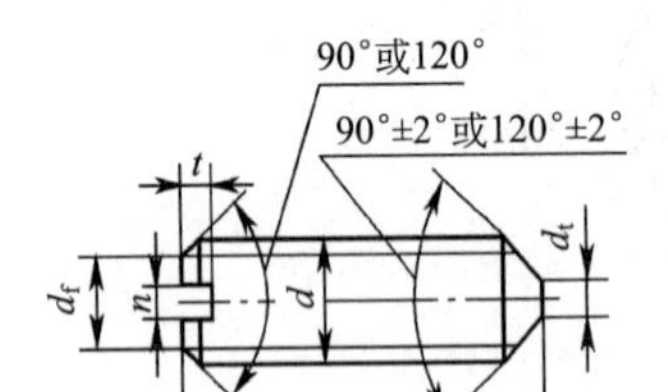

开槽平端紧定螺钉
(摘自GB/T 73—1985)

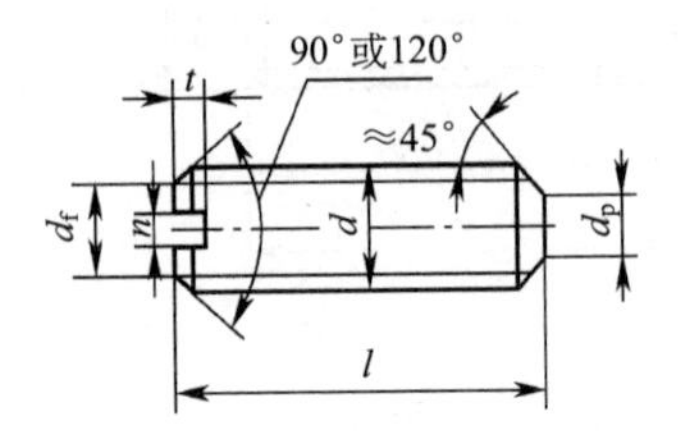

开槽长圆柱端紧定螺钉
(摘自GB/T 75—1985)

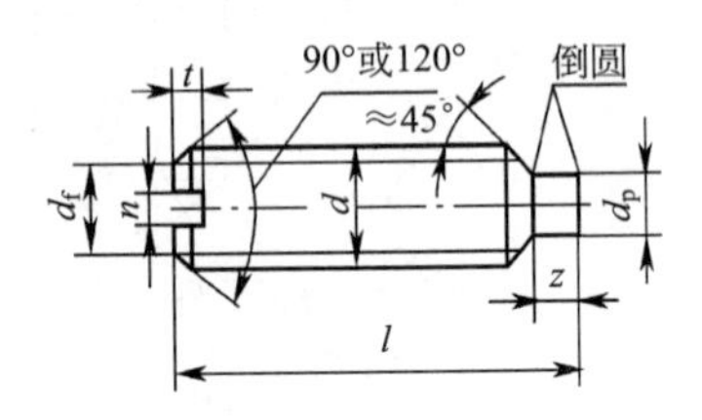

标记示例：

螺钉 GB/T 71 M10×20

螺纹规格 d=M10、公称长度 l=20mm、性能等级为 14H 级、表面氧化的开槽锥端紧定螺钉。

螺纹规格 d	P	$d_{f\approx}$	$d_{t\max}$	$d_{p\max}$	n	t	$z_{\max}$	l 公称		
								GB/T 71	GB/T 73	GB/T 75
M3	0.5	螺纹小径	0.3	2	0.4	1.05	1.75	4～16	3～16	5～16
M4	0.7		0.4	2.5	0.6	1.42	2.25	6～20	4～20	6～20
M5	0.8		0.5	3.5	0.8	1.63	2.75	8～25	5～25	8～25
M6	1	螺纹小径	1.5	4	1	2	3.25	8～30	6～30	10～30
M8	1.25		2	5.5	1.2	2.5	4.3	10～40	8～40	10～40
M10	1.5		2.5	7	1.6	3	5.35	12～50	10～50	12～50
M12	1.75		3	8.5	2	3.6	6.3	14～60	12～60	14～60
l 系列	4、5、6、8、10、12、(14)、16、20、25、30、40、45、50、(55)、60									

附表 9　六角螺母

mm

六角螺母—A 和 B 级(GB/T 6170—2015)　　六角螺母—C 级(GB/T 41—2016)

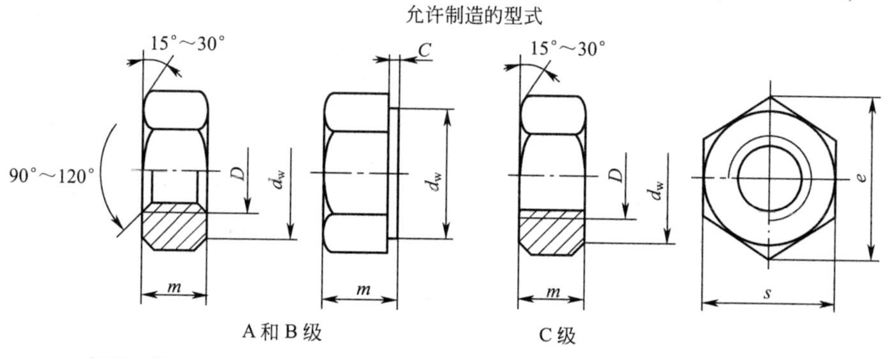

标记示例：

螺纹规格 D=M12、性能等级为 10 级、不经表面处理、A 级的六角螺母：螺母 GB/T 6170 M12。

螺纹规格 D=M12、性能等级为 5 级、不经表面处理、C 级的六角螺母：螺母 GB/T 41 M12。

螺纹规格 D		M4	M5	M6	M8	M10	M12	M16	M20	M24	M30	M36	M42	M48
c		0.4	0.5		0.6			0.8					1	
s_{max}		7	8	10	13	16	18	24	30	36	46	55	65	75
e_{min}	A、B 级	7.66	8.79	11.05	14.38	17.77	20.03	26.75	32.95	39.55	50.85	60.79	72.02	82.6
	C 级	—	8.63	10.89	14.2	17.59	19.85	26.17	32.95	39.55	50.85	60.79	72.02	82.6
m_{max}	A、B 级	3.2	4.7	5.2	6.8	8.4	10.8	14.8	18	21.5	25.6	31	34	38
	C 级	—	5.6	6.1	7.9	9.5	12.2	15.9	18.7	22.3	26.4	31.5	34.9	38.9
d_{wmin}	A、B 级	5.9	6.9	8.9	11.6	14.6	16.6	22.5	27.7	33.2	42.7	51.1	60.6	69.4
	C 级	—	6.9	8.7	11.5	14.5	16.5	22	27.7	33.2	42.7	51.1	60.6	69.4

附表 10　垫圈

mm

小垫圈—A 级
(摘自 GB/T 848—2002)

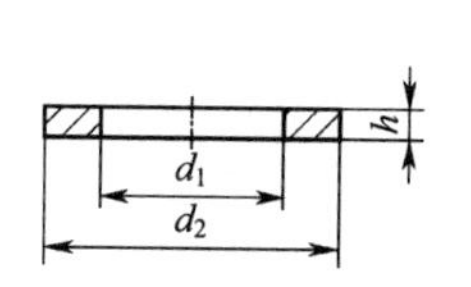

平垫圈—A 级
(摘自 GB/T 97.1—2002)

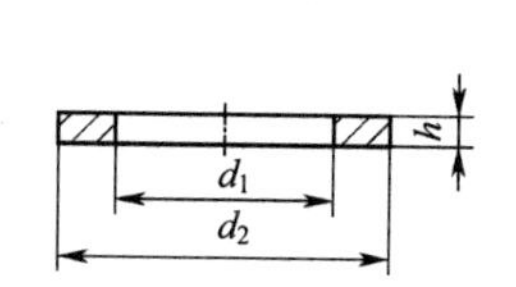

平垫圈倒角型—A 级
(摘自 GB/T 97.2—2002)

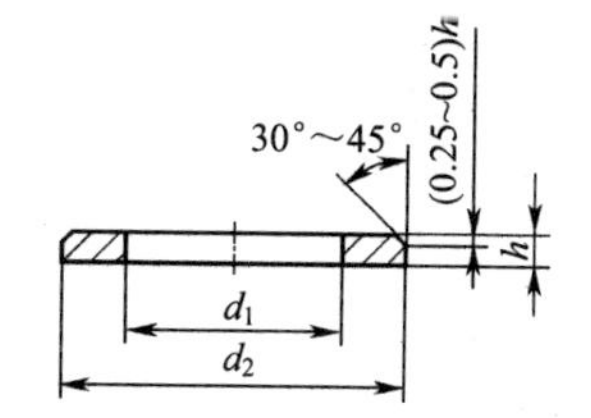

标记示例：

垫圈 GB/T 97.2—2002 8

公称尺寸 d=8mm，性能等级为 140HV 级，倒角型，不经表面处理的平垫圈。

续表

公称尺寸（螺纹规格 d）			3	4	5	6	8	10	12	14	16	20	24	30	36
内径 d_1	产品等级	A	3.2	4.3	53	6.4	8.4	10.5	13	15	17	21	25	31	37
		C			5.5	6.6	9	11	13.5	15.5	17.5	22	26	33	39
GB/T 848—2002	外径 d_2		6	8	9	11	15	18	20	24	28	34	39	50	60
	厚度 h		0.5	0.5	1	1.6	1.6	1.6	2	2.5	2.5	3	4	4	5
GB/T 97.1—2002 GB/T 97.2—2002	外径 d_2		7	9	10	12	16	20	24	28	30	37	44	56	66
	厚度 h		0.5	0.8	1	1.6	1.6	2	2.5	2.5	3	3	4	4	5

附表 11　标准型弹簧垫圈（摘自 GB/T 93—1987）　　mm

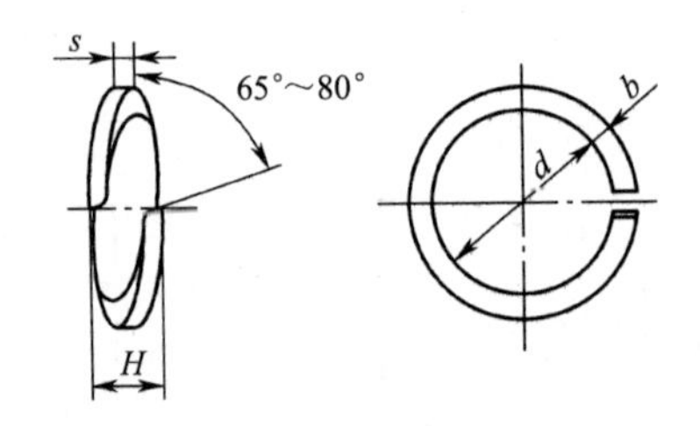

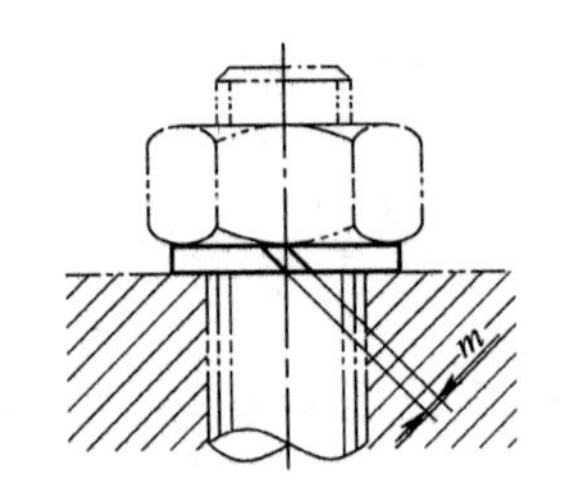

标记示例：
垫圈 GB/T 93—1987 16
规格 16mm，材料为 65Mn、表面氧化的标准型弹簧垫圈。

规格（螺纹大径）		4	5	6	8	10	12	16	20	24	30
d	min	4.1	5.1	6.1	8.1	10.2	12.2	16.2	20.2	24.5	30.5
	max	4.4	5.4	6.68	8.68	10.9	12.9	16.9	21.04	25.5	31.5
S、b	公称	1.1	1.3	1.6	2.1	2.6	3.1	4.1	5	6	7.5
	min	1	1.2	1.5	2	2.45	2.95	3.9	4.8	5.8	7.2
	max	1.2	1.4	1.7	2.2	2.75	3.25	4.3	5.2	6.2	7.8
H	min	2.2	2.6	3.2	4.2	5.2	6.2	8.2	10	12	15
	max	2.75	3.25	4	5.25	6.5	7.75	10.25	12.5	15	18.75
$m \leqslant$		0.55	0.65	0.8	1.05	1.3	1.55	2.05	2.5	3	3.75

附表 12 普通平键

mm

GB/T 1095—2003 平键、键槽的剖面尺寸

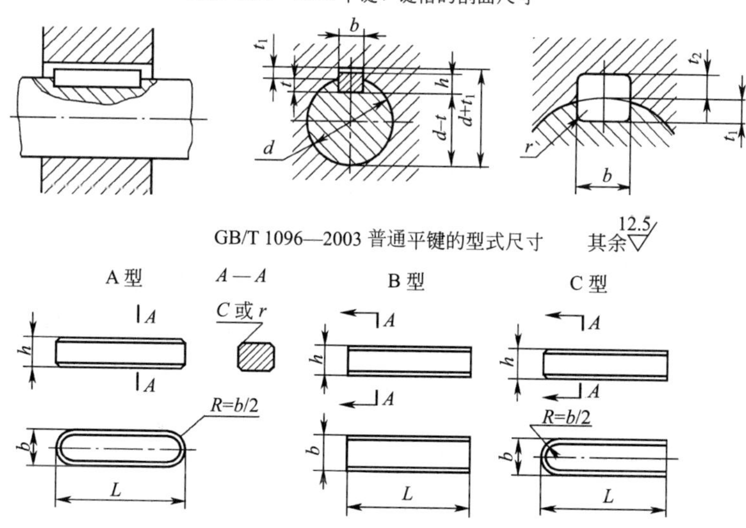

标记示例：

GB/T 1096 键 16×100(圆头普通平键 A 型，b=16，h=10，L=100)。

GB/T 1096 键 B16×100(平头普通平键 B 型，b=16，h=10，L=100)。

GB/T 1096 键 C16×100(单圆头普通平键 C 型，b=16，h=10，L=100)。

轴	键		键槽											
			宽度 b						深度				半径 r	
				极限偏差					轴 t		毂 t_1			
公称直径 d	公称尺寸 $b\times h$ (h9)	长度 L (h11)	公称尺寸 b	较松键连接		一般键连接		较紧键连接	公称尺寸	极限偏差	公称尺寸	极限偏差		
				轴 119	毂 D10	轴 N9	毂 JS9	轴和毂 P9					最大	最小
>10～12	4×4	8～45	4	+0.0300	+0.078 +0.030	0 −0.030	±0.015	−0.012 −0.042	2.5	+0.1 0	1.8	+0.10	0.08	0.16
>12～17	5×5	10～56	5						3.0		2.3		0.16	0.25
>17～22	6×6	14～70	6						3.5		2.8			
>22～30	8×7	18～90	8	+0.036 0	+0.098 +0.040	0 −0.036	±0.018	−0.015 −0.051	4.0	+0.2 0	3.3	+0.2 0	0.16	0.25
>30～38	10×8	22～110	10						5.0		3.3		0.25	0.40
>38～44	12×8	28～140	12	+0.043 0	+0.120 +0.050	0 −0.043	±0.022	−0.018 −0.061	5.0		3.3			
>44～50	14×9	36～160	14						5.5		3.8			
>50～58	16×10	45～180	16						6.0		4.3			
>58～65	18×11	50～200	18						7.0		4.4			
>67～75	20×12	56～220	20	+0.052 0	+0.149 +0.065	0 −0.052	±0.026	−0.022 −0.074	7.5		4.9	+0.2 0	0.40	0.60
>75～85	22×14	63～250	22						9.0		5.4			
>85～95	25×14	70～280	25						9.0		5.4			
>95～110	28×16	80～320	28						10		6.4			

附表 13　圆柱销（不淬硬钢和奥氏体不锈钢）（摘自 GB/T 119.1—2000）　mm

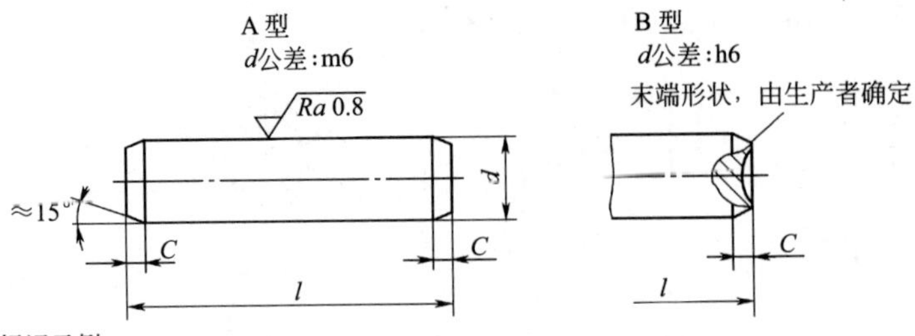

标记示例：
销 GB/T 119.1 6 m6×30
(公称直径 d=6、公差为 m6、公称长度 l=30、材料为钢、不经表面处理的圆柱销)。
销 GB/T 119.1 10 m6×30—A1
(公称直径 d=10、公差为 m6、公称长度 l=30、材料为 A1 组奥氏体不锈钢、表面简单处理的圆柱销)。

d（公称）m6/h8	2	3	4	5	6	8	10	12	16	20	25
c≈	0.35	0.5	0.63	0.8	1.2	1.6	2	2.5	3	3.5	4
$l_{范围}$	6～20	8～30	8～40	10～50	12～60	14～80	18～95	22～140	26～180	35～200	50～200
$l_{系列}$（公称）	2、3、4、5、6～32（2 进位）、35～100（5 进位）、120～≥200（按 20 递增）										

附表 14　圆锥销（摘自 GB/T 117—2000）　mm

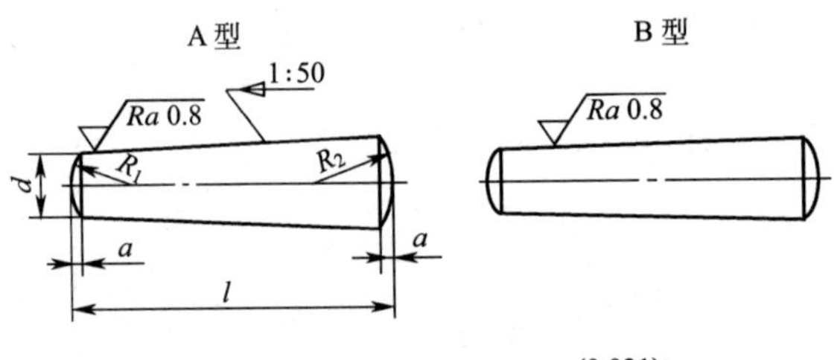

$$R_1 \approx d \quad R_2 \approx \frac{a}{2} + d + \frac{(0.021)^2}{8a}$$

标记示例：
销 GB/T 117 10×60
公称直径 d=10、长度 l=60、材料为 35 钢、热处理硬度 28～38HRC、表面氧化处理的 A 型圆锥销。

$d_{公称}$	2	2.5	3	4	5	6	8	10	12	16	20	25
a≈	0.25	0.3	0.4	0.5	0.63	0.8	1.0	1.2	1.6	2.0	2.5	3.0
$l_{范围}$	10～35	10～35	12～45	14～55	18～60	22～90	22～120	26～160	32～180	40～200	45～200	50～200
$l_{系列}$	2、3、4、5、6～32（2 进位）、35～100（5 进位）、120～200（20 进位）											

附表 15　深沟球轴承（GB/T 276—2013）　mm

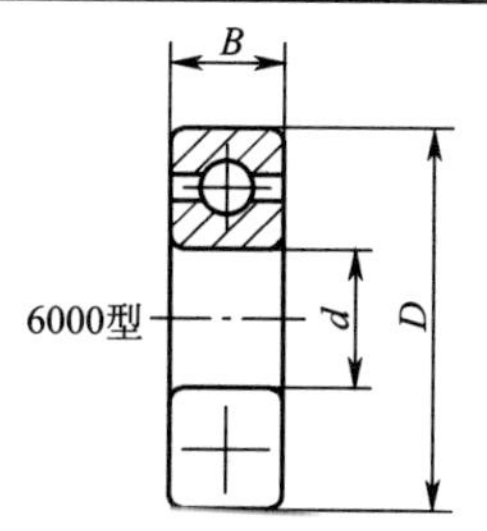

标记示例：
滚动轴承 6206 GB/T 276—2013
类型代号 6、尺寸系列代号为02、内径代号为 06 的深沟球轴承。

轴承代号		外形尺寸			轴承代号		外形尺寸		
		d	D	B			d	D	B
01系列	6004	20	42	12	03系列	6304	20	52	15
	6005	25	47	12		6305	25	62	17
	6006	30	55	13		6306	30	72	19
	6007	35	62	14		6307	35	80	21
	6008	40	68	15		6308	40	90	23
	6009	45	75	16		6309	45	100	25
	6010	50	80	16		6310	50	110	27
	6011	55	90	18		6311	55	120	29
	6012	60	95	18		6312	60	130	31
	6013	65	100	18		6313	65	140	33
	6014	70	110	20		6314	70	150	35
	6015	75	115	20		6315	75	160	37
	6016	80	125	22		6316	80	170	39
	6017	85	130	22		6317	85	180	41
	6018	90	140	24		6318	90	190	43
	6019	95	145	24		6319	95	200	45
	6020	100	150	24		6320	100	215	47
02系列	6204	20	47	14	04系列	6404	20	72	19
	6205	25	52	15		6405	25	80	21
	6206	30	62	16		6406	30	90	23
	6207	35	72	17		6407	35	100	25
	6208	40	80	18		6408	40	110	27
	6209	45	85	19		6409	45	120	29
	6210	50	90	20		6410	50	130	31
	6211	55	100	21		6411	55	140	33
	6212	60	110	22		6412	60	150	35
	6213	65	120	23		6413	65	160	37
	6214	70	125	24		6414	70	180	42
	6215	75	130	25		6415	75	190	45
	6216	80	140	26		6416	80	200	48
	6217	85	150	28		6417	85	210	52
	6218	90	160	30		6418	90	225	54
	6219	95	170	32		6419	95	240	55
	6220	100	180	34		6420	100	250	58

附表 16 圆锥滚子轴承（GB/T 297—2015）

mm

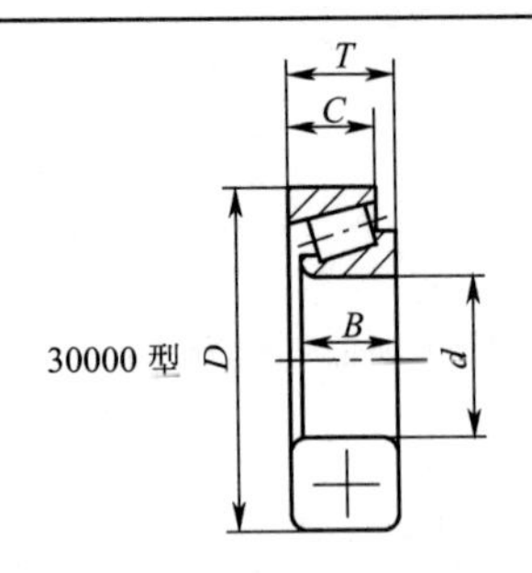

标注示例：
滚动轴承 30312 GB/T 297—2015
类型代号 3、 尺寸系列代号为 03 、内径代号为 12 的圆锥滚子轴承。

系列	轴承代号	外形尺寸 d	D	T	B	C
02 系列	30204	20	47	15.25	14	12
	30205	25	52	16.25	15	13
	30206	30	62	17.25	16	14
	30207	35	72	18.25	17	15
	30208	40	80	19.75	18	16
	30209	45	85	20.75	19	16
	30210	50	90	21.75	20	17
	30211	55	100	22.75	21	18
	30212	60	110	23.75	22	19
	30213	65	120	24.72	23	20
	30214	70	125	26.75	24	21
	30215	75	130	27.75	25	22
	30216	80	140	28.75	26	22
	30217	85	150	30.50	28	24
	30218	90	160	32.50	30	26
	30219	95	170	34.50	32	27
	30220	100	180	37	34	29
03 系列	30304	20	52	16.25	15	13
	30305	25	62	18.25	17	15
	30306	30	72	20.75	19	16
	30307	35	80	22.75	21	18
	30308	40	90	25.75	23	20
	30309	45	100	27.75	25	22
	30310	50	110	29.25	27	23
	30311	55	120	31.50	29	25
	30312	60	130	33.50	31	26
	30313	65	140	36	33	28
	30314	70	150	38	35	30
	30315	75	160	40	37	31
	30316	80	170	42.50	39	33
	30317	85	180	44.50	41	34
	30318	90	190	46.50	43	36
	30319	95	200	49.50	45	38
	30320	100	215	51.50	47	39

系列	轴承代号	外形尺寸 d	D	T	B	C
22 系列	32204	20	47	19.25	18	15
	32205	25	52	19.25	18	16
	32206	30	62	21.25	20	17
	32207	35	72	24.25	23	19
	32208	40	80	24.75	23	19
	32209	45	85	24.75	23	19
	32210	50	90	24.75	23	19
	32211	55	100	26.75	25	21
	32212	60	110	29.75	28	24
	32213	65	120	32.75	31	27
	32214	70	125	33.25	31	27
	32215	75	130	33.25	31	27
	32216	80	140	35.25	33	28
	32217	85	150	38.50	36	30
	32218	90	160	42.50	40	34
	32219	95	170	45.50	43	37
	32220	100	180	49	46	39
23 系列	32304	20	52	22.25	21	18
	32305	25	62	25.25	24	20
	32306	30	72	28.75	27	23
	32307	35	80	32.75	31	25
	32308	40	90	35.25	33	27
	32309	45	100	38.25	36	30
	32310	50	110	42.25	40	33
	32311	55	120	45.50	43	35
	32312	60	130	48.50	46	37
	32313	65	140	51	48	39
	32314	70	150	54	51	42
	32315	75	160	58	55	45
	32316	80	170	61.50	58	48
	32317	85	180	63.50	60	49
	32318	90	190	67.50	64	53
	32319	95	200	71.50	67	55
	32320	100	215	77.50	73	60

附表 17　推力球轴承（GB/T 301—2015）

mm

51000 型

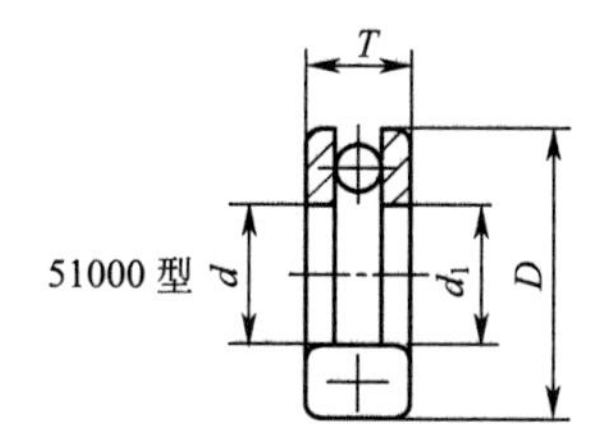

标记示例：
滚动轴承 51310 GB/T 301—2015
类型代号 5、尺寸系列 13、内径代号为 10 的推力球轴承。

轴承代号		外形尺寸				轴承代号		外形尺寸			
		d	D	T	d_{1min}			d	D	T	d_{1min}
11系列	51104	20	35	10	21	13系列	51304	20	47	18	22
	51105	25	42	11	26		51305	25	52	18	27
	51106	30	47	11	32		51306	30	60	21	32
	51107	35	52	12	37		51307	35	68	24	37
	51108	40	60	13	42		51308	40	78	26	42
	51109	45	65	14	47		51309	45	85	28	47
	51110	50	70	14	52		51310	50	95	31	52
	51111	55	78	16	57		51311	55	105	35	57
	51112	60	85	17	62		51312	60	110	35	62
	51113	65	90	18	67		51313	65	115	36	67
	51114	70	95	18	72		51314	70	125	40	72
	51115	75	100	19	77		51315	75	135	44	77
	51116	80	105	19	82		51316	80	140	44	82
	51117	85	110	19	87		51317	85	150	49	88
	51118	90	120	22	92		51318	90	155	50	93
	51120	100	135	25	100		51320	100	170	55	103
12系列	51204	20	40	14	22	14系列	51405	25	60	24	27
	51205	25	47	15	27		51406	30	70	28	32
	51206	30	52	16	32		51407	35	80	32	37
	51207	35	62	18	37		51408	40	90	36	42
	51208	40	68	19	42		51409	45	100	39	47
	51209	45	73	20	47		51410	50	110	43	52
	51210	50	78	22	52		51411	55	120	48	57
	51211	55	90	25	57		51412	60	130	51	62
	51212	60	95	26	62		51413	65	140	56	68
	51213	65	100	27	67		51414	70	150	60	73
	51214	70	105	27	72		51415	75	160	65	78
	51215	75	110	27	77		51416	80	170	68	83
	51216	80	115	28	82		51417	85	180	72	88
	51217	85	125	31	88		51418	90	190	77	93
	51218	90	135	35	93		51420	100	210	85	103
	51220	100	150	38	103		51422	110	230	95	113

附表 18　紧固件通孔及沉孔尺寸（GB/T 152.2～152.4 2014）　mm

			螺纹规格 d	4	5	6	8	10	12	14	16	20	24
通孔直径 d_1 GB/T 5277—1985			精装配	4.3	5.3	6.4	8.4	10.5	13	15	17	21	25
			中等装配	4.5	5.5	6.6	9	11	13.5	15.5	17.5	22	26
			粗装配	4.8	5.8	7	10	12	14.5	16.5	18.5	24	28
六角头螺栓和螺母用沉孔	GB/T 152.4—2014	用于螺栓及六角螺母	d_2 (H15)	10	11	13	18	22	26	30	33	40	48
			d_3	—	—	—	—	—	16	18	20	24	28
			t	锪平为止									
圆柱头用沉孔	GB/T 152.3—2014	用于内六角圆柱头螺钉	d_2 (H13)	8	10	11	15	18	20	24	26	33	40
			d_3	—	—	—	—	—	16	18	20	24	28
			t(Hs13)	4.6	5.7	6.8	9	11	13	15	17.5	21.5	25.5
		用于开槽圆柱头及内六角圆柱头螺钉	d_2 (H13)	8	10	11	15	18	20	24	26	33	—
			d_3	—	—	—	—	—	16	18	20	24	—
			t(H13)	3.2	4	4.7	6	7	8	9	10.5	12.5	—
沉头螺钉用沉孔	GB/T 152.2—2014	用于沉头及半沉头螺钉	d_2(H13)	9.6	10.6	12.8	17.6	20.3	24.4	28.4	32.4	40.4	—
			$t\approx$	2.7	2.7	3.3	4.6	5	6	7	8	10	—

附表 19　砂轮越程槽（GB/T 6403.5—2008）　mm

1. 回转面及端面砂轮越程槽尺寸

磨外圆	磨内圆		磨外端面	磨内端面		磨外圆及端面		磨内圆及端面	
d	～10			10～50		50～100		>100	
b_1	0.6	1.0	1.6	2.0	3.0	4.0	5.0	8.0	10
b_2	2.0	3.0		4.0		5.0		8.0	10
h	0.1	0.2		0.3	0.4		0.6	0.8	1.2
r	0.2	0.5		0.8	1.0		1.6	2.0	3.0

续表

2. 燕尾导轨砂轮越程槽尺寸

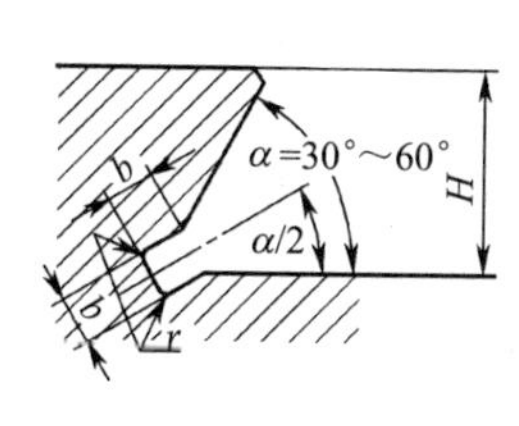

H	≤5	6	8	10	12	16	20	25	32	40	50
b	1	2		3			4			5	
h											
r	0.5	0.5		1.0			1.6			1.6	

附表 20　普通螺纹退刀槽和倒角（GB/T 3—1997）

mm

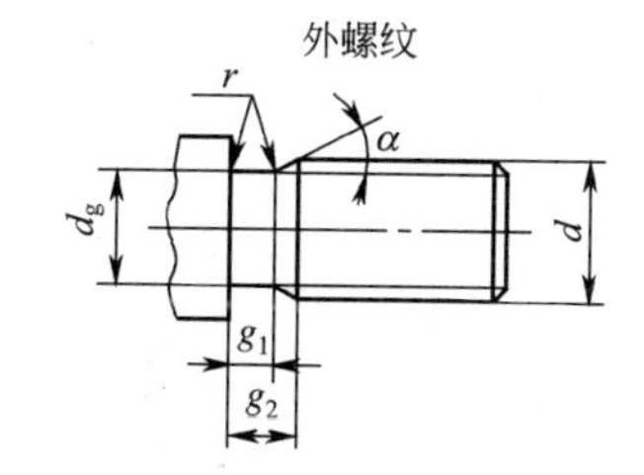

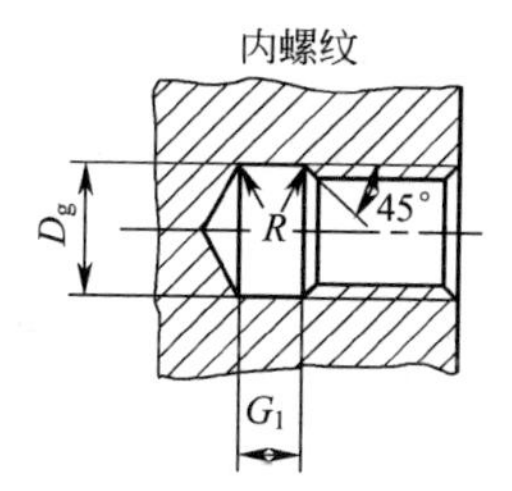

	螺距 P	0.5	0.6	0.7	0.75	0.8	1	1.25	1.5	1.75	2	2.5	3
外螺纹	$g_{2\,max}$	1.5	1.8	2.1	2.25	2.4	3	3.75	4.5	5.25	6	7.5	9
	$g_{1\,min}$	0.8	0.9	1.1	1.2	1.3	1.6	2	2.5	3	3.4	4.4	5.2
	d_g	$d-0.8$	$d-1$	$d-1.1$	$d-1.2$	$d-1.3$	$d-1.6$	$d-2$	$d-2.3$	$d-2.6$	$d-3$	$d-3.6$	$d-4.4$
	$r\approx$	0.2	0.4	0.4	0.4	0.4	0.6	0.6	0.8	1	1	1.2	1.6
	始端端面倒角一般为 45°，也可采用 60°或 30°；深度应大于或等于螺纹牙型高度；过渡角 α 不应小于 30°												
内螺纹	G_1	2	2.4	2.8	3	3.2	4	5	6	7	8	10	12
	Dg	$D+0.3$					$D+0.5$						
	$R\approx$	0.2	0.3	0.4	0.4	0.4	0.5	0.6	0.8	0.9	1	1.2	1.5
	入口端面倒角一般为 120°，也可采用 90°端面倒角直径为（1.05～1）D。其中 D 为螺纹公称直径代号												

附表 21　中心孔表示法（摘自 GB/T 4459.5—1999）

mm

	R 型	A 型	B 型	C 型
型式及标记示例	GB/T 4459.5—R3.15/6.7 (D=3.15，D_1=6.7)	GB/T 4459.5—A4/8.5 (D=4，D_1=8.5)	GB/T 4459.5—B2.5/8 (D=2.5，D_1=8)	GB/T 4459.5—CM10L30/16.3 (D=M10，L=30，D_2=6.7)
用途	通常用于需要提高加工精度的场合	通常用于加工后可以保留的场合（此种情况占绝大多数）	通常用于加工后必须保留的场合	通常用于一些需要带压紧装置的零件

续表

	要求	规定表示法	简化表示法	说明
中心孔表示法	在完工的零件上要求保留中心孔	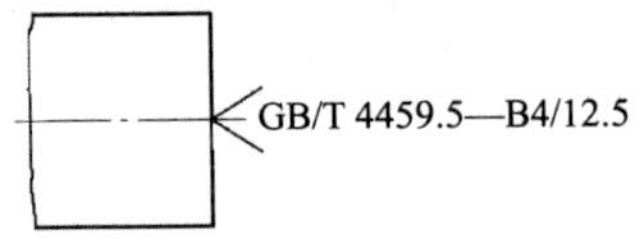 GB/T 4459.5—B4/12.5	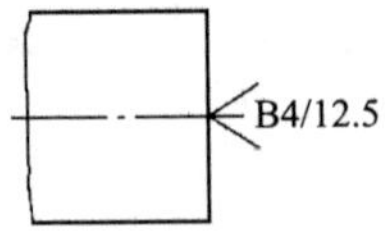 B4/12.5	采用 B 型中心孔，$D=4$，$D_1=12.5$
中心孔表示法	在完工的零件上可以保留中心孔(是否保留都可以，多数情况如此)	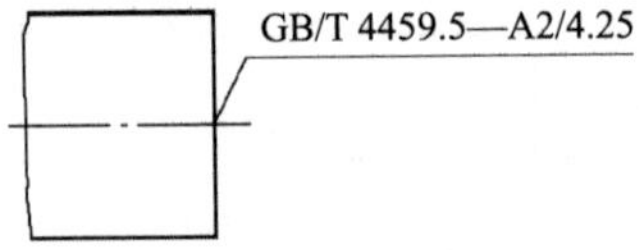 GB/T 4459.5—A2/4.25	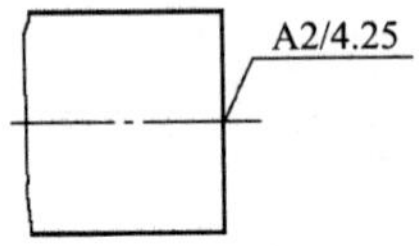 A2/4.25	采用 A 型中心孔，$D=2$，$D_1=4.25$，一般情况下均采用这种方式
中心孔表示法	在完工的零件上可以保留中心孔(是否保留都可以，多数情况如此)	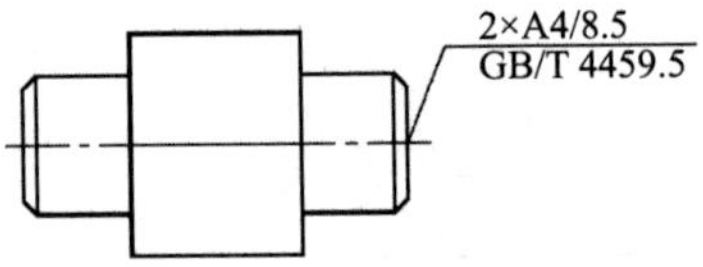 2×A4/8.5 GB/T 4459.5	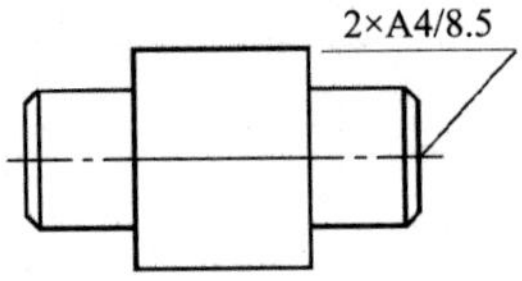 2×A4/8.5	采用 A 型中心孔，$D=4$，$D_1=8.5$，轴的两端中心孔相同，可只在一端注出
中心孔表示法	在完工的零件上不允许保留中心孔	 GB/T 4459.5—A1.6/3.35	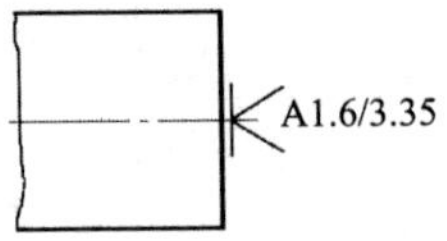 A1.6/3.35	采用 A 型中心孔，$D=1.6$，$D_1=3.35$

附表 22　表面粗糙度 *Ra* 值与加工方法的关系和应用举例

表面特征		*Ra*/μm	加工方法	适用范围
加工面	粗加工面	100　50　25	粗车、粗铣、粗刨、粗镗、钻	非接触表面，如：钻孔、倒角、轴端面等
加工面	半光面	12.5　6.3　3.2	精车、精铣、精刨、精镗、精磨、细锉、扩孔、粗铰	接触表面，不甚精确定心的配合表面
加工面	光面	1.6　0.8　0.4	精车、精磨、刮、研、抛光、铰、接削	要求精确定心的重要的配合表面
加工面	最光面	0.2　0.1　0.05　0.025	研磨、超精磨、镜面磨、精抛光	高精度、高速运动零件的配合表面；重要的装饰面
毛坯面			铸、锻、轧制等，经表面清理	无须进行加工的表面

附表 23　基本尺寸小于 500mm 的标准公差（GB/T 1800—2009）　μm

基本尺寸	公差等级																			
mm	IT01	IT0	IT1	IT2	IT3	IT4	IT5	IT6	IT7	IT8	IT9	IT10	IT11	IT12	IT13	IT14	IT15	IT16	IT17	IT18
≤3	0.3	0.5	0.8	1.2	2	3	4	6	10	14	25	40	60	100	140	250	400	600	1000	1400
>3～6	0.4	0.6	1	1.5	2.5	4	5	8	12	18	30	48	75	120	180	300	480	750	1200	1800
>6～10	0.4	0.6	1	1.5	2.5	4	6	9	15	22	36	58	90	150	220	360	580	900	1500	2200
>10～18	0.5	0.8	1.2	2	3	5	8	11	18	27	43	70	110	180	270	430	700	1100	1800	2700
>18～30	0.6	1	1.5	2.5	4	6	9	13	21	33	52	84	130	210	330	520	840	1300	2100	3300
>30～50	0.7	1	1.5	2.5	4	7	11	16	25	39	62	100	160	250	390	620	1000	1600	2500	3900
>50～80	0.8	1.2	2	3	5	8	13	19	30	46	74	120	190	300	460	740	1200	1900	3000	4600
>80～120	1	1.5	2.5	4	6	10	15	22	35	54	87	140	220	350	540	870	1400	2200	3500	5400
>120～180	1.2	2	3.5	5	8	12	18	25	40	63	100	160	250	400	630	1000	1600	2500	4000	6300
>180～250	2	3	4.5	7	10	14	20	29	46	72	115	185	290	460	720	1150	1850	2900	4600	7200
>250～315	2.5	4	6	8	12	16	23	32	52	81	130	210	320	520	810	1300	2100	3200	5200	8100
>315～400	3	5	7	9	13	18	25	36	57	89	140	230	360	570	890	1400	2300	3600	5700	8900
>400～500	4	6	8	10	15	20	27	40	68	97	155	250	400	630	970	1550	2500	4000	6300	9700

≤3	+120 +60	+45 +20	+60 +20	+28 +14	+39 +14	+20 +6	+31 +6	+8 +2	+12 +2	+6 0	+10 0	+14 0	+25 0	+40 0	+60 0	+100 +
>3 ～6	+145 +70	+60 +30	+78 +30	+38 +20	+50 +20	+28 +10	+40 +10	+12 +4	+16 +4	+8 0	+12 0	+18 0	+30 0	+48 0	+75 0	+120 0
>6 ～10	+170 +80	+76 +40	+98 +40	+47 +25	+61 +25	+35 +13	+49 +13	+14 +5	+20 +5	+9 0	+15 0	+22 0	+36 0	+58 0	+90 0	+150 0
>10 ～14	+250	+93	+120	+59	+75	+43	+59	+17	+24	+11	+18	+27	+43	+70	+110	+180
>14 ～18	+95	+50	+50	+32	+32	+16	+16	+6	+6	0	0	0	0			0
>18 ～24	+240	+117	+149	+73	+92	+53	+72	+20	+28	+13	+21	+33	+52	+84	+130	+210
>24 ～30	+110	+65	+65	+40	+40	+20	+20	+7	+7	0	0	0	0	0	0	0
>30 ～40	+280 +120	+142	+180	+89	+112	+64	+87	+25	+34	+16	+25	+39	+62	+100	+160	+250
>40 ～50	+290 +130	+80	+80	+50	+50	+25	+25	+9	+9	0	0	0	0	0	0	0

续表

基本尺寸	公差等级																			
mm	IT01	IT0	IT1	IT2	IT3	IT4	IT5	IT6	IT7	IT8	IT9	IT10	IT11	IT12	IT13	IT14	IT15	IT16	IT17	IT18
>50 ~65	+330 +140	+174 +100	+220 +100	+106 +60	+134 +60	+76 +30	+104 +30	+29 +10	+40 +10	+19 0	+30 0	+46 0	+74 0	+120 0	+190 0	+300 0				
>65 ~80	+340 +150																			
>80 ~100	+390 +170	+207 +120	+260 +120	+126 +72	+159 +72	+90 +36	+123 +36	+34 +12	+47 +12	+22 0	+35 0	+54 0	+87 0	+140 0	+220 0	+350 0				
>100 ~120	+400 +180																			
>120 ~140	+450 +200	+245 +145	+305 +145	+148 +85	+185 +85	+106 +43	+143 +43	+39 +14	+54 +14	+25 0	+40 0	+63 0	+100 0	+160 0	+250 0	+400 0				
>140 ~160	+460 +210																			
>160 ~180	+480 +230																			
>180 ~200	+530 +240	+285 +170	+335 +170	+172 +100	+215 +100	+122 +50	+165 +50	+44 +15	+61 +15	+29 0	+46 0	+72 0	+115 0	+185 0	+290 0	+460 0				
>200 ~225	+550 +260																			
>225 ~250	+570 +280																			
>250 ~280	+620 +300	+320 +190	+400 +190	+191 +110	+240 +110	+137 +56	+186 +56	+49 +17	+69 +17	+32 0	+52 0	+81 0	+130 0	+210 0	+320 0	+520 0				
>280 ~315	+650 +330																			
>315 ~355	+720 +360	+350 +210	+440 +210	+214 +125	+265 +125	+151 +62	+202 +62	+54 +18	+75 +18	+36 0	+57 0	+89 0	+140 0	+230 0	+360 0	+570 0				
>355 ~400	+760 +400																			
>400 ~450	+840 +440	+385 +230	+480 +230	+232 +135	+290 +135	+165 +68	+223 +68	+60 +20	+83 +20	+40 0	+63 0	+97 0	+155 0	+250 0	+400 0	+630 0				
>450 ~500	+880 +480																			

附表 24　公称尺寸小于 500mm 基孔制常用优先配合（摘自 GB/T 1800.2—2009）

基准孔	轴																				
	a	b	c	d	e	f	g	h	js	k	m	n	p	r	s	t	u	v	x	y	z
	间隙配合								过渡配合			过盈配合									
H6						H6/f5	H6/g5	H6/h5	H6/js5	H6/k5	H6/m5	H6/n5	H6/p5	H6/r5	H6/s5	H6/t5					
H7						H7/f6	H7/g6 ▲	H7/h6 ▲	H7/js6	H7/k6 ▲	H7/m6	H7/n6 ▲	H7/p6 ▲	H7/r6	H7/s6 ▲	H7/t6	H7/u6 ▲	H7/v6	H7/x6	H7/y6	H7/z6
H8					H8/e7	H8/f7 ▲	H8/g7	H8/h7 ▲	H8/js7	H8/k7	H8/m7	H8/n7	H8/p7	H8/r7	H8/s7	H8/t7	H8/u7				
H8				H8/d8	H8/e8	H8/f8		H8/h8													
H9			H9/c9	H9/d9 ▲	H9/e9	H9/f9		H9/h9 ▲													
H10			H10/c10	H10/d10				H10/h10													
H11	H11/a11	H11/b11	H11/c11 ▲	H11/d11				H11/h11 ▲													
H12		H12/b12						H12/h12													

附表 25　公称尺寸小于 500mm 基轴制常用优先配合（摘自 GB/T 1800.2—2009）

基准轴	孔																				
	A	B	C	D	E	F	G	H	Js	K	M	N	P	R	S	T	U	V	X	Y	Z
	间隙配合							过渡配合							过盈配合						
h5						F6/h5	G6/h5	H6/h5	Js6/h5	K6/h5	M6/h5	N6/h5	P6/h5	R6/h5	S6/h5	T6/h5					
h6						F7/h6	G7/h6 ▲	H7/h6 ▲	Js7/h6	K7/h6 ▲	M7/h6	N7/h6 ▲	P7/h6 ▲	R7/h6	S7/h6 ▲	T7/h6	U7/h6 ▲				
h7					E8/h7	F8/h7 ▲		H8/h7 ▲	Js8/h7	K8/h7	M8/h7	N8/h7									
h8				D8/h8	E8/h8	F8/h8		H8/h8													
h9				D9/h9 ▲	E9/h9	F9/h9		H9/h9 ▲													

续表

基准轴	孔																				
	A	B	C	D	E	F	G	H	Js	K	M	N	P	R	S	T	U	V	X	Y	Z
	间隙配合							过渡配合							过盈配合						
h10				$\frac{D10}{h10}$				$\frac{H10}{h10}$													
h11	$\frac{A11}{h11}$	$\frac{B11}{h11}$	$\frac{C11}{h11}$ ▲	$\frac{D11}{h11}$				$\frac{H11}{h11}$													
h12		$\frac{B12}{h12}$						$\frac{H12}{h12}$													

注：方格中▲的配合符号为优先配合。

参考文献

[1] 胡建生.机械制图.北京：机械工业出版社，2016.
[2] 张凤林.机械制图.哈尔滨：哈尔滨工程大学出版社，1998.
[3] 于景福.机械制图.北京：机械工业出版社，2016.
[4] 夏华生等.机械制图.北京：高等教育出版社，2005.
[5] 王幼龙.机械制图.北京：高等教育出版社，2006.
[6] 钱可强.机械制图.北京：机械工业出版社，2010.
[7] 王晨曦.机械制图.北京：北京邮电大学出版社，2012.
[8] 娄琳.机械制图.北京：人民邮电出版社，2009.
[9] 王冰.机械制图.北京：机械工业出版社，2010.